21 世纪电脑学校

中文版 SharePoint Designer 2007 实用教程

马 威 孙红丽 杜静芬 编著

清华大学出版社
北 京

内 容 简 介

本书由浅入深、循序渐进地介绍了中文版 SharePoint Designer 2007 的操作方法和使用技巧。全书共分 12 章，分别介绍了 SharePoint Designer 2007 的基础知识，本地站点的创建及其基本操作，创建简单的网页及其相关操作，在网页中添加图片，超链接的使用，表格与 CSS 样式，层与行为的运用，框架的运用，表单的使用，SharePoint Designer 2007 组件的使用与网页中的特殊效果，动态网站开发技术基础。最后一章还介绍了关于网站的发布与管理的相关知识，使读者进一步了解网站开发的流程。

本书内容丰富，结构清晰，语言简练，叙述深入浅出，具有很强的实用性，是一本适合初、中级网站开发人员和网页设计爱好者自学的图书，也可作为各高等院校及社会培训班的优秀教材。

本书的电子教案和实例源文件可以到 http://www.tupwk.com.cn/21cn 网站下载。

图书在版编目(CIP)数据

中文版 SharePoint Designer 2007 实用教程/马威 编著. —北京：清华大学出版社，2009.7

(21 世纪电脑学校)

ISBN 978-7-302-20373-5

I. 中… II. 马… III. 主页制作—应用软件，SharePoint Designer 2007—教材 IV. TP393.092

中国版本图书馆 CIP 数据核字(2009)第 100739 号

责任编辑：胡辰浩(huchenhao@263.net)　袁建华

装帧设计：孔祥丰

责任校对：成凤进

责任印制：王秀菊

出版发行：清华大学出版社　　**地　址**：北京清华大学学研大厦 A 座

http://www.tup.com.cn　　**邮　编**：100084

社 总 机：010-62770175　　**邮　购**：010-62786544

投稿与读者服务：010-62776969，c-service@tup.tsinghua.edu.cn

质 量 反 馈：010-62772015，zhiliang@tup.tsinghua.edu.cn

印 刷 者：北京季蜂印刷有限公司

装 订 者：北京国马印刷厂

经　销：全国新华书店

开　本：185×260　**印　张**：19.75　**字　数**：506 千字

版　次：2009 年 7 月第 1 版　**印　次**：2009 年 7 月第1 次印刷

印　数：1～5000

定　价：29.00 元

本书如存在文字不清、漏印、缺页、倒页、脱页等印装质量问题，请与清华大学出版社出版部联系调换。联系电话：(010)62770177 转 3103　产品编号：023525-01

编审委员会

从 书 序

出版目的

计算机作为一种工具，已经广泛地应用到现代社会的各个领域，正在改变着各行各业的生产方式以及人们的生活方式。在进入新世纪之后，需要掌握更多的计算机应用技能。因此，如何快速地掌握计算机知识和使用技术，并应用于现实生活和实际工作中，成为新世纪人才迫切需要解决的新问题。

为适应这种需求，各类高等院校、高职高专、中职中专、培训学校都开设了计算机专业的课程，另外，许多学校也将非计算机专业学生的计算机知识和技能教育纳入教学计划，并陆续出台了相应的教学大纲。基于以上因素，清华大学出版社组织了一批教学精英编写了一套“21 世纪计算机学校”教材，以满足各类培训学校教学和计算机知识自学人员的需要。本套教材的作者均为各大院校或培训机构的教学专家和业界精英，他们熟悉教学内容的编排，深谙学生的需求和接受能力，积累了丰富的授课和写作经验，并将其充分融入本套教材的编写中。

读者定位

本丛书是为从事计算机教学的教师和自学人员编写的，可用作各类培训机构和院校的教材，也可作为计算机初、中级用户的自学参考书。

涵盖领域

本套教材涵盖了计算机多个应用领域，包括计算机硬件知识、操作系统、数据库、编程语言、文字录入和排版、办公软件、计算机网络、图形图像、三维动画、网页制作、多媒体制作等。众多的图书品种，可以满足不同读者、不同计算机课程设置的需要。

本丛书选用应用面最广的流行软件，对每个软件的讲解都从必备的基础知识和基本操作开始，使新用户轻松入门，并以大量明晰的操作步骤和典型的应用实例向读者介绍实用的软件技术和应用技巧，使读者真正对所学软件融会贯通、熟练在手。

丛书特色

一、更为合理的学习过程

1. 章节结构按照教学大纲的要求编排，符合教学需要和计算机用户的学习习惯。

2. 细化了每一章内容的分布。在每章的开始，有教学目标和理论指导，便于教师和学生提纲挈领地掌握本章知识的重点，每章的最后附带有上机实验、思考练习，读者不但可以锻炼实际的操作能力，还可以复习本章的内容，加深对所学知识的了解。

二、简练流畅的语言表述

语言精炼实用，避开深奥的原理，从最基本最易操作的内容入手，循序渐进地介绍学习计算机应用最需要的内容。

三、丰富实用的示例

以详细、直观的步骤讲解相关操作，每本图书都包含众多精彩示例。现在的计算机教学更加注重实际的动手操作，学校在教学过程中，有很多的课时用于进行实际的上机操作。因此，本丛书非常注意实例的选材，所选实例都具有较强的代表性。

四、简洁大方的版式设计

精心设计的版式简洁、大方，对于标题、正文、注释、技巧等都设计了醒目的字体，读者阅读起来会感到轻松愉快。

周到体贴的售后服务

本丛书紧密结合自学与课堂教学的特点，针对广大初、中级读者计算机基础知识薄弱的现状，突出基础知识和实践指导方面的内容。每本教材配套的实例源文件、素材和教学课件均可在该丛书的信息支持网站(http://www.tupwk.com.cn/21cn)上下载或通过Email(wkservice@vip.163.com)索取。读者在使用过程中如遇到困难可以在http://www.tupwk.com.cn/21cn 的互动论坛上留言，本丛书的作者或技术编辑会提供相应的技术支持。

前　　言

近年来，随着网络技术的飞速发展，人们的工作、学习和生活也与网络变得息息相关。互联网上的各种网站也层出不穷，制作网页的软件更是五花八门，作为网页制作的初学者和网页设计的爱好者，选择一款优秀的网页制作软件显得尤为重要。

中文版 SharePoint Designer 2007 是 Microsoft 公司推出的新一代网页制作软件。作为 Office 中的新成员，它不仅继承了 Office 系列软件界面友好、操作简便、功能强大等优点，而且还有其独具特色的几大优势，主要表现在以下几个方面：

- 拥有对创建和自定义下一代 SharePoint Web 站点和技术的更高水平的支持。
- 对于 Windows SharePoint Services 的基础技术，例如 ASP.NET 2.0、级联样式表等提供很深入的编辑支持。
- 可以通过编辑母版页并修改 SharePoint 级联样式表，对整个 SharePoint 站点的格式和布局进行更改。还可以使用 SharePoint Designer 2007 中的“返回站点模板页”命令，撤销对主页的更改。
- 在不用编写代码的情况下，创建交互式 Web 页。
- 使用 Office SharePoint Designer 2007 中的报告，通过检查断开链接、未使用的页面、级联样式表用法和母版页用法，帮助管理站点。

本书共分 12 章，第 1 章介绍了 SharePoint Designer 2007 的界面组成以及常用的视图模式；第 2 章介绍了本地站点的创建以及相关的基本操作；第 3 章介绍了创建简单网页的方法及其相关操作；第 4 章介绍了如何在网页中添加图片和简单编辑图片的方法；第 5 章介绍了网页中超链接的使用方法；第 6 章介绍了在网页中使用表格和 CSS 样式的使用方法；第 7 章介绍了网页中层与行为的运用；第 8 章介绍了框架的使用；第 9 章介绍了表单的使用；第 10 章介绍了 SharePoint Designer 2007 组件的使用与网页中特殊效果的添加；第 11 章介绍了动态网站开发技术的基础知识；第 12 章介绍了网站的发布与管理的相关知识。

本书面向网站开发人员的的初、中级用户，采用由浅入深、循序渐进的讲述方法，内容丰富，结构安排合理，并且通过大量实用的操作指导和有代表性的实例，使读者能够直观、迅速地了解 SharePoint Designer 2007 的使用，特别适合作为教材，是广大师生的首选。此外，本书包含了大量的习题，使读者在学习完每一章内容后能够及时检查学习情况。

本书是集体智慧的结晶，其中，孙红丽主编第 7~9 章，杜静芬主编第 10~12 章。此外，参加本书编写和制作的还有陈笑、洪妍、方峻、何亚军、王通、高娟妮、严晓雯、杜思明、孔祥娜、张立浩、孔祥亮、王维、牛静敏、何俊杰、葛剑雄等人。由于作者水平有限，本书不足之处在所难免，欢迎广大读者批评指正。我们的电子邮箱是 huchenhao@263.net。

作　者
2009 年 3 月

目 录

21世纪电脑学校

本地站点的创建及其基本操作

本章导读

使用 SharePoint Designer 2007 不仅可以制作出精美的个人网页，还能够制作出功能强大的企业类管理网站。在制作网站之前，首先应规划和设计好网站的内容并建立相应的站点，本章就来介绍网站的规划和本地站点的创建。

重点和难点

- 网站的规划
- 本地站点的创建
- 绘制网站结构图
- 编辑网站结构图

2.1 网站的规划

在制作网站之前，首先要对网站的结构和内容作一个整体的规划。例如，确定网站的浏览对象及主题、网站的内容设计、网页的规划与布局等。做好这些准备工作可使用户在网站的制作过程中目标更加明确、条理更加清晰，而不至于手忙脚乱。

2.1.1 确定网站的浏览对象及主题

在制作网站之前，首先要确定网站的浏览对象及主题，即做这个网站是给哪些用户看的，通过浏览该网站，用户可以获得哪些信息。例如，要制作一个政府机构的网站，就不能在其中添加太多的娱乐新闻，这样显得不够庄重；要制作一个音乐类的网站，就不能只有文字信息，而没有音乐，这样的网站也引不起音乐爱好者的兴趣。

网站的浏览对象在一定程度上决定了网站的主题，不同的群体对不同的事物有着不同的喜好。只有在确定了浏览网站的群体后，网站的内容才能根据浏览者的需求进行取舍。这不仅要考虑到浏览群体的共同兴趣和喜好，还要避免出现该群体所厌恶的事物。

总之，在制作网站前，一定要首先明确制作网站的最终宗旨，内容规划得越详细越好，切忌到了网站的制作过程中才四处摸索，这样不仅容易偏离网站的主题，还可能会延长网站的制作时间，事倍功半。

2.1.2 网站的内容设计

确定了网站的浏览对象和主题后，接下来就要决定网站需要提供的信息内容了。一般来说，一个优秀的网站应该具有以下特点。

1. 清晰的导航信息

如果把网站比作是一本书，那么导航栏就相当于是这本书的目录，访问者可以根据该目录来浏览网站中的内容。清晰的导航栏有助于访问者快速地找到所需的内容。相反，杂乱无章的导航信息会使访问者在浏览网站时感到费时费力，从而失去对该网站的兴趣。

2. 正常的超链接

网页中免不了会有许多超链接，每个超链接都指向不同的内容，可以说超链接是一个网页的精髓。如果这些超链接有很多都不可用，那会使访问者觉得索然无味。因此保持网页中畅通的超链接是一个优秀网站的必备条件。

3. 丰富而正确的内容

内容单调的网站，对其感兴趣的访问者一定不多，内容丰富的网站更能吸引访问者的眼球。例如，搜狐、新浪等网站以其丰富的内容而位居几大门户网站之首。另外，网站中的内容一定要正确无误，错误百出的网站肯定是一个糟糕的网站。

4. 清晰的文字

文字是网页中的主要内容，网页中的许多信息都要通过文字来表达。要使访问者能够轻松愉快地阅读完网页中的文字，应做到以下几点：

- 文字必须可以清晰的辨认、可以阅读。
- 字体的颜色要协调一致，不能过于花哨。
- 字体的大小应有序的统一，不能忽大忽小。

5. 精致的图片

网页中如果只有文字，未免会显得单调，添加适量的图片不仅有辅助文字的功能，还具有美化版面的效果。一般来说，在网页中添加图片时要注意以下几点：

- 图片的画质要清晰。
- 避免多次重复使用同样的插图。
- 图片的风格应与网站的整体风格相统一。
- 适当的缩小图片，可提高图片的质量。

6. 实时更新的内容

在信息技术高速发展的今天，要实时更新网页中的内容才能跟得上时代的发展，一成不变的陈旧信息定然不会吸引访问者的眼球。因此，保持网页内容的实时更新也是网站能够成功制胜的关键。

2.1.3 常见的网页布局类型

一般来说，常见的基本网页布局类型有 π 型布局、T 型布局、对比布局、POP 布局、Flash 布局等，下面分别进行简要介绍。

1. π 型布局

π 型布局的结构具有以下特点：网页的顶部为“网站标记”、“广告条”和“主菜单”，下方左端与下方右端为超链接，下方的中间部分为主题内容，其结构如图 2-1 所示。这种网页布局的特点是充分利用版面，信息量大；缺点是版面拥挤，不够灵活。

2. T 型布局

T 型布局的结构是网页的顶部为“网站标记”和“广告条”，网页的下方左端为主菜单，右端为主要内容，其结构如图 2-2 所示。这种布局的优点是页面结构清晰、主次分明；缺点是页面呆板，若不注意色彩度的搭配，则很容易让人产生乏味的感觉。

3. 对比布局

对比布局就是上下或左右对比的布局，一边深色，一边浅色，一般用于设计型的网站。该布局的优点是视觉冲击力比较强；缺点是较难将两边有机的结合。对比结构的网页如图 2-3 所示。

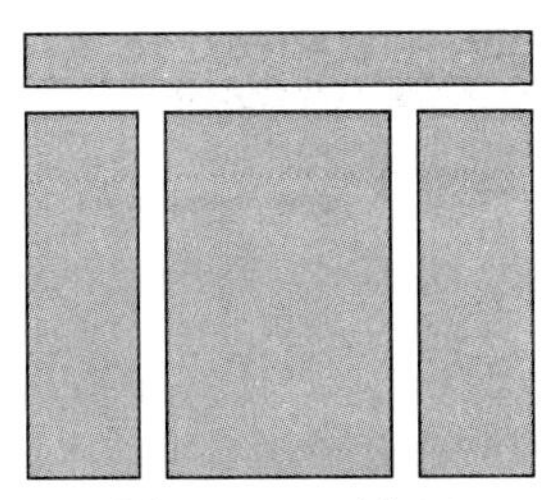
图 2-1　π 型布局

图 2-2　T 型布局

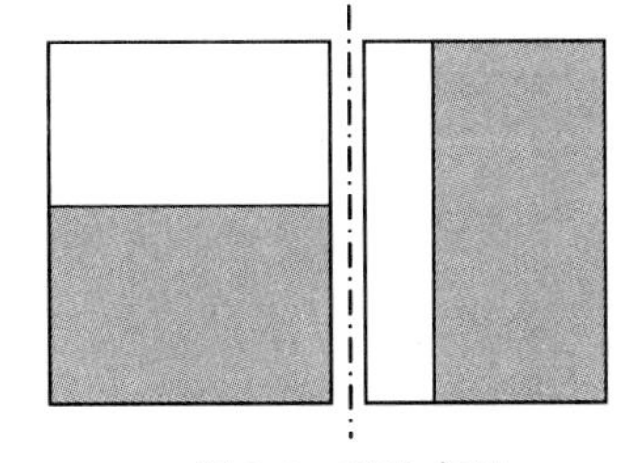
图 2-3　对比布局

4. POP 布局

POP 布局又称为海报型布局，它以一张精美的图片作为网页设计的中心，然后在图片中添加导航信息和超链接，如图 2-4 所示的是典型的 POP 布局的网页。

5. Flash 布局

Flash 布局指的是整个网页或网页的大部分内容是一个 Flash 动画，页面是动态的，画面

也比较绚丽、有趣，这是一种比较新潮的布局方式，如图 2-5 所示的万年历查询网页即是典型的 Flash 布局型的网页。

图 2-4　POP 布局的网页

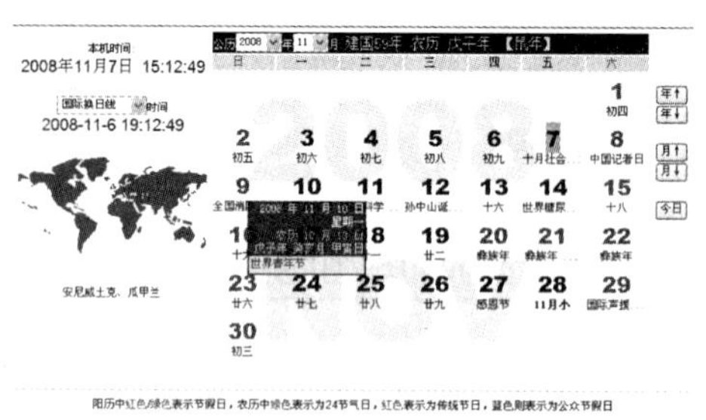

图 2-5　Flash 布局的网页

2.2 创建本地站点

在对网站的内容有了一个整体的规划以后，即可创建本地站点。使用 SharePoint Designer 2007 创建本地站点主要有 3 种方法：使用“只有一个网页的网站”模板创建站点、使用“空白站点”模板创建站点和使用“网站导入向导”创建站点。

2.2.1 使用“只有一个网页的网站”模板创建站点

使用“只有一个网页的网站”模板创建出的站点在初始状态下仅含有一个网页。

在 SharePoint Designer 2007 的主界面中，选择【文件】|【新建】|【网站】命令，如图 2-6 所示，即可打开【新建】对话框，如图 2-7 所示。在该对话框中选择【常规】子选项下的“只有一个网页的网站”命令，在【指定新网站的位置】下拉列表框中选择新建网站在本地磁盘中存放的位置，选择完成后单击【确定】按钮，系统即可按照要求自动创建网站。

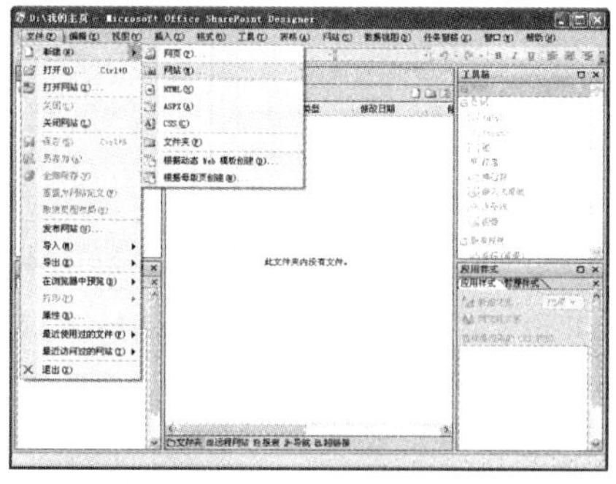

图 2-6　选择【文件】|【新建】|【网站】命令

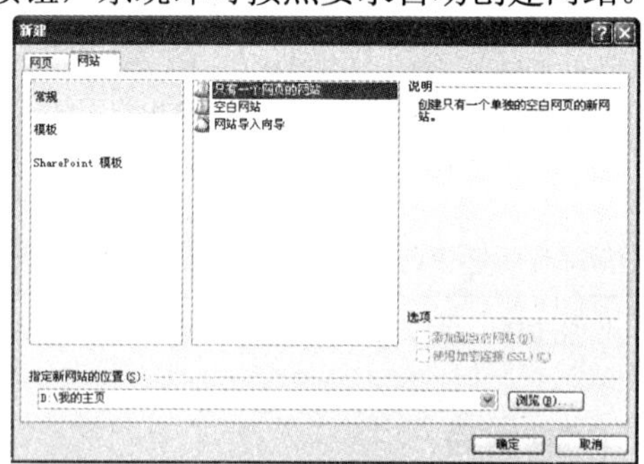

图 2-7　【新建】对话框

使用此种方法创建的网站，初始状态下只含有一个主页面，其默认名称为 default.htm，如图 2-8 所示。

通常情况下，一个网站中都不只含有一个网页，用户可通过单击【新建网页】按钮，

随意的新建网页，如图 2-9 所示。新创建的网页默认名称为“无标题_1.htm”、“无标题_2.htm”、“无标题_3.htm”……。

图 2-8　已建好的网站及其主页

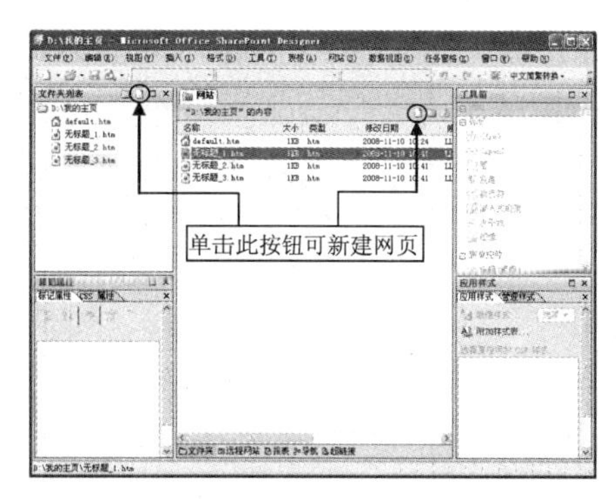

图 2-9　新建网页

2.2.2 新建空白网站

新建空白网站既是创建一个不包含有任何内容的网站。选择【文件】|【新建】|【网站】命令，打开【新建】对话框，在该对话框中选择【常规】子选项下的“空白网站”命令，在【指定新网站的位置】下拉列表框中选择新建网站在本地磁盘中存放的位置，如图 2-10 所示。设置完成后，单击【确定】按钮，系统即可自动创建一个空白的网站，如图 2-11 所示。

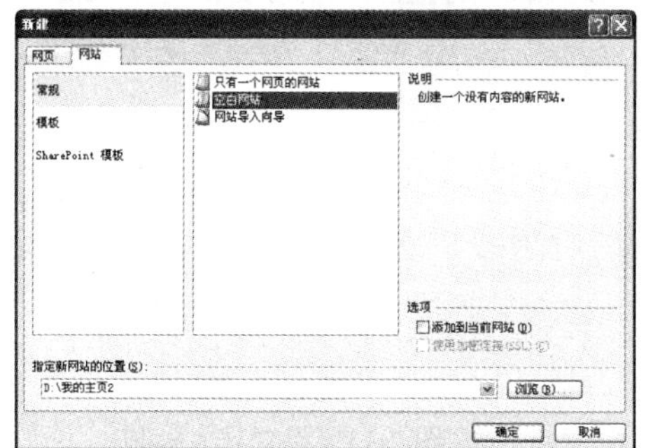

图 2-10　【新建】对话框

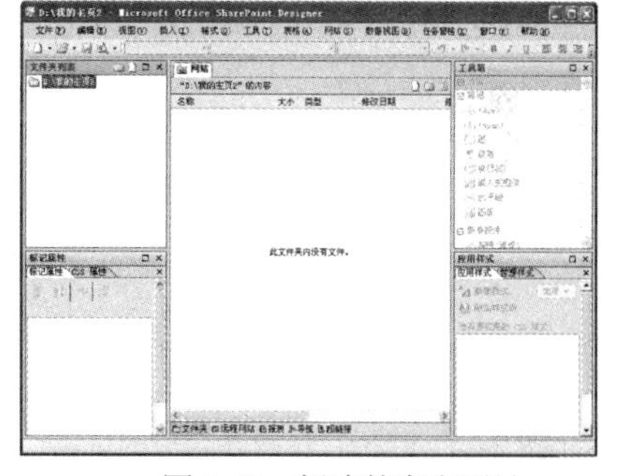

图 2-11　新建的空白网站

同样，在该空白网站中，用户也可以单击【新建网页】按钮，为网站添加新的网页。其中，新添加的第一个网页的默认名称为 default.htm。

2.2.3 使用“网站导入向导”新建网站

使用网站导入向导可创建一个网站，并在其中加入本地计算机目录或远程文件系统中的文档。例如，用户想要新建一个网站，并在该网站中导入百度的主页，可执行以下操作：

选择【文件】|【新建】|【网站】命令，打开【新建】对话框，在该对话框中选择【常规】子选项下的“网站导入向导”命令，在【指定新网站的位置】下拉列表框中选择新建网站在

本地磁盘中存放的位置，如图 2-12 所示。设置完成后，单击【确定】按钮，打开【导入网站向导—欢迎】对话框，在该对话框中选择【HTTP】单选按钮，在【网站位置】文本框中输入百度的网址：http://www.baidu.com，如图 2-13 所示。

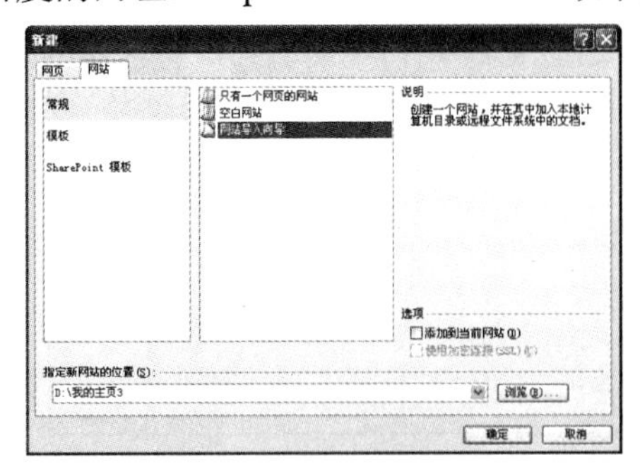

图 2-12　【新建】对话框

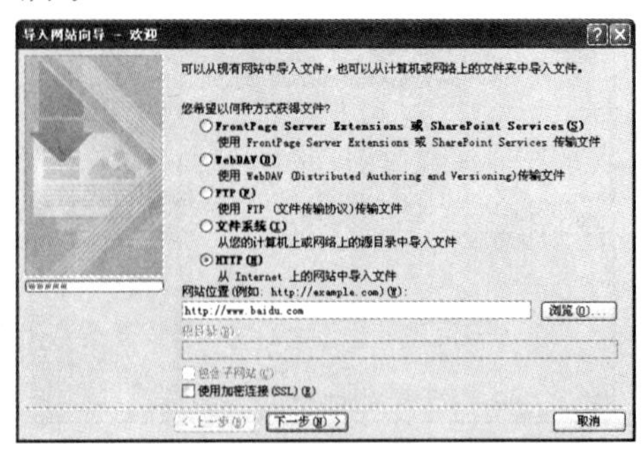

图 2-13　【导入网站向导—欢迎】对话框

单击【下一步】按钮，打开【导入网站向导—选择目标网站位置】对话框，在该对话框中，用户可设置导入的网站文件需要存放在本地磁盘中的位置，在此选中【添加到当前网站】复选框，如图 2-14 所示。

单击【下一步】按钮，打开【导入网站向导—设置导入限制】对话框，在该对话框中，用户可以限制导入网站的大小。例如，可设置仅导入 1 层之内的超链接，并限制所有导入的文件大小最大不超过 5000KB，如图 2-15 所示。

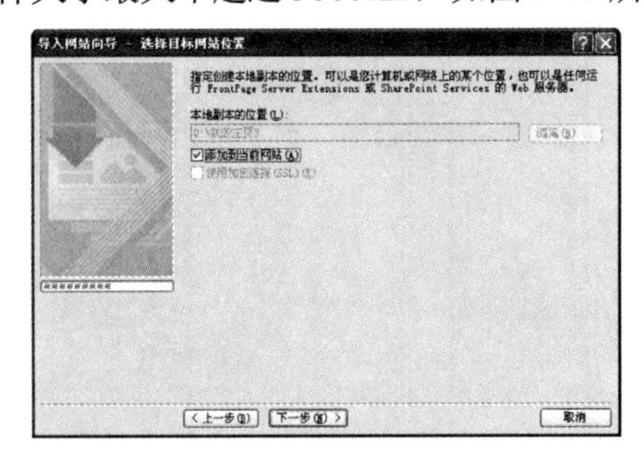

图 2-14　选择目标网站存放的位置

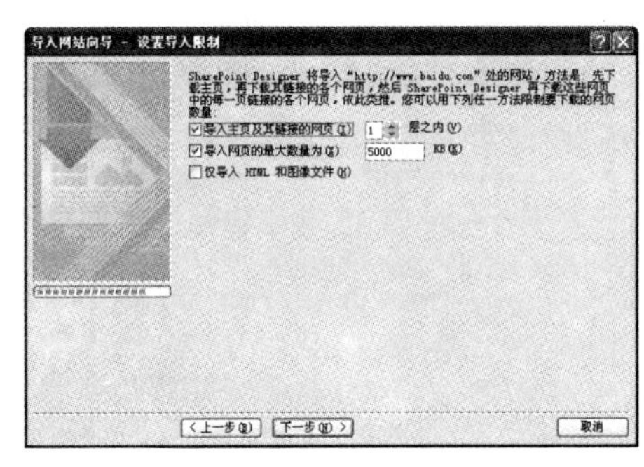

图 2-15　设置导入限制

单击【下一步】按钮，打开【导入网站向导—恭喜】对话框，如图 2-16 所示。单击【完成】按钮，系统即可开始按照用户的设置导入网站，如图 2-17 所示。

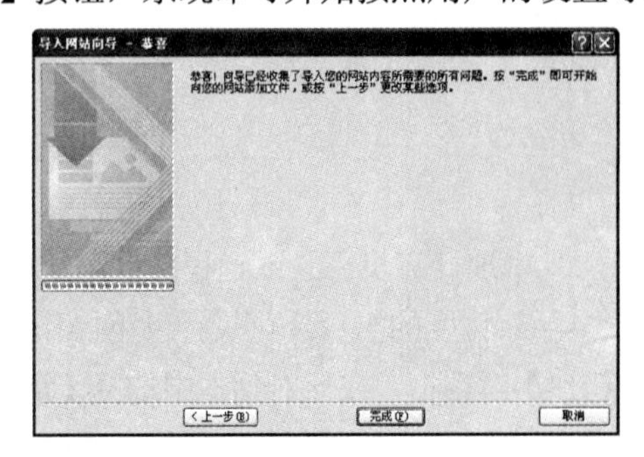

图 2-16　【导入网站向导—恭喜】对话框

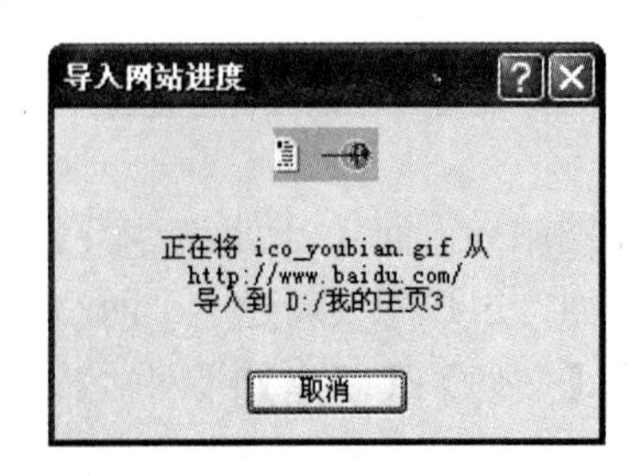

图 2-17　【导入网站进度】对话框

2.3 建立网站结构

无论建立什么样的网站，绘制网站结构图是建立网站前的一个非常重要的步骤。只要在建立网站前绘制好网站结构图，日后无论是设计网页还是维护网站，SharePoint Designer 2007 都能为用户提供一个方便的功能或者是有效率的方法，来帮助用户高效的完成各项工作。

2.3.1 绘制网站结构图

在 SharePoint Designer 2007 中，用户可通过网站的【导航】视图轻松的绘制出网站结构图，并且根据此功能绘制出的结构图，在每一个网页之间都会产生自动链接的关系，另外还可直接在结构图中为这些网页重命名。

根据 2.2.1 节介绍的方法，首先建立一个仅含一个网页的网站，然后单击视图栏中的 导航 按钮，切换至【导航】视图，如图 2-18 所示。

选中 default.htm 网页，单击【导航】工具栏中的【新建网页】按钮，在 default.htm 网页的下方会自动新建一个网页，其默认名称为“无标题 1”，如图 2-19 所示。

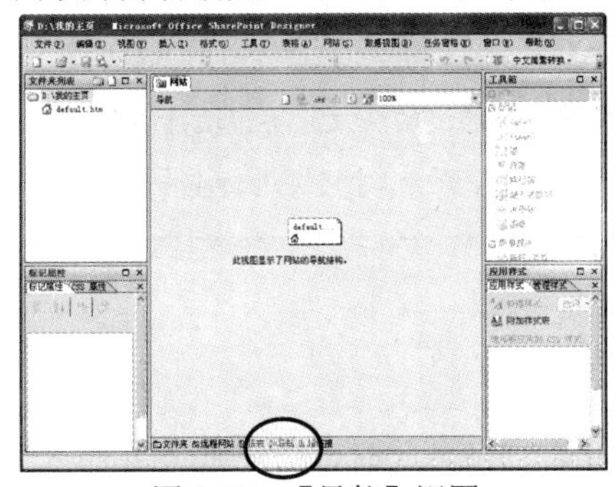

图 2-18　【导航】视图

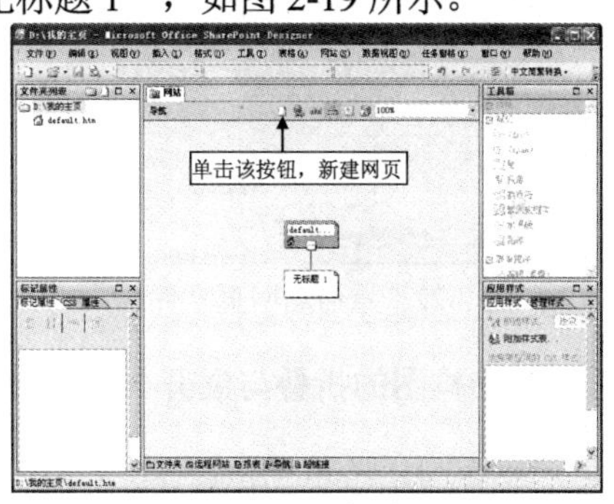

图 2-19　新建网页

在主界面左侧的【文件夹列表】任务窗格中即可看到新建的网页。使用同样的方法，用户可逐层建立网页来绘制网站结构图，如图 2-20 所示。绘制完成后，可单击视图栏中的 文件夹 按钮，切换至【文件夹】视图来查看新建的文件夹，如图 2-21 所示。

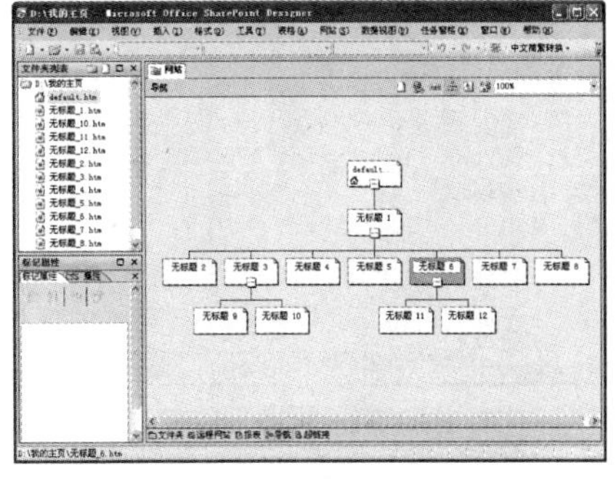

图 2-20　绘制出的网站结构图

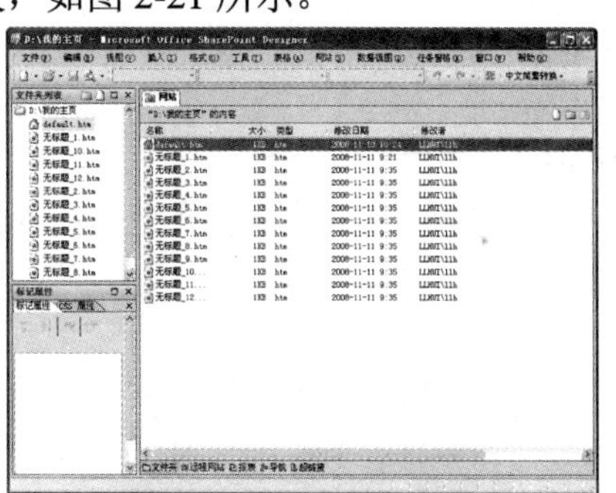

图 2-21　【文件夹】视图

提示

任何一个网站都有自己的主页，设计者可以随意设置其主页文件名，但一般情况下网站服务器会把主页文件名默认为 index.htm 或者是 default.htm。SharePoint Designer 2007 中默认的主页文件名为 default.htm，用户可根据需要将其重命名或者仍然使用默认名称。

2.3.2 编辑网站结构图

网站结构图绘制完成后，如果有什么不满意的地方，用户还可对其进行编辑。编辑网站结构图的操作主要包括对网页的重命名、新建网页、移动和删除网页等。

1. 重命名网页

若要修改网页的文件名，用户可直接在网站结构图中右击需要修改的网页，在弹出的快捷菜单中选择【重命名】命令即可修改网页的文件名，如图 2-22 所示。

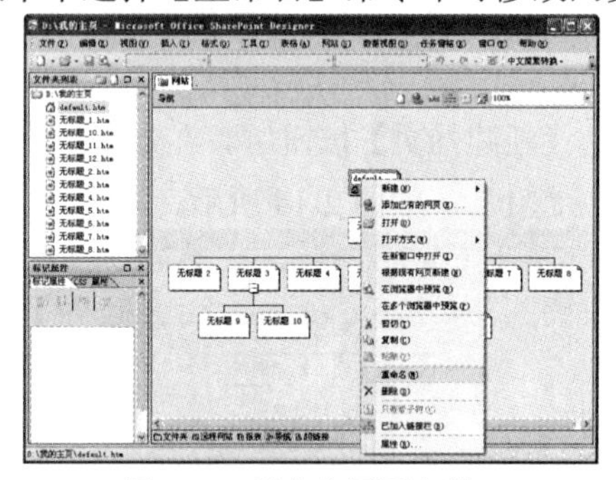

图 2-22　重命名网页文件

提示

在网站的【文件夹】视图和【文件夹】任务窗格中，右击需要修改的网页文件，在弹出的快捷菜单中选择【重命名】命令，也可对网页进行重命名。

2. 网站结构图的折叠与展开

在一个比较大型的网站中，网站结构图必然会非常复杂，此时，用户可将暂时不用的部分折叠起来，以方便对其他部分进行查看。例如，单击如图 2-23 所示中“无标题 1”文件下方的“－”，则可将其下方的所有网页文件折叠起来，同时“－”号变为“＋”号，如图 2-24 所示。

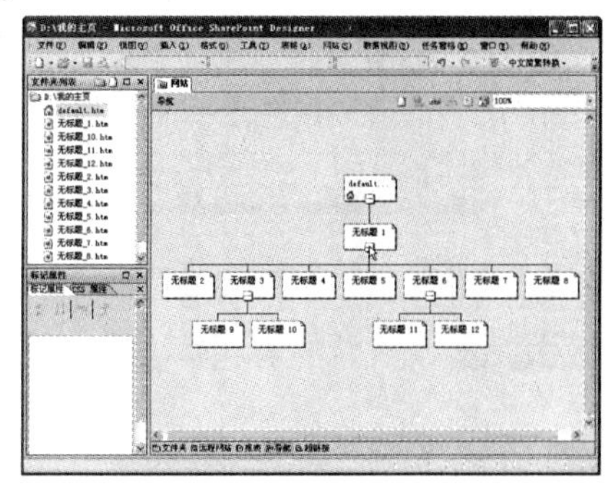

图 2-23　单击“－”号

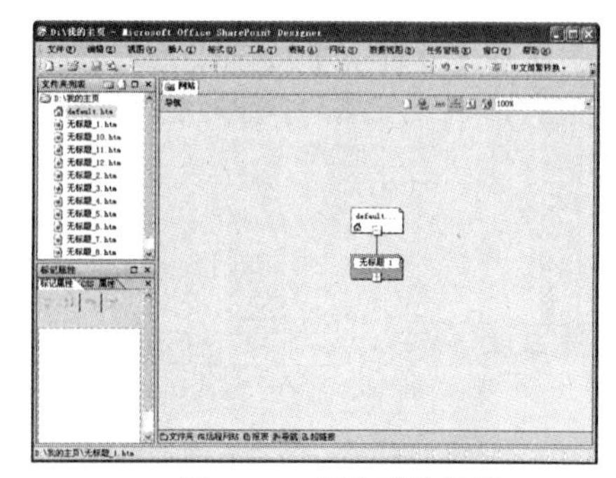

图 2-24　折叠后的效果

若要重新展开这些网页文件，直接单击“＋”号即可，展开后“＋”号恢复为“－”号。

3. 调整网页节点的位置

使用鼠标拖动的方式可以调节网页节点的位置。例如，在如图 2-25 所示中，将鼠标指针放置在“无标题 9”网页文件上，按住鼠标左键不放并拖动鼠标至“无标题 11”网页文件的下方，然后松开鼠标，即可在“无标题 11”文件的下方增加一个网页节点，如图 2-26 所示。

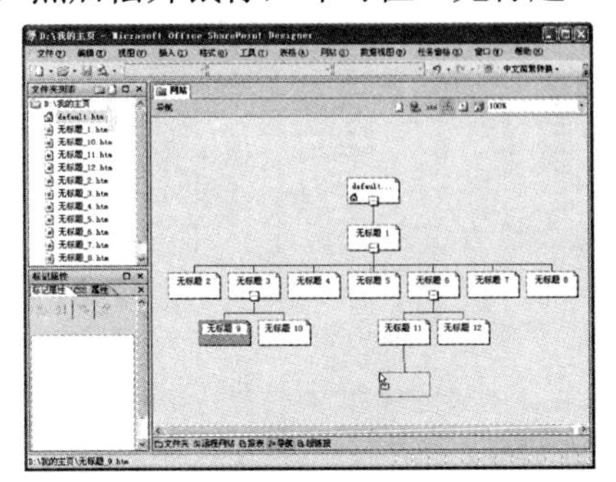

图 2-25　拖动网页文件至新的位置

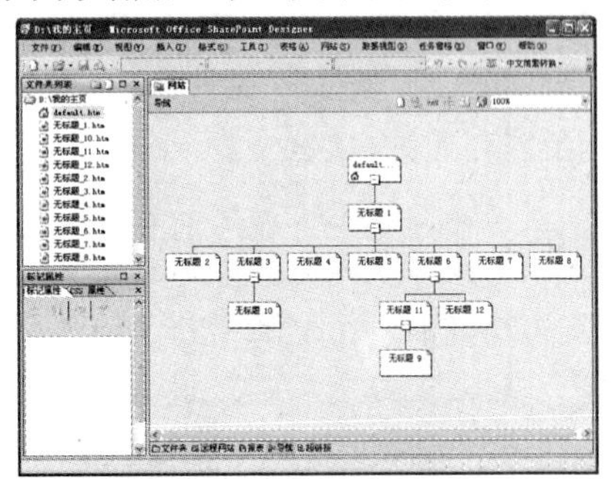

图 2-26　拖动后的效果

4. 更改网站结构图的显示比例和排列方式

如果因网站的内容太多而导致用户不能方便的纵观网站结构图的全貌，此时，用户可通过调整显示比例来改变网站结构图的大小。单击网站结构图右上角的工具栏中的下拉列表框，在弹出的下拉菜单中选择某个显示比例，即可调整网站结构图的大小，如图 2-27 所示。

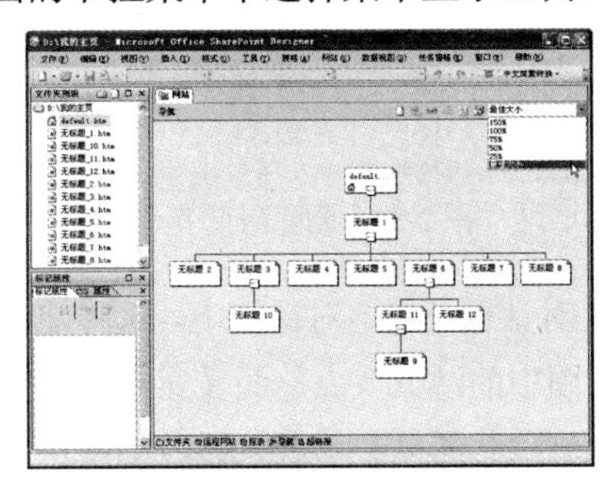

图 2-27　调整网站结构图的显示比例

提示

另外，用户还可在网站结构图的空白处右击鼠标，在弹出的快捷菜单中选择【显示比例】子菜单中的某个命令，也可调整网站结构图的大小。

如果用户不习惯使用横排结构的网站结构图，可在网站结构图的空白处右击鼠标，在弹出的快捷菜单中选择【纵向/横向】命令，即可更改网站结构图的排列方式，如图 2-28 所示。

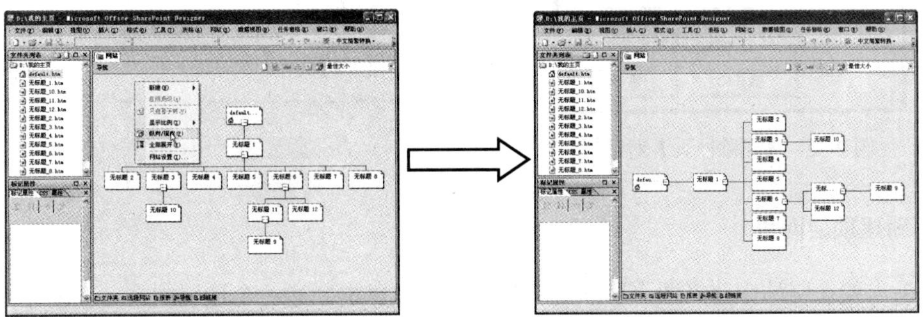

图 2-28　更改网站结构图的排列方式

5. 网页节点的复制、粘贴与删除

若要复制某部分的网页节点，可右击该网页节点，在弹出的快捷菜单中选择【复制】命令。然后在目标位置的网页节点处右击鼠标，在弹出的快捷菜单中选择【粘贴】命令，即可完成网页节点的复制与粘贴操作，如图 2-29 所示。

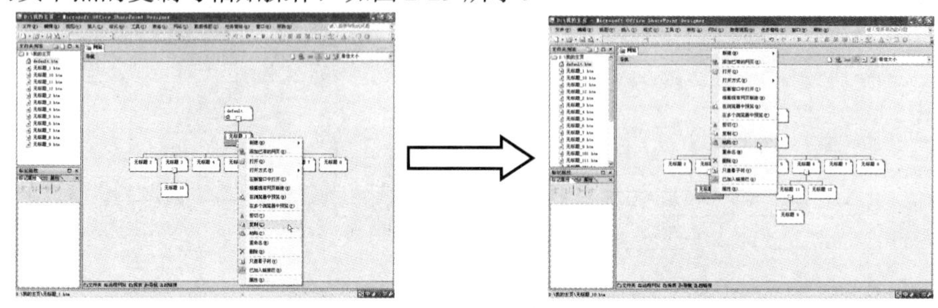

图 2-29　网页节点的复制与粘贴

粘贴后的效果如图 2-30 所示。用户若想删除多余的网页节点，可在该网页节点上右击鼠标，然后在弹出的快捷菜单中选择【删除】命令，如图 2-31 所示。

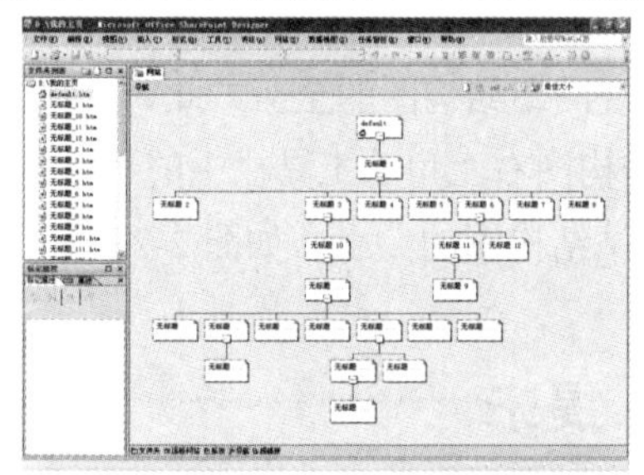

图 2-30　粘贴网页节点后的效果

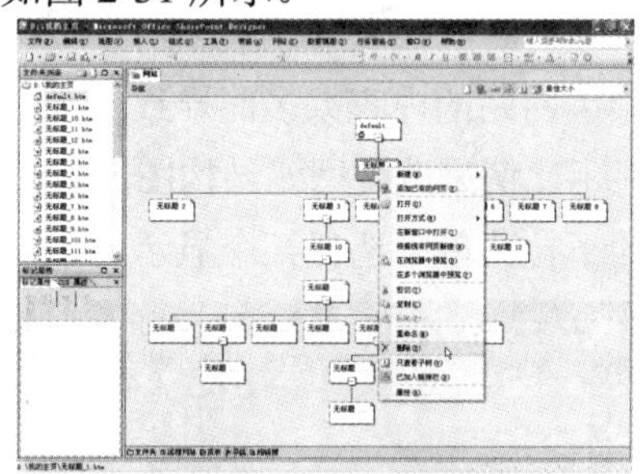

图 2-31　删除网页节点

此时，系统会弹出如图 2-32 所示的【删除网页】对话框。在该对话框中，选择【将本网页从导航结构中删除】单选按钮，则仅删除网站结构图中的网页节点，而【文件夹列表】任务窗格中对应的文件不会被删除；若选择【从网站中删除此网页】单选按钮，则网页节点和【文件夹列表】任务窗格中的对应文件都会被删除。

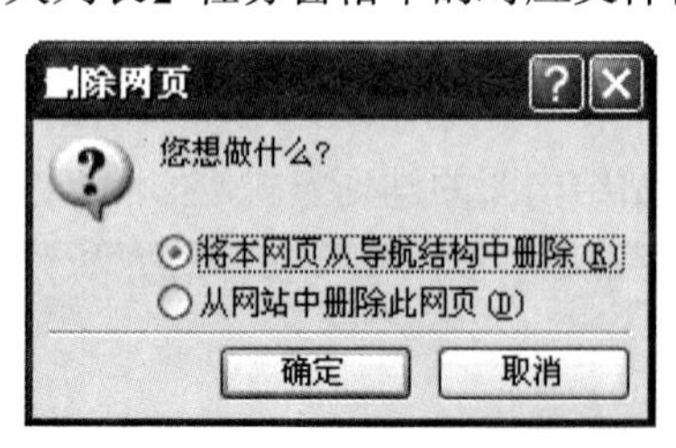

图 2-32　【删除网页】对话框

提示

在【删除网页】对话框中选中某个单选按钮后，单击【确定】按钮即可执行相应的操作。

6. 新建顶层网页

如果需要在网站中建立两个独立的机构，用户可以再新建一个顶层网页。在网站结构图周围的空白区域右击鼠标，在弹出的快捷菜单中选择【新建】|【顶层网页】命令，即可创建

一个顶层网页，如图 2-33 所示。

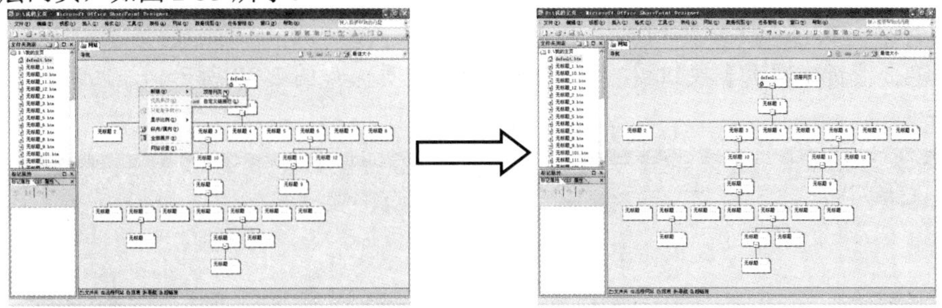

图 2-33　新建顶层网页

2.4 上机实验

本章主要介绍了网站建立之前的规划、创建本地站点的方法以及绘制和编辑网站结构图的方法等。本次上机实验要求用户新建一个空白网站，然后绘制网站结构图。

(1) 选择【开始】|【程序】|【Microsoft Office】|【Microsoft Office SharePoint Designer 2007】命令，打开 SharePoint Designer 2007 的主界面，如图 2-34 和图 2-35 所示。

图 2-34　【开始】菜单

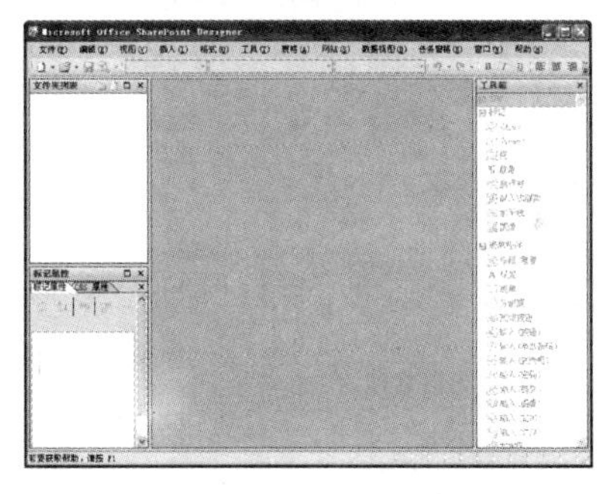

图 2-35　SharePoint Designer 2007 主界面

(2) 选择【文件】|【新建】|【网站】命令，打开【新建】对话框，如图 2-36 所示。

(3) 选择【常规】子选项中的【空白网站】命令，然后在【指定新网站的位置】下拉列表框中设置网站的存放位置。设置完成后，单击【确定】按钮，系统即可创建出一个空白网站，如图 2-37 所示。

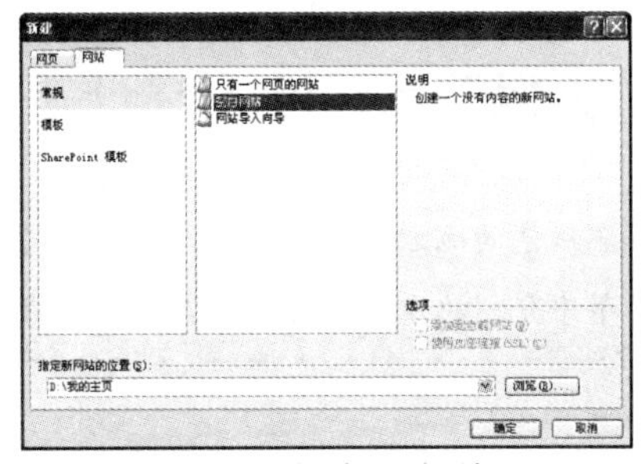

图 2-36　【新建】对话框

图 2-37　新建的空白网站

(4) 在视图栏中单击"导航"按钮，切换至导航视图，如图 2-38 所示。因为是新建的空白网站，所以在初始状态下，该网站中不含任何网页。

(5) 单击【新建网页】按钮，新建一个顶层网页，如图 2-39 所示。该网页的默认名称为“主页”。

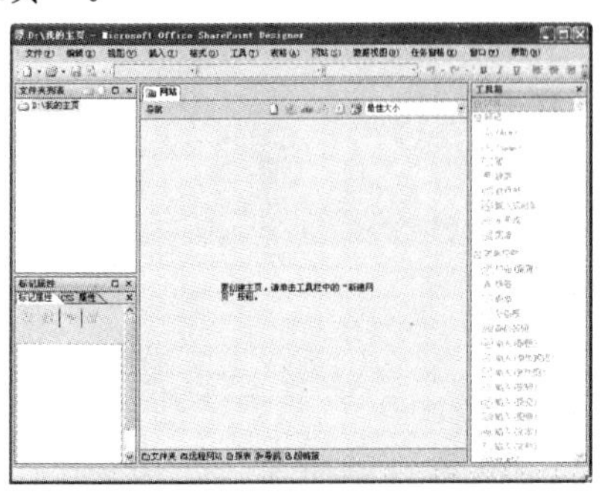

图 2-38 【导航】视图

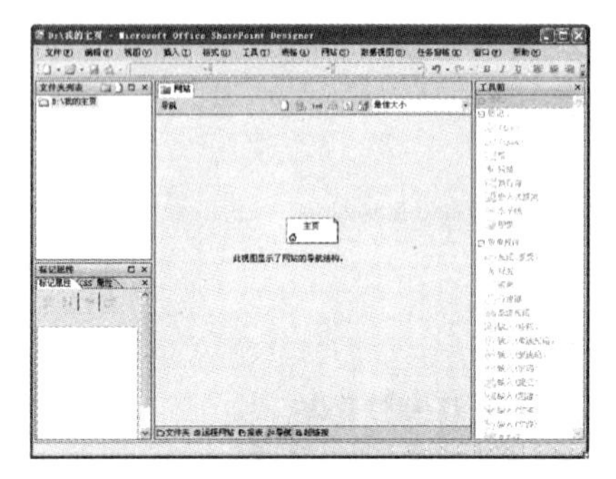

图 2-39 新建一个顶层网页

(6) 选定刚新建的网页，然后连续单击【新建网页】按钮，即可在其下方新建出一连串的新网页，如图 20-40 所示。他们的默认名称分别为“无标题 1”、“无标题 2”……。

(7) 使用同样的方法，用户可根据建立网站的需要，绘制出网站结构图。例如，用户可绘制出如图 2-41 所示的网站结构图。

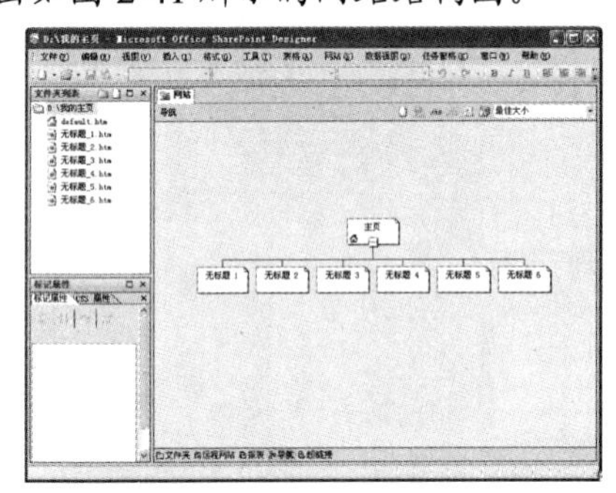

图 2-40 新建网页

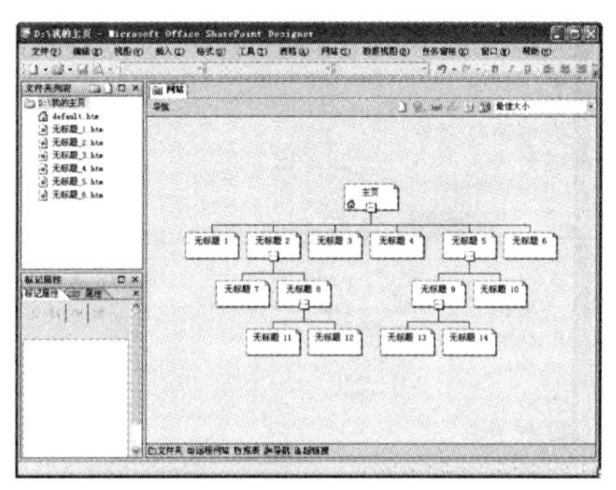

图 2-41 绘制的网站结构图

(8) 右击某个网页文件，在弹出的快捷菜单中选择【重命名】命令，可将该网页重命名，如图 2-42 所示为将网页重命名后的网站结构图。

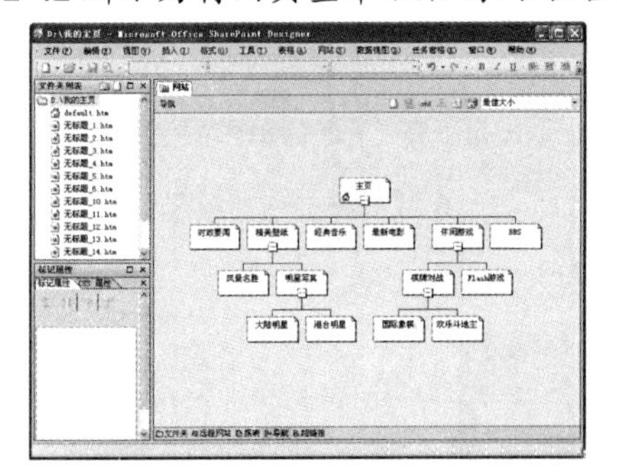

图 2-42 重命名后的网站结构图

提示

对新建的网站结构图如果有什么不满意的地方，用户还可以根据 2.3.2 节中介绍的方法，编辑网站结构图。

2.5 思考练习

2.5.1 填空题

1. 一个优秀的网站通常会具有以下特点__________、__________、__________、__________、__________、__________。

2. 常见的网页布局类型有__________、__________、__________、__________、__________、__________。

3. 要绘制网站结构图，首先应将网站视图切换为__________视图模式。

2.5.2 选择题

1. 以下关于网站规划的叙述中错误的是(　　)。

A. 在制作网站前，应首先规划好网站的内容和浏览对象。

B. 一个优秀的网站应该具有清晰的导航信息。

C. 保持恒久不变的内容才能使访问者流连忘返。

D. 网页中应该在文字说明的旁边适量的搭配图片说明。

2. 观察图 2-43 所示的示例网页结构，该网页属于那种网页布局类型(　　)。

A. π 型布局　　B. T 型布局　　C. 对比布局　　D. POP 布局

3. 观察图 2-44 中的网站结构图，该网站结构图中含有几个独立的顶层网页(　　)。

A. 1 个　　B. 2 个　　C. 3 个　　D. 4 个

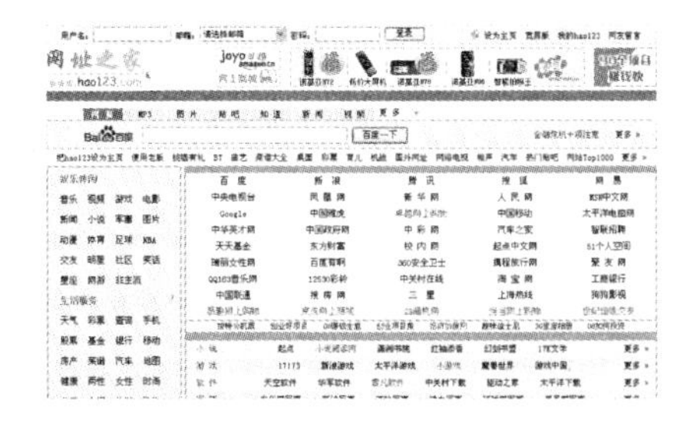

图 2-43　示例网页

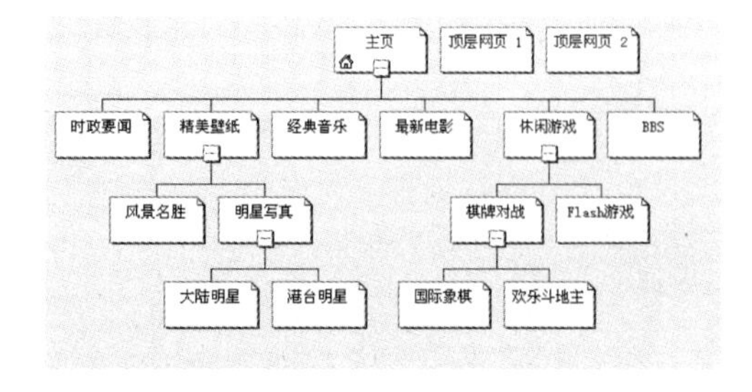

图 2-44　网站结构图

2.5.3 操作题

1. 新建一个只有一个网页的网站，然后绘制网站结构图。

2. 使用网站导入向导，从网上导入一个自己喜欢的网站，观察其网站结构类型。

创建简单的网页及其相关操作

本章导读

上一章介绍了本地站点的创建方法。本地站点创建完成后，即可开始制作网页。网页是组成网站的基本元素，利用 SharePoint Designer 2007，用户可以轻松地制作出精美的网页。本章将介绍创建简单网页的方法及其相关操作。

重点和难点

- 创建与保存网页
- 版面布局
- 输入与编辑文本
- 设置段落格式与网页属性
- 预览网页

3.1 创建与保存网页

创建与保存网页是 SharePoint Designer 2007 的基本操作，对于 SharePoint Designer 2007 的初学者来说，在制作网页之前，首先应学会创建网页与保存网页。

3.1.1 创建空白网页

要在 SharePoint Designer 2007 中创建网页，可以选择【文件】|【新建】|【网页】命令，打开【新建】对话框，在该对话框中选择【常规】子目录下的【HTML】选项，然后单击【确定】按钮，即可创建一个简单的 HTML 网页。

【练习 3-1】启动 SharePoint Designer 2007 并新建一个空白 HTML 网页。

(1) 选择【开始】|【程序】|【Microsoft Office 】|【Microsoft Office SharePoint Designer 2007】命令，打开 SharePoint Designer 2007 的主界面，如图 3-1 所示。

(2) 选择【文件】|【新建】|【网页】命令，打开【新建】对话框，如图 3-2 所示。该对话框分为左、中、右 3 大部分。左半部分有 5 个选项，单击其中的某个选项，在该对话框的

中间部分会显示该选项的子选项。单击某个子选项，则在该对话框的右半部分会显示该子选项的说明文字和预览效果。

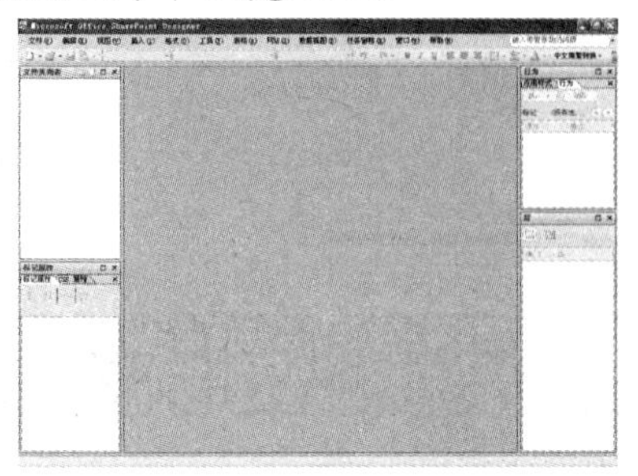

图 3-1　SharePoint Designer 2007 主界面

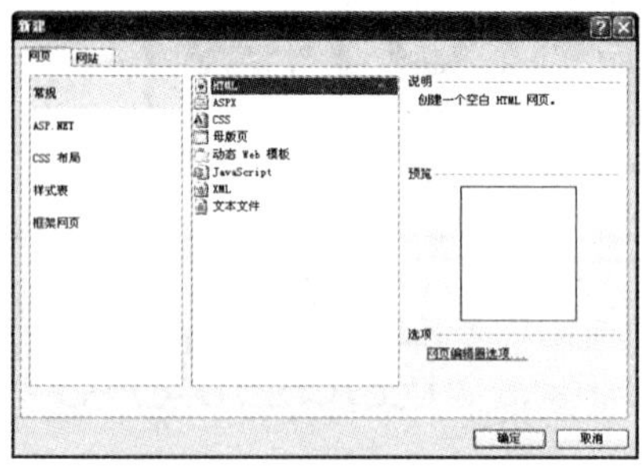

图 3-2　【新建】对话框

(3) 选择【常规】子选项中的 HTML 选项，然后单击【确定】按钮，即可建立一个空白的 HTML 网页，如图 3-3 所示。

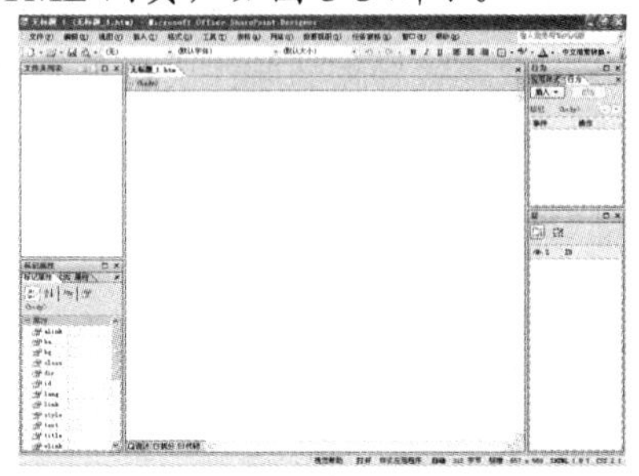

图 3-3　新建的空白网页

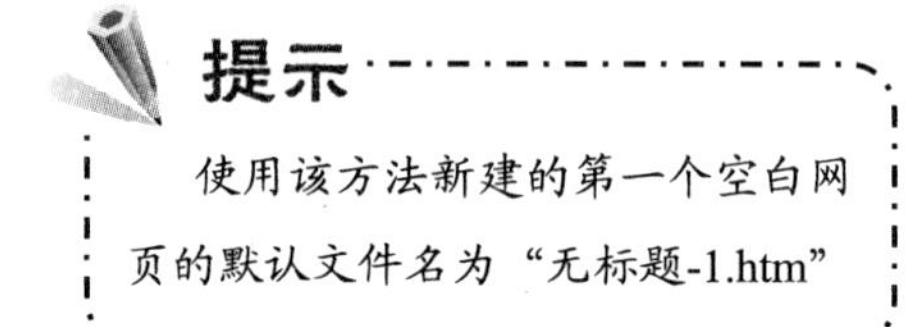

提示

使用该方法新建的第一个空白网页的默认文件名为“无标题-1.htm”

另外，用户还可以直接选择【文件】|【新建】|【HTML】命令，或者单击【文件夹列表】任务窗格中的【新建网页】按钮，即可快速地创建一个空白的 HTML 网页。

3.1.2　保存网页

网页编辑完成后，需要将其保存起来以备日后使用。在 SharePoint Designer 2007 中，保存网页操作分为 3 种方式：“保存”、“另存为”和“全部保存”。

要保存网页，可以选择【文件】|【保存】命令，若当前网页是首次保存，则系统会打开【另存为】对话框，如图 3-4 所示。在该对话框中，设置文件的保存路径和文件名，然后单击【保存】按钮即可保存。

图 3-4　【另存为】对话框

提示

在该对话框中，文件的默认保存类型为网页型，用户还可以通过单击【保存类型】下拉列表框来选择文件的保存类型。

要保存当前网页，还可以右击该网页标签，在弹出的快捷菜单中选择【保存】命令进行也保存，如图 3-5 所示。

对于已经保存的网页，如果想将其以另一个新的名称来保存，或者想将其保存到计算机中的其他位置，可以选择【文件】|【另存为】命令，如图 3-6 所示，打开【另存为】对话框，在该对话框中，设置文件的保存路径和名称，然后单击【保存】按钮即可。

图 3-5　右击网页标签保存网页

图 3-6　选择【文件】|【另存为】命令

若要保存当前所有打开的标签页，可以选择【文件】|【全部保存】命令，则系统会对当前所有打开的标签页逐一进行保存。

3.2 打开与关闭网页

若要对已经存在的网页进行编辑，可以打开该网页进行。打开与关闭网页也是 SharePoint Designer 2007 的基本操作之一，其中，打开网页又分为打开最近使用过的网页与打开已经存在的网页两种方式。

3.2.1 打开最近使用过的网页

若要打开最近使用过的网页，可选择【文件】|【最近使用过的文件】命令，然后在其子命令中选择某个需要打开的网页文件名，即可快速打开该网页，如图 3-7 所示。

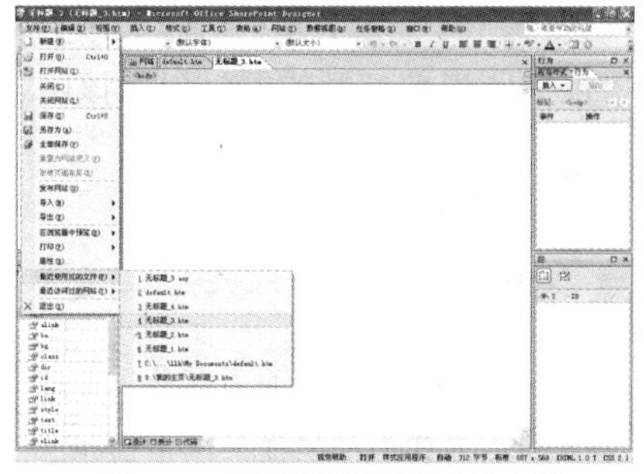

图 3-7　打开最近使用过的文件

提示

同理，用户若想快速地打开最近访问过的网站，可选择【文件】|【最近访问过的网站】命令，然后在其子命令中选择相应的网站名称即可。

21世纪电脑学校

3.2.2 打开已经存在的网页

要打开已经存在的网页，可以选择【文件】|【打开】命令，打开【打开文件】对话框，在该对话框中选择要打开的网页，然后单击【打开】按钮即可。

【练习 3-2】在 SharePoint Designer 2007 中，打开一个位于“D:\我的主页”目录下的名称为“精美壁纸.htm”的网页。

(1) 在 SharePoint Designer 2007 的主界面中，选择【文件】|【打开】命令，如图 3-8 所示，打开【打开文件】对话框，如图 3-9 所示。

(2) 在【打开文件】对话框左侧的列表中单击【我的电脑】按钮，然后在右侧依次双击【本地磁盘(D:)】|【我的主页】|【精美壁纸.htm】图标，即可打开名称为“精美壁纸.htm”的网页。

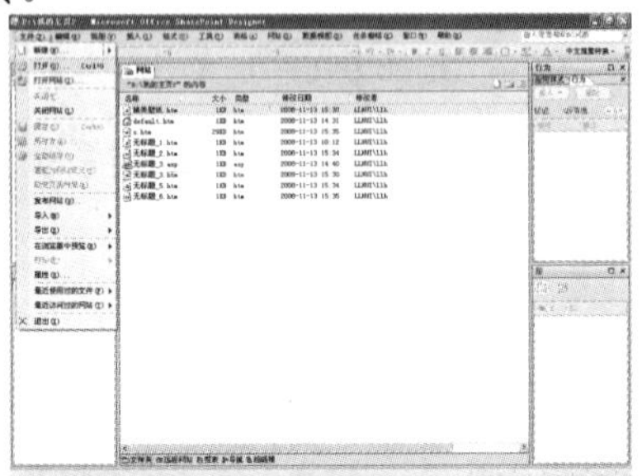

图 3-8 选择【文件】|【打开】命令

图 3-9 【打开文件】对话框

提示

当打开某个站点时，【文件夹列表】任务窗格将显示该站点下的所有文件，双击其中的某个文件名，即可打开该网页文件。

3.2.3 关闭网页

要关闭网页，可以选择【文件】|【关闭】命令，关闭当前正处于编辑状态的网页，如图 3-10 所示。若选择【文件】|【关闭网站】命令，则可以关闭当前打开的网站以及该网站子目录下的所有网页文件。

图 3-10 关闭网页

提示

还可以在要关闭的网页标签上右击鼠标，在弹出的快捷菜单中选择【关闭】命令关闭该网页。

3.3 版面布局

一个网页能否吸引人，很大程度上取决于它的版面布局。一个布局合理、结构清晰的网页一定会给浏览者留下一个良好的印象。使用 SharePoint Designer 2007 的布局表格功能，可以帮助用户轻松地设计版面布局。

3.3.1 新建布局表格

要使用 SharePoint Designer 2007 的布局表格功能，用户可执行以下操作：新建一个网页或者打开一个空白网页，然后选择【表格】|【布局表格】命令，如图 3-11 所示，系统将自动打开【布局表格】任务窗格，如图 3-12 所示。

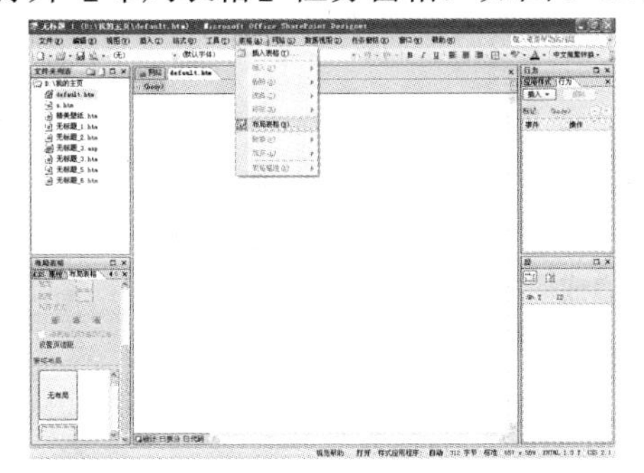

图 3-11　选择【表格】|【布局表格】命令

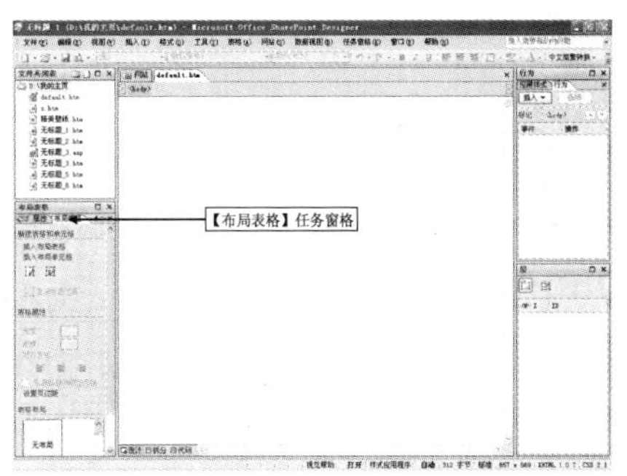

图 3-12　【布局表格】任务窗格

在【布局表格】任务窗格的【表格布局】列表中，系统提供了 12 种表格布局的样式，如图 3-13 所示。

用户若要使用某种表格布局样式，只需用鼠标单击该样式即可。例如，想要使用图 3-13 中第 3 行第 1 列所示的表格布局样式，只需在【表格布局】列表中单击该样式，系统即可自动在网页编辑区应用该样式，如图 3-14 所示。

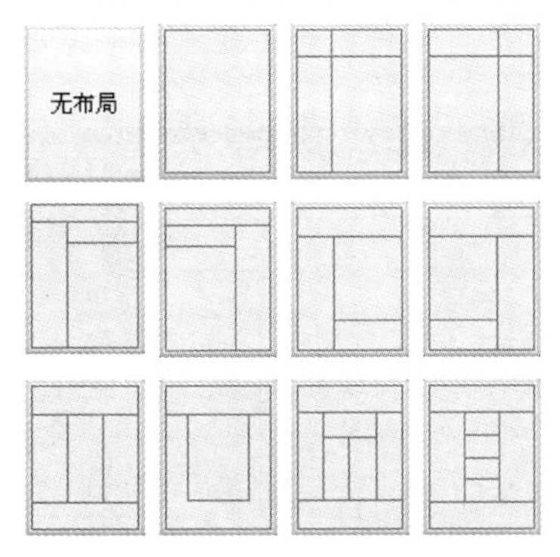

图 3-13　12 种布局表格样式

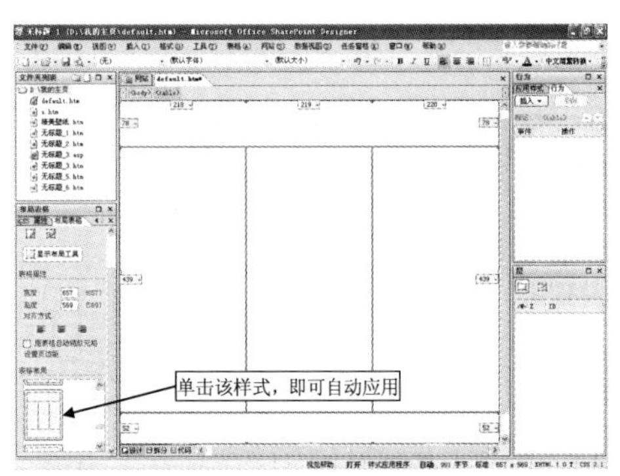

图 3-14　应用表格布局样式

3.3.2 编辑表格结构

应用表格布局后，并不一定完全符合用户的要求，在实际的操作中，还需要对其进行适度的调整，以满足网页设计的需求。对布局表格的调整操作包括调整布局表格的大小、调整布局表格的行高和列宽等。

1. 使用鼠标拖动的方法调整布局表格

使用拖动鼠标的方法，可以方便地对布局表格进行调整。当将鼠标指针放在布局表格的不同位置时，鼠标指针的形状会产生不同的变化，根据鼠标指针形状的不同，用户可对布局表格进行不同的调整操作。其中，常见的鼠标指针形状及相应的操作如表 3-1 所示。

表 3-1　不同形状的鼠标指针的含义

鼠标指针形状	说　　明
✥	十字型箭头：拖动整个区域
↕	上下型箭头：调整行高
↔	左右型箭头：调整列宽
┌	左上角型箭头：向右减小右边列宽或向下减小下边行高
└	左下角型箭头：向右减小右边列宽或向上减小上边行高
┐	右上角型箭头：向左减小左边列宽或向下减小下边行高
┘	右下角型箭头：向左减小左边列宽或向上减小上边行高
┤	顺时针旋转 90° 的 T 型箭头：向右减小右边列宽
├	逆时针旋转 90° 的 T 型箭头：向左减小左边列宽

例如，用户要对图 3-14 所示的布局表格进行调整，可以首先将鼠标指针放在如图 3-15 所示的位置，当鼠标指针变为 ┌ 形状时，按住鼠标左键不放并向右下方拖动鼠标，拖动的痕迹如图 3-15 所示，当拖动到合适的位置后，松开鼠标左键，即可改变表格的形状，如图 3-16 所示。

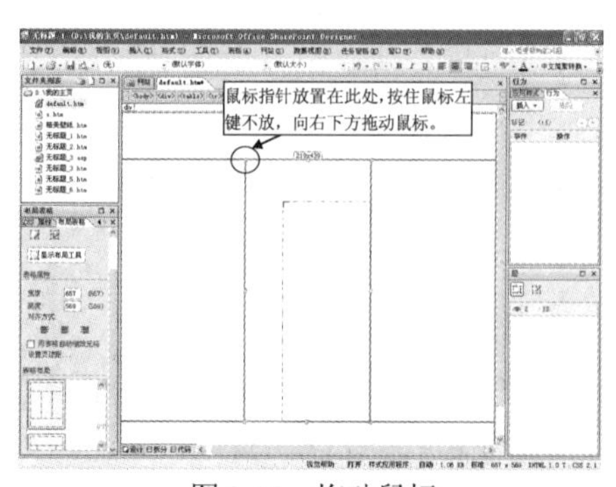

图 3-15　拖动鼠标

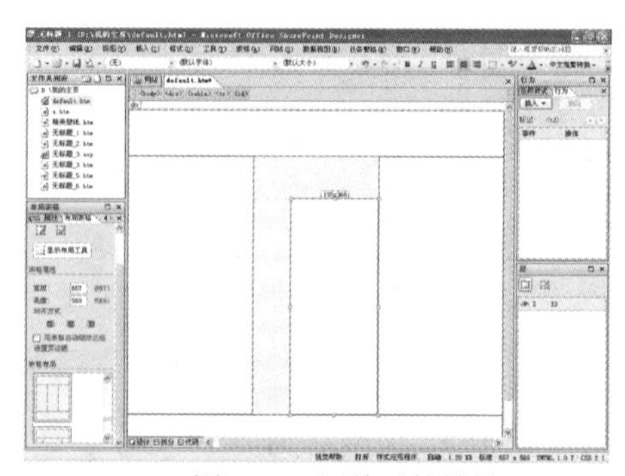

图 3-16　调整后的效果

提示

对布局表格进行调整后，可以看到一个灰色底纹显示的区域，这个区域就是表格的填充区域。

2. 使用列行指示标签调整布局表格

使用拖动鼠标的方法，只能大概地对布局表格的大小进行调整，而且，在调整的过程中，还会出现大量的表格填充区域，如果想要精确地调整布局表格的大小，而不希望出现一些看起来多余的表格填充区域，可以使用 SharePoint Designer 2007 提供的列行指示标签来对布局表格进行调整。

在一个空白网页中新建一个布局表格，该布局表格的周围会自动显示列行指示标签，如图 3-17 所示。分别单击列行指示标签，将会弹出相应的快捷菜单，如图 3-18 所示。

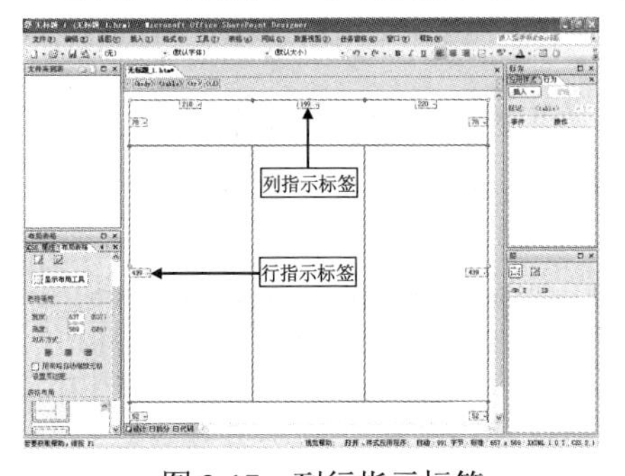

图 3-17　列行指示标签

图 3-18　单击弹出快捷菜单

在列指示标签的快捷菜单中选择【更改列宽】命令，即可打开【列属性】对话框，如图 3-19 所示；在行指示标签的快捷菜单中选择【更改行高】命令，即可打开【行属性】对话框，如图 3-20 所示。在这些对话框中可以对列宽和行高进行精确的调整。

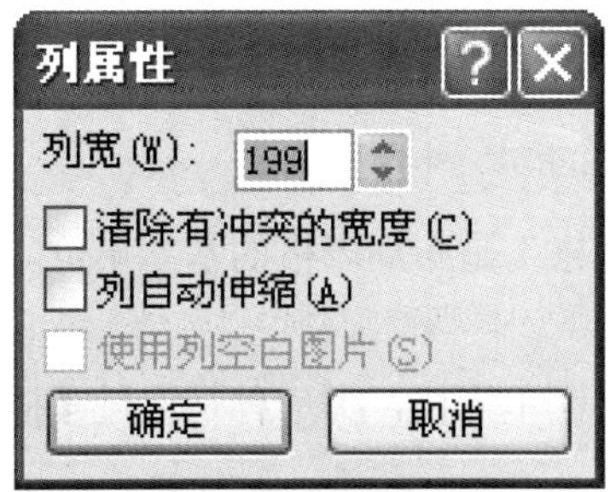

图 3-19　【列属性】对话框

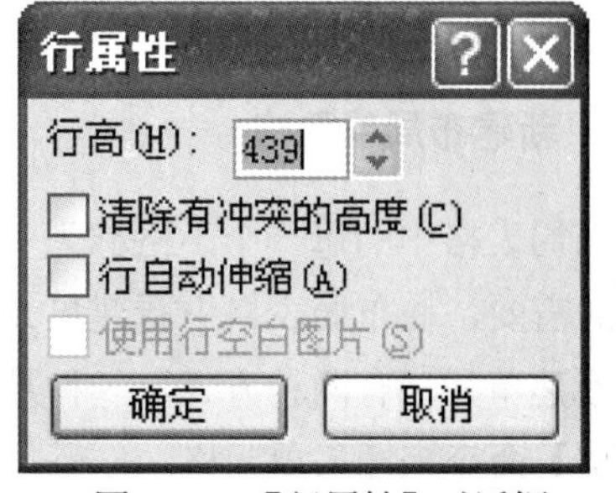

图 3-20　【行属性】对话框

提示

在【列属性】和【行属性】对话框中，列宽和行高度量值的单位为“像素”，英文简称为 px。例如，199 代表 199px，439 代表 439px。

【练习 3-3】将图 3-17 所示布局表格的第一行的行高调整为 120px，将第一列的列宽调整为 100px。

(1) 单击第一行的行指示标签，如图 3-21 所示，在弹出的快捷菜单中选择【更改行高】命令。

(2) 系统将会打开【行属性】对话框，在该对话框的【行高】微调框中，设置数值为 120，然后单击【确定】按钮。如图 3-22 所示。

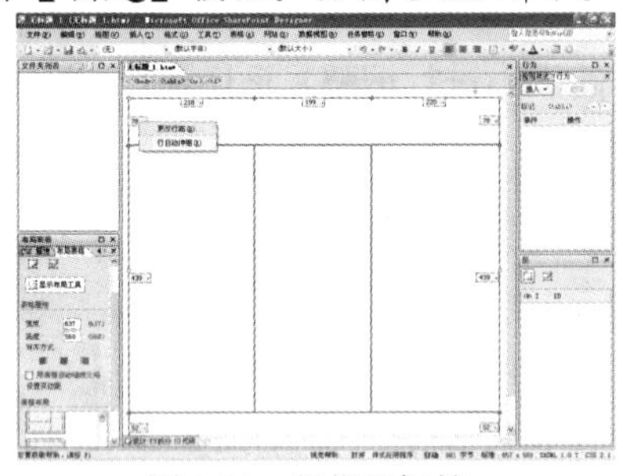

图 3-21　行指示标签

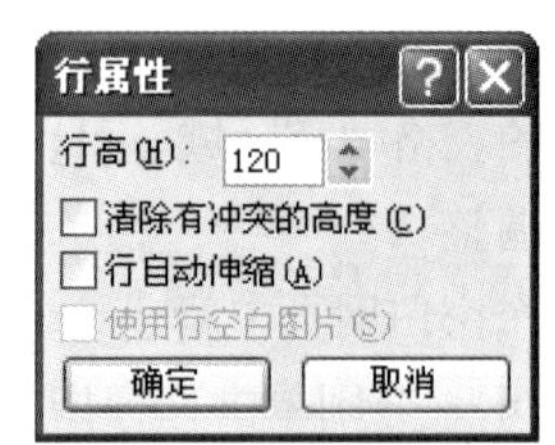

图 3-22　【行属性】对话框

(3) 单击第一列的列指示标签，在弹出的快捷菜单中选择【更改列宽】命令，打开【列属性】对话框，如图 3-23 所示。在【列宽】微调框中设置数值为 100，然后单击【确定】按钮。最终效果如图 3-24 所示。

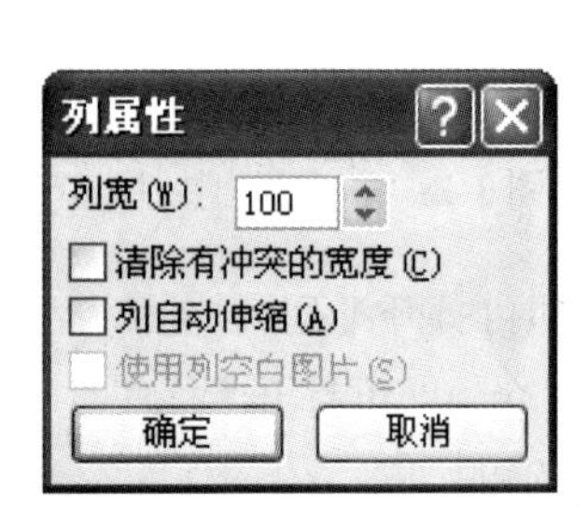

图 3-23　【列属性】对话框

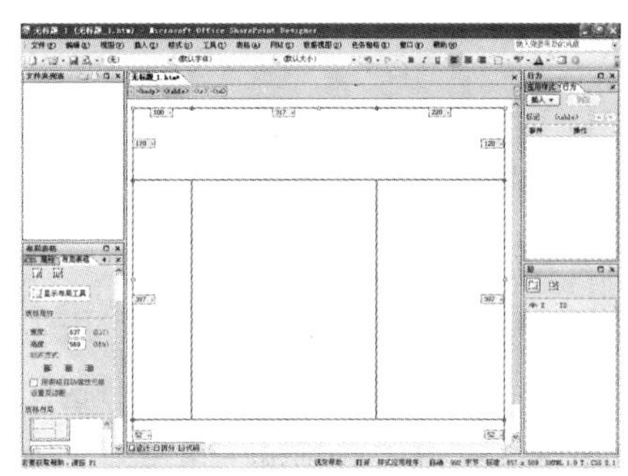

图 3-24　调整后的效果

3. 新建布局单元格

布局表格中的每一个小格称为“单元格”，“单元格”是布局表格的基本单位。用户可以根据需要，在布局表格中新建单元格。

新建单元格有两种方式，一种是通过手绘的方式绘制单元格，另一种是通过【插入布局单元格】命令来插入单元格。

【练习 3-4】通过手绘的方法，绘制新的布局单元格。

(1) 单击【布局表格】任务窗格中的【绘制布局单元格】按钮，如图 3-25 所示。

(2) 当鼠标指针变成形状时，按住鼠标左键不放并拖动鼠标，即可绘制出一个矩形的单元格区域，如图 3-26 所示。

图 3-25　单击【绘制布局单元格】按钮

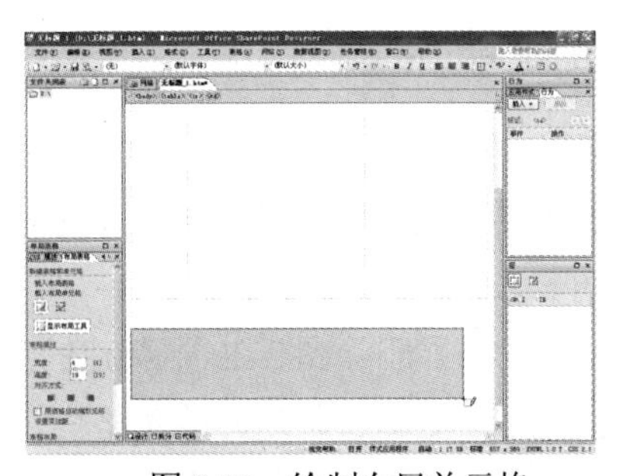

图 3-26　绘制布局单元格

使用手工绘制的方法绘制布局单元格时，需要注意以下两点：

- 在原有布局表格存在的情况下，只能在该布局表格范围以外的区域绘制布局单元格。
- 要想在已有的布局表格中手工绘制单元格，需要先绘制一个布局表格，然后在绘制好的布局表格中绘制布局单元格。

【练习 3-5】通过【插入布局单元格】命令插入单元格。

(1) 将光标定位在需要插入单元格的区域，如图 3-27 所示。

(2) 单击【布局表格】任务窗格中的【插入布局单元格】命令，打开【插入布局单元格】对话框，如图 3-28 所示。在该对话框中可以设置插入布局单元格的宽度、高度以及其他属性。

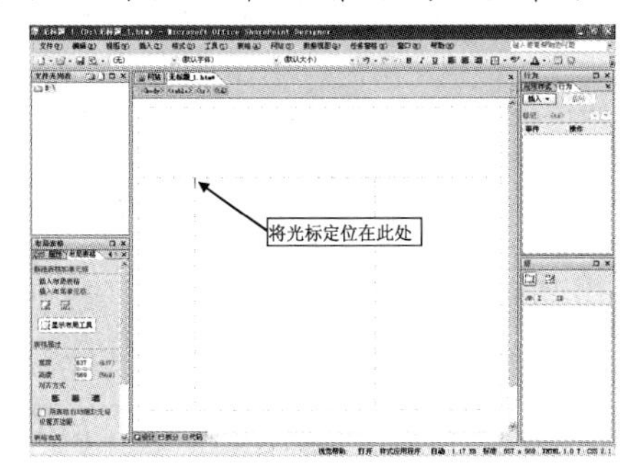

图 3-27　定位光标

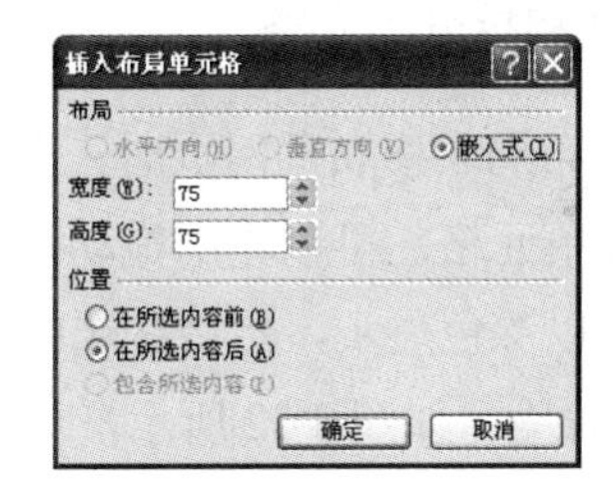

图 3-28　【插入布局单元格】对话框

(3) 设置完成后，单击【确定】按钮，即可在光标所在的位置插入一个新的单元格，如图 3-29 所示。

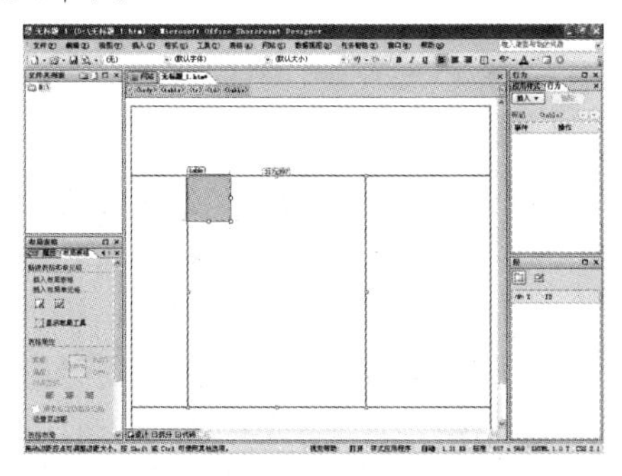

图 3-29　插入的新单元格

提示

在新单元格的右侧和下侧框线上有 3 个小的正方形空心控制点，拖动这些控制点，可以调整新单元格的大小。

4. 删除单元格

在制作网页的过程中，有时需要删除一些多余的单元格。要删除单元格，应先将光标定位在要删除的单元格中，然后右击鼠标，在弹出的快捷菜单中选择【删除】|【删除单元格】命令即可。

【练习 3-6】删除图 3-29 中新建的单元格。

(1) 将光标定位在新建的单元格中，如图 3-30 所示。

(2) 右击鼠标，在弹出的快捷菜单中选择【删除】|【删除单元格】命令，即可删除目标单元格，如图 3-31 所示。

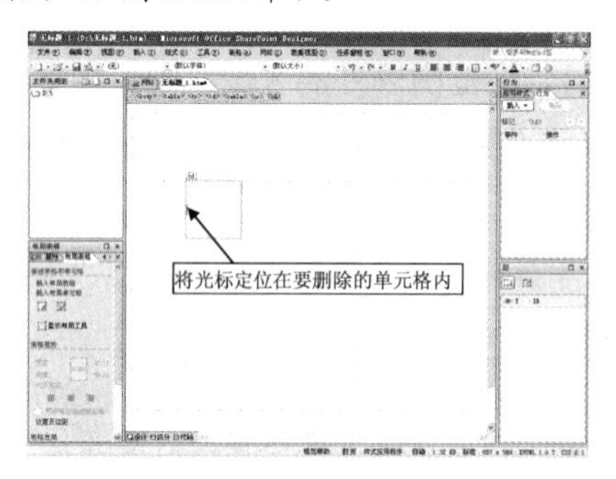

图 3-30　将光标定位在目标单元格中

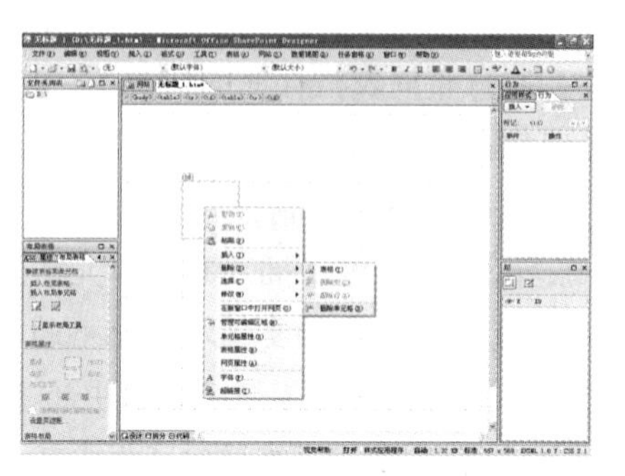

图 3-31　选择【删除】|【删除单元格】命令

5. 合并和拆分单元格

在使用布局表格布局网页时，有时需要将单元格进行合并或拆分，以满足网页设计的需要。要合并单元格，可以先用拖动鼠标的方法选中需要合并的相邻单元格区域，被选中的单元格区域将以深色显示，然后在选中区域右击鼠标，在弹出的快捷菜单中选择【修改】|【合并单元格】命令，如图 3-32 所示，即可合并选中的单元格，如图 3-33 所示的是合并后的效果。

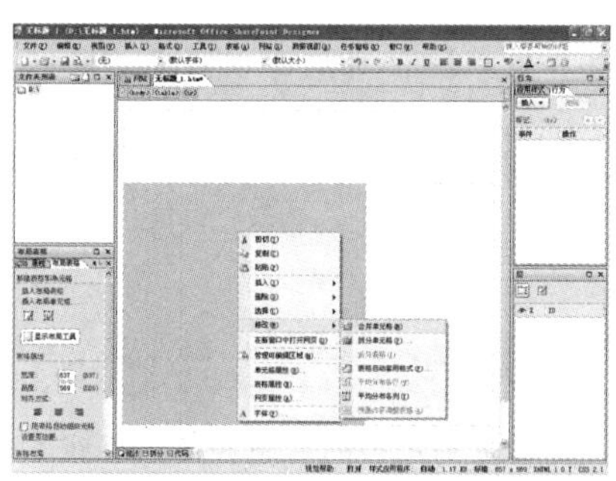

图 3-32　合并单元格

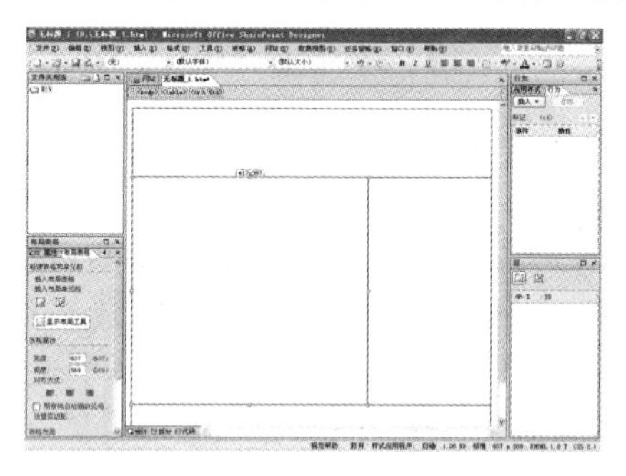

图 3-33　合并后的效果

要拆分单元格，可以在要拆分的单元格区域内右击鼠标，在弹出的快捷菜单中选择【修改】|【拆分单元格】命令，如图 3-34 所示。系统将打开【拆分单元格】对话框，在该对话框中可以设置拆分单元格的具体参数，例如，在此选中【拆分成行】单选按钮，在【行数】微调框中设置参数为 6，如图 3-35 所示。

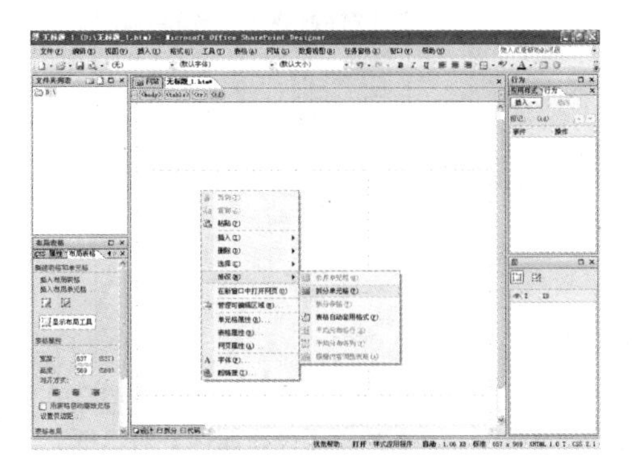

图 3-34　拆分单元格

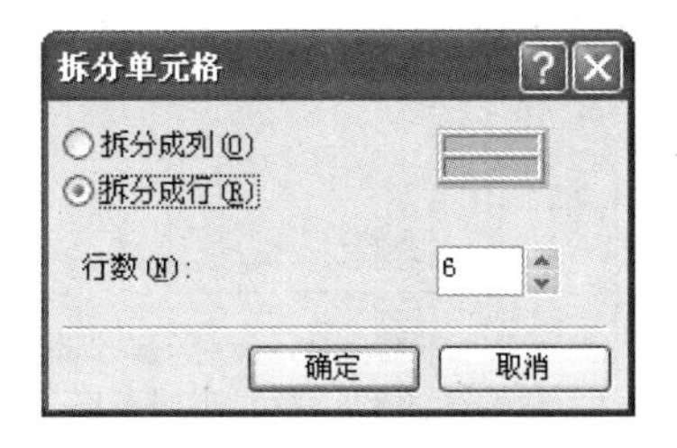

图 3-35　【拆分单元格】对话框

设置完成后，单击【确定】按钮，即可按照设置拆分单元格，效果如图 3-36 所示。

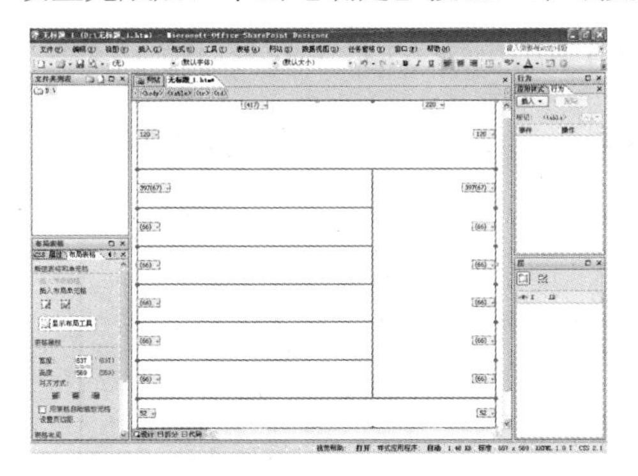

图 3-36　拆分后的效果

提示

无论是拆分成行还是拆分成列，系统默认的拆分方法是平均分配各行行高和各列列宽。

3.3.3 设置表格属性

除了可以对表格的结构进行调整外，还可以对表格的属性进行设置。设置表格属性操作主要包括设置表格的边框颜色、表格边框线条的粗细、表格的背景颜色以及单元格的属性等。

1. 设置表格属性

要设置表格属性，可以在布局表格范围内右击鼠标，在弹出的快捷菜单中选择【表格属性】命令，打开【表格属性】对话框，在该对话框中即可对表格属性进行详细的设置。

【练习 3-7】新建一个布局表格，并对该表格进行属性设置。

(1) 选择【表格】|【布局表格】命令，打开【布局表格】任务窗格，在【表格布局】列表框中选择一种表格布局，如图 3-37 所示。

(2) 在表格区域内右击鼠标，在弹出的快捷菜单中选择【表格属性】命令，打开【表格属性】对话框。在该对话框的【边框】选项区域中，设置【粗细】为 6，【颜色】为“紫红色”，如图 3-38 所示。

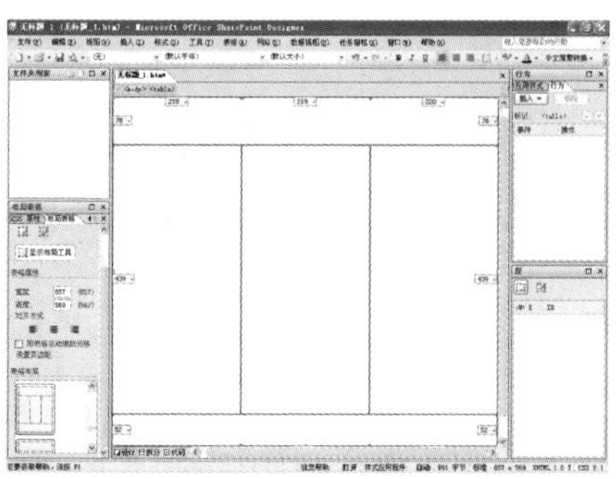

图 3-37　新建布局表格

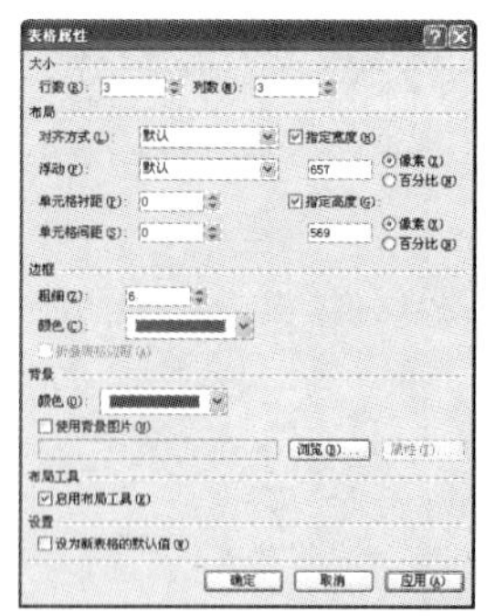

图 3-38　【表格属性】对话框

(3) 在【背景】选项区域中，选中【使用背景图片】复选框，然后单击【浏览】按钮，打开【选择背景图片】对话框，在该对话框中选择需要使用的背景图片，如图 3-39 所示。

(4) 选择完成后，单击【打开】按钮，关闭【选择背景图片】对话框并返回【表格属性】对话框，如图 3-40 所示。

图 3-39　【选择背景图片】对话框

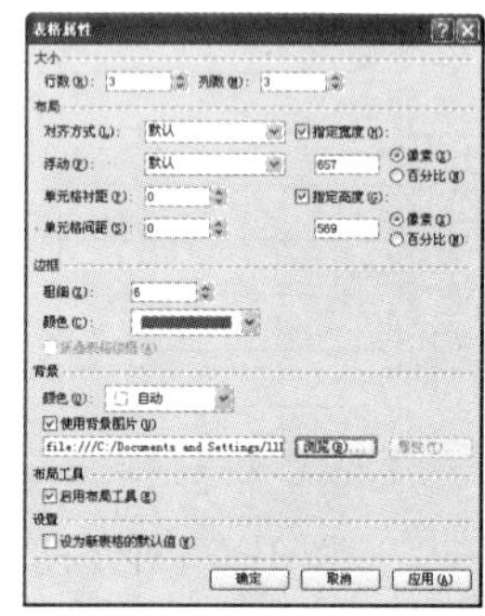

图 3-40　【表格属性】对话框

(5) 单击【确定】按钮，即可按照设置修改布局表格的属性，效果如图 3-41 所示。

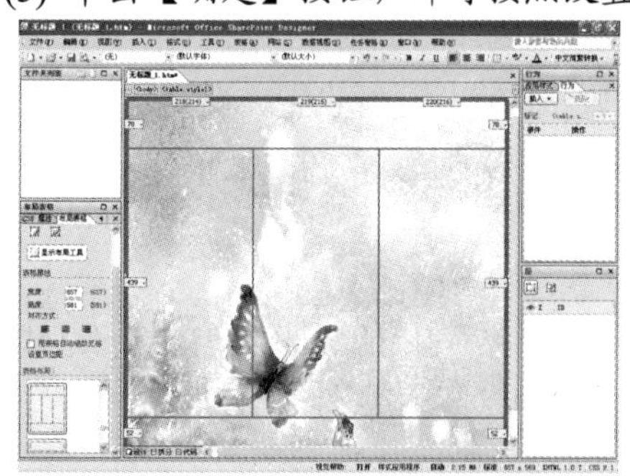

图 3-41　设置后的效果

提示

如果不想使用背景图片，只需在【表格属性】对话框的【背景】选项区域，取消【使用背景图片】复选框即可。

2. 设置单元格属性

要设置单元格属性，可以在要设置属性的单元格中右击鼠标，在弹出的快捷菜单中选择【单元格属性】命令，打开【单元格属性】对话框，在该对话框中可以对单元格属性进行详细的设置。

【练习 3-8】对图 3-41 中单元格的属性进行设置。

(1) 在要设置属性的单元格内右击鼠标，在弹出的快捷菜单中选择【单元格属性】命令，如图 3-42 所示。系统将打开【单元格属性】对话框，如图 3-43 所示。

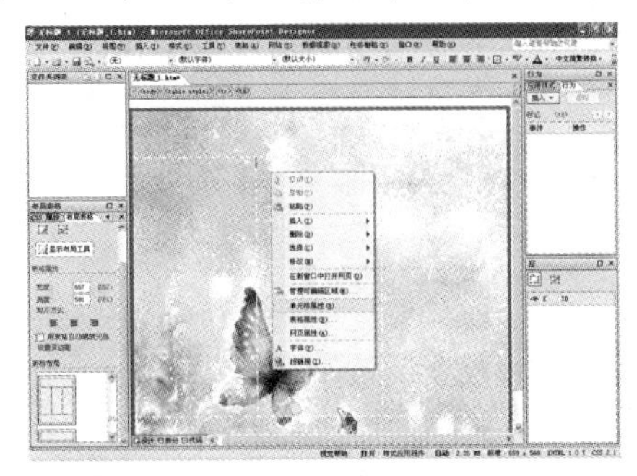

图 3-42　选择【单元格属性】命令

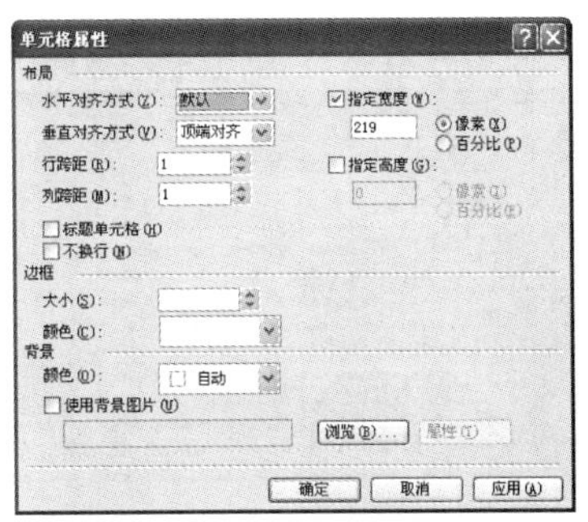

图 3-43　【单元格属性】对话框

(2) 在【单元格属性】的【边框】选项区域设置【大小】为 6，【颜色】为“蓝色”，如图 3-44 所示。

(3) 设置完成后，单击【确定】按钮。设置后的效果如图 3-45 所示。

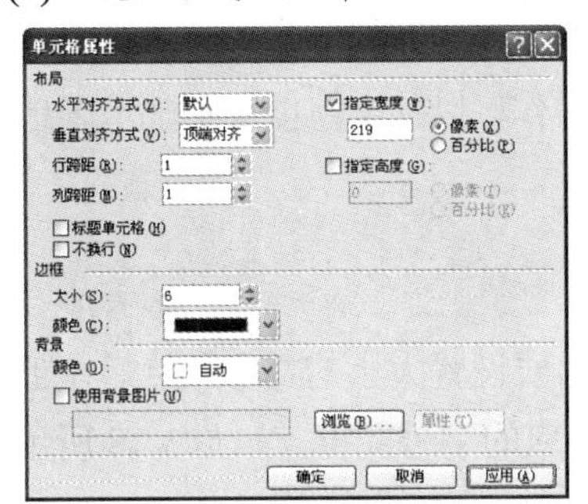

图 3-44　【单元格属性】对话框

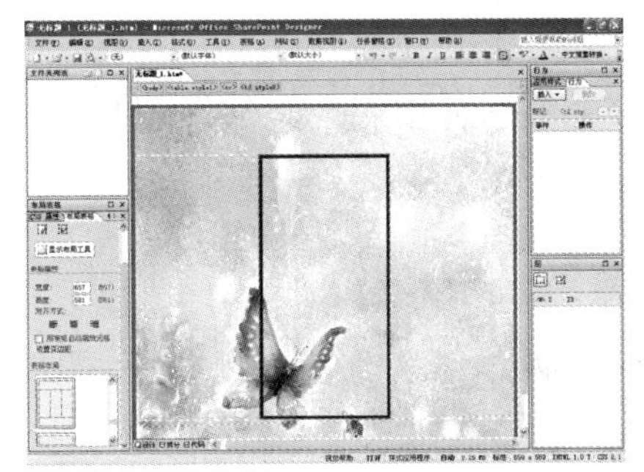

图 3-45　设置后的效果

3.4 输入与编辑文本

网页中最常见的元素是文本，一个优秀的网页不仅要有丰富的文本内容，文本的格式设置也应别具匠心。文本的主要作用是向访问者传达某种文字信息，能否让这种文字信息清晰地表达出来，将关系到整个网页的成败与否。

3.4.1 输入文本

在 SharePoint Designer 2007 的网页编辑窗口中输入文本的方法和在其他文字软件中输入文本的方法基本相同。直接将光标定位在要输入文本的位置，然后输入文字即可。例如，可以在一个空白网页中输入一篇文章，如图 3-46 所示。

需要注意的是，在网页中输入文字时，“分段”和“换行”是两个不同的概念。在 SharePoint Designer 2007 中，按下 Enter 键是分段操作，在 HTML 语言中用<p>标签表示；按下 Shift+Enter 组合键是强制换行的意思，在 HTML 语言中用
标签表示。例如，在如图 3-46 所示中，段落之间用的是强制换行操作，而在如图 3-47 所示中，段落之间用的是分段操作。

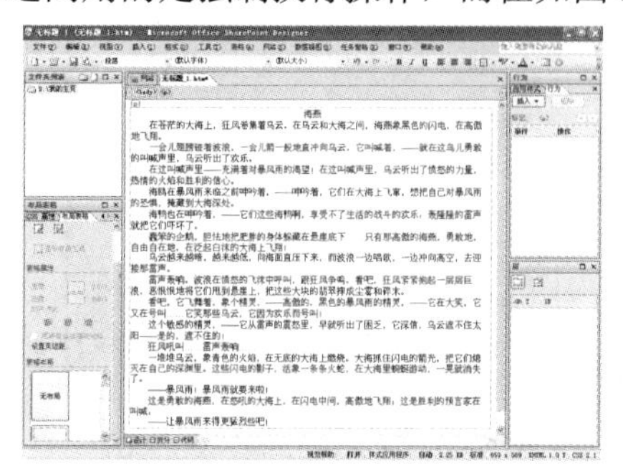

图 3-46　段落之间的换行效果

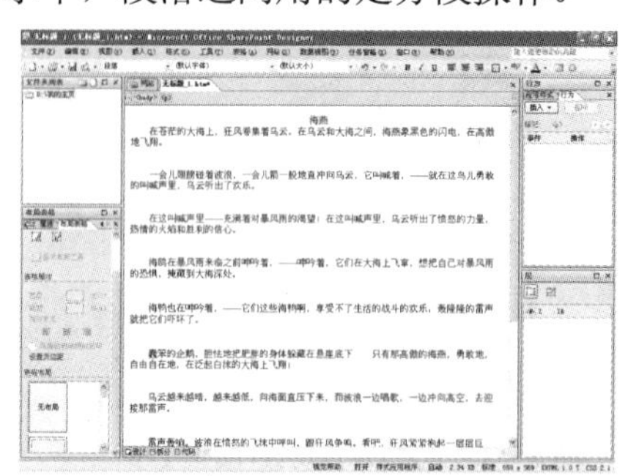

图 3-47　段落之间的分段效果

3.4.2 编辑文本

文本输入完成后，还可以对文本进行进一步的编辑操作，以使文字能够更加清晰地表达所要传达的信息。

1. 设置文字大小

要设置文字的大小，可以先用拖动鼠标的方法选中需要设置大小的文字，然后在工具栏中单击【字号】下拉列表框，在弹出的快捷菜单中选择相应的字号即可，如图 3-48 所示。例如，可以将选中文字的字号大小设置为 18 pt，效果如图 3-49 所示。

图 3-48　设置字体大小

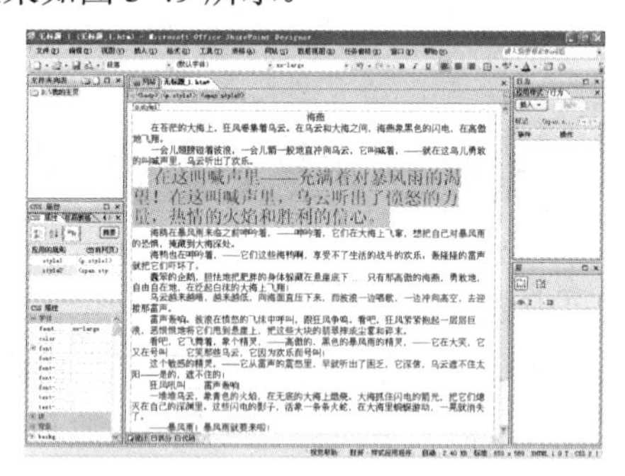

图 3-49　设置后的效果

2. 设置文字颜色

要设置文字的颜色，可以先用拖动鼠标的方法选中需要设置颜色的文字，然后在工具栏中单击【字体颜色】按钮A·右边的倒三角按钮，在弹出的快捷菜单中选择相应的颜色即可，如图 3-50 所示。例如，可以将选中文字的颜色设置为“蓝色”，效果如图 3-51 所示。

图 3-50　设置文字的颜色

图 3-51　设置后的效果

3. 使用【字体】对话框

除了可以使用工具栏来编辑文本外，还可以使用【字体】对话框来编辑文本。首先选中需要编辑文本的文字，然后在选中区域右击鼠标，在弹出的快捷菜单中选择【字体】命令，如图 3-52 所示。

系统将打开【字体】对话框，如图 3-53 所示。在该对话框的【字体】选项卡中，可以设置文字的“字体”、“字体样式”、“字体大小”、“颜色”、“特殊效果”等属性；在【字符间距】选项卡中，可以对字符间距进行具体的设置。

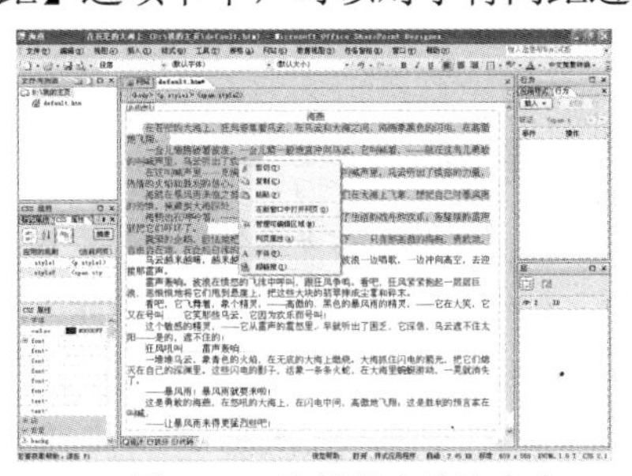

图 3-52　选择【字体】命令

图 3-53　【字体】对话框

3.4.3 查找与替换文本

SharePoint Designer 2007 提供了文本的查找与替换功能，以方便用户查找与替换文字。

选择【编辑】|【查找】命令，如图 3-54 所示，打开【查找和替换】对话框，如图 3-55 所示。在该对话框中可以设置查询参数，然后对网页进行特定条件的查询。

图 3-54　选择【编辑】|【查找】命令

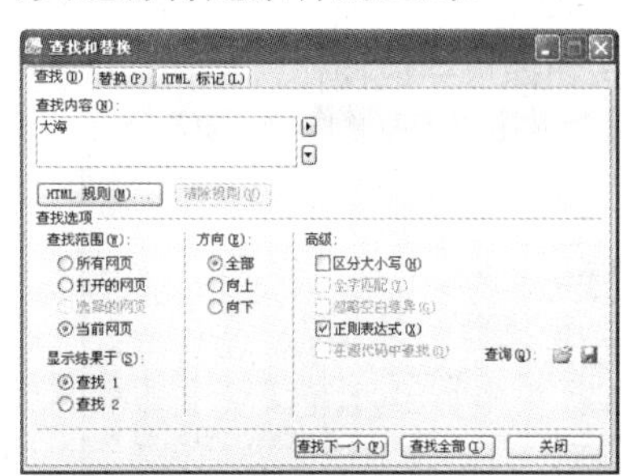

图 3-55　【查找和替换】对话框

例如，若要在网页中查找词语“大海”，可在【查找内容】文本框中输入关键字“大海”，然后单击【查找下一个】按钮，系统将对网页进行自动搜索，并将查找到的结果以选中状态显示，如图 3-56 所示。

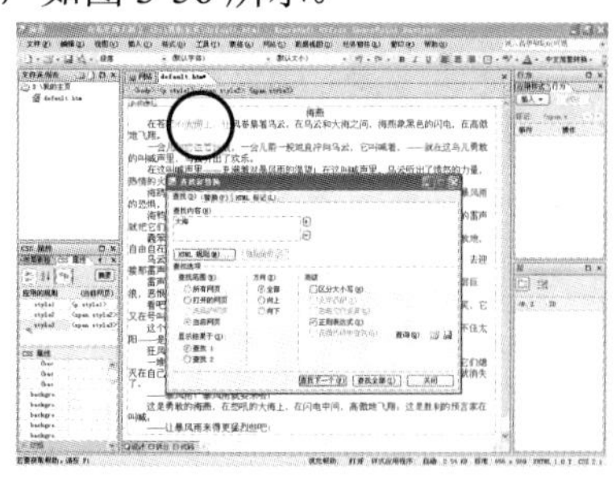

图 3-56　查询结果

提示

在【查找和替换】对话框的【查找范围】选项区域，可以设置查找网页的范围；在【方向】选项区域，可以设置查找的方向。

使用【查找下一个】按钮对网页进行搜索时，系统是按照用户设置的查找方向逐一的搜索出要查找的关键字。如果需要一次性的搜索出网页中所有需要查找的关键字，可以单击【查找全部】按钮，系统即可自动打开一个【查找】任务窗格，并将查找结果全部显示在该任务窗格中，如图 3-57 所示。

图 3-57　查找结果

提示

在【查找】任务窗格中，双击某条查询结果，系统将自动显示该条查询结果在网页中的位置。

如果需要替换网页中的某个文字或词语，可以使用 SharePoint Designer 2007 提供的文本替换功能。选择【编辑】|【替换】命令，或者直接将图 3-55 所示的【查找和替换】对话框切换至【替换】选项卡，都可以打开如图 3-58 所示的界面。在该对话框中，可以设置查找和替换的参数，然后对文本进行替换。

例如，若要将文中所有的词语“大海”替换为拼音的“DaHai”，可在【查找内容】文本框中输入关键字“大海”，在【替换为】文本框中输入替换文本“DaHai”，然后单击【全部替换】按钮即可完成操作，替换后的效果如图 3-59 所示。

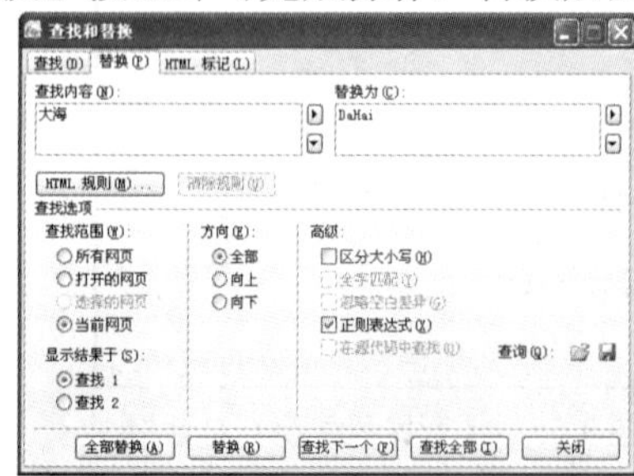

图 3-58　替换文本

图 3-59　替换结果

3.4.4 插入特殊符号

所谓的特殊符号指的是无法通过键盘直接输入的一类符号，例如：版权符号“©”、注册商标符号“®”、商标符号“TM”等。

SharePoint Designer 2007 为用户提供了方便的特殊符号输入功能，除了能够输入通用的一些特殊符号外，还可以输入一些使用频率较高的常规符号，以方便用户使用。例如，井号“#”、小括号“()”等。

要输入特殊符号，应先将光标定位在插入点，然后选择【插入】|【符号】命令，如图 3-60 所示，打开【符号】对话框，如图 3-61 所示。

在该对话框的【字体】下拉列表框中，可以选择“符号”所使用的字体；在【子集】下拉列表框中，可以选择“符号”的种类。设置完成后，选择需要插入的符号，然后单击【插入】按钮，即可插入该符号。

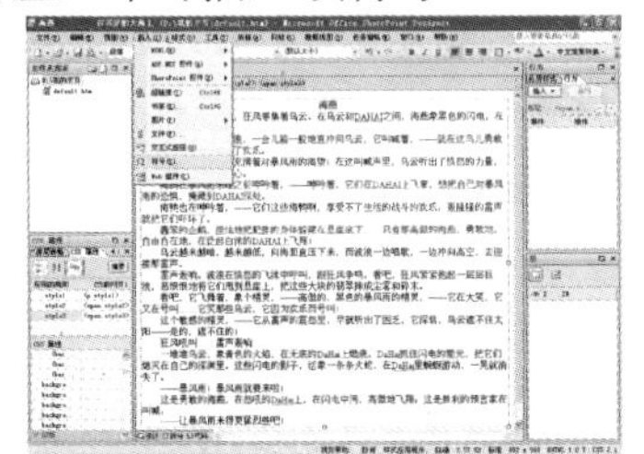

图 3-60　选择【插入】|【符号】命令

图 3-61　【符号】对话框

提示

另外，使用某些输入法也可输入特殊符号。例如，智能 ABC 输入法、搜狗拼音输入法等都具有特殊符号的输入功能。

3.4.5 插入水平线

水平线主要用来分割文本的段落、页面修饰等。要插入水平线，可以先将光标定位在要插入水平线的位置，然后选择【插入】|【HTML】|【水平线】命令，如图 3-62 所示。插入水平线后，原本处于同一段落中的文字被一分为二，效果如图 3-63 所示。

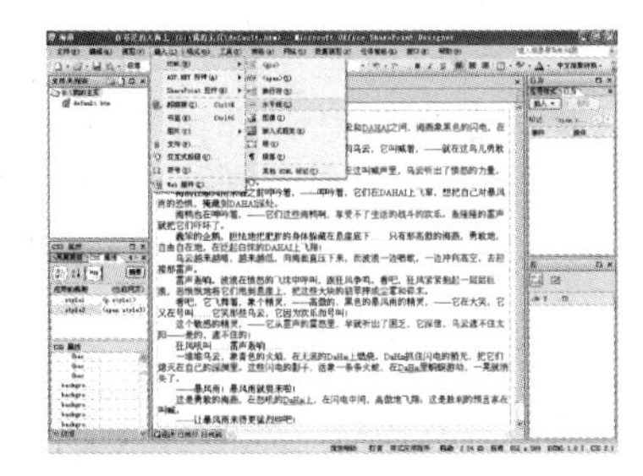

图 3-62　插入水平线

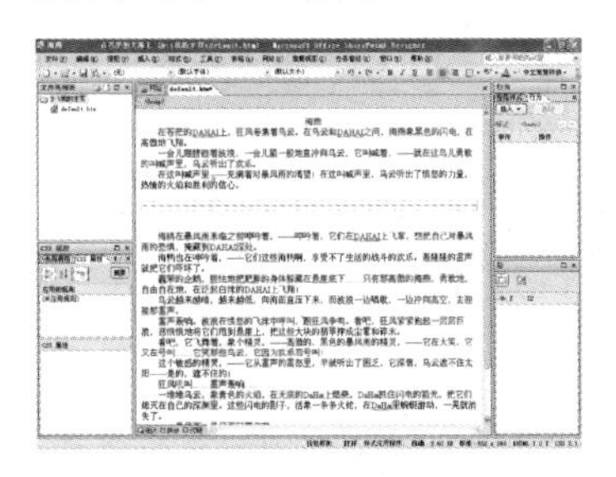

图 3-63　插入水平线后的效果

双击插入的水平线，可以打开【水平线属性】对话框，如图 3-64 所示。在该对话框中可以设置水平线的宽度、高度、对齐方式、颜色等属性。

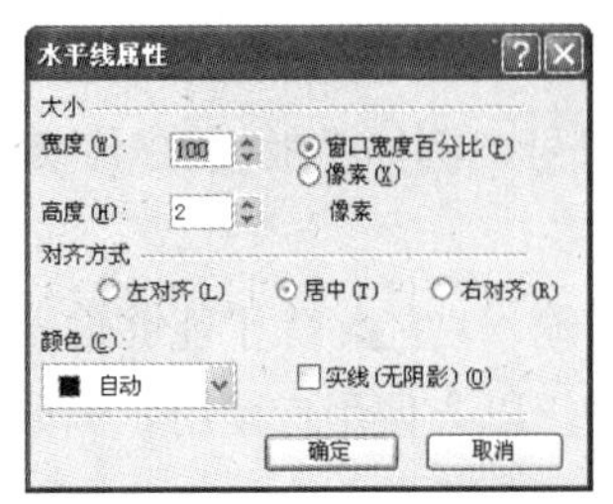

图 3-64 【水平线属性】对话框

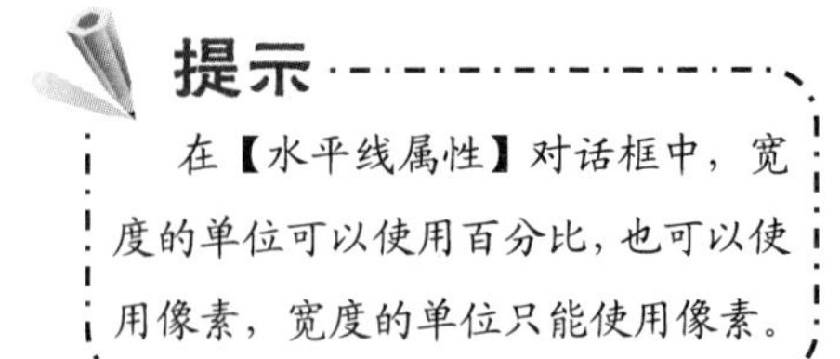

3.5 设置段落格式

对文本段落格式的设置主要包括增加段落标志与换行、设置段落的对齐方式、调整段落的缩进、设置段落间距、以及为段落设置边框和底纹等操作。

3.5.1 增加段落标志与换行

段落标志主要用于划分文本之间的段落，在文本中增加段落标志，相当于在 HTML 语言中加入“<p>……<p>”段落标签。

在文本中增加段落标志的最简单办法就是在输入完一段文本后，直接按下 Enter 键进行分段。另外，利用 3.4.5 节中介绍过的插入水平线操作也可以进行分段。

换行操作曾在 3.4.1 节中介绍过，在输入文字的过程中，直接按下 Shift+Enter 组合键，即可实现换行操作。另外，还可以通过选择【插入】|【HTML】|【换行符】命令来实现换行操作。

3.5.2 设置段落的对齐方式

段落共有 3 种对齐方式，分别是左对齐、居中和右对齐。要对某个段落设置对齐方式，首先要选中该段落，然后直接单击工具栏中相应的按钮即可。这些按钮包括【左对齐】按钮、【居中】按钮和【右对齐】按钮。

例如，选中图 3-63 中水平线下方的段落，然后单击【居中】按钮，即可将该段落的对齐方式设置为居中，如图 3-65 所示；单击【右对齐】按钮，可将该段落的对齐方式设置为右对齐，如图 3-66 所示。

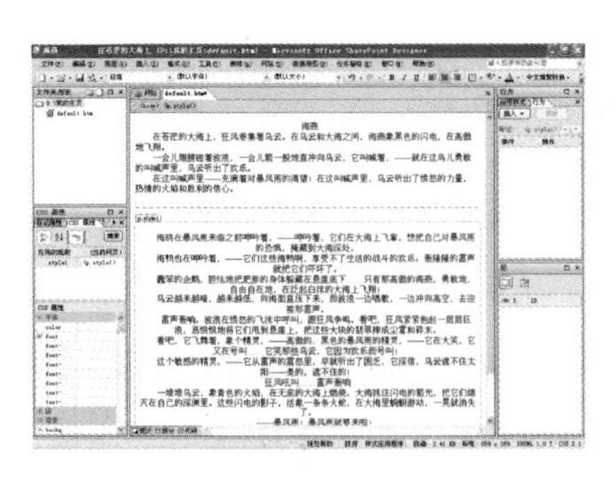
图 3-65　居中对齐

图 3-66　右对齐

3.5.3 调整段落缩进

要调整段落的缩进量，可以通过工具栏中的【减少缩进量】按钮和【增加缩进量】按钮来实现。默认情况下，工具栏中的这两个按钮是隐藏的，可以通过设置将他们显示在工具栏中。具体操作方法如下：

单击工具栏最右端的【工具栏选项】按钮，在弹出的快捷菜单中选择【添加或删除按钮】|【通用】命令，如图 3-67 所示。在【通用】命令的子命令中分别用鼠标单击【减少缩进量】按钮和【增加缩进量】按钮，在这两个按钮的前端将出现“√”标志，此时这两个按钮已被加入到工具栏中，如图 3-68 所示。

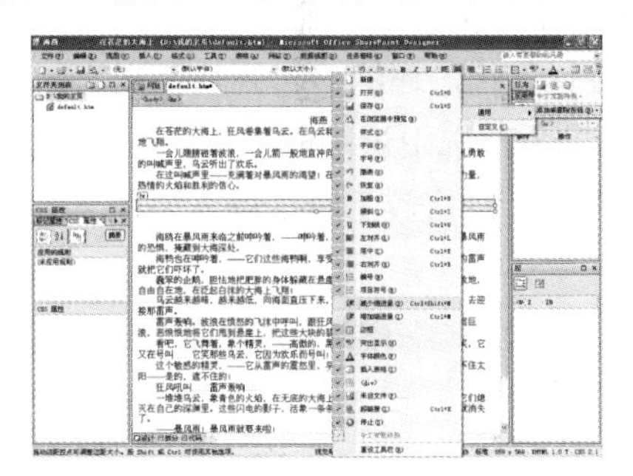
图 3-67　单击【工具栏选项】按钮

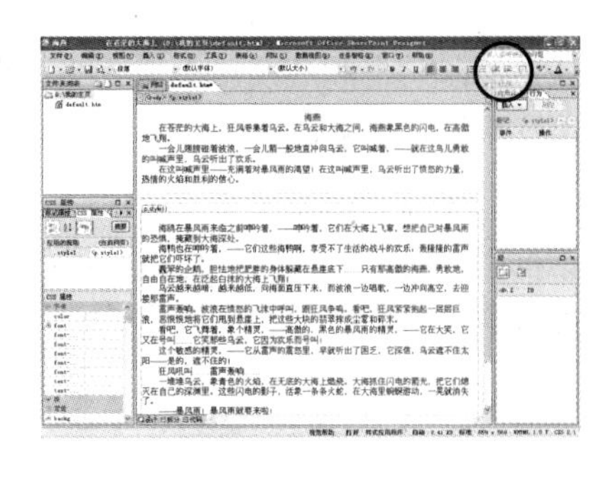
图 3-68　添加成功

例如，想要增加图 3-68 中水平线下方的段落的缩进量，可以先选中该段落，然后连续单击【增加缩进量】按钮，即可增加该段落的缩进量，如图 3-69 所示。

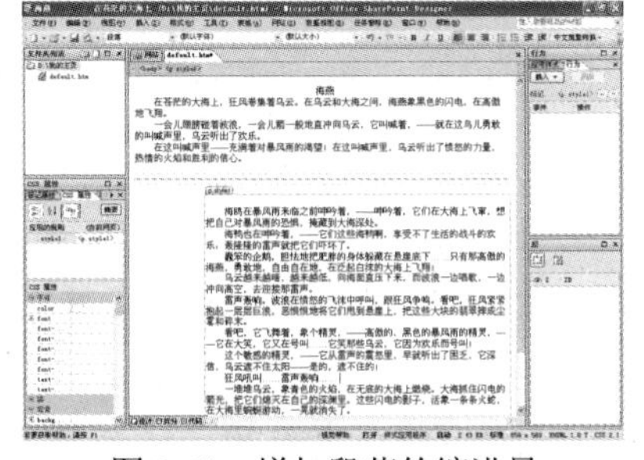
图 3-69　增加段落的缩进量

提示

选中某个段落，然后连续单击【减少缩进量】按钮，即可减少该段落的缩进量。

3.5.4 设置段落间距

要设置段落间距，可以先选中该段落，然后选择【格式】|【段落】命令，如图 3-70 所示，即可打开【段落】对话框，如图 3-71 所示。

图 3-70　选择【格式】|【段落】命令

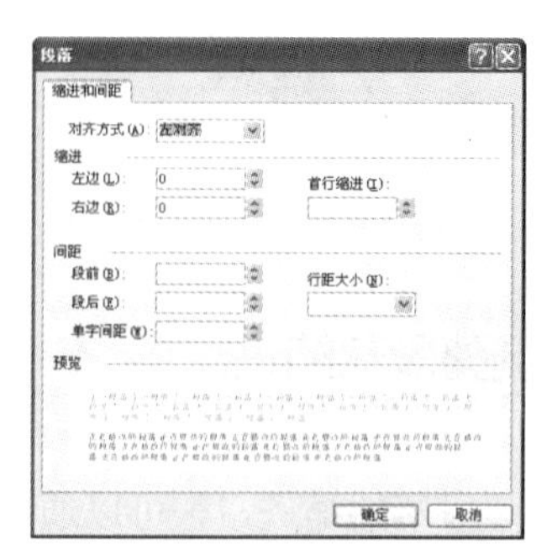

图 3-71　【段落】对话框

在【段落】对话框中，可以对段落的对齐方式、缩进量、段前段后的间距、单字间距以及行距大小等属性进行详细的设置。

3.5.5 为段落添加边框和底纹

为段落添加边框和底纹，不仅能够对段落格式进行美化，还能够起到强调文字的作用。要为某段文字添加边框和底纹，首先应使用拖动鼠标的方法选中该段文字，然后选择【格式】|【边框和底纹】命令，如图 3-72 所示。系统将打开【边框和底纹】对话框，如图 3-73 所示，在该对话框中，可以对段落的边框和底纹进行设置。

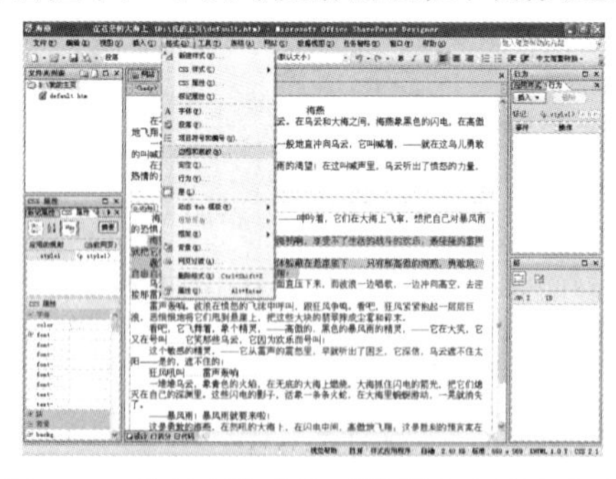

图 3-72　选择【格式】|【边框和底纹】命令

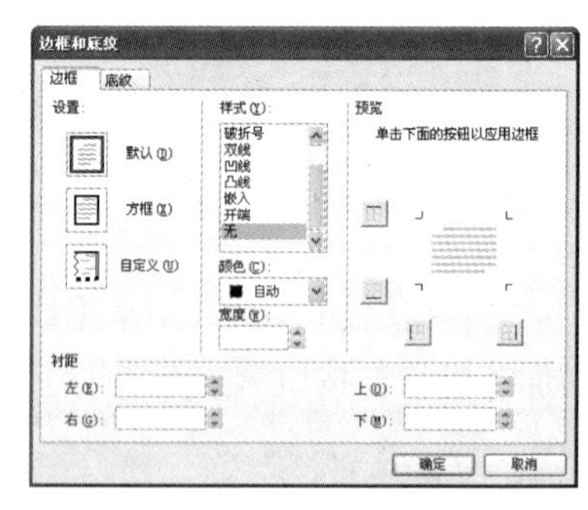

图 3-73　【边框和底纹】对话框

【练习 3-9】为选定段落设置边框和底纹。

(1) 首先使用拖动鼠标的方法选中需要设置边框和底纹的段落，然后选择【格式】|【边框和底纹】命令，如图 3-74 所示。

(2) 系统将打开【边框和底纹】对话框，在该对话框的【设置】选项区域选择【方框】选项；在【样式】列表框中选择【虚线】选项；在【颜色】下拉列表框中选择“蓝色”；在

【宽度】微调框中设置数值为 3px，如图 3-75 所示。

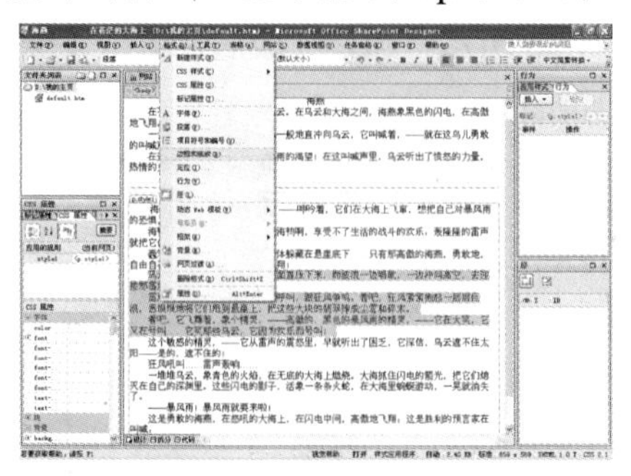

图 3-74　设置边框和底纹

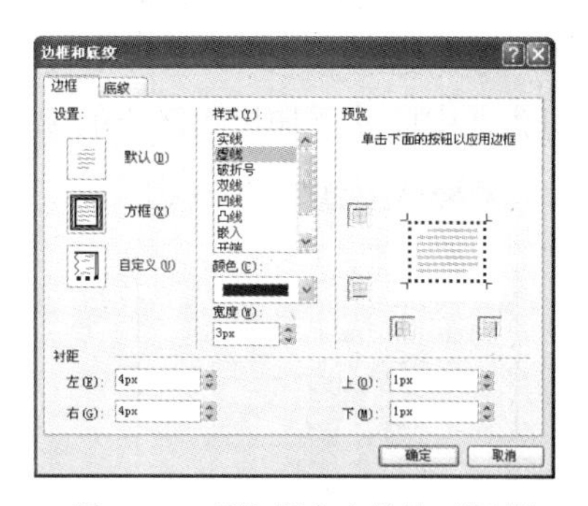

图 3-75　【边框和底纹】对话框

(3) 切换至【底纹】选项卡，在【背景色】下拉列表框中选择“黄色”；在【前景色】下拉列表框中选择“紫红色”，如图 3-76 所示。

(4) 设置完成后，单击【确定】按钮即可应用设置，效果如图 3-77 所示。从效果图中可以看出，在【底纹】选项卡中设置的前景色指的是文字的颜色。

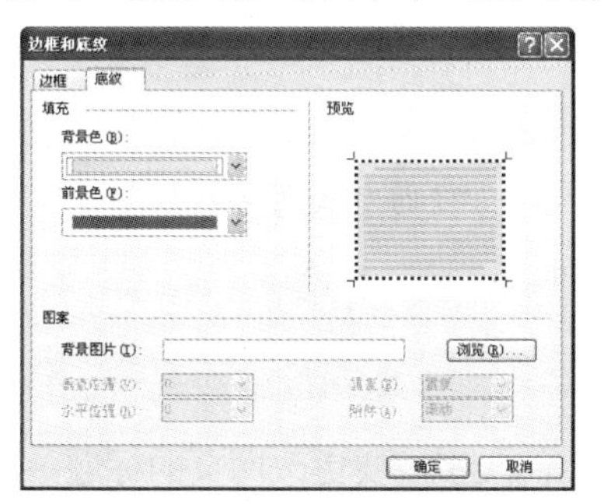

图 3-76　【底纹】选项卡

图 3-77　设置后的效果

3.5.6　添加项目符号和编号

为了使网页中文本的层次更加鲜明，条理更加清晰，可以为文本中的段落设置项目符号和编号。具体操作如下：

首先选中要设置项目符号和编号的段落，然后选择【格式】|【项目符号和编号】命令，如图 3-78 所示，系统将打开【项目符号和编号】对话框，如图 3-79 所示。

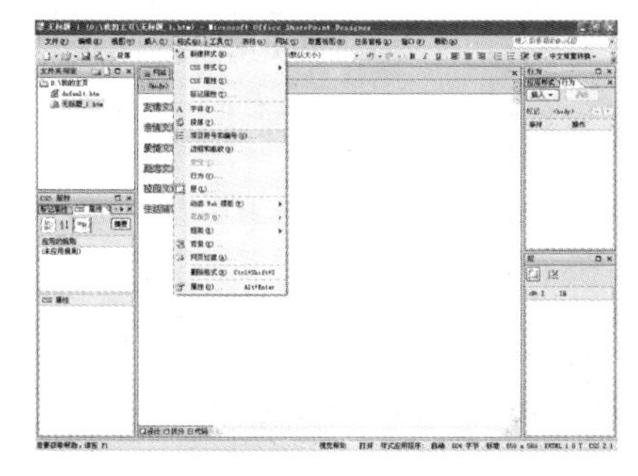

图 3-78　选择【格式】|【项目符号和编号】命令

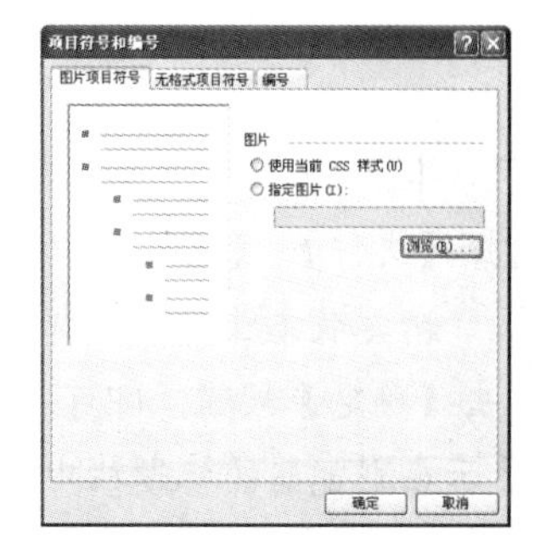

图 3-79　【项目符号和编号】对话框

例如，想要为选中的段落添加编号，可以将图3-79所示的【项目符号与编号】对话框切换至【编号】选项卡，选择某种格式的编号，如图3-80所示。选择完成后，单击【确定】按钮即可为选中段落添加指定格式的编号，如图3-81所示。

图3-80 【编号】选项卡

图3-81 添加编号后的效果

3.6 设置网页属性

设置网页属性，指对当前页面的一些基本属性进行设置，这些可以设置的属性包括网页的标题、网页中文本与背景颜色、网页的页边距以及网页的编码方式等多种属性。

3.6.1 设置网页的标题

网页的标题指的是该网页在浏览器的标题栏中显示的文字，要更改网页的标题，可以选择【文件】|【属性】命令，如图3-82所示，打开【网页属性】对话框，如图3-83所示。在该对话框的【标题】文本框中，可以输入网页的标题，输入完成后，单击【确定】按钮即可。

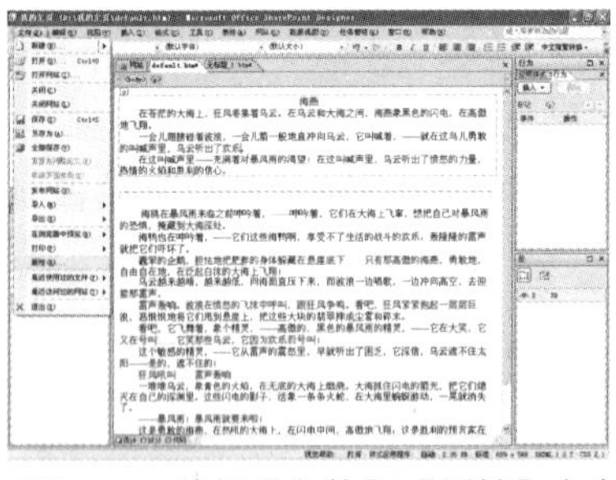

图3-82 选择【文件】|【属性】命令

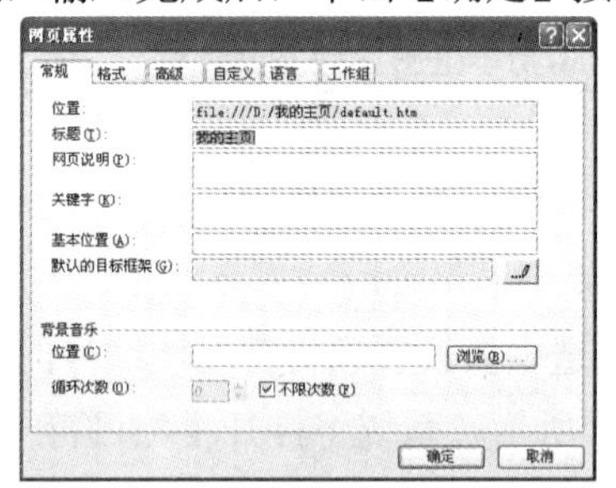

图3-83 【网页属性】对话框

【练习3-10】将图3-82所示的网页标题更改为“精美散文欣赏”。

(1) 选择【文件】|【属性】命令，打开【网页属性】对话框，在该对话框的【标题】文本框中输入“精美散文欣赏”，如图3-84所示。

(2) 单击【确定】按钮，即可完成网页标题的更改操作，效果如图3-85所示。网页的标题不仅会显示在浏览器的标题栏中，还会显示在Windows界面的任务栏中。

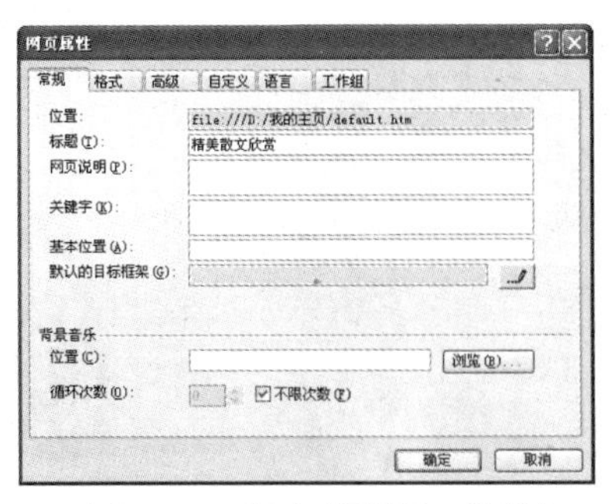

图 3-84　【网页属性】对话框

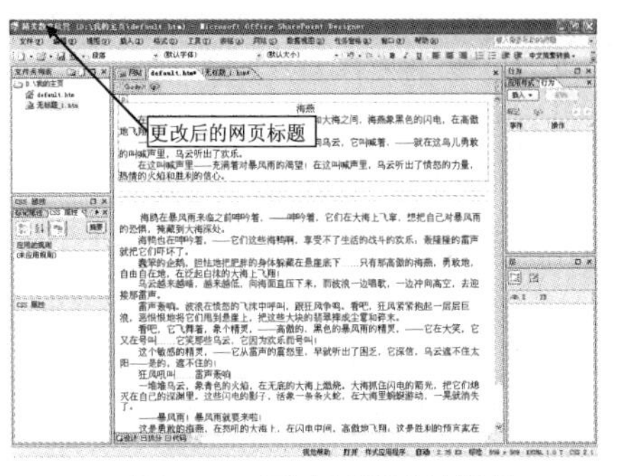

图 3-85　更改标题后的效果

3.6.2　设置网页的文本颜色和背景颜色

在【网页属性】对话框的【格式】选项卡中，可以设置当前网页的文本颜色和背景颜色。例如，要将图 3-85 所示的网页中的文本颜色设置为“紫红色”，背景颜色设置为“酸橙色”，可执行以下操作：

选择【文件】|【属性】命令，打开【网页属性】对话框并切换至【格式】选项卡，在该选项卡的【背景】下拉列表框中，选择“酸橙色”；在【文字】下拉列表框中，选择“紫红色”，如图 3-86 所示。设置完成后，单击【确定】按钮，效果如图 3-87 所示。

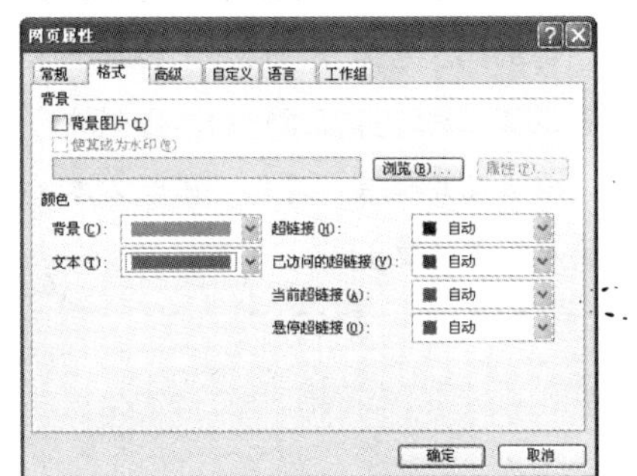

图 3-86　【格式】选项卡

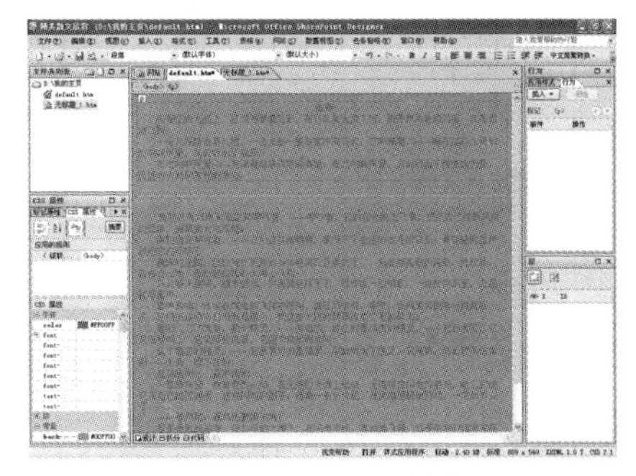

图 3-87　设置后的效果

3.6.3　设置网页的页边距

网页的页边距指的是网页中的正文与浏览器边框之间的距离，在 SharePoint Designer 2007 中，页边距的单位为 px(即“像素”)，如果把页边距都设置为 0，则为无边距显示。

在【网页属性】对话框的【高级】选项卡中可以对网页的页边距进行设置，如图 3-88 所示。例如，可将图 3-87 所示的网页的上边距设置为 10px，左右边距设置为 50px，下边距设置为 0px。应用设置后，网页在浏览器中的预览效果如图 3-89 所示。

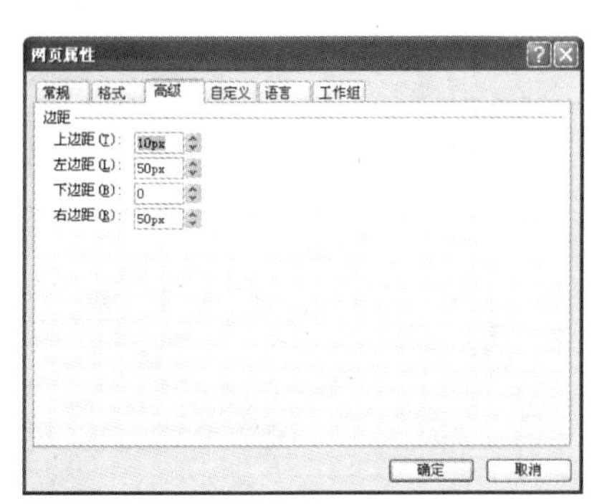

图 3-88 【高级】选项卡

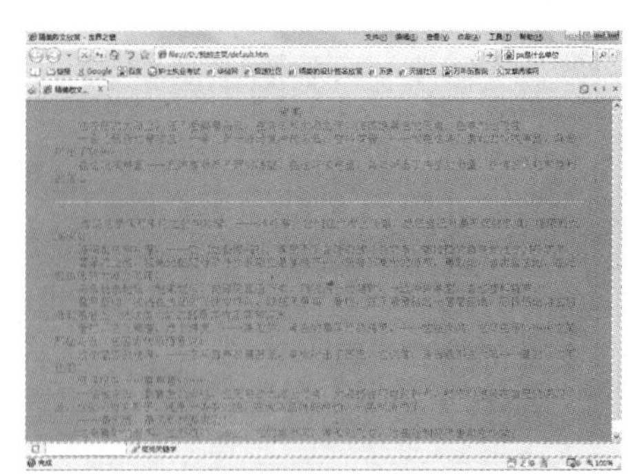

图 3-89 浏览器中的效果

3.6.4 设置网页的编码方式

网页编码指的是网页中字符的编码方式，在 SharePoint Designer 2007 中，默认的网页编码方式为 Unicode(UTF-8)。可以在【网页属性】对话框的【语言】选项卡中修改网页的编码方式，如图 3-90 所示。

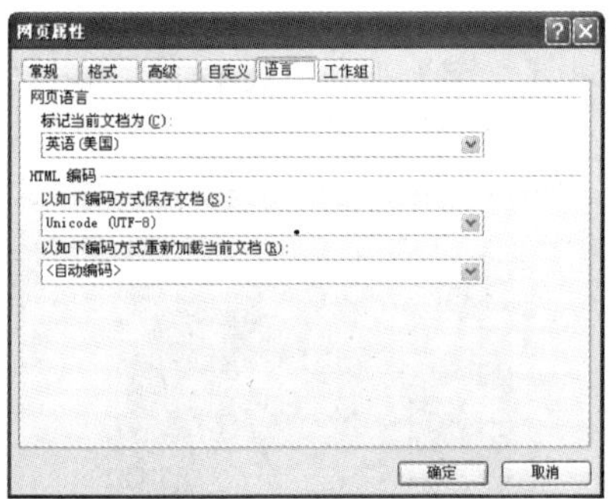

图 3-90 【语言】选项卡

提示

Unicode 是一种在计算机中使用的字符编码。它为每种语言中的每个字符设置了统一并且唯一的二进制编码，以满足跨语言、跨平台进行文本转换和处理的要求。

3.7 预览网页

理论上，在 SharePoint Designer 2007 的设计视图中看到的网页效果和在浏览器中看到的效果是完全相同的，但实际上可能会存在一些差别，因此，软件提供了网页的预览功能，可以使用此功能方便地查看网页在浏览器中的真实效果。

3.7.1 使用默认的浏览器预览网页

要使用系统默认的浏览器预览网页，可以选择【文件】|【在浏览器中预览】|【HTML 文件的默认浏览器】命令，或者直接按下 F12 快捷键，即可在默认的浏览器中预览网页，如图 3-91 所示(图中使用的默认浏览器为“世界之窗”)。

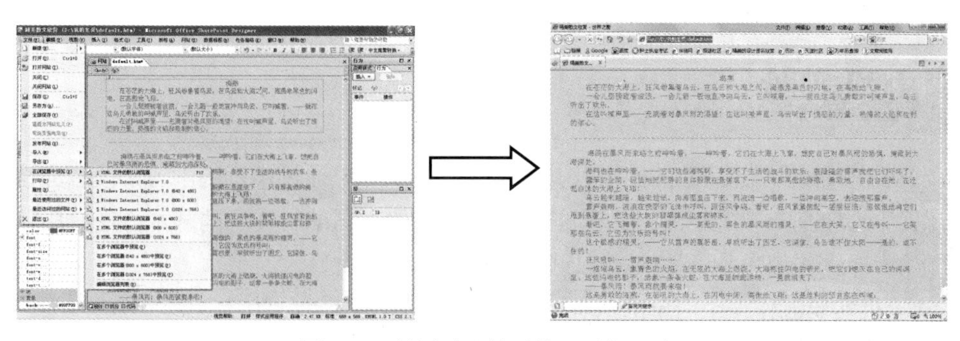

图 3-91　使用默认的浏览器预览网页

3.7.2 使用不同的分辨率预览网页

不同的浏览者所使用的屏幕分辨率也会有所不同，为了能使网页在各种屏幕分辨率下都能够达到良好的效果，用户可选择在各种不同的屏幕分辨率下预览网页。

例如，若要在 800×600 的分辨率下预览网页，可以选择【文件】|【在浏览器中预览】|【HTML 文件的默认浏览器(800×600)】命令，效果如图 3-92 所示。

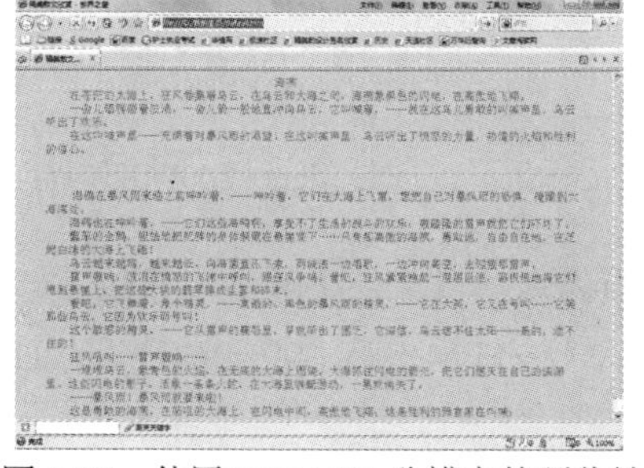

图 3-92　使用 800×600 分辨率的预览效果

提示

每使用一种新的方式预览网页，则这种方式即会被 SharePoint Designer 2007 设置为系统的默认预览方式。

3.7.3 使用不同的浏览器预览网页

浏览器不同，能够看到的网页效果也可能会有差别，如果用户的计算机中安装有两个或两个以上的浏览器，就可以使用不同的浏览器对网页进行预览。

选择【文件】|【在浏览器中预览】|【在多个浏览器中预览】命令，系统即可自动打开计算机中已经安装的所有浏览器对网页进行预览，如图 3-93 和图 3-94 所示。

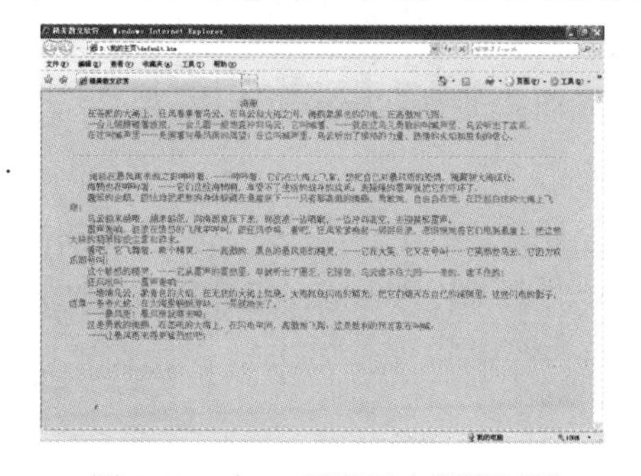

图 3-93　在 IE 浏览器中预览网页

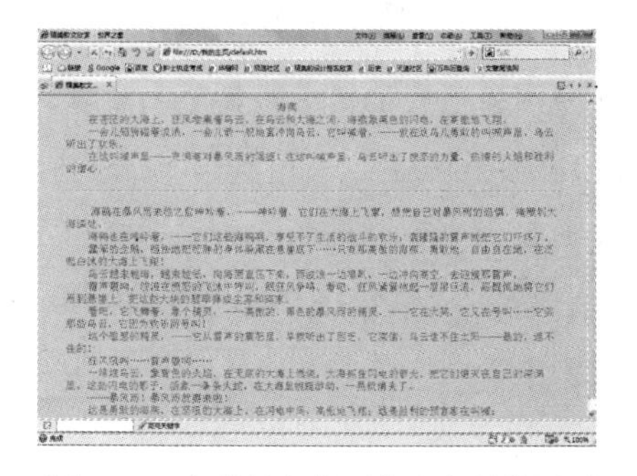

图 3-94　在世界之窗浏览器中预览网页

3.8 上机实验

本章主要介绍了创建简单的网页及其一些相关的操作，通过本章的学习，读者应该掌握创建与保存网页的基本方法、版面布局的基本方法、输入与编辑文本的基本方法、段落格式的设置方法、网页属性的设置方法以及预览网页的方法等。

本次上机实验制作一个简单的网页，以巩固本章所学习的知识。

(1) 选择【开始】|【程序】|【Microsoft Office】|【Microsoft Office SharePoint Designer 2007】命令，打开 SharePoint Designer 2007 的工作界面，如图 3-95 和图 3-96 所示。

图 3-95 【开始】菜单

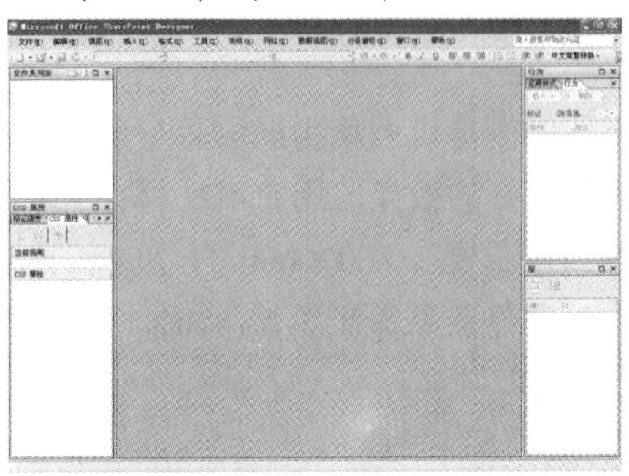

图 3-96 SharePoint Designer 2007 工作界面

(2) 选择【新建】|【网页】命令，打开【新建】对话框，如图 3-97 所示。在该对话框的【常规】子目录下，选择【HTML】命令，然后单击【确定】按钮，即可新建一个空白的 HTML 网页，如图 3-98 所示。

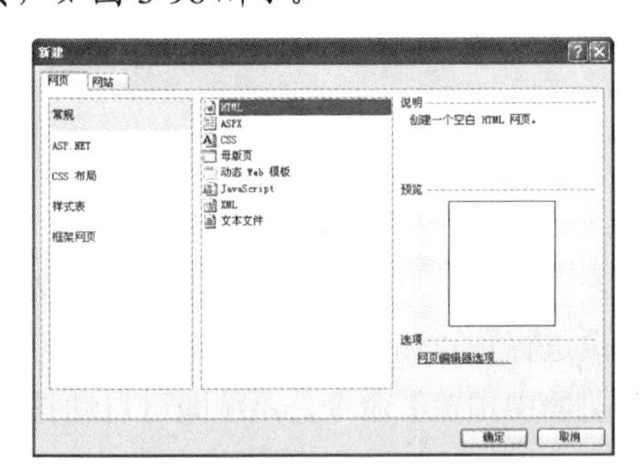

图 3-97 【新建】对话框

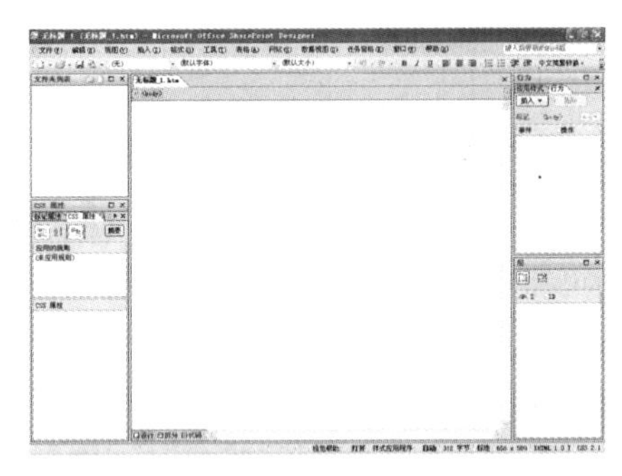

图 3-98 新建的空白 HTML 网页

(3) 选择【表格】|【布局表格】命令，打开【布局表格】任务窗格，在该任务窗格的【表格布局】列表中，选择如图 3-99 所示的布局表格。

(4) 在第一行第一列的单元格中输入文本“书海畅游”，并在工具栏中将其【字体】设置为“华文行楷”，【字号】设置为“xx—large(36pt)”，如图 3-100 所示。

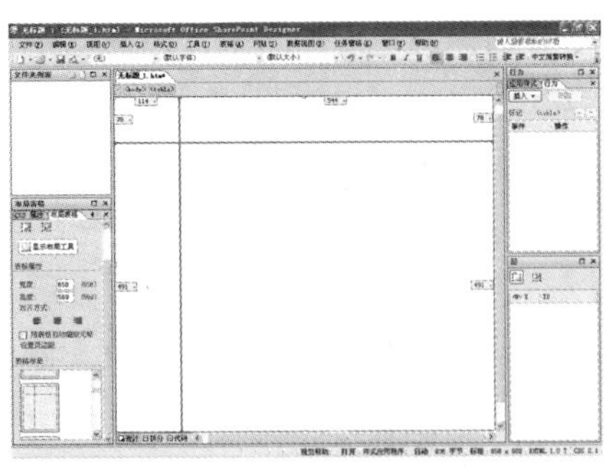

图 3-99　选择布局表格

图 3-100　输入文本

(5) 使用同样的方法，在第一行、第二列的单元格中输入文本“读书的三种境界”，并将其【字体】设置为“隶书”，【字号】设置为“xx—large(36pt)”；在第二行第一列的文本框中输入文本“王国维简介…………”，并将其【字体】设置为“楷体”，【字号】保持默认大小；在第二行第二列的单元格中输入文本“读书的三种境界…………”，并将其【字体】设置为“宋体”，【字号】仍然保持默认大小，效果如图 3-101 所示。

(6) 按下 F12 快捷键预览网页，此时系统打开如图 3-102 所示的提示对话框，提示用户是否保存网页，这是因为新建的网页还没有在磁盘中进行保存，要预览网页必须先对网页进行保存。

图 3-101　输入文本

图 3-102　提示对话框

(7) 单击【是】按钮，弹出【另存为】对话框，在该对话框中可设置网页的保存位置和保存名称，如图 3-103 所示。

(8) 设置完成后，单击【保存】按钮，系统即可自动保存网页并打开浏览器窗口进行预览，如图 3-104 所示。

图 3-103　【另存为】对话框

图 3-104　预览网页

(9) 从预览效果看，版面的布局不是很合理，网页的色彩也有些单调，因此，还需对其进行进一步的编辑，以求达到更好的效果。

(10) 关闭预览窗口并返回 SharePoint Designer 2007 的工作界面。选择【文件】|【属性】命令，打开【文件属性】对话框，在【常规】选项卡的【标题】文本框中输入文本“读书的三种境界”，如图 3-105 所示。

(11) 切换至【格式】选项卡，在【颜色】选项区域的【背景】下拉列表框中，设置网页的背景颜色为“橙色”，如图 3-106 所示。

提示

在【背景】下拉列表中只有少数的几种颜色可供选择，用户若想使用更多的颜色，可在该列表中单击【其他颜色】命令，然后在弹出的【其他颜色】对话框中选择合适的颜色即可。

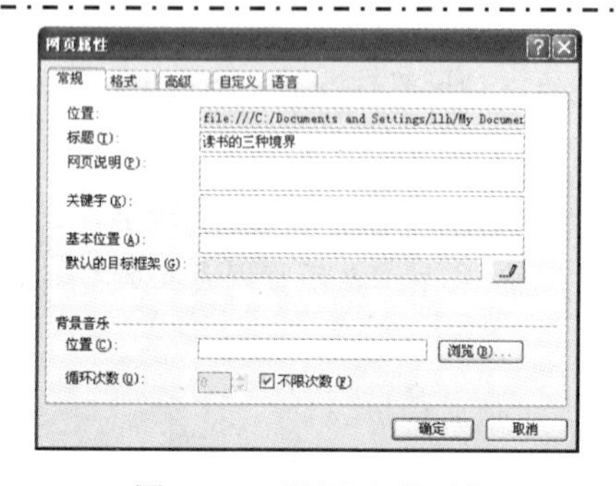

图 3-105　设置网页标题

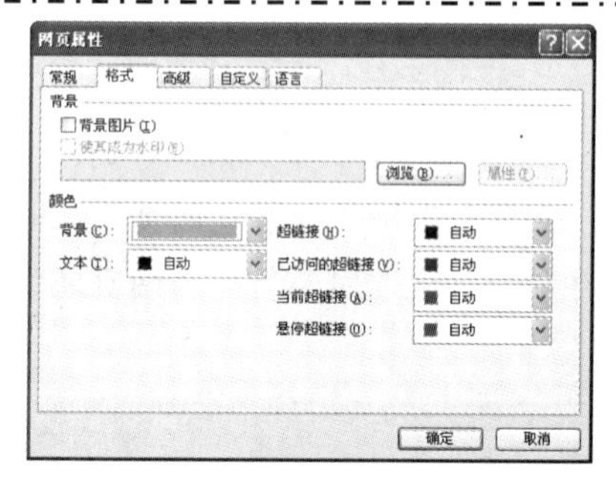

图 3-106　设置网页背景颜色

(12) 设置完成后，单击【确定】按钮，效果如图 3-107 所示。单击【布局表格】任务窗格中的【居中】按钮使布局表格居中，如图 3-108 所示。

图 3-107　设置标题和背景后的效果

图 3-108　居中后的效果

(13) 选定第二行第二列的单元格，在该单元格的四周会出现 8 个控制点，使用拖动鼠标的方法调节这些控制点，使其达到如图 3-109 所示的效果，目的是让该单元格中的文字和左边单元格中的文字分开一定的距离(具体情况，用户可根据自己的审美观来调节)。

(14) 使用同样的方法，调节其他单元格，直到用户自己满意为止。用户可参考如图 3-110 所示的效果进行调节(调节表格的具体操作方法请参看第 3.3.2 节)。

图 3-109　调节布局单元格

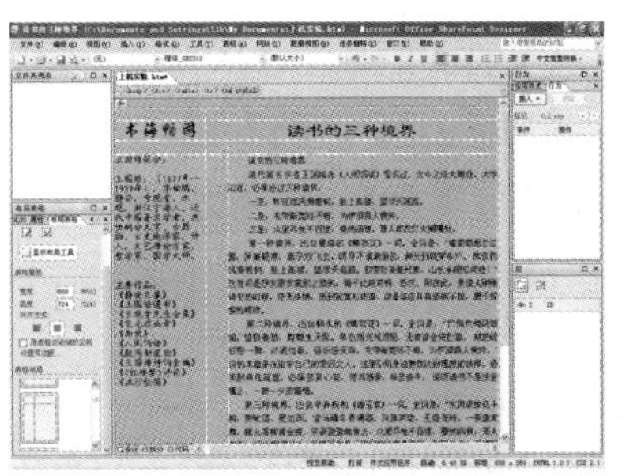

图 3-110　参考调节效果

(15) 将光标定位在图 3-111 所示的单元格中，然后选择【插入】|【HTML】|【水平线】命令，插入一条水平线，如图 3-112 所示。需要注意的是：在此处插入水平线的目的不是为了分段，而是为了排版的整齐和美化页面，最终效果如图 3-113 所示。

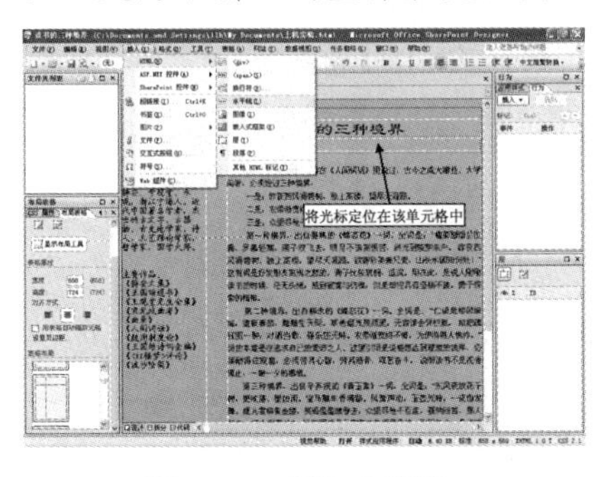

图 3-111　插入水平线

图 3-112　插入水平线后的效果

(16) 到此为止，一个简单的 HTML 页面就制作完成了，按下 F12 键，即可对网页进行预览，效果如图 3-113 所示。

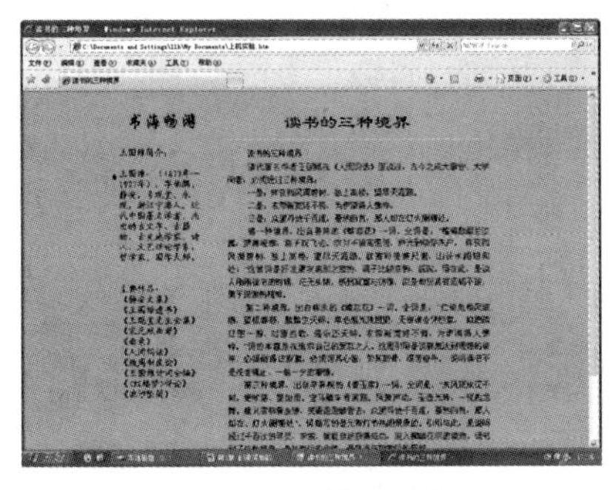

图 3-113　最终预览效果

提示

布局表格的作用只是帮助用户进行版面设计，在对网页进行浏览时，布局表格的框线并不会出现在页面中。如果用户想要显示某个单元格的框线，只需为该单元格设置边框即可。

3.9 思考练习

3.9.1 选择题

1. 若要保存当前打开的所有网页，应选择以下哪个命令(　　)。

21 世纪电脑学校

A. 【文件】|【保存】　　B. 【文件】|【另存为】

C. 【文件】|【全部保存】　　D. 【文件】|【导入】

2. 在【布局表格】任务窗格的【表格布局】列表中，若要使用某种布局表格，需要(　　)该布局表格。

A. 单击　　B. 双击

C. 右击　　D. 拖动

3. 在使用行列指示标签对布局表格进行调整时，行高和列宽的单位是(　　)。

A. 像素(px)　　B. 厘米(cm)

C. 英寸(in)　　D. 毫米(mm)

4. 在输入文本的过程中，要在同一段落内强制换行，需要使用(　　)键。

A. Enter　　B. Ctrl+Enter

C. Shift+Enter　　D. Ctrl+Shift+Enter

5. 在一个包含有大量文字的网页中，用户若想查找某个单字或词语，可以选择(　　)命令。

A. 【编辑】|【查找】　　B. 【编辑】|【替换】

C. 【文件】|【查找】　　D. 【文件】|【替换】

6. 以下关于水平线的说法中错误的是(　　)。

A. 水平线可将一段文字分割成为上下两段。

B. 水平线不仅具有分段功能，还具有美化页面的效果。

C. 默认情况下，水平线不会显示在网页的预览界面中。

D. 双击水平线，可以在打开的对话框中对水平线的属性进行设置。

7. 选中某个段落后，连续单击【增加缩进量】按钮，可使该段落(　　)。

A. 整体向后连续移动　　B. 整体向前连续移动

C. 整体向后移动一个字符的距离　　D. 整体向前移动一个字符的距离

8. 要使用系统默认的浏览器预览网页，可使用快捷键(　　)

A. F8　　B. F9

C. F10　　D. F12

3.9.2 操作题

1. 根据本章所介绍的内容，在计算机上练习关于网页的基本操作。

2. 动手制作一个简单的 HTML 网页。

在网页中添加图片

本章导读

上一章介绍了在网页中添加文字的方法，但网页中仅仅含有文字，未免过于单调，大量丰富的图片信息更能为网页增光添彩。图片也是构成网页的基本元素之一，本章将介绍在网页中插入图片的方法。

重点和难点

- 常见的图片文件格式
- 在网页中插入图片
- 设置图片属性与编辑图片
- 为网页添加背景图片

4.1 常见的图片文件格式

在介绍插入图片的方法之前，先来了解常见的图片文件格式。图片文件的格式很多，在网页中通常使用的图片格式有以下 3 种：JPEG、GIF 和 PNG 格式。这 3 种图片文件格式的共同特点是压缩率较高。

4.1.1 JPEG 图片文件格式

JPEG 是一种比较常见的图片文件格式，它由联合照片专家组(Joint Photographic Experts Group)开发并命名为 ISO 10918-1，JPEG 仅仅是一种俗称而已。

JPEG 文件的扩展名为.jpg 或.jpeg，其压缩技术十分先进，它用有损压缩方式去除冗余的图像和彩色数据，在获得极高的压缩率的同时能展现十分丰富生动的图像，换句话说，就是可以用最少的磁盘空间来得到较好的图像质量。

由于 JPEG 优异的品质和杰出的表现，使得它的应用非常广泛，特别是在网络中和光盘读物上。目前，各类浏览器均支持 JPEG 格式的图片文件，因为这种文件类型的图片尺寸较小，下载速度较快，使得 Web 页有可能在较短的时间内提供大量美观的图片，因此，JPEG

格式的图片文件是目前网络中比较受欢迎的图片文件格式。

4.1.2 GIF 图片文件格式

GIF 是英文 Graphics Interchange Format(图形交换格式)的缩写。这种图片文件的后缀名为.GIF，这种格式的图片文件具有以下特点：

- 最多支持 256 色以内的图像，比较适合显示色调不连续或具有大面积单一颜色的图像，例如，导航栏、按钮、图标、徽标或其他具有统一色彩和色调的图像。
- GIF 采用无损压缩存储，在不影响图像质量的情况下，可以生成很小的文件，磁盘占用空间较小。
- 它支持透明图像的制作，可以使图像浮现在背景之上。
- GIF 文件可以制作动画，这是它最突出的一个特点。

此外，考虑到网络传输中的实际情况，GIF 格式的图片文件还增加了渐显方式。即在文件的传输过程中，浏览者可以先看到图片的大致轮廓，然后随着网络传输的继续而逐步看清图像中的细节部分。GIF 文件的众多特点恰恰适应了 Internet 的需要，于是它也成了 Internet 上比较流行的图片文件格式。

4.1.3 PNG 图片文件格式

PNG 是英文 Portable Network Graphics(便携式网络图片)的缩写。这种图片文件格式既有 GIF 能透明显示的特点，又具有 JPEG 处理精美图像的优势，是一种集 JPEG 和 GIF 格式优点于一身的图像格式。

归结起来，PNG 格式的图片文件具有以下特点。

- 它吸取了 GIF 和 JPEG 两种图片文件格式的优点，存储形式丰富。
- 采用无损压缩方式来减少文件的大小，可把图片文件压缩到极限以利于网络传输，同时又可以保留所有与图片品质有关的信息。
- 在网页中的显示速度比较快，只需下载 1/64 的图片信息即可显示出低分辨率的预览图像。
- 同样支持透明图像的制作，可使图像和网页背景和谐的融合在一起。

PNG 格式还可以包含图层等信息，经常用于制作网页效果图，目前已逐步成为网页图像的主要格式。

4.2 在网页中插入图片

使用 SharePoint Designer 2007 在网页中添加图片，可采用以下几种方式：插入来自文件的图片、插入来自扫描仪或照相机中的图片和插入剪贴画。

4.2.1　插入来自文件的图片

插入来自文件的图片，指的是在网页中插入本地磁盘中存储的图片，这些图片可以是操作系统中自带的图片，也可以是用户收藏的图片。

【练习 4-1】 新建一个空白网页，并在该网页中插入一张本地磁盘中的图片。

(1) 启动 SharePoint Designer 2007 并新建一个空白的 HTML 网页，将光标定位在该网页中，然后选择【插入】|【图片】|【来自文件】命令，如图 4-1 所示。

(2) 系统将打开【图片】对话框，在该对话框中，可以选择本地磁盘中的某张图片，例如，可以选择【我的文档】|【图片收藏】文件夹中的“背景 2”图片，如图 4-2 所示。

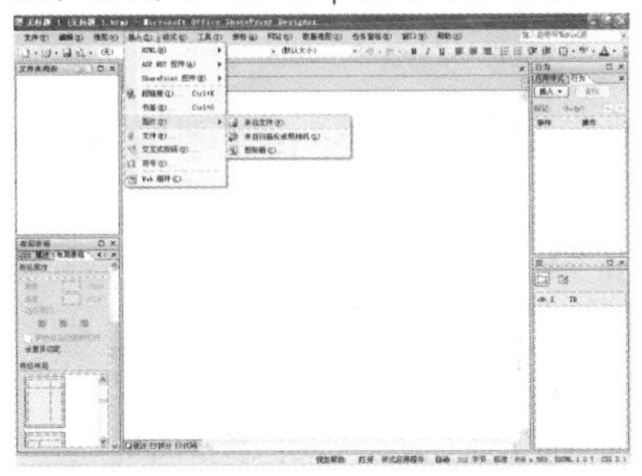

图 4-1　插入图片

图 4-2　【图片】对话框

(3) 选中后，单击【插入】按钮，系统打开【辅助功能属性】对话框，如图 4-3 所示。在该对话框中，用户可以设置图片的说明，例如，可以在【替代文本】文本框中输入文本“精美壁纸”，然后单击【确定】按钮即可插入图片，如图 4-4 所示。

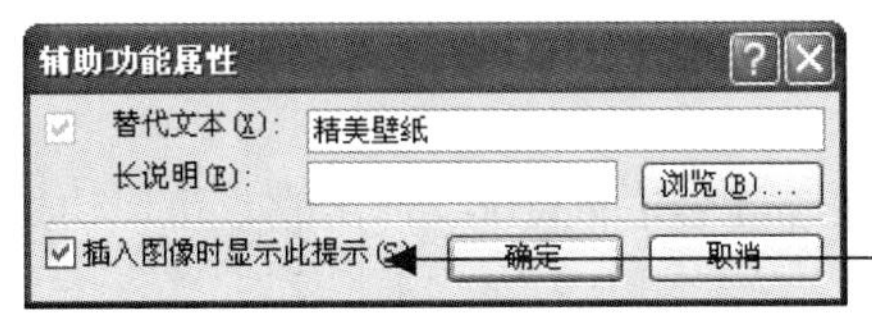

取消此复选框，可在插入图片时跳过该对话框

图 4-3　【辅助功能属性】对话框

(4) 保存该网页，然后按下 F12 快捷键进行预览，当鼠标指针放到该图片上时，就会出现该图片的说明文字，效果如图 4-5 所示。

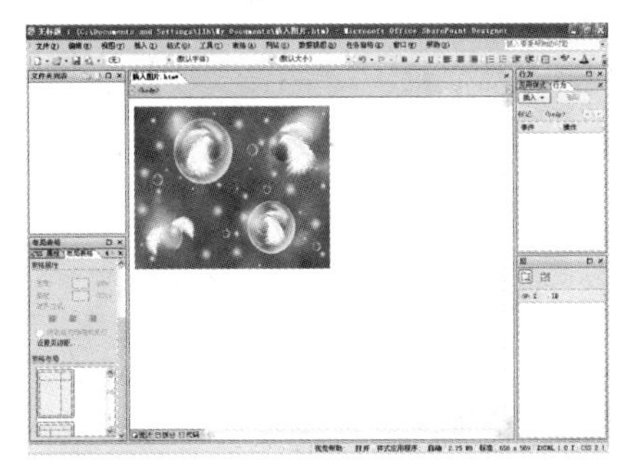

图 4-4　插入图片后的效果

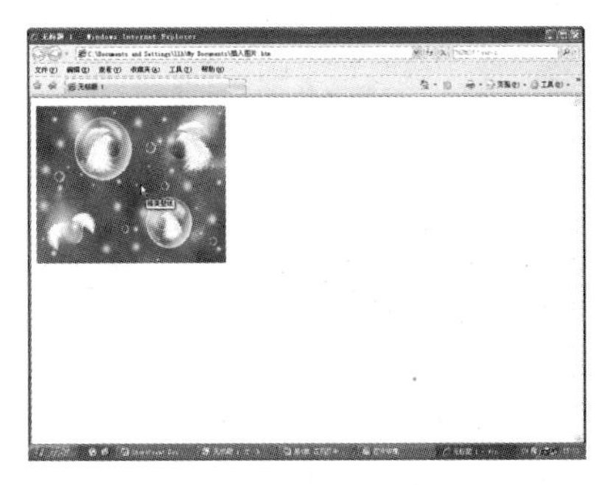

图 4-5　插入图片后的预览效果

4.2.2 插入来自扫描仪或照相机中的图片

除了可以在网页中插入本地磁盘中保存的图片外，还可以插入来自扫描仪或照相机中的图片，前提是必须将扫描仪或照相机和计算机相连。

以照相机为例，将照相机与计算机主机成功连接后，选择【插入】|【图片】|【来自扫描仪或照相机】命令，系统会自动检测已经连接到计算机主机上的设备，然后打开如图 4-6 所示的【插入来自扫描仪或照相机的图片】对话框。

单击【自定义插入】按钮，打开【从视频捕获图片】对话框，该对话框左边的窗格显示照相机捕捉到的画面，调整镜头至合适的角度后，单击【捕获】按钮，即可将当前画面截取为图片并显示在该对话框右边的列表框中，如图 4-7 所示。选择一张满意的图片后，单击【获取图片】按钮，即可将该图片插入到网页中。

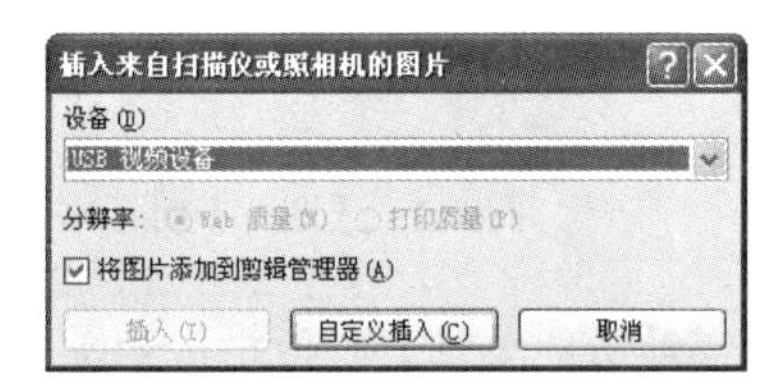

图 4-6 【插入来自扫描仪或照相机中的图片】对话框

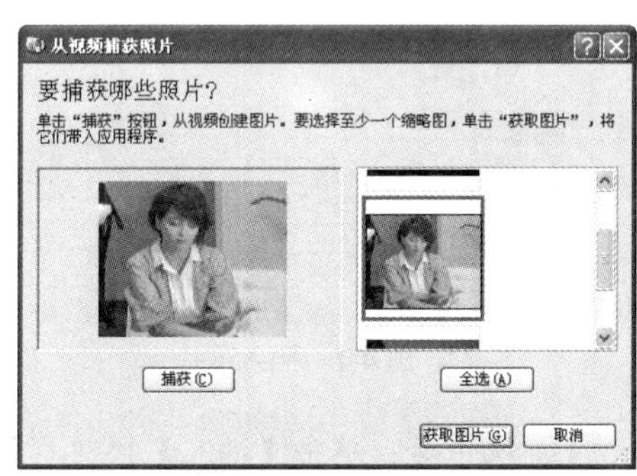

图 4-7 【从视频捕获图片】对话框

4.2.3 插入剪贴画

剪贴画是 Office 中自带的一种图片，在 SharePoint Designer 2007 使用它，可以快速在网页中插入所需的图形。

选择【插入】|【图片】|【剪贴画】命令，可以打开【剪贴画】任务窗格，直接单击【搜索】按钮，可以在该任务窗格中显示出 Office 中包含的所有类型的剪贴画，如图 4-8 所示。

图 4-8 【剪贴画】任务窗格

提示

另外，还可以在【搜索范围】和【结果类型】两个下拉列表框中设置搜索的条件，然后单击【搜索】按钮，对剪贴画进行更加精确的查找。

要插入某副剪贴画，只需在【剪贴画】任务窗格中单击该剪贴画，系统将打开如图 4-9 所示的对话框，进行适当的设置后，单击【确定】按钮即可插入剪贴画，如图 4-10 所示。

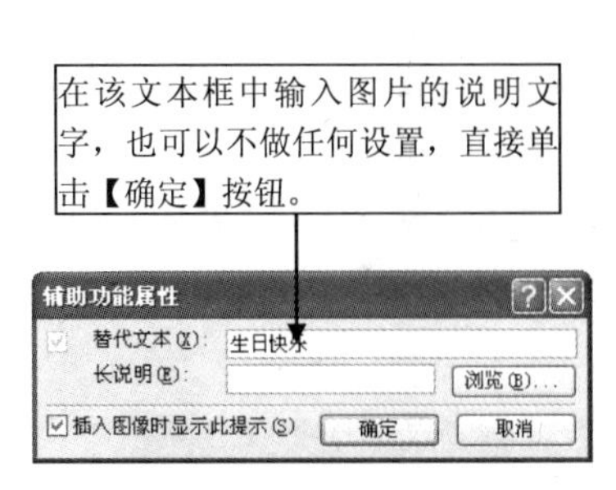

图 4-9　设置图片说明

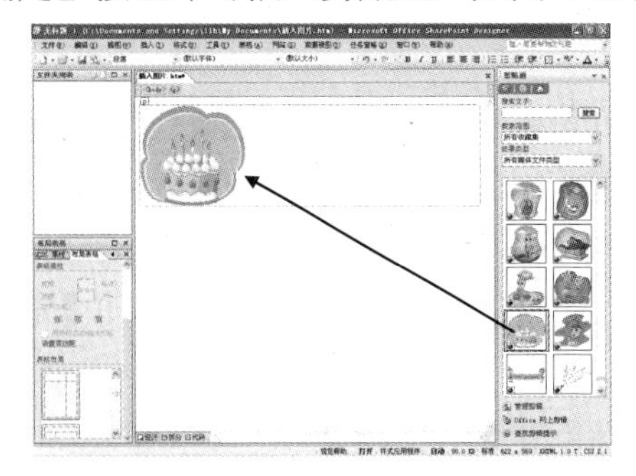

图 4-10　插入剪贴画

4.3 设置图片属性与编辑图片

在网页中插入的原始图片，大多都需要进行适当的调整后才能正常使用，例如，调整图片的大小和位置、调整图片的色彩和分辨率等。网页中图片质量的好坏，将直接影响到网页的整体效果。

4.3.1 调整图片的大小

使用拖动鼠标的方法可以方便地对图片的大小进行调整。具体操作方法为：首先用鼠标选中需要调整大小的图片，此时图片的右侧边框和下侧边框上将出现 3 个控制点，如图 4-11 所示。当将鼠标指针移至“控制点 1”处时，鼠标指针将变成↔形状，此时，按住鼠标左键不放并向左拖动可以减小图片的宽度，向右拖动可以增加图片的宽度。

当将鼠标指针移至“控制点 2”处时，鼠标指针将变成↕形状，此时，按住鼠标左键不放并向上拖动可以减小图片的高度，向下拖动可以增加图片的高度。

当将鼠标指针移至“控制点 3”处时，鼠标指针将变成⤡形状，此时，按住鼠标左键不放并拖动鼠标，可以同时调整图片的高度和宽度。

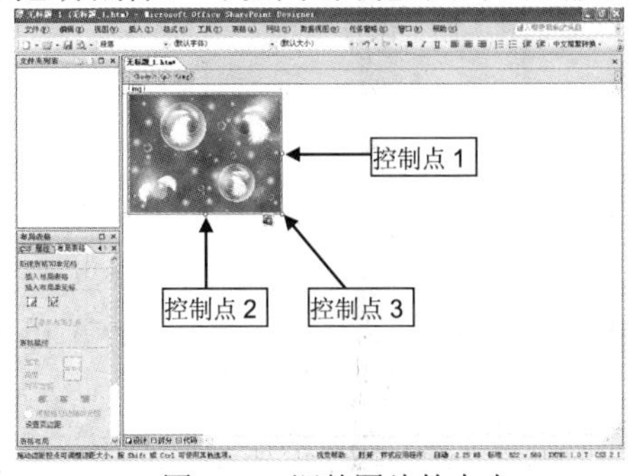

图 4-11　调整图片的大小

提示

当将鼠标指针移至“控制点 3”处调整图像大小时，按住 Shift 键的同时拖动鼠标，可等比例的改变图片的大小。

4.3.2 更改图片的位置

图片在网页中的位置非常重要，使用 SharePoint Designer 2007 的定位功能，可以使用拖动鼠标的方法将图片拖到网页中的任何位置。具体操作如下：

首先选中需要改变位置的图片，然后选择【格式】|【定位】命令，如图 4-12 所示。系统将打开【定位】对话框，在该对话框的【定位样式】选项区域中选择【绝对】选项，如图 4-13 所示。

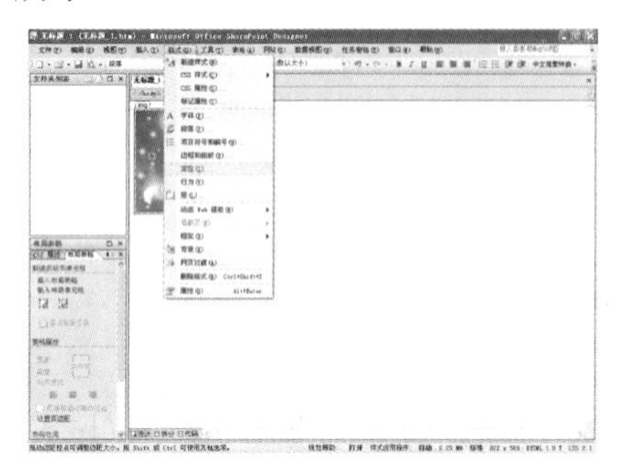

图 4-12　选择【格式】|【定位】命令

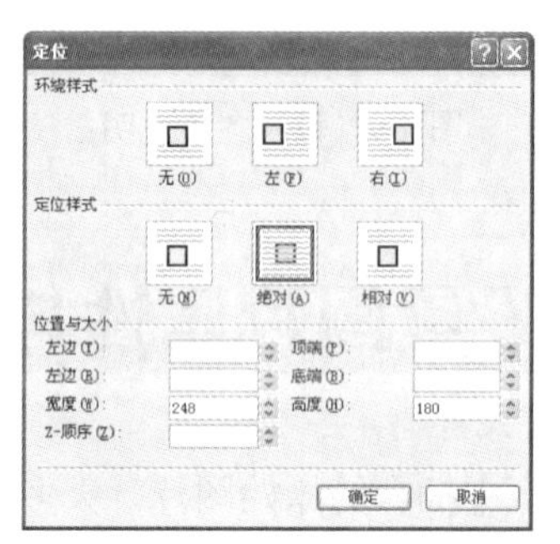

图 4-13　【定位】对话框

单击【确定】按钮，在图片的周围会出现 8 个控制点，当将鼠标指针放在如图 4-14 所示的位置后，鼠标指针会变成✥形状，此时，按住鼠标左键不放并拖动鼠标即可将图片拖到网页中的任何位置，同时，在拖动的过程中，状态栏的左边会即时显示当前图片所在位置的坐标，如图 4-15 所示。

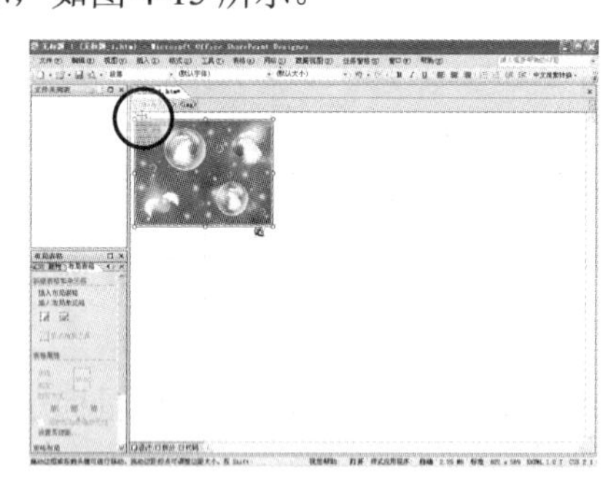

图 4-14　调整图片位置(1)

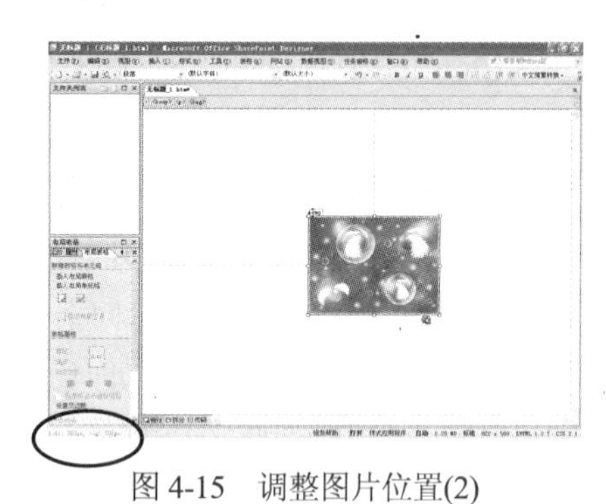

图 4-15　调整图片位置(2)

4.3.3 更改图片文件类型

本章的第 4.1 节已经介绍了图片文件的类型，不同类型的图片具有各自的优缺点。有时，用户获取的图片类型可能不是所需的类型，此时可以使用 SharePoint Designer 2007 中内置的图片转换功能来更改图片的类型。

在需要更改类型的图片上右击鼠标，在弹出的快捷菜单中选择【更改图片文件类型】命

令，如图 4-16 所示。

系统将打开【图片文件类型】对话框，该对话框中有 4 种图片文件类型可供用户选择，并且每种类型后面都附有简要的文字说明，如图 4-17 所示。选择某种图片类型后，单击【确定】按钮，即可完成对图片类型的更改。

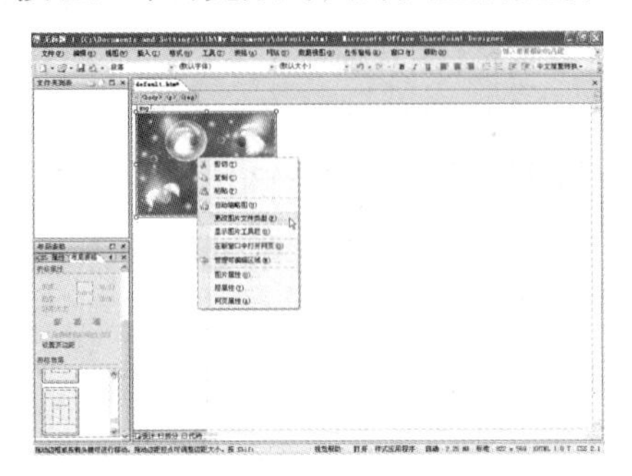

图 4-16　更改图片类型

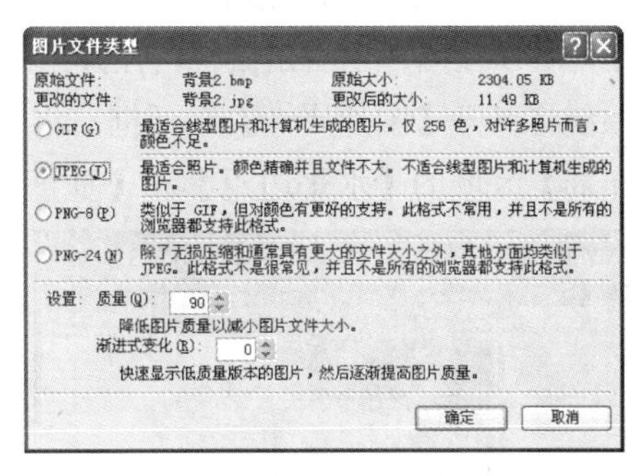

图 4-17　【图片文件类型】对话框

4.3.4 设置图片边框

对图片设置边框可以使图片更加突出，起到修饰图片的作用。为图片设置边框的方法和为文本设置边框一样，首先选中需要设置边框的图片，然后选择【格式】|【边框和底纹】命令，打开【边框和底纹】对话框，如图 4-18 所示。在该对话框中，可以对图片的边框进行设置。

例如，可以在该对话框的【设置】选项区域选择【方框】选项，在【样式】列表框中选择【双线】选项，在【颜色】下拉列表框中选择【紫色】选项，在【宽度】微调框中设置数值为 3px，然后单击【确定】按钮，效果如图 4-19 所示。

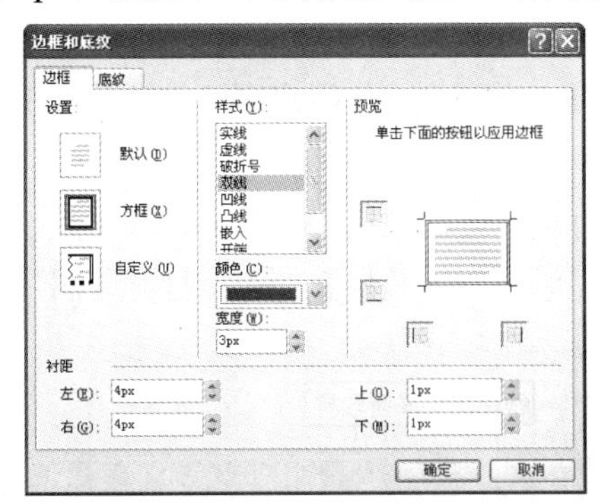

图 4-18　【边框和底纹】对话框

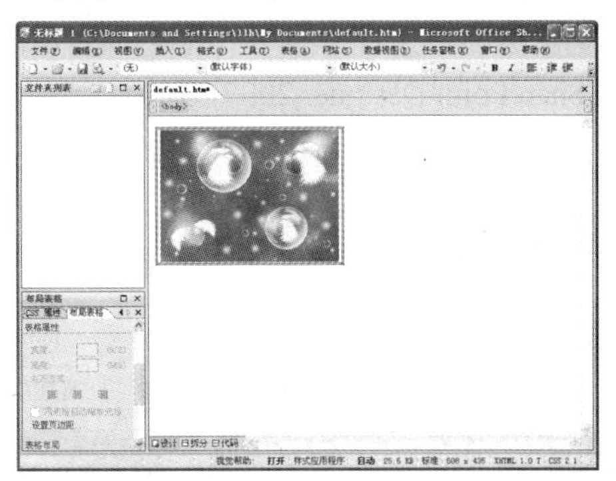

图 4-19　设置后的效果

提示

默认情况下，图片边框的值为 0，即没有边框。如果为图片设置了超链接(关于超链接将在下一章中介绍)，而没有为边框宽度设置具体的数值时，图像将自带一个蓝色的边框，如果不想让该边框出现，可将图像边框的宽度设置为 0。

4.3.5 设置图片边距

图片边距指的是图片相对于周围元素的距离，分为垂直边距和水平边距两种。要设置图片边距，可以在图片上右击鼠标，在弹出的快捷菜单中选择【图片属性】命令，如图 4-20 所示。系统将打开【图片属性】对话框，将该对话框切换至【外观】选项卡，如图 4-21 所示，在【布局】区域的【水平边距】和【垂直边距】微调框中可以设置图片的边距。

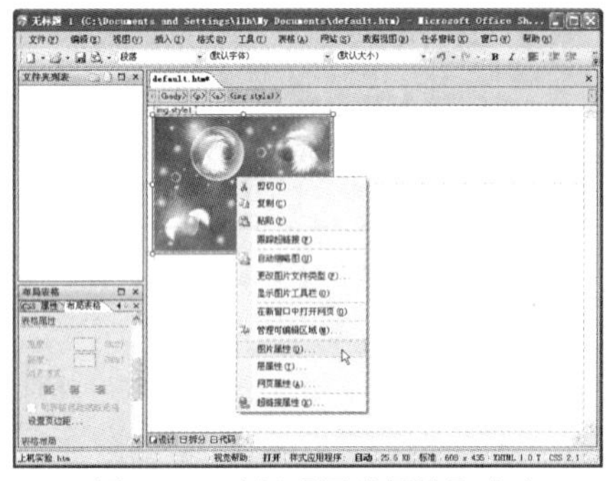
图 4-20 选择【图片属性】命令

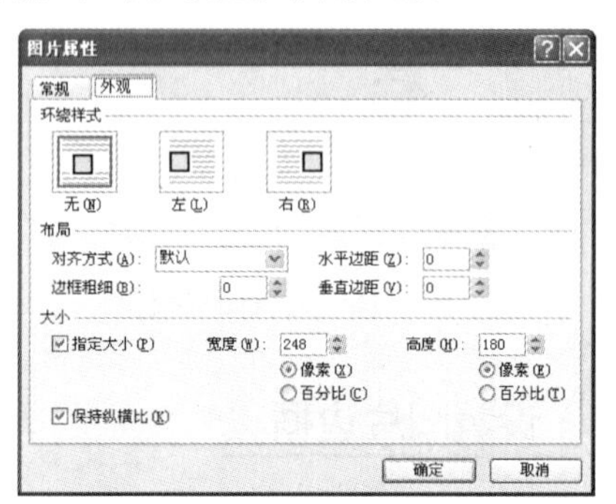

图 4-21 【图片属性】对话框

提示

在该对话框的【大小】选项区域，还可以对图片的大小进行精确的设置，其中，宽度和高度的度量单位可以使用像素，也可以使用百分比。

4.3.6 使用图片工具栏编辑图片

SharePoint Designer 2007 提供了一个简单的图像编辑功能，使用户在不借助外部工具的情况下，可以对图片进行简单的编辑操作。

要在 SharePoint Designer 2007 中直接对图片进行编辑，应先选中需要编辑的图片，然后在该图片上右击鼠标，在弹出的快捷菜单中选择【显示图片工具栏】命令，打开【图片】工具栏，如图 4-22 所示。

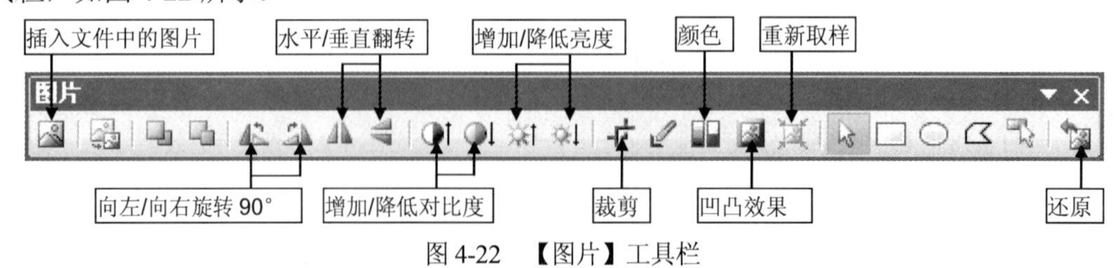

图 4-22 【图片】工具栏

下面就本章涉及到的几个工具按钮的功能做简要介绍：

1. 【插入文件中的图片】按钮

单击该按钮的作用等同于选择【插入】|【图片】|【来自文件】命令，系统将打开【图片】对话框。在该对话框中，用户可以选择插入一张新的图片，如图 4-23 所示。在插入新的图片时，如果原图片处于选中状态，则新图片将覆盖原来的图片。

(a)

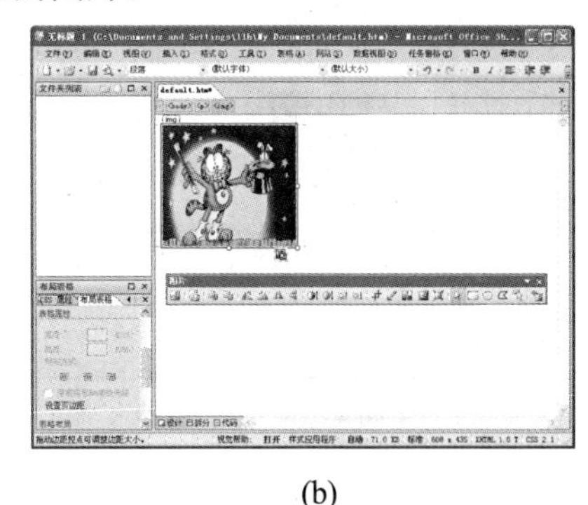

(b)

图 4-23　插入一张新的图片

2. 【向左旋转 90°】按钮和【向右旋转 90°】按钮

选中图片，单击【向左旋转 90°】按钮，图片将按逆时针方向旋转 90°，如图 4-24 所示；单击【向右旋转 90°】按钮，图片将按顺时针方向旋转 90°，如图 4-25 所示。

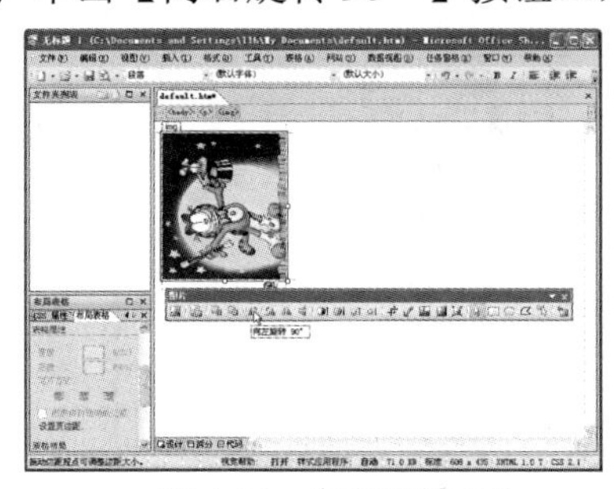

图 4-24　向左旋转 90°

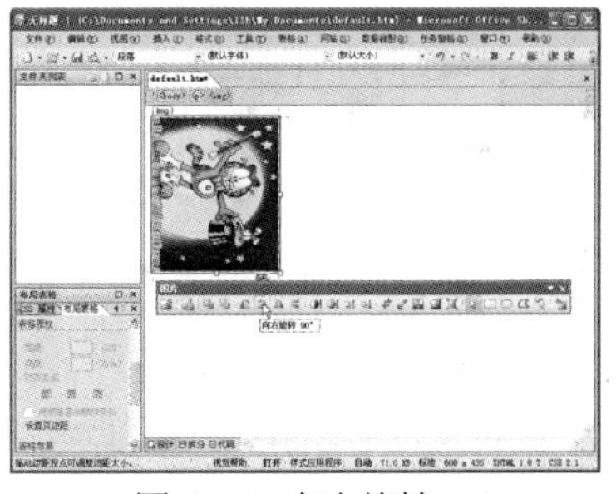

图 4-25　向右旋转 90°

提示

为了能更清晰的展示图片的效果，如没有做特别说明，本小节以及以下几个小节的操作，都是指在初始图片的基础上进行操作，初始图片效果参见图 4-23(b)。

3. 【水平翻转】按钮和【垂直翻转】按钮

水平翻转类似于图片在镜子中看到的效果，选中图像，单击【水平翻转】按钮，效果如图 4-26 所示。垂直翻转类似于在水中看到的图片倒影，单击【垂直翻转】按钮，效果如图 4-27 所示。

提示

对图片进行一次水平翻转后，再次单击【水平翻转】按钮，可将图片恢复到初始状态，同理，在对图片进行了一次垂直翻转后，再次单击【垂直翻转】按钮，也可将图片恢复到初始状态。

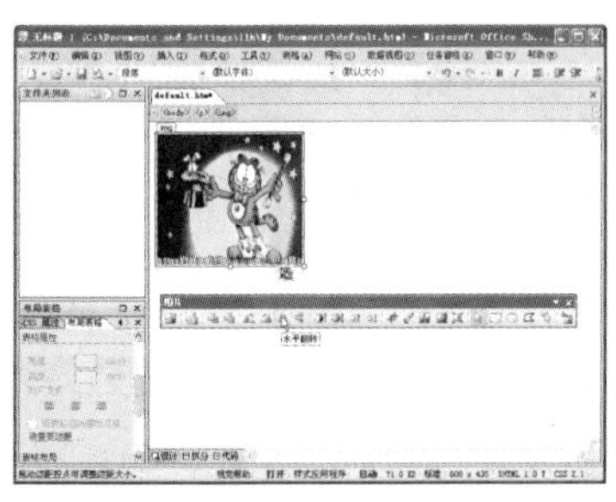

图 4-26　水平翻转

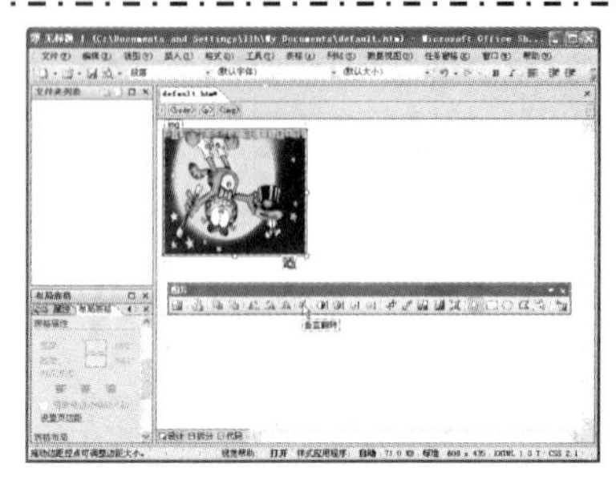

图 4-27　垂直翻转

4. 【增加对比度】按钮和【降低对比度】按钮

对比度指的是一幅图片中明暗区域最亮的白和最暗的黑之间不同亮度层级的测量，差异范围越大代表对比度越大，从黑到白的渐变层次就越多，从而色彩表现越丰富；差异范围越小代表对比度越小，从黑到白的渐变层次就越少，从而色彩表现越单调。

选中图片后，连续单击【增加对比度】按钮，可以增加图片的对比度，效果如图 4-28 所示；连续单击【降低对比度】按钮，可以降低图片的对比度，效果如图 4-29 所示。

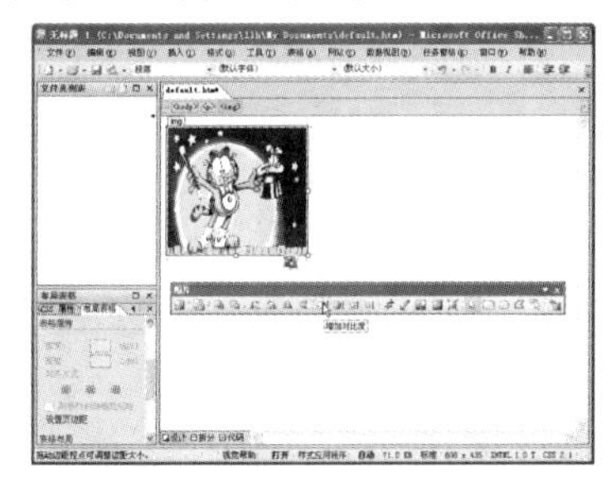

图 4-28　增加图片对比度后的效果

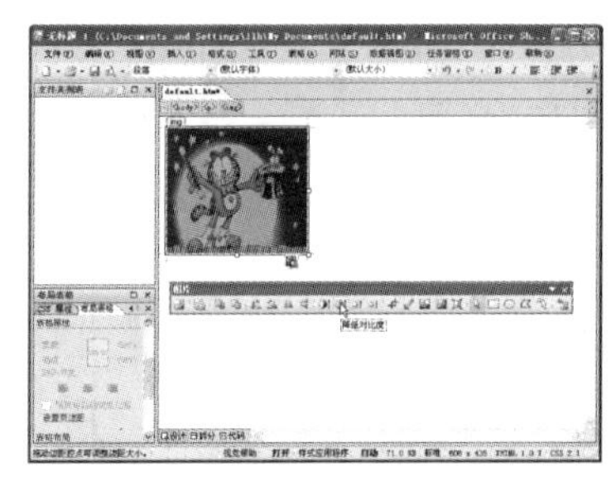

图 4-29　降低图片对比度后的效果

5. 【增加亮度】按钮和【降低亮度】按钮

亮度指的是图片的明暗程度，连续单击【增加亮度】按钮，可以增加图片的亮度，效果如图 4-30 所示；连续单击【降低亮度】按钮，可以降低图片的亮度，效果如图 4-31 所示。

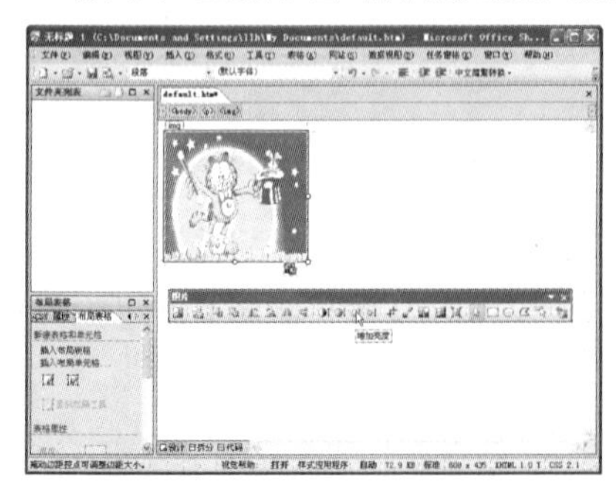

图 4-30　增加亮度后的效果

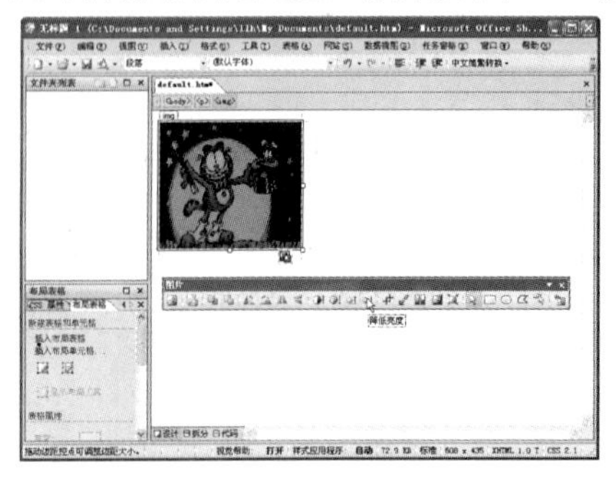

图 4-31　降低亮度后的效果

6. 【裁剪】按钮

【裁剪】按钮用于截取图片中的某个区域，单击该按钮，在目标图片中将出现一个矩形的虚线框，该虚线框的四周有 8 个控制点，拖动这些控制点可以调整虚线框的大小，如图 4-32 所示。调整到合适的范围后，再次单击【裁剪】按钮，则系统将自动保留图片中虚线框以内的部分，而删除掉虚线框以外的部分，如图 4-33 所示。

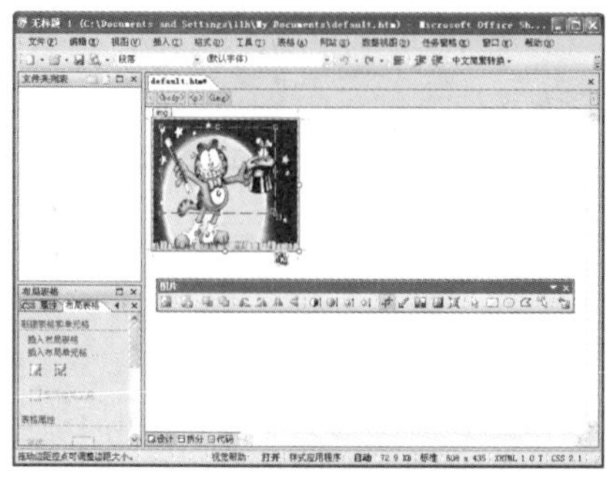

图 4-32　裁剪图片

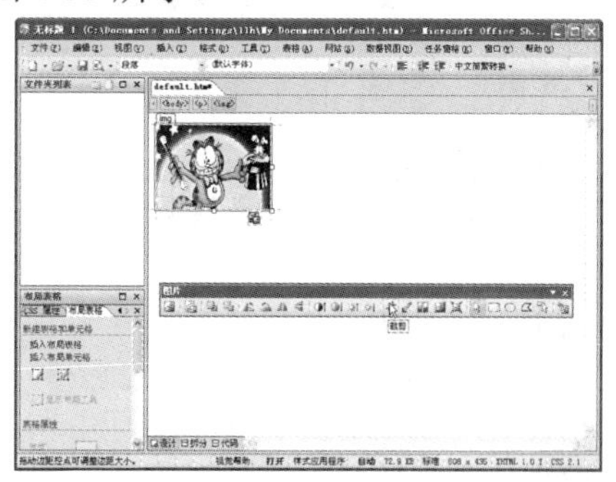

图 4-33　裁剪后的效果

提示

单击【裁剪】按钮后，当将鼠标指针移至图片中时，鼠标指针会变成┼形状，此时按住鼠标左键不放并拖动鼠标，可以绘制出一个新的虚线框，原虚线框消失。

7. 【颜色】按钮

单击【颜色】按钮，将弹出一个下拉菜单，该菜单中包含了【灰度】和【冲蚀】两个命令。其中，【灰度】是指把有色的图，按照它的明暗，用黑白灰的形式显示，但它区别于一般的黑白图片，选择【灰度】命令后，图片的效果如图 4-34 所示；【冲蚀】类似于印刷中的水印效果，如图 4-35 所示，即是将图片设置为【冲蚀】后的效果。

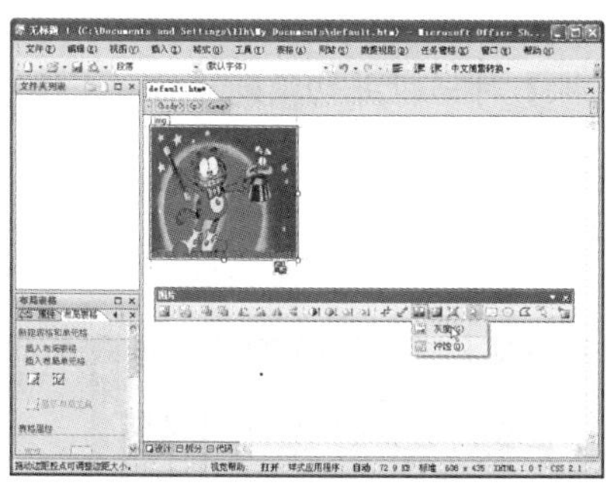

图 4-34　灰度效果

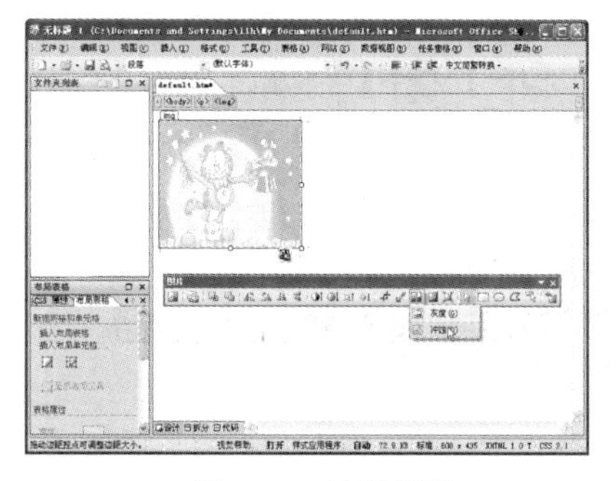

图 4-35　冲蚀效果

8. 【凹凸效果】按钮和【重新取样】按钮

选中图片后，单击【凹凸效果】按钮，可以使图片具有立体感，效果如图 4-36 所示。【重新取样】按钮用于添加或减少已调整大小的 JPEG 或 GIF 图片文件中的像素，以与原始图

像的外观尽可能的匹配。选中图片后，单击【重新取样】按钮，可以对图片进行重新取样。

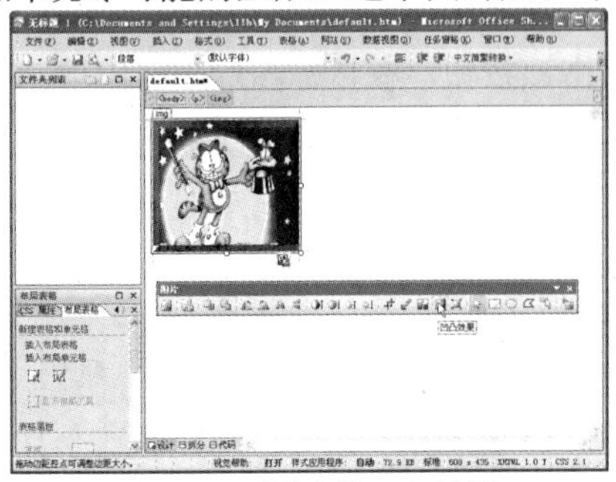

图 4-36　图片的凹凸效果

提示

对图片进行重新取样会减小图片文件的大小，可以加快该图片的下载速度。

9. 【还原】按钮

顾名思义，该按钮用于还原图片，无论对图片做了多少次操作，单击此按钮后，图片即可立即被恢复到初始状态。

4.4　在网页中使用背景图片

SharePoint Designer 2007 中，系统默认的背景颜色为白色，为了使网页更加生动，用户可以使用一张能够表达网页主题的图片作为该网页的背景。

4.4.1　使用本地磁盘中的图片作为背景图片

要使用本地磁盘中的图片作为网页的背景图片，用户首先应知道要使用的图片文件在磁盘中存放的位置，然后按照以下练习中的方法进行操作即可。

【练习 4-2】 为网页设置背景图片。

(1) 选择【文件】|【属性】命令，打开【网页属性】对话框并切换到【格式】选项卡，如图 4-37 所示。在【背景】选项区域选中【背景图片】复选框，此时，【浏览】按钮变为可用状态，单击【浏览】按钮，打开【选择背景图片】对话框，在该对话框中，可以选择需要使用的背景图片，如图 4-38 所示。

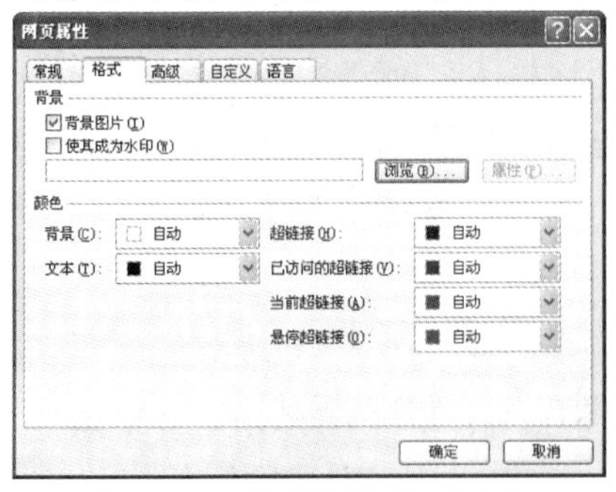

图 4-37　【网页属性】对话框

图 4-38　【选择背景图片】对话框

(2) 选中图片后，双击该图片或者单击【打开】按钮，可以将该图片的相对路径加入到【网页属性】对话框的【浏览】文本框中，如图 4-39 所示。

(3) 单击【确定】按钮，即可将选中图片作为背景图片加入到网页中，效果如图 4-40 所示。若要使背景图片具有水印效果，只需在图 4-39 的【背景】选项区域中选中【使其成为水印】复选框即可。

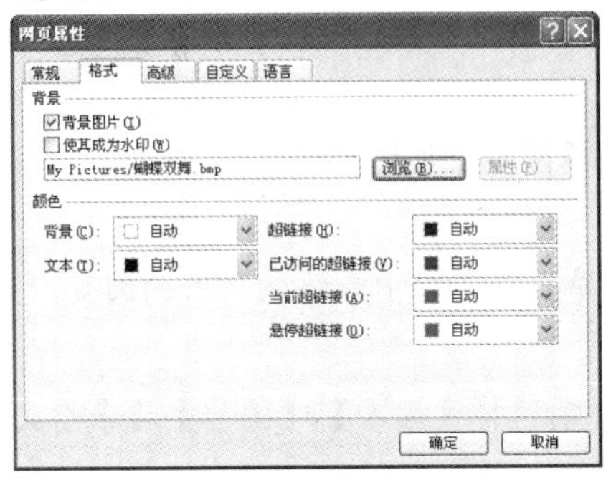

图 4-39　加入图片的相对地址

图 4-40　使用背景图片后的效果

4.4.2　使用 Office Online 中提供的图片作为背景图片

Office 中提供了许多精美的图片供用户使用，如果这些图片还不能满足网页设计的需求，用户还可以通过网络来查找 Office Online 中提供的图片。

在图 4-38 中，单击【打开】按钮右侧的“倒三角”按钮，如图 4-41 所示。在弹出的下拉菜单中选择【从剪辑管理器打开】命令，打开【选择背景】对话框。在该对话框中，选中【包含来自 Office Online 的内容】复选框，在【搜索文字】文本框中输入需搜索的关键字，例如输入“风景”，然后单击【搜索】按钮，系统即可自动搜索 Office Online 中提供的有关“风景”的图片，并将其搜索结果显示在中间的列表中，如图 4-42 所示。选中某张图片后，单击【确定】按钮，然后按照【练习 4-2】中第(2)步、(3)步中的方法进行操作即可。

图 4-41　选择【从剪辑管理器打开】命令

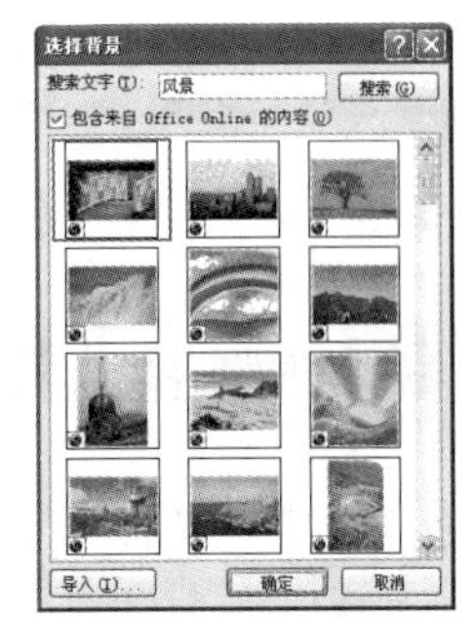

图 4-42　搜索图片

另外，在图 4-42 所示的【选择背景】对话框中，可以不在【搜索文字】文本框中输入任何内容进行搜索，此时可搜索到更多的图片。

21 世纪电脑学校

4.5 上机实验

本章主要介绍了在网页中插入图片的方法。通过对本章的学习，用户应该掌握在网页中插入图片的方法，在网页中设置图片属性和简单编辑图片的方法，以及使用背景图片的方法等。

本次上机实验主要为第 3 章上机实验中制作的简单网页添加图片，完善该网页，同时帮助读者巩固本章所学习的内容。

(1) 启动 SharePoint Designer 2007，并打开第 3 章上机实验中最终制作好的网页，如图 4-43 所示。

(2) 将光标定位在文本“王国维简介”的后面，然后选择【插入】|【图片】|【来自文件】命令，如图 4-44 所示。

图 4-43　打开网页

图 4-44　选择【插入】|【图片】|【来自文件】命令

(3) 系统将打开【图片】对话框，在该对话框中，选择【我的文档】|【图片收藏】目录下的“王国维.jpg”图片，如图 4-45 所示。

(4) 单击【插入】按钮，打开【辅助功能属性】对话框，在该对话框的【替代文本】文本框中输入文本“王国维”，如图 4-46 所示。

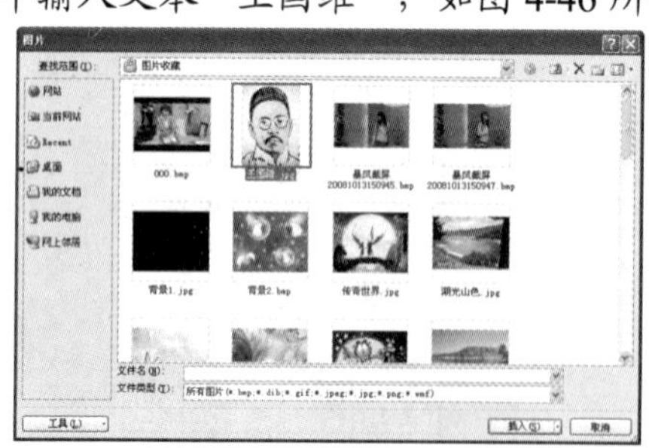

图 4-45　【图片】对话框

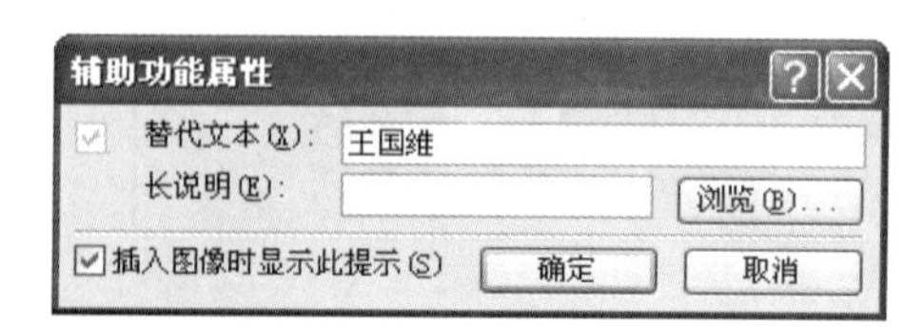

图 4-46　【辅助功能属性】对话框

(5) 单击【确定】按钮，即可将所选图片插入到光标所在的位置，效果如图 4-47 所示。

(6) 选择【格式】|【背景】命令，打开【网页属性】对话框的【格式】选项卡，如图 4-48 所示。

(7) 在该对话框的【背景】选项区域，选中【背景图片】和【使其成为水印】两个复选框，然后单击【浏览】按钮，打开【选择背景图片】对话框，如图4-49所示。

图4-47　插入图片后的效果

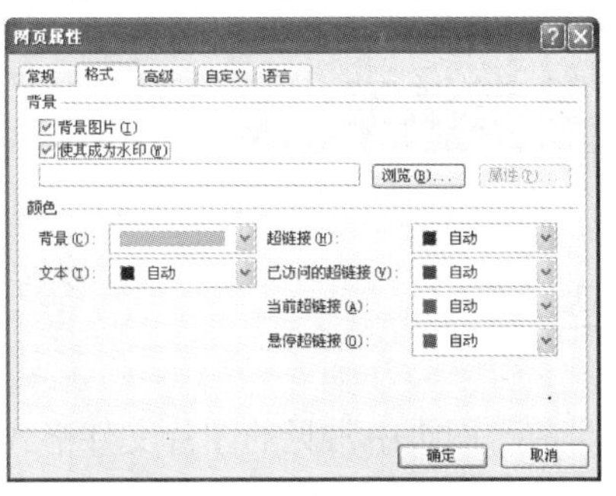

图4-48　【网页属性】对话框

(8) 在图4-49中选择【我的文档】|【图片收藏】目录下的“意境3.jpg”图片，然后单击【打开】按钮，关闭【选择背景图片】对话框返回到【网页属性】对话框，如图4-50所示。

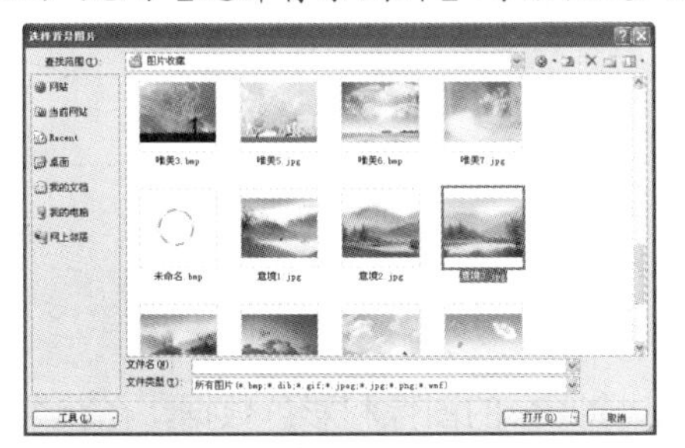

图4-49　【选择背景图片】对话框

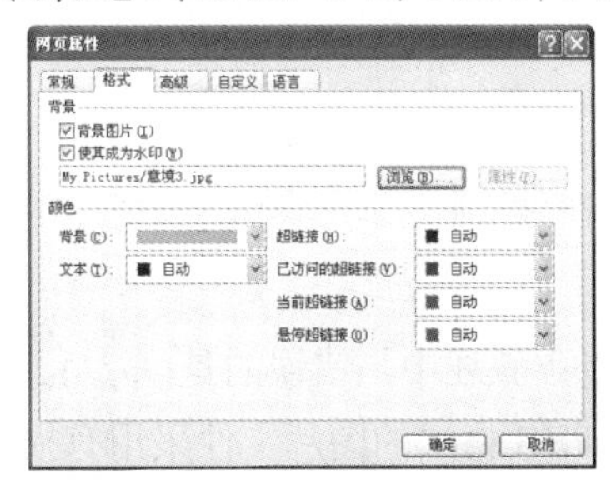

图4-50　【网页属性】对话框

(9) 单击【确定】按钮，即可将所选图片设置为网页的背景图片，效果如图4-51所示。对网页进行保存后，按下F12快捷键预览网页，效果如图4-52所示。

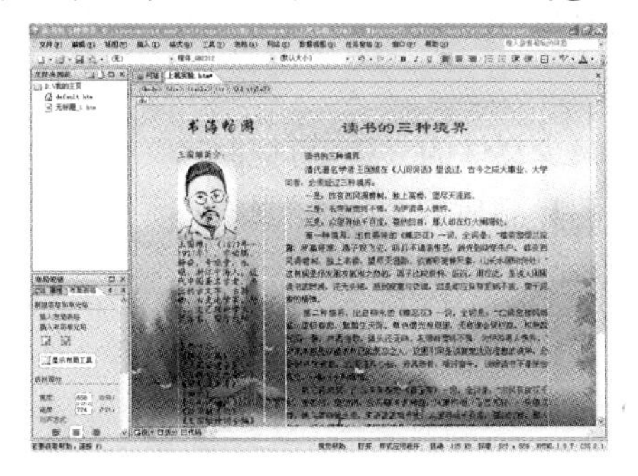

图4-51　设置背景后的效果

图4-52　在浏览器中预览的效果

注意

在对网页进行保存时，如果网页中使用的图片和网页本身不在同一个文件夹中，则系统会打开【保存嵌入式文件】对话框，在该对话框中直接单击【确定】按钮，系统会自动将该图片和网页保存在同一文件夹中。另外，用户还可在该对话框中更改图片的保存目录，但一般情况下，应将图片和网页保存到同一目录下，这样有利于网站的后期管理，并可避免因图片链接的丢失而导致网页中无法正常显示图片的状况。

(10) 在预览界面中，拖动网页右侧的垂直滚动条，可以看到只是网页中的文字在滚动，而背景是静止的，这是因为将背景设置成了水印后的效果。

4.6 思考练习

4.6.1 填空题

1. 目前，网页中常见的图片文件格式有__________、__________和__________。
2. JPEG 格式的图片文件的后缀名为__________或__________。
3. GIF 格式的文件最多支持__________颜色内的图像。
4. 使用__________工具栏，可在 SharePoint Designer 2007 内部对图片进行简单的编辑。
5. 若要将一张彩色的图片调整为黑、白、灰 3 种颜色显示，应将该图片调整为__________效果。

4.6.2 选择题

1. 以下叙述中，错误的是(　　)。

A. JPEG 格式的图片文件采用有损压缩方式去除冗余的图像和彩色数据，在获得极高的压缩率的同时能展现十分丰富生动的图像。

B. GIF 采用无损压缩存储，在不影响图像质量的情况下，可以生成很小的文件，磁盘占用空间较小。

C. PNG 格式的图片文件在网页中的显示速度比较快，只需下载 1/64 的图片信息即可显示出低分辨率的预览图像。

D. PNG 格式的图片文件采用有损压缩方式来减少文件的大小，可把图片文件压缩到极限以利于网络传输，同时又可以保留所有与图片品质有关的信息。

2. 若要在不改变图片长宽比例的情况下，应在按住(　　)键的同时拖动鼠标。

A. Ctrl　　B. Alt

C. Shift　　D. Ctrl+Shift

4.6.3 操作题

自己动手制作一个图文并茂的网页，并预览其效果。

第5章 超链接的使用

本章导读

一个内容丰富的网站由有许多网页组成的，这些网页之间通常又是通过超链接的方式相互建立关联的。可以说，超链接是网站的核心和精华，没有超链接的网站就如同是一潭死水，没有生机和活力。本章将介绍有关超链接的基础知识。

重点和难点

- 超链接的基础知识
- 创建文本与图片超链接
- 超链接的编辑与维护
- 创建网站导航

5.1 超链接的基础知识

超链接是网页中必不可少的部分，在学习如何在网页中使用超链接之前，先来了解关于超链接的相关基础知识。

5.1.1 超链接的概念

超链接指的是从网页指向一个目标端点的连接关系，这个目标端点可以是另一个网页，也可以是相同网页中的不同位置，还可以是一张图片、一个电子邮件地址、一个文件、甚至是一个应用程序。而在一个网页中用来作为超链接的对象，可以是一段文本、也可以是一张图片。当鼠标指针移至有超链接的对象上时，通常会显示为手的形状，此时单击鼠标左键即可跳转到该链接的目标对象上。

5.1.2 超链接的分类

超链接主要由两部分组成：源端点和目标端点。附加链接的一端称为连接的源端点，链接跳转到的页面称为链接的目标端点。

1. 源端点的链接

根据超链接源端点的不同，可将超链接分为文本超链接、图像超链接、表单超链接和热区超链接 4 种。

- 文本超链接：使用文本作为超链接的对象，这是超链接最常用的形式。在 SharePoint Designer 2007 中建立文本超链接后，通常在该文本的下方会自动生成一条下划线，表示该文本具有相应的链接。
- 图像超链接：使用图像作为超链接的对象，单击图像即可跳转到链接的页面或是打开一张新的图片。图像超链接美观、形象，在网页中也经常被使用。
- 表单超链接：表单超链接是一种比较特殊的超链接。当填写表单后，单击【提交】或【确定】按钮时，会自动跳转到目标页面(关于表单将在后面的章节中详细介绍)。
- 热区超链接：热区链接是指在已有的图像上创建一个热区，当鼠标指针移至该热区时，会变成手的形状，单击该热区即可跳转至目标页面。

2. 目标端点的链接

根据超链接目标端点链接类型的不同，可将超链接分为外部超链接、内部超链接、局部超链接和电子邮件超链接 4 种类型。

- 外部超链接：外部超链接指链接的目标端点不在本网站内的超链接。外部超链接可实现网站与网站之间的跳转，从而将网页的浏览范围扩展到整个 Internet 上。例如，某些网站上的友情链接就属于外部超链接。
- 内部超链接：相对于外部超链接来说，内部超链接指的是目标端点在本网站内部的超链接。
- 局部超链接：局部超链接是指在网页页面内的链接，此类链接可通过在网页中命名书签的方式来实现。
- 电子邮件超链接：电子邮件超链接是用于发送电子邮件的链接，单击该链接会启动当前计算机中默认的电子邮件程序，用户可以通过该程序编写邮件并将其发送到链接的邮箱中。

5.1.3 超链接路径的分类

要正确的创建超链接，必须了解文档之间的路径。每一个网页文档都有一个唯一的地址，可以通过 URL 进行定位。

URL 是英文 Uniform Resource Locator 的缩写，表示统一资源定位符。它是一种用于完整地描述 Internet 中网页和其他资源的地址的一种标识方法。Internet 中的每一个网页都具有一个唯一的名称标识，通常称之为 URL 地址，这种地址可以是本地磁盘，也可以是局域网中的某一台计算机，更多的是 Internet 上的站点。简单地说，URL 就是 Web 地址，俗称“网址”。

与单机系统的绝对路径和相对路径相似，统一资源定位符也有绝对 URL 和相对 URL 之分。

1. 绝对路径

绝对路径指的是被连接文档的完整 URL 地址，包括使用的协议(网页中常用的协议为 HTTP)与网络文档的完整路径。当要从一个网站的网页链接到另一个网站的网页时，必须使用绝对路径。例如，http://www.baidu.com 就是百度首页的绝对路径。

2. 相对路径

相对路径是本地站点链接中使用得最多的链接形式，它无需提供完整的 URL 地址，而只需保留链接文件不同的地址部分即可。例如：

- 当要将当前文档和与该文档位于同一文件夹中的某个文档进行链接时，只需提供被链接文档的文件名即可。
- 当要将当前文档和位于该文档所在文件夹的子文件夹中的某个文档进行链接时，只需提供："子文件夹名/文件名"即可。
- 当要将当前文档和位于该文档所在文件夹的父文件夹中的某个文档进行链接时，只需在目标文档名称前面加上"…/"即可(…表示上一级的文件夹)。

相对路径链接的文件在网站中的相互关系一般不会发生变化，当移动整个网站文件夹时，就不用重新对链接进行更新。因此，相对路径相对于大多数站点的内部链接来说，是最适用的路径，而对于外部链接则不能使用相对路径。

3. 根相对路径

根相对路径是指从站点根文件夹到被链接文档经过的路径，这类链接是基于站点根目录的。一个根相对路径以正斜杠"/"开头，它代表站点的根文件夹。例如，"/image/apple. jpg"表示该站点根目录下的 image 文件夹中 apple. jpg 图片文件的根相对路径。

5.2 创建文本超链接

文本超链接是网页中最常见的超链接方式。为一段文本创建超链接后，该段文本的下方会自动添加一条下划线，当鼠标指针移至该文本时，会变成手的形状，此时单击鼠标左键即可打开并查看目标端点的内容。

5.2.1 超链接到内部网页

超链接到内部网页是指链接的目标端点是同一网站内的另一个网页，当浏览者单击该超链接时，就会自动打开该网页。

【练习 5-1】 为一段文字建立一个站内的超链接。

(1) 启动 SharePoint Designer 2007，并新建一个只有一个网页的网站，将该网站的名称命名为“我的网站”，如图 5-1 所示。

(2) 双击打开该网站的首页，然后在其中输入文本“书海畅游”，如图 5-2 所示。

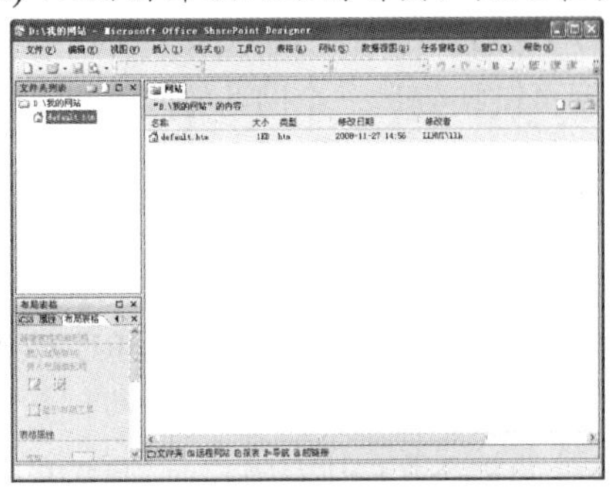

图 5-1 新建网站

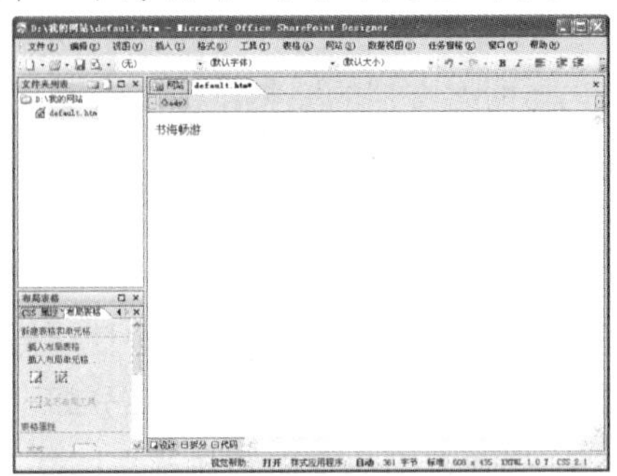

图 5-2 打开网页并输入文本

(3) 将上一章上机练习中制作好的网页文件以及涉及到的图片文件夹一起移动到刚建立好的网站的根目录下，然后将该网页文件更名为“书海畅游.htm”，如图 5-3 所示。

(4) 在网页中选定文本“书海畅游”，然后选择【插入】|【超链接】命令，打开【插入超链接】对话框。在该对话框的【查找范围】下拉列表中选择新建的网站文件夹，然后在中间的文件列表区域选择“书海畅游.htm”文件，如图 5-4 所示。

图 5-3 移动文件至网站的根目录下

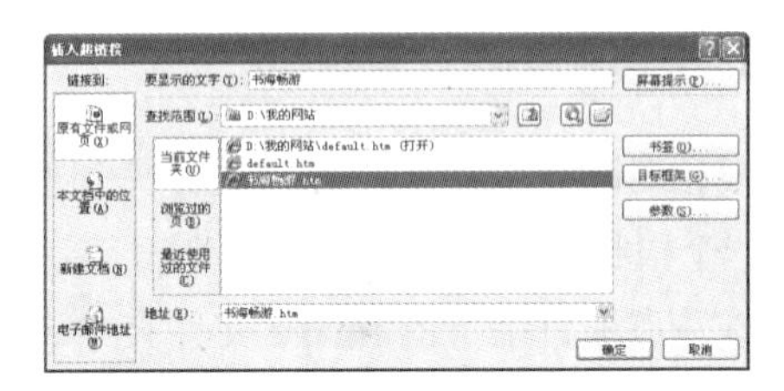

图 5-4 【插入超链接】对话框

(5) 单击【确定】按钮，完成超链接的添加，保存该网页，然后按下 F12 快捷键进行预览，可以看到，在文本“书海畅游”的下方被自动添加了一条下划线，如图 5-5 所示。

(6) 单击该超链接，即可打开“书海畅游”网页，如图 5-6 所示。

图 5-5 预览效果

图 5-6 打开目标链接

5.2.2 超链接到图片

有时，当浏览者单击某个超链接时，浏览器会自动打开一张图片，这是由于设计者将该超链接的目标端点设置成了一张图片后的效果。实际上，链接到图片和链接到网页的操作基本相似，下面结合具体实例来说明。

【练习 5-2】为一段文字建立一个超链接，使其目标端点为一副图片。

(1) 打开【练习 5-1】中新建的网站的首页，并在该网页中输入文本“单击此处查看图片”，如图 5-7 所示。

(2) 选中刚刚输入的文本，然后在选中区域右击鼠标，在弹出的快捷菜单中选择【超链接】命令，如图 5-8 所示(这和选择【插入】|【超链接】命令具有同样的效果)。

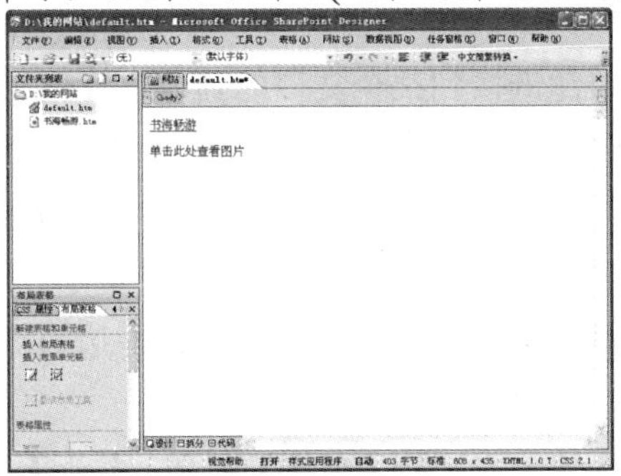

图 5-7　输入文本

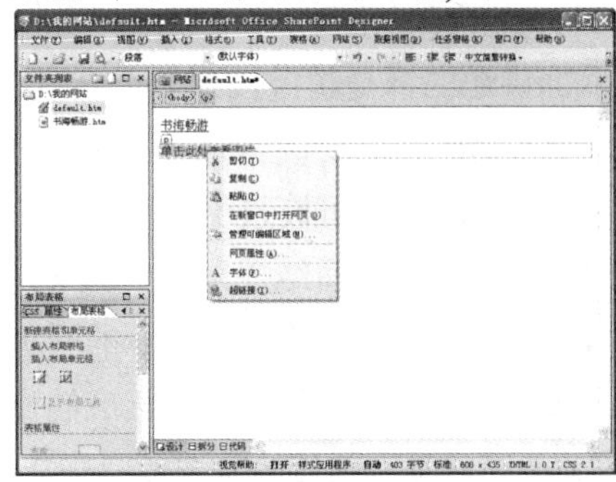

图 5-8　选择超链接命令

(3) 系统将打开【插入超链接】对话框，在该对话框中选择一张图片作为目标端点，如图 5-9 所示。

(4) 选择完成后，单击【确定】按钮插入超链接，预览效果如图 5-10 所示。单击该超链接，即可打开目标端点的图片，如图 5-11 所示。

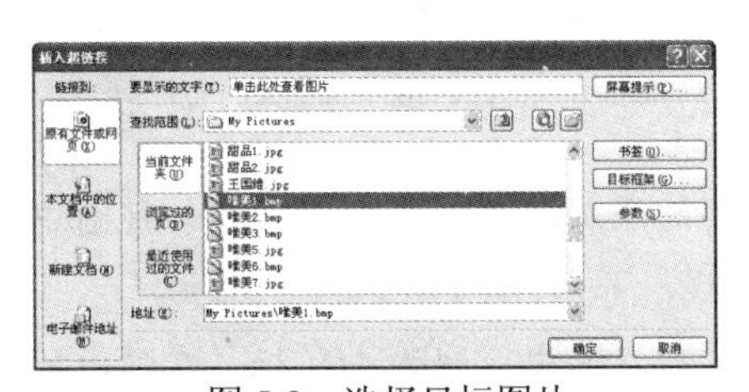

图 5-9　选择目标图片

图 5-10　超如超链接后的效果

提示

用于超链接的图片最好和原网页放在同一网站目录下，这样不仅可以防止因移动网站文件夹而导致的图像不能正常显示的现象，还有利于网站的后期管理。

图 5-11　打开目标端点的图片

提示

在图 5-11 的预览页面中，当鼠标指针移至图片区域时，会变成的形状，此时单击鼠标可放大该图片。

5.2.3 超链接到书签

前面讲述的都是超链接到一个文件，如果想要超链接到某个文件的具体位置该怎么做呢？这就是这一节所要讲述的内容——超链接到书签。所谓书签，就是在网页中的某个位置做一个标记，该标记可被系统识别并可作为超链接的目标端点。要制作链接到书签的超链接必须先创建书签，下面结合具体实例来说明制作书签超链接的方法。

【练习 5-3】为如图 5-12 所示的网页添加书签超链接，要求：当用户单击左边的诗歌名称时，页面会自动跳转到网页中相应的位置。

(1) 选中网页右侧的诗歌名称“春晓”，然后选择【插入】|【书签】命令，打开【书签】对话框，在该对话框的【书签名称】文本框中输入文本“《春晓》”，如图 5-13 所示。

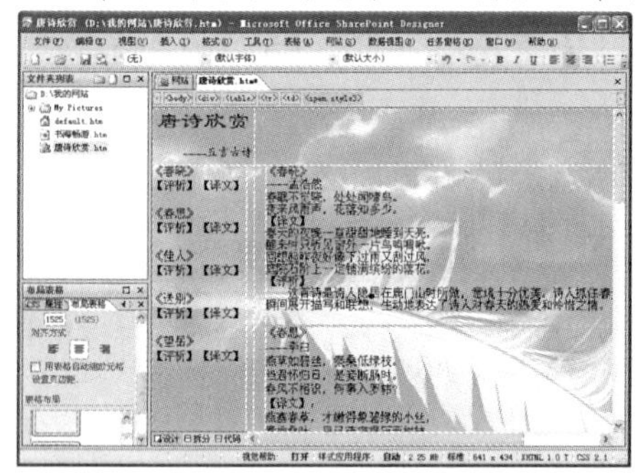

图 5-12　打开网页

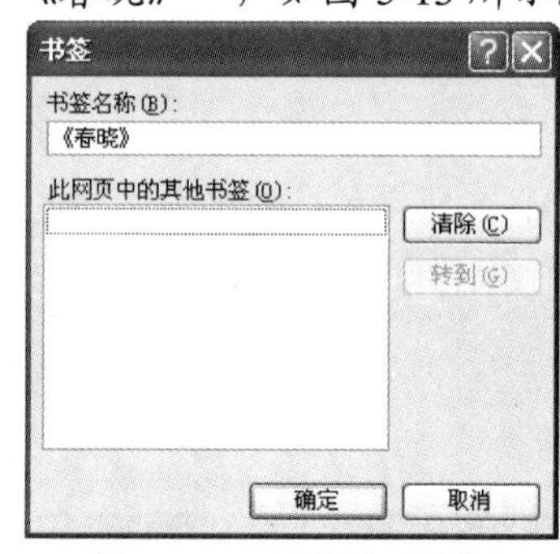

图 5-13　【书签】对话框

(2) 输入完成后，单击【确定】按钮，完成书签的添加，此时在网页的设计视图中可以看到，在文本“《春晓》”下方自动添加了一条虚线，如图 5-14 所示。

(3) 选中网页左侧的诗歌名称“《春晓》”，然后在选中区域右击鼠标，在弹出的快捷菜单中选择【超链接】命令，如图 5-15 所示。

提示

如图 5-14 所示中，文本“《春晓》”下方的虚线在网页的预览视图中不会显示出来。该虚线在设计视图中出现，主要是为了提醒设计者此处已经添加了书签。

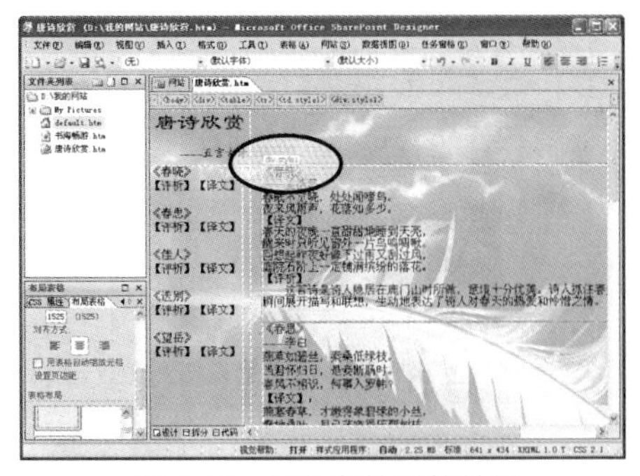

图 5-14　插入书签后的效果

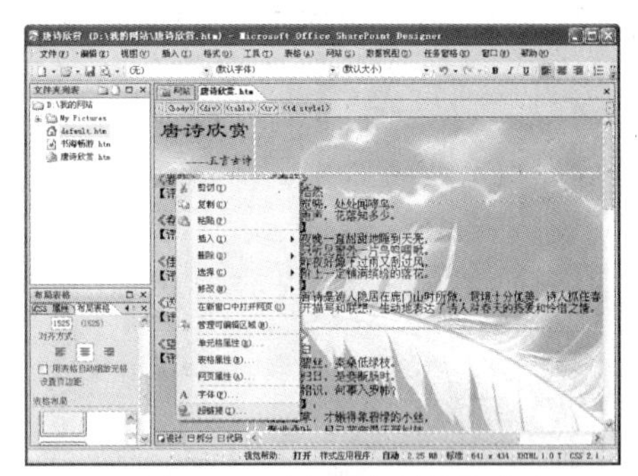

图 5-15　选择【超链接】命令

(4) 系统将打开【插入超链接】对话框，如图 5-16 所示。在该对话框中单击【书签】按钮，打开【在文档中选择位置】对话框，如图 5-17 所示。

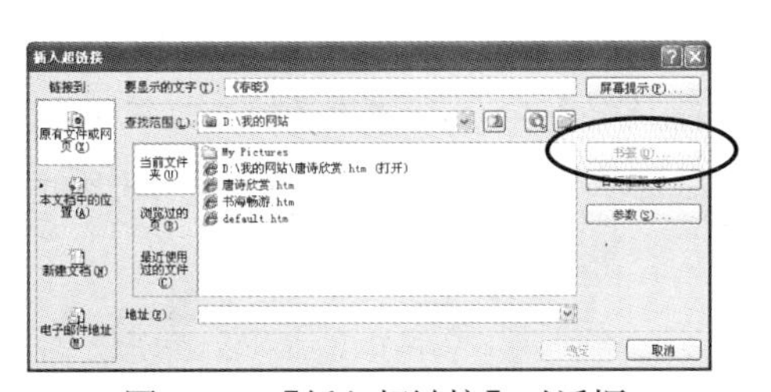

图 5-16　【插入超链接】对话框

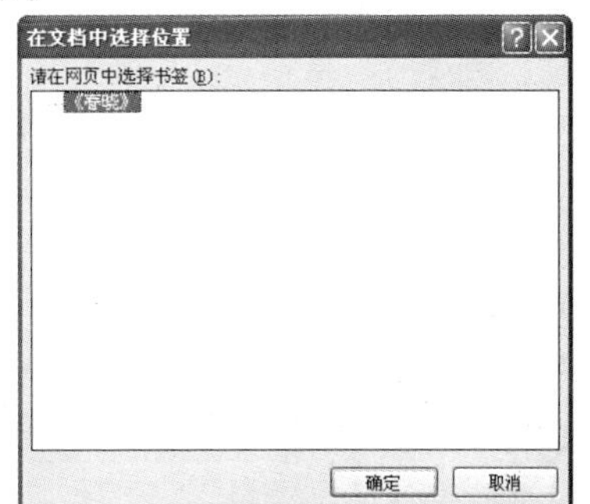

图 5-17　【在文档中选择位置】对话框

(5) 在图 5-17 所示的对话框中选择“《春晓》”书签，然后单击【确定】按钮，关闭该对话框并返回【插入超链接】对话框；在【插入超链接】对话框的【地址】下拉列表框中，系统自动加入了“《春晓》”书签的相对地址，如图 5-18 所示。

(6) 单击【确定】按钮，完成书签超链接的添加，在网页左侧诗歌名称“《春晓》”的下方，系统自动添加了一条下划线，如图 5-19 所示。

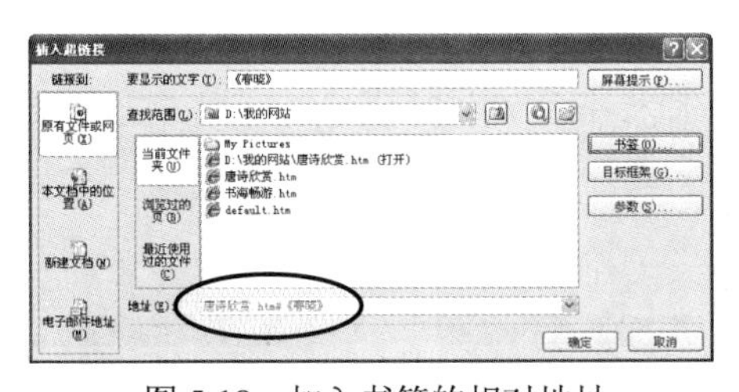

图 5-18　加入书签的相对地址

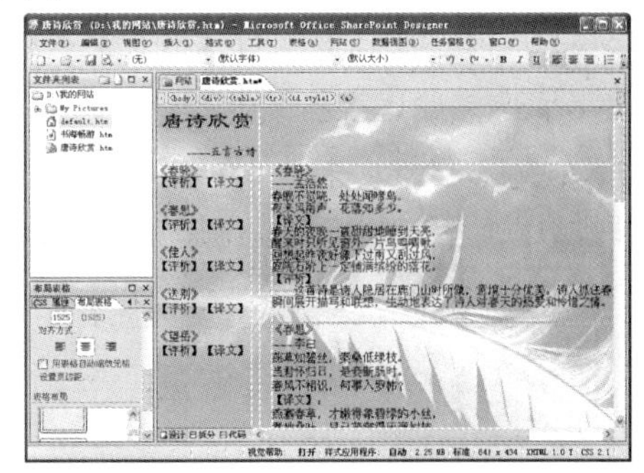

图 5-19　完成书签超链接的添加

(7) 使用同样的方法，为网页中其他需要添加书签超链接的部分添加书签超链接，添加完成后，最终效果预览图如图 5-20 所示。

(8) 单击网页左侧的某个诗歌名称，例如，单击“《佳人》”超链接，则网页会自动跳

转至页面右侧“《佳人》”书签所在的位置，如图 5-21 所示。

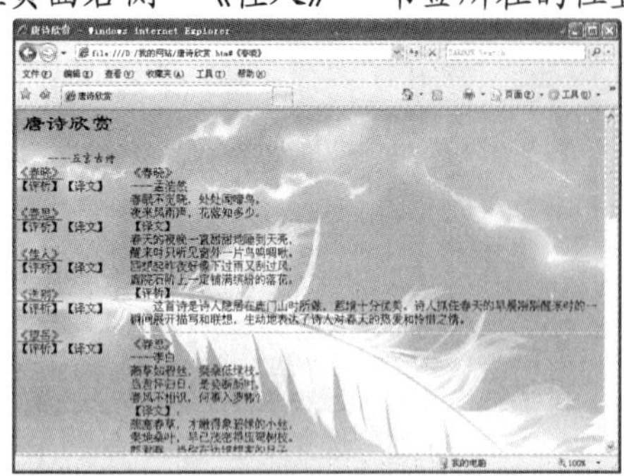

图 5-20　预览效果

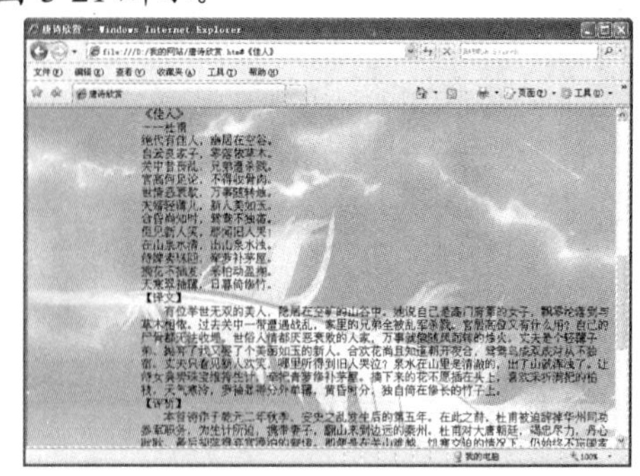

图 5-21　跳转至书签

上述实例介绍的是超链接到同一网页中的某个书签，实际上，还可以超链接到其他网页中的书签。

【练习 5-4】制作一个跨网页的书签超链接。

(1) 打开一个网页，并在该网页中输入文本“唐诗欣赏　佳人”，如图 5-22 所示。

(2) 选中文本“佳人”，然后选择【插入】|【超链接】命令，打开【插入超链接】对话框。在该对话框中选择【练习 5-3】中制作好的“唐诗欣赏”网页文件，如图 5-23 所示。

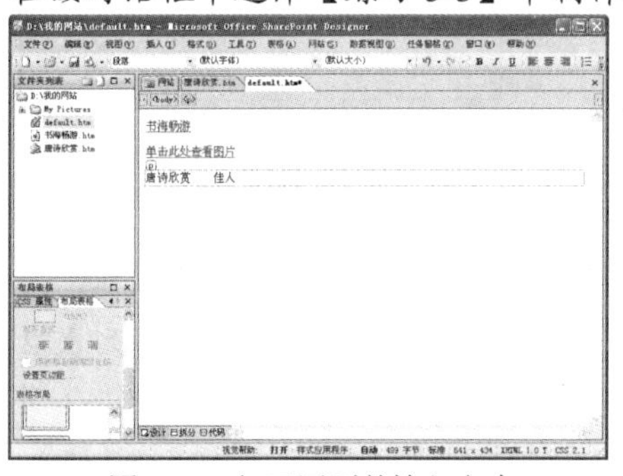

图 5-22　打开网页并输入文本

图 5-23　【插入超链接】对话框

(3) 单击该对话框右侧的【书签】按钮，打开【在文档中选择位置】对话框，然后在该对话框中选择“《佳人》”书签，如图 5-24 所示。

(4) 选择完成后，单击【确定】按钮，返回至【插入超链接】对话框；在【插入超链接】对话框的【地址】下拉列表框中，系统已经加入了目标书签的相对地址，如图 5-25 所示。

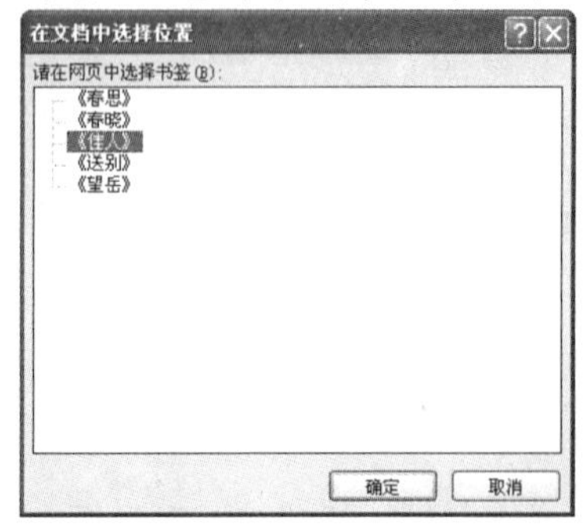

图 5-24　【在文档中选择位置】对话框

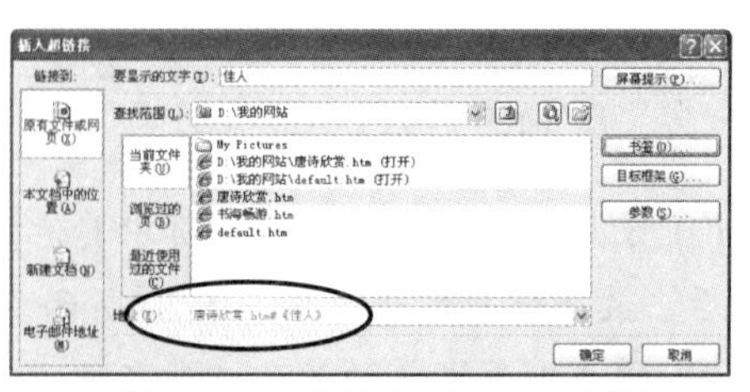

图 5-25　【插入超链接】对话框

(5) 单击【确定】按钮，完成超链接的添加，预览效果如图 5-26 所示，单击“佳人”超链接，系统即可自动打开“诗歌欣赏”网页并跳转至目标书签所在的位置，如图 5-27 所示。

图 5-26　预览页面

图 5-27　自动打开网页并跳转至书签

5.2.4 超链接到电子邮件

如果网页设计者想要浏览者在浏览网页的过程中，能够及时的提出意见和建议，可以在网页中加入这样的超链接：当浏览者单击该超链接时，系统就会自动打开计算机中默认的电子邮件软件发送电子邮件。这就是电子邮件超链接。

【练习 5-6】制作一个电子邮件超链接。

(1) 打开一个网页，并在该网页中输入文本“如果你有什么意见和建议请联系我们！”，如图 5-28 所示。

(2) 选择文本“联系”，然后选择【插入】|【超链接】命令，打开【插入超链接】对话框，在该对话框的【链接到】列表中单击【电子邮件地址】按钮，如图 5-29 所示。

(3) 在该对话框的【电子邮件地址】文本框中输入收件人的邮箱地址，例如，“llhui2003@163.com”，系统会自动在该地址前面加上文本“mailto:”；在【主题】文本框中输入电子邮件的主题，例如，“我的建议”。

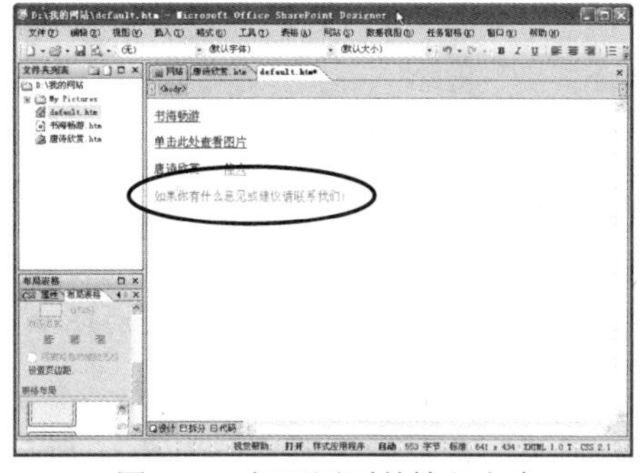
图 5-28　打开网页并输入文本

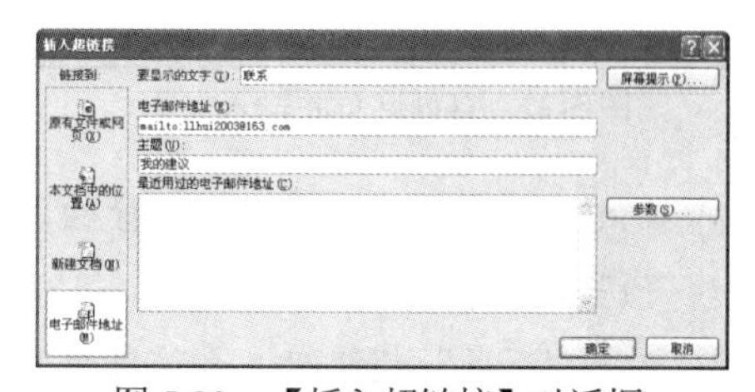
图 5-29　【插入超链接】对话框

(4) 输入完成后，单击【确定】按钮，完成电子邮件超链接的添加，预览效果如图 5-30 所示。

(5) 单击“联系”超链接，系统即可自动打开计算机中默认的电子邮件程序，如图 5-31

所示(笔者所用的电子邮件程序是 Foxmail)。从图 5-31 中可以看出，当打开电子邮件程序时，系统已经自动为用户输入了收信人的地址和邮件的主题。

图 5-30 预览效果

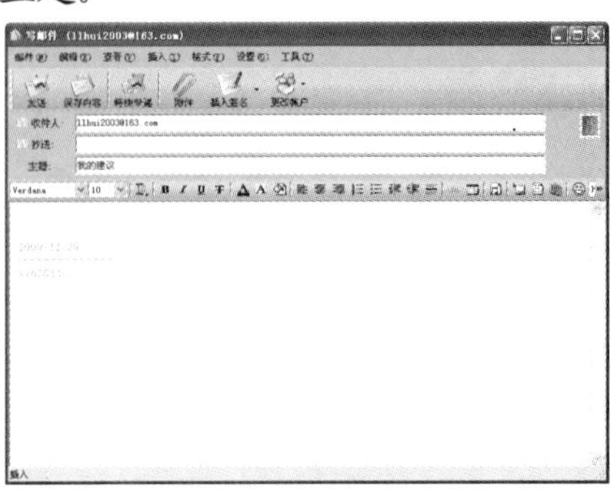

图 5-31 打开系统默认的电子邮件程序

5.2.5 超链接到其他网站

一般来说，大多数网站上都会加入一个友情链接，当浏览者单击该链接时，系统就会自动打开相应的网站。这就是本节所要介绍的超链接到其他网站，下面通过具体实例来说明。

【练习 5-7】制作一个友情超链接。

(1) 打开一个网页，并在该网页中输入文本“友情链接　百度”，如图 5-32 所示。

(2) 选择文本“百度”，然后选择【插入】|【超链接】命令，打开【插入超链接】对话框，在【地址】文本框中输入百度首页的完整 URL 地址：http://www.baidu.com，如图 5-33 所示。

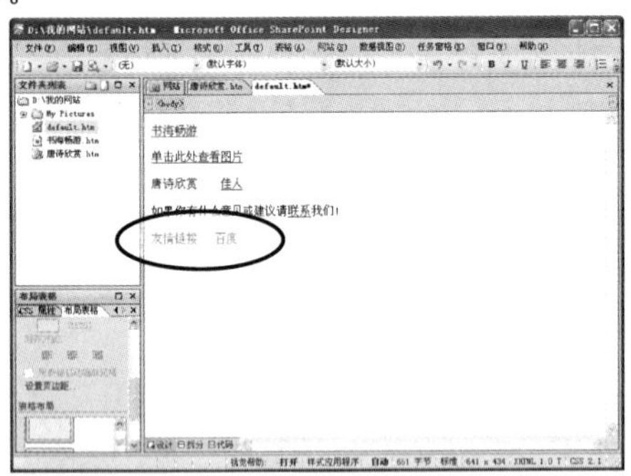

图 5-32 打开网页并输入文本

图 5-33 输入百度的完整 URL 地址

(3) 输入完成后，单击【确定】按钮，完成超链接的添加。保存该网页，然后按下 F12 快捷键，预览效果如图 5-34 所示。

(4) 单击“百度”超链接，系统即可自动打开“百度”网站的首页，如图 5-35 所示。

提示

超链接到其他网站时，一定要在【插入超链接】对话框的【地址】文本框中输入目标端点的完整 URL 地址，这样才能保证正确的链接到目标端点。

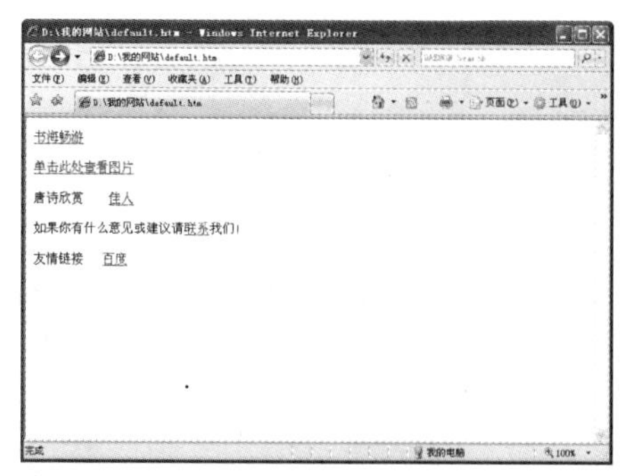

图 5-34　插入超链接后的预览效果

图 5-35　“百度”网站的首页

5.2.6 制作下载超链接

有时需要在网站中提供一些下载的超链接，当浏览者单击该超链接时，系统就可以自动打开下载页面，下载网站服务器上提供的文档(包括 Word 文档、Excel 文档等)。

【练习 5-8】制作一个下载超链接。

(1) 打开一个网页，在该网页中输入文本“单击此处下载考试报名信息表”，如图 5-36 所示。

(2) 选中文本“下载”，然后选择【插入】|【超链接】命令，打开【插入超链接】对话框，在该对话框中选择已经制作好的可供用户下载的文档，如图 5-37 所示。

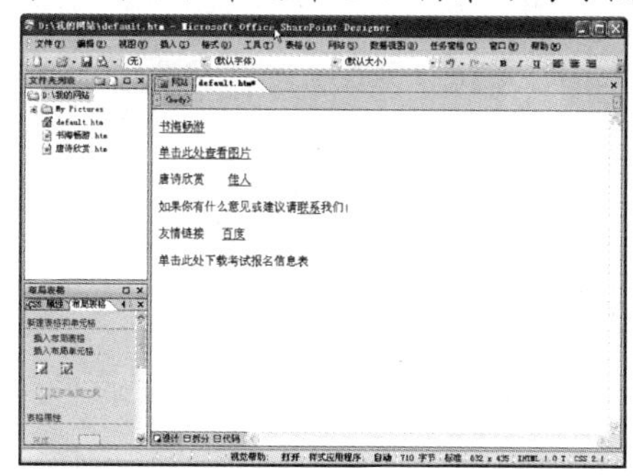

图 5-36　打开网页并输入文本

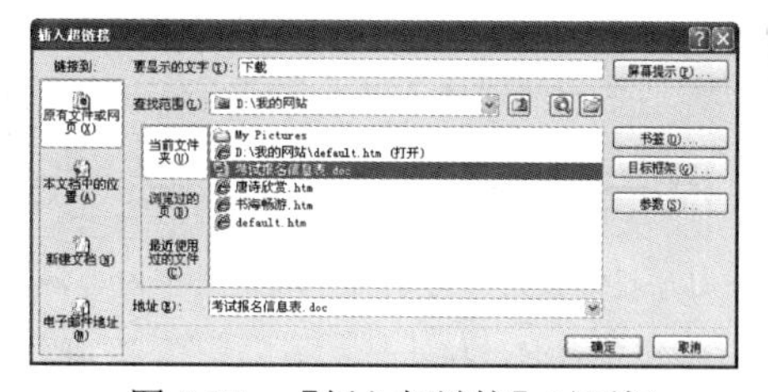

图 5-37　【插入超链接】对话框

(3) 选择完成后，单击【确定】按钮，完成下载超链接的添加，预览效果如图 5-38 所示。此时，单击“下载”超链接，系统即可自动打开下载工具下载该文件，如图 5-39 所示。

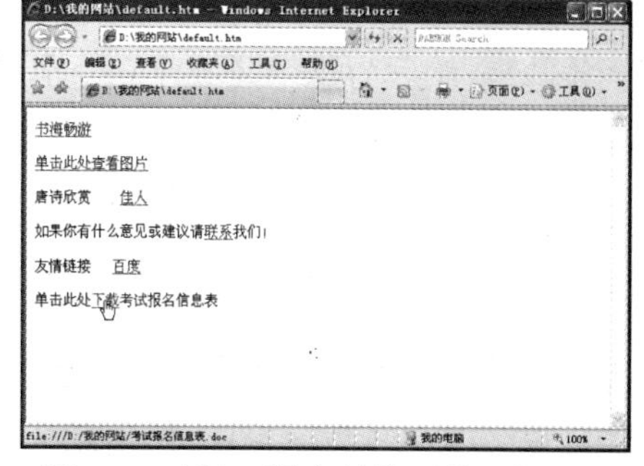

图 5-38　插入下载超链接后的预览效果

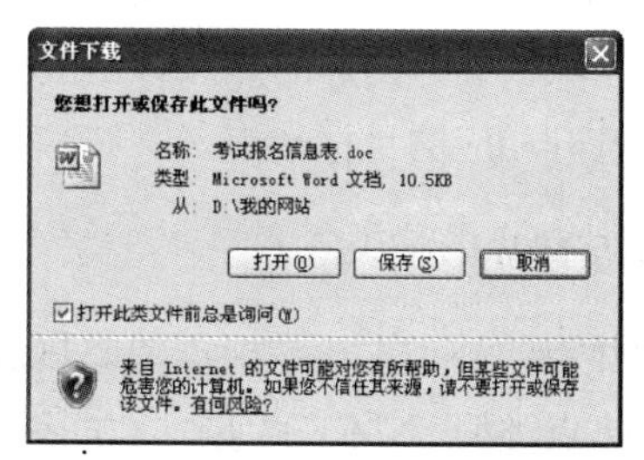

图 5-39　【文件下载】对话框

5.3 创建图片超链接

所谓图片超链接，即将图片作为超链接的源端点，从而链接到各种不同的目标端点。图片超链接与文本超链接的不同之处在于，一张图片可以划分不同的热点，每一个热点都可以链接到不同的目标端点。

5.3.1 常规图片超链接

插入常规图片超链接和插入文本超链接的方法基本相同。首先选中要作为源端点的图片，然后在该图片上右击鼠标，在弹出的快捷菜单中选择【超链接】命令，如图 5-40 所示。

系统将打开【插入超链接】对话框，如图 5-41 所示。在该对话框中选择要链接的目标端点，然后单击【确定】按钮，即可完成常规图片超链接的添加。

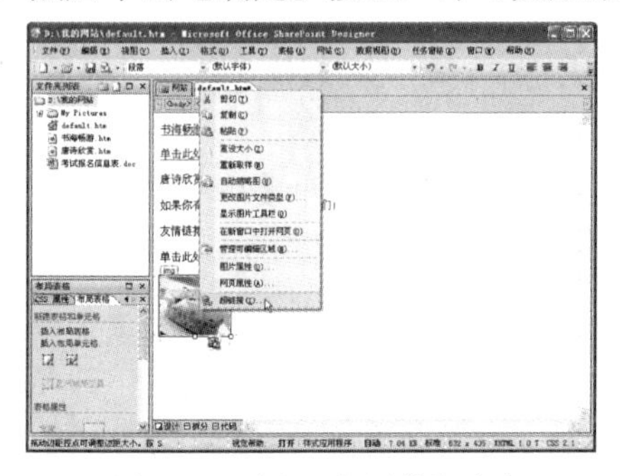

图 5-40 选择【超链接】命令

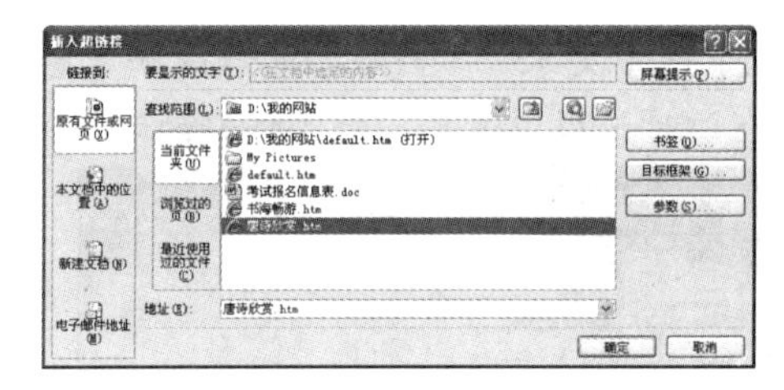

图 5-41 【插入超链接】对话框

提示

图片超链接的目标端点可以是一个内部网页、也可以是一张图片、一个书签、一个外部网站或者是一个下载超链接等。

5.3.2 创建图片的热点超链接

所谓的图片热点指的是将一副图片划分为若干个区域，然后为每个区域建立分别超链接，这些区域被称为图片的热点。当鼠标指针移至这些区域时，会变成手形状，此时单击鼠标，即可打开相应的目标端点。

1. 图片热点的种类

图像热点的种类主要是根据图像热点区域的形状来定义的，SharePoint Designer 2007 定义了 3 种热点类型，它们分别是长方形热点、圆形热点和多边形热点。如图 5-42 所示。用户

可以根据实际的需要，选择使用其中的一种或多种热点类型。

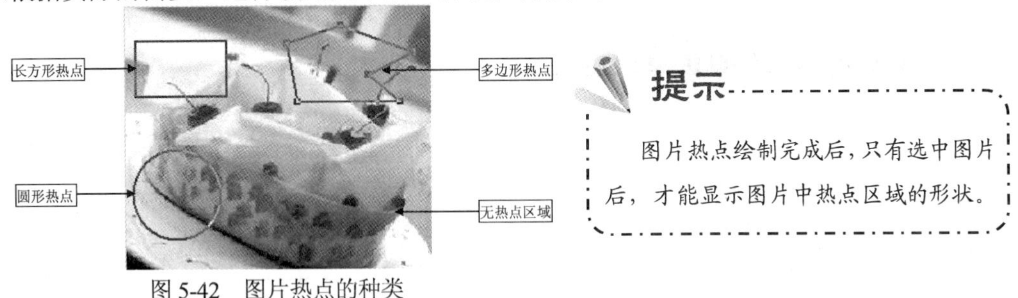

图 5-42　图片热点的种类

> **提示**
>
> 图片热点绘制完成后，只有选中图片后，才能显示图片中热点区域的形状。

2. 绘制图片热点

要绘制图片热点，首先应选中需要绘制热点的图片，然后选择【视图】|【工具栏】|【图片】命令，打开【图片】工具栏。在【图片】工具栏中，有 4 个与绘制图片热点相关的按钮，分别为【长方形热点】按钮、【圆形热点】按钮、【多边形热点】按钮和【突出显示热点】按钮，如图 5-43 所示。

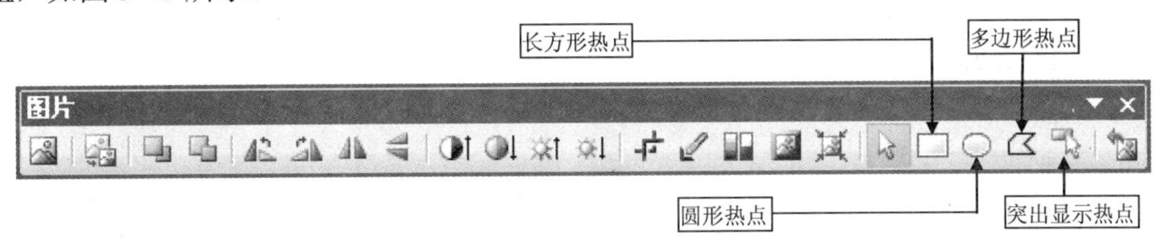

图 5-43　【图片】工具栏

在该工具栏中，单击相应的按钮，即可绘制图片热点。下面结合一个具体实例来介绍绘制图片热点和添加图片热点超链接的方法。

【练习 5-9】制作一个图片热点超链接。

(1) 打开一个网页，在该网页中插入一张图片，如图 5-44 所示。

(2) 选中该图片，然后选择【视图】|【工具栏】|【图片】命令，打开【图片】工具栏，在该工具栏中单击【长方形热点】按钮。当将鼠标指针移至图片区域时，会变成 ✎ 形状，此时，按住鼠标左键不放并拖动鼠标，即可绘制出一个矩形的热点区域，如图 5-45 所示。

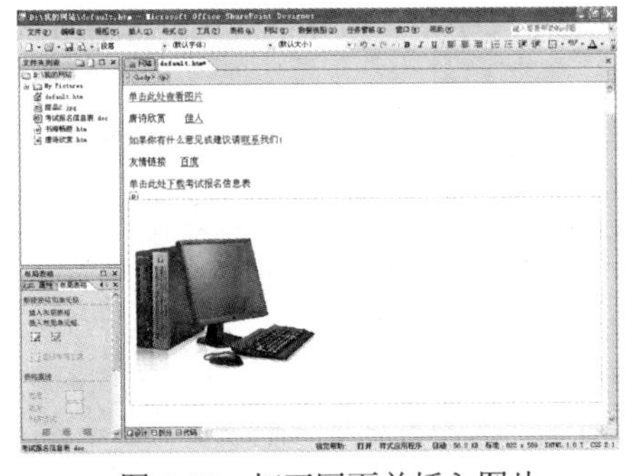

图 5-44　打开网页并插入图片

图 5-45　绘制长方形热点区域

(3) 绘制出长方形热点后，当用户松开鼠标左键时，系统会立刻打开【插入超链接】对话框，如图 5-46 所示。

(4) 在【插入超链接】对话框中单击【屏幕提示】按钮，打开【设置超链接屏幕提示】对话框，在该对话框的【屏幕提示文字】文本框中输入文本“计算机主机”，如图 5-47 所示。

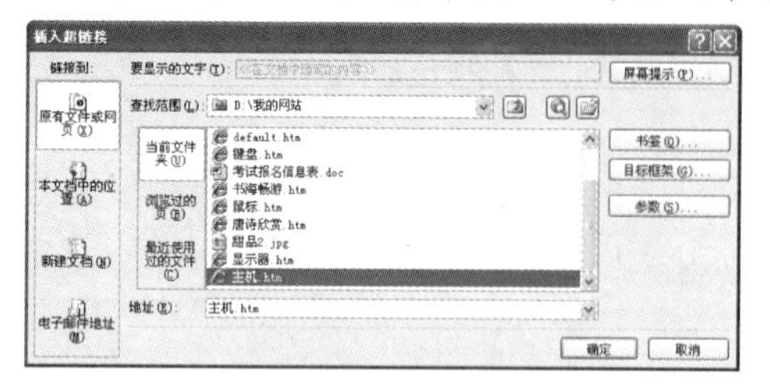

图 5-46 【插入超链接】对话框

图 5-47 【设置超链接屏幕提示】对话框

(5) 输入完成后，单击【确定】按钮，返回【插入超链接】对话框，在该对话框中选择需要作为目标端点的文档，例如，选择“主机.htm”，然后单击【确定】按钮，即可完成该图片热点超链接的添加。

(6) 使用同样的方法，为图片中的其他部分添加热点超链接。添加完成后，若要查看图片中绘制了哪些热点，可以单击【图片】工具栏中的【突出显示热点】按钮，此时图片会自动隐藏，仅显示图片中热点区域的形状，如图 5-48 所示。

图 5-48 突出显示热点

提示

热点绘制完成后，热点的四周会出现若干个控制点，使用鼠标拖动这些控制点，可以改变热点区域的大小。另外，选中某个热点区域后，使用小键盘上的方向键可以改变热点区域的位置。

(7) 保存该网页，然后按下 F12 快捷键进行预览，如图 5-49 所示。从预览效果中可以看出，系统自动为该图片的四周添加了一个蓝色的边框，当鼠标指针移至图片中的热点区域时，指针会变成手形并同时显示图 5-47 中设置的“屏幕提示文字”。此时单击鼠标左键即可打开相应的目标端点，如图 5-50 所示。

图 5-49 图片热点超链接的预览效果

图 5-50 打开目标端点

5.3.3 图片的自动缩略图

在制作网页的过程中，有时需要在网页中插入一张比较大的清晰的图片供用户使用，但限于网速的原因，如果直接把该图片放在网站首页，势必会影响网页的打开速度，此时，可以使用 SharePoint Designer 2007 的自动缩略图功能来缩小图片。

【练习 5-10】使用 SharePoint Designer 2007 的自动缩略图功能缩小图片。

(1) 打开一个网页，在该网页中插入一张比较大的图片，如图 5-51 所示。

(2) 在该图片上右击鼠标，在弹出的快捷菜单中选择【自动缩略图】命令，图片即可自动缩小，如图 5-52 所示。此时用鼠标拖动其周围的控制点，还可调整其大小。

图 5-51 插入一张比较大的图片

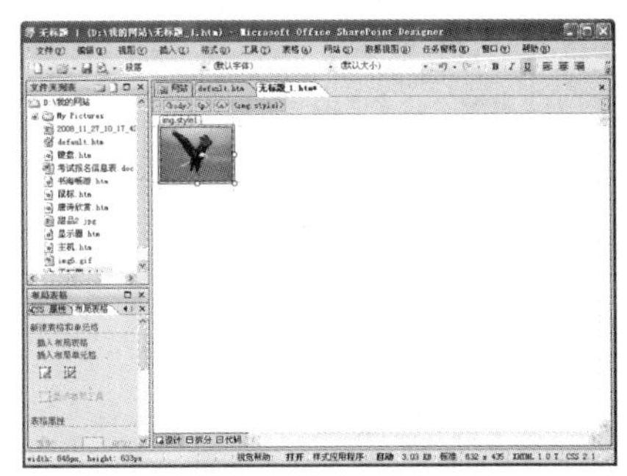

图 5-52 自动缩略图

(3) 图片自动缩小后，系统为其添加一个超链接，目标端点为原来的大图。如图 5-53 所示为使用自动缩略图后的预览效果，当鼠标指针移至图片区域时会变成手形，此时单击即可打开原图片，如图 5-54 所示。

图 5-53 自动缩略图的预览效果

图 5-54 查看原图片

5.4 超链接的编辑与维护

如果把网站比喻成一座城市，那么超链接就相当于这个城市中的一条条的道路，起着交通枢纽的作用。如果超链接出了问题，就有可能造成交通的中断或堵塞，从而导致整个网站的瘫痪。因此对超链接的编辑与维护至关重要。

5.4.1 超链接的修改与删除

无论是文本超链接还是图片超链接，都可以通过【插入超链接】对话框来修改或删除。要修改超链接，只需在【插入超链接】对话框中重新设置超链接的目标端点即可；要删除超链接，只需在【插入超链接】对话框的【地址】下拉列表中将原有的目标端点地址删除即可。

另外，还可以通过以下方法修改或删除超链接。

在现有超链接上右击鼠标，在弹出的快捷菜单中选择【超链接属性】命令，打开【编辑超链接】对话框，如图 5-55 和图 5-56 所示。在该对话框中，可以修改超链接的目标端点；单击【删除超链接】按钮，可以删除该超链接。

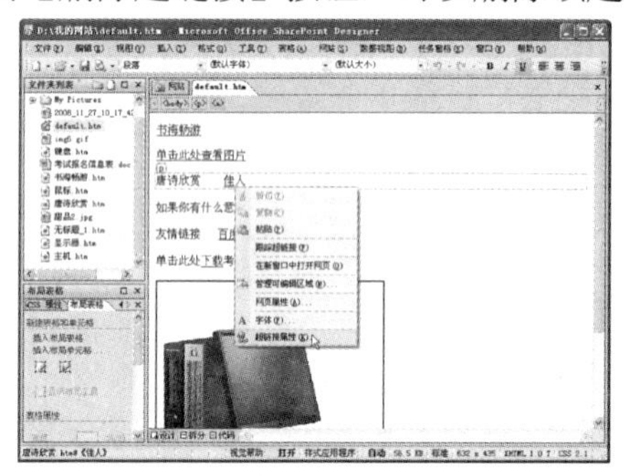

图 5-55 选择【超链接属性】命令

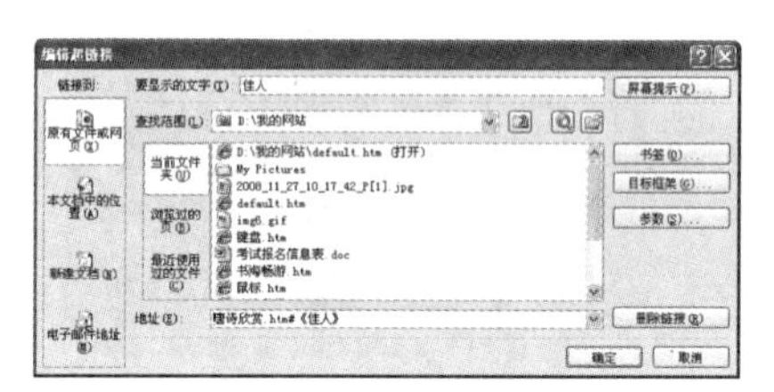

图 5-56 【编辑超链接】对话框

5.4.2 设置超链接属性

在 SharePoint Designer 2007 中，默认状态下，带有超链接的文本都以蓝色字体显示，带有超链接的图片，系统会自动为其添加一个蓝色的边框。可以通过【网页属性】对话框来修改这些属性。

选择【文件】|【属性】命令，打开【网页属性】对话框并切换至【格式】选项卡，如图 5-57 所示。在该对话框【颜色】选项区域的【超链接】、【已访问的超链接】、【当前超链接】和【悬停超链接】4 个下拉列表框中可以设置超链接的相关属性。

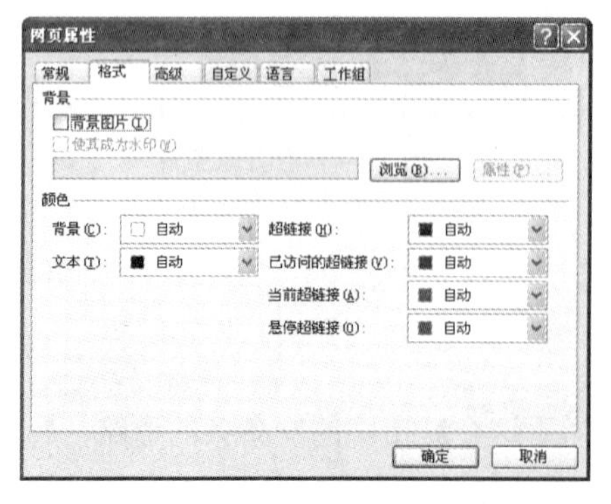

图 5-57 【网页属性】对话框

提示

悬停超链接指的是当鼠标指针放置在该超链接的位置时，无需单击鼠标，即可预览该超链接的目标端点。

5.4.3 检查与维护超链接

超链接有时会发生链接错误或者链接失败的现象，这是由于网上的东西有可能时刻在发生着变化，所以链接不到；或者是由于本网站文件夹中的文件因挪动而造成找不到要链接的目标文件。这两种找不到目标文件的超链接统称为中断超链接，一个网站的中断超链接过多势必会影响到该网站的访问量。因此定期或不定期的对网站的超链接进行维护是非常有必要的。在 SharePoint Designer 2007 中，可以通过网站的【超链接】视图和【报表】视图来随时了解整个网站的超链接状况。

1. 【超链接】视图

打开一个网站，并同时打开【文件夹列表】任务窗格，切换至【网站】标签，然后单击视图栏中的【超链接】按钮，打开【超链接】视图模式，如图 5-58 所示。若要查看某个网页的超链接状况，可以直接在【文件夹列表】任务窗格中单击该网页，例如，可以单击 default.htm 网页，系统即可显示与该网页相关的超链接，如图 5-59 所示。

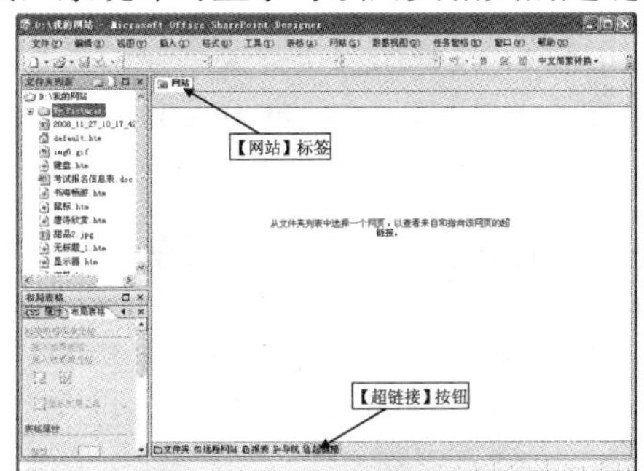

图 5-58　【超链接】视图

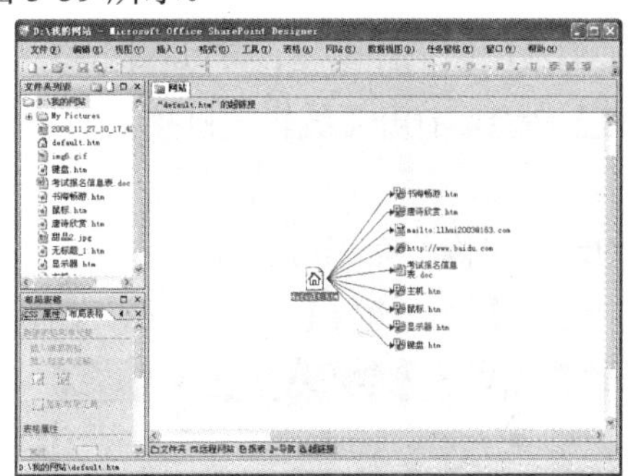

图 5-59　查看超链接状况

若要查看各层次结构的情况，可以单击各网页前面的“+”号展开下一层的网页。另外还可以将某个网页移动至窗格的中央，右击该网页，在弹出的快捷菜单中选择【移至中央】命令，如图 5-60 所示，即可将该网页移至窗格的中央，如图 5-61 所示。网页被移至中央后，系统将只显示与该网页相关的超链接。

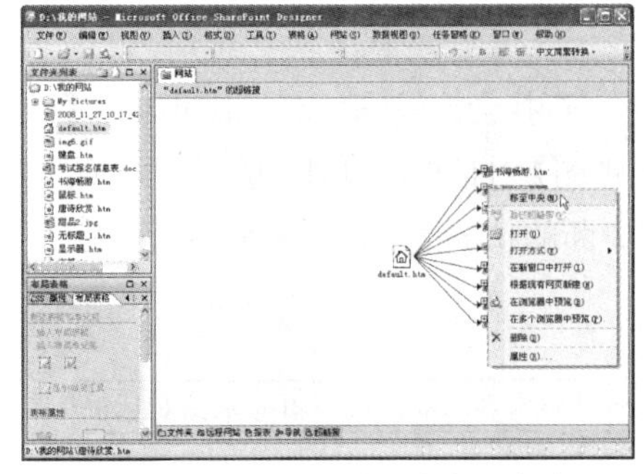

图 5-60　选择【移至中央】命令

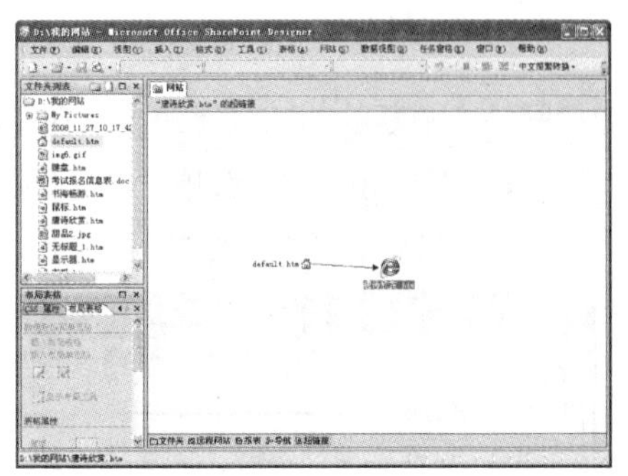

图 5-61　移至中央后的效果

2. 【报表】视图

使用【报表】视图可以查看超链接的各种状况，单击视图栏中的【报表】按钮，即可切换至【报表】视图，如图 5-62 所示。

单击【超链接】选项，可以查看当前网站中所有的超链接状况，如图 5-63 所示。该图中，正常超链接前面的状态列表中会显示“✓确定”标记，中断的超链接前面的状态列表中会显示“中断”标记。从图中可以看出，该网站存在一个中断超链接。

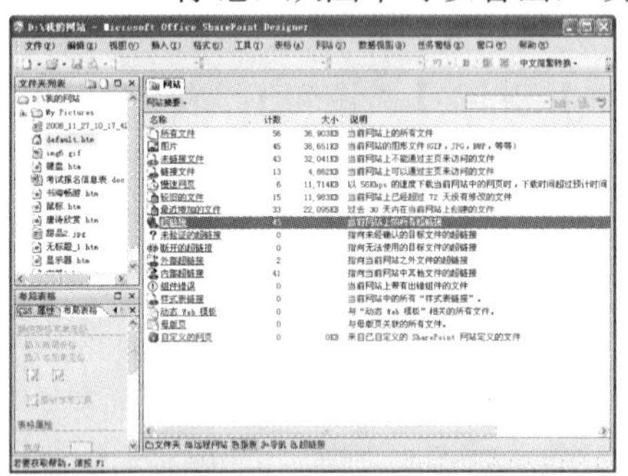

图 5-62 【报表】视图

图 5-63 查看超链接状况

要修改中断的超链接，可以在图 5-63 中右击该超链接，在弹出的快捷菜单中选择【编辑超链接】命令，打开【编辑超链接】对话框，如图 5-64 所示。在该对话框中可以对超链接进行修改。

对超链接修改完毕后，若要回到上一页，可以单击【超链接】按钮，然后在弹出的下拉菜单中选择【网站摘要】命令即可，如图 5-65 所示。

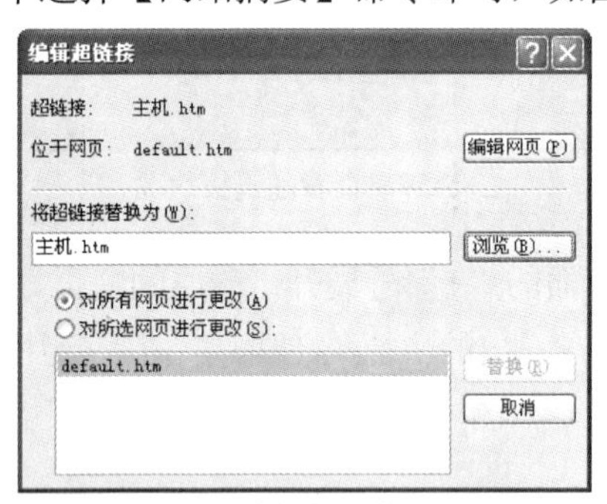

图 5-64 【编辑超链接】对话框

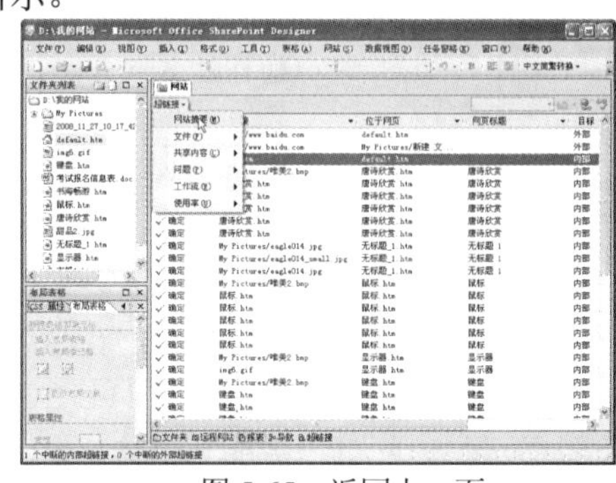

图 5-65 返回上一页

如果网站中中断的超链接比较多，在图 5-65 中逐一查找会比较麻烦，此时可以在【报表】视图中单击【断开的超链接】选项，系统会打开【报表视图】对话框，如图 5-66 所示，单击【是】按钮，系统将会自动验证网站中的超链接，并显示出中断的超链接，如图 5-67 所示。

图 5-66 【报表视图】对话框

在该对话框中，右击需要编辑的超链接，在弹出的快捷菜单中选择【编辑超链接】命令，也可以打开【编辑超链接】对话框，在该对话框中对超链接进行编辑，如图 5-68 所示。

图 5-67　显示中断的超链接

图 5-68　选择【编辑超链接】命令

3. 外部超链接

一个网站中除了内部网页会互相链接以外，还有可能会有许多外部链接，SharePoint Designer 2007 为用户提供了一个方便查看网站外部链接的功能。在【报表】视图中单击【外部超链接】选项，打开【报表视图】对话框，如图 5-69 所示。单击【是】按钮，系统会自动对外部链接进行验证，并显示验证结果，如图 5-70 所示。

图 5-69　【报表视图】对话框

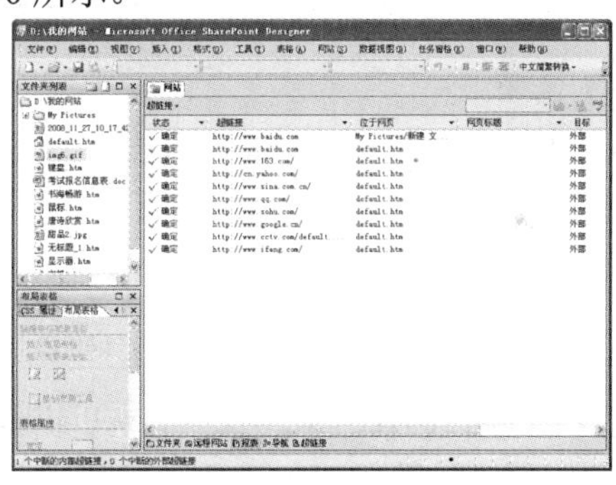

图 5-70　显示所有外部超链接的状态

4. 重新计算超链接

在已经打开站点的情况下，如果通过资源管理器或其他工具在网站的文件夹中进行添加或删除文件的操作，此时，为了保证超链接验证的正确性，需要重新计算超链接。

选择【网站】|【重新计算超链接】命令，如图 5-71 所示，可以打开【重新计算超链接】对话框，如图 5-72 所示，仔细阅读该对话框中的文字后，单击【是】按钮，系统即可自动更新超链接。

提示

重新计算超链接可以修复网站中所有的超链接、更新所有关于 FrontPage 的组件信息，包括共享边框和链接栏，以及同步网站数据、数据库信息和类别等。

图 5-71　选择【重新计算超链接】命令

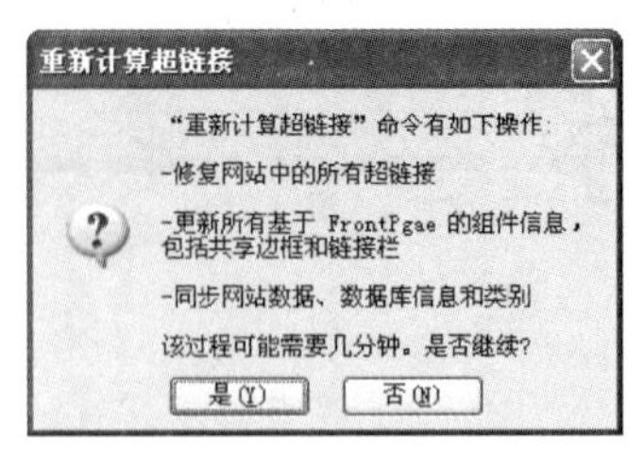

图 5-72　【重新计算超链接】对话框

5.5 创建网站导航

网站导航是网页的关键元素之一，它由一组导航按钮组合而成，起到引导访问者浏览网站内各个网页的重要作用。如图 5-73 所示，即是一个导航条的范例。

首页 | 爱情文章 | 亲情文章 | 友情文章 | 生活随笔 | 校园文章 | 经典文章 | 人生哲理 | 励志文章 | 搞笑文章 | 心情日记 | 英语文章 | 会员中心

图 5-73　导航条范例

5.5.1 基于导航结构的链接栏

网站导航实际上也是一种超链接，SharePoint Designer 2007 提供了一种简单的创建网站导航的方法。回顾第 1 章的 2.3 节中建立网站结构图的操作，只要用户在网站的【导航】视图中将网站结构图建立妥当，那么就可以通过【插入】|【Web 组件】命令，轻松地创建出网站导航。(网站导航在 SharePoint Designer 2007 中又叫链接栏)

【练习 5-11】绘制网站结构图并创建网站导航。

(1) 新建一个网站，根据第 1 章 2.3 节的内容，在网站的【导航】视图中为该网站绘制网站结构图，如图 5-74 所示。

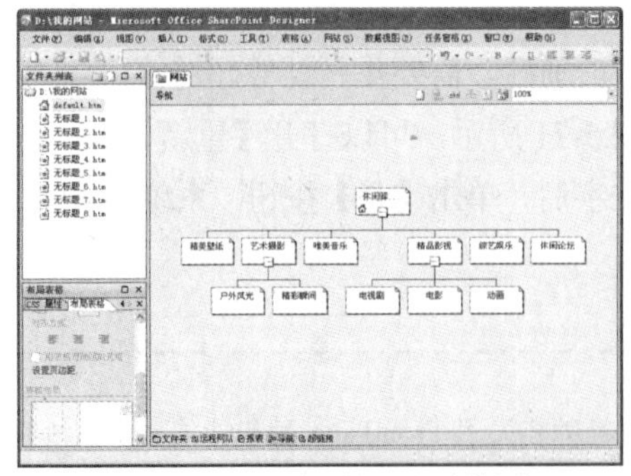

图 5-74　绘制出的网站结构图

提示

网站导航建立完成后，当网站结构图中的网页有任何变化时，导航也会同步更新。

(2) 双击打开该网站的首页 default.htm，在该网页中绘制一个布局表格，效果如图 5-75 所示。

(3) 将光标定位在图 5-75 中布局表格的第一行，然后选择【插入】|【Web 组件】命令，如图 5-76 所示。

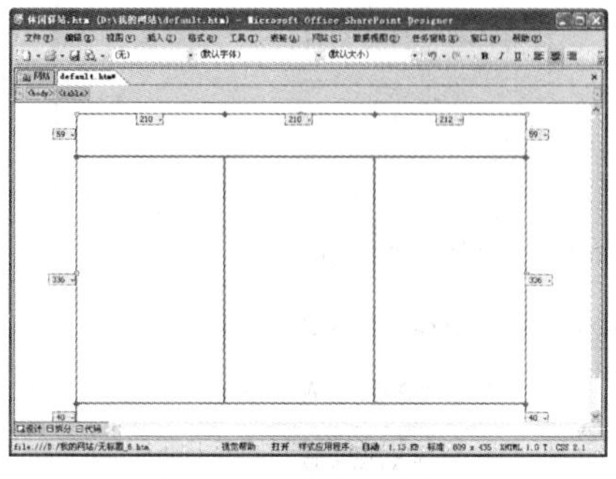

图 5-75　绘制布局表格

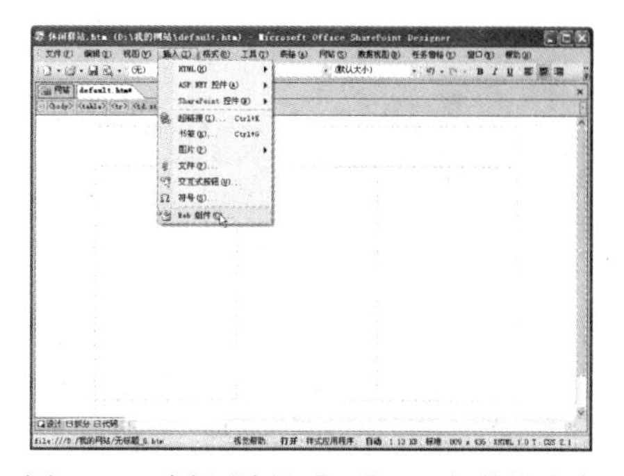

图 5-76　选择【插入】|【Web 组件】命令

(4) 系统将打开【插入 Web 组件】对话框，在该对话框左侧的【组件类型】列表框中，选择【链接栏】选项，然后在右侧的【选择栏类型】列表框中选择【基于导航结构的链接栏】选项，如图 5-77 所示。

(5) 单击【下一步】按钮，打开【选择栏样式】对话框，在该对话框中选择一种样式，例如“卡通”，如图 5-78 所示。

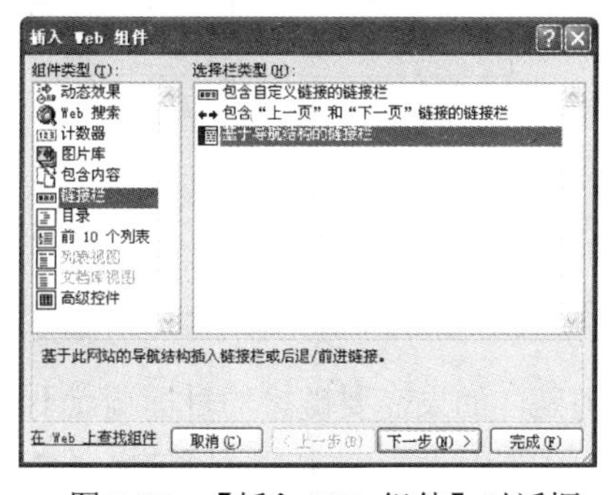

图 5-77　【插入 Web 组件】对话框

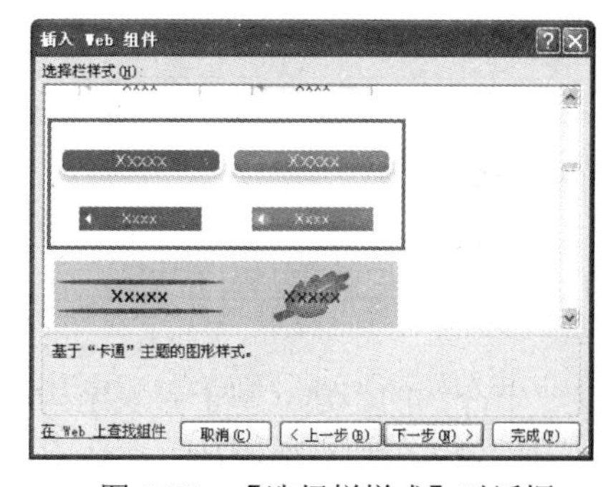

图 5-78　【选择栏样式】对话框

(6) 单击【下一步】按钮，打开【选择方向】对话框，在该对话框中选择“横向”模式，如图 5-79 所示。

(7) 单击【完成】按钮，打开【链接栏属性】对话框，在该对话框的【常规】选项卡中选中【主页】复选框，如图 5-80 所示。

提示

在【链接栏属性】对话框中，单击【样式】标签切换至【样式】选项卡，在该选项卡中，可以重新选择网页的主题图形样式、设置网站导航的排列方向等属性。

(8) 设置完成后，单击【确定】按钮，即可插入网站导航，效果如图 5-81 所示。

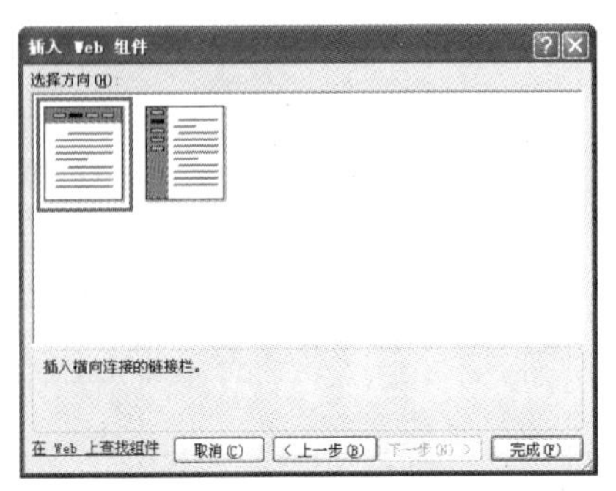

图 5-79 【选择方向】对话框

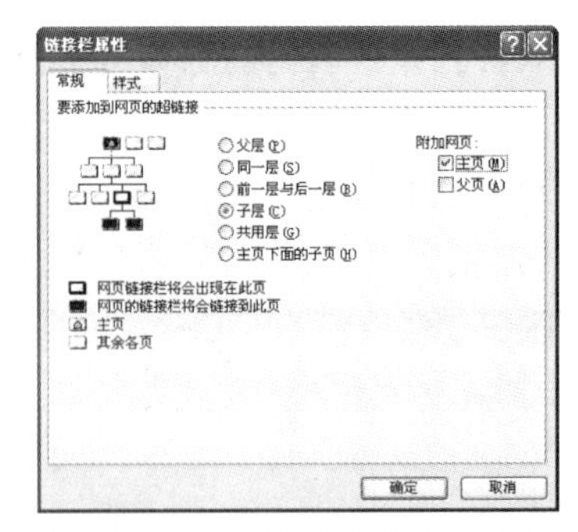

图 5-80 【链接栏属性】对话框

(9) 在导航栏区域双击鼠标，或者右击鼠标，然后在弹出的快捷菜单中选择【链接栏属性】命令，都可以打开【链接栏属性】对话框，在该对话框中对导航栏进行编辑，如图 5-82 所示。

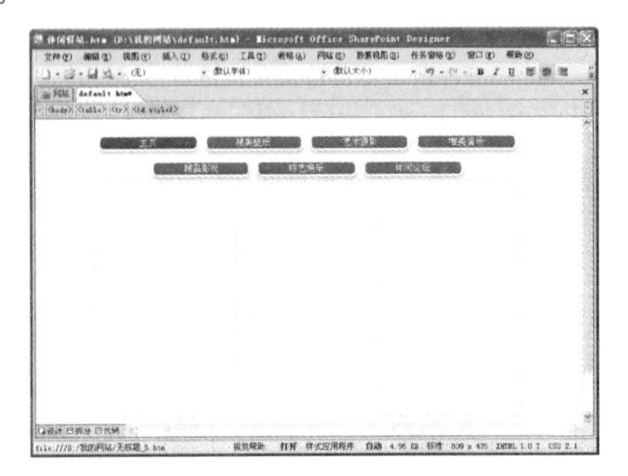

图 5-81 插入导航栏后的效果

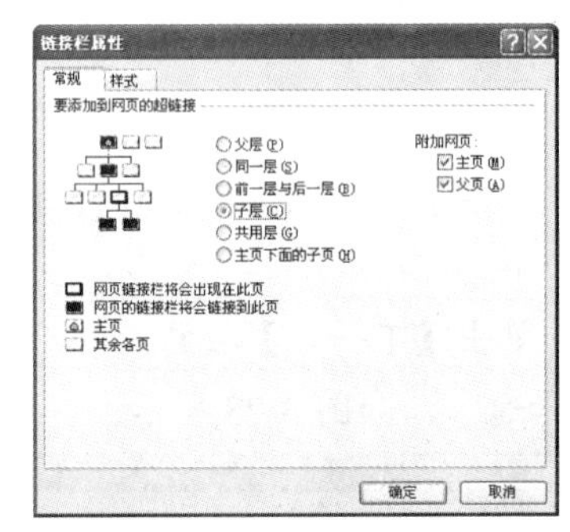

图 5-82 【链接栏属性】对话框

5.5.2 建立自定义链接的链接栏

上一节介绍的是建立基于导航结构的链接栏，但是，如果需要链接的目标端点不在网站结构图中，或者用户想要增加一个特别的网页链接，该怎么做呢？这时可以使用“自定义链接的链接栏”的方式来完成此操作。

【练习 5-12】添加一个自定义链接的链接栏。

(1) 继续使用【练习 5-11】中建立的网站结构图，将光标定位在 default.htm 页面最左侧的第一列中。

(2) 选择【插入】|【Web 组件】命令，打开【插入 Web 组件】对话框，在该对话框左侧的【组件类型】列表框中，选择【链接栏】选项，然后在右侧的【选择栏类型】列表框中选择【包含自定义链接的链接栏】选项，如图 5-83 所示。

(3) 选择完成后，单击【下一步】按钮，打开【选择栏样式】对话框，在该对话框中，可以选择链接栏的主题图形样式。例如，选择“传真”样式，如图 5-84 所示。

(4) 继续单击【下一步】按钮，打开【选择方向】对话框，在该对话框中，可以选择链接栏中各个链接的排列方向。在这里选择“纵向”，如图 5-85 所示。

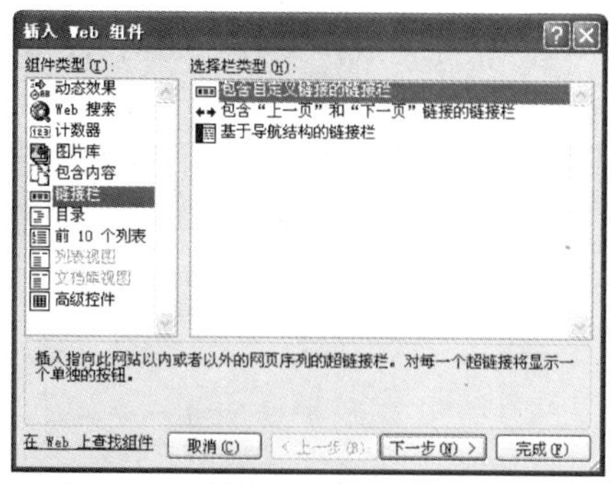

图 5-83　【插入 Web 组件】对话框

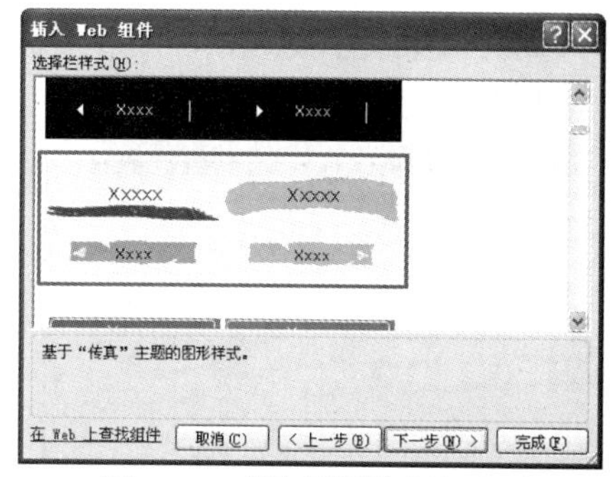

图 5-84　【选择栏样式】对话框

(5) 单击【完成】按钮，系统打开【插入新的链接栏】对话框，在该对话框的【名称】文本框中，可以设置新链接栏的名称，例如，输入“网站导航”，如图 5-86 所示。

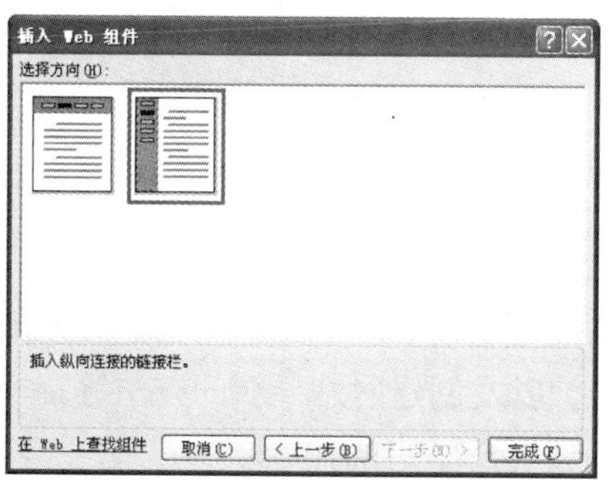

图 5-85　【选择方向】对话框

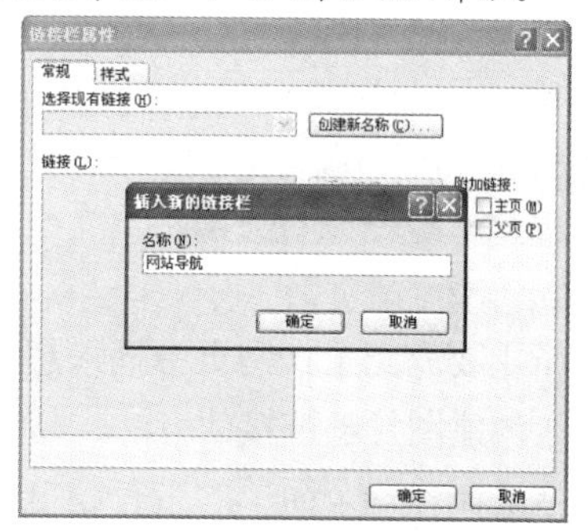

图 5-86　【插入新的链接栏】对话框

(6) 输入完成后，单击【确定】按钮，返回【链接栏属性】对话框，如图 5-87 所示。

(7) 单击【添加链接】按钮，打开【添加到链接栏】对话框，在该对话框中，可以设置链接的目标端点。例如，要链接到搜狐网站的主页，可以在【要显示的文字】文本框中输入“搜狐主页”，然后在【地址】下拉列表框中输入搜狐主页的完整 URL 地址 http://www.sohu.com，如图 5-88 所示。

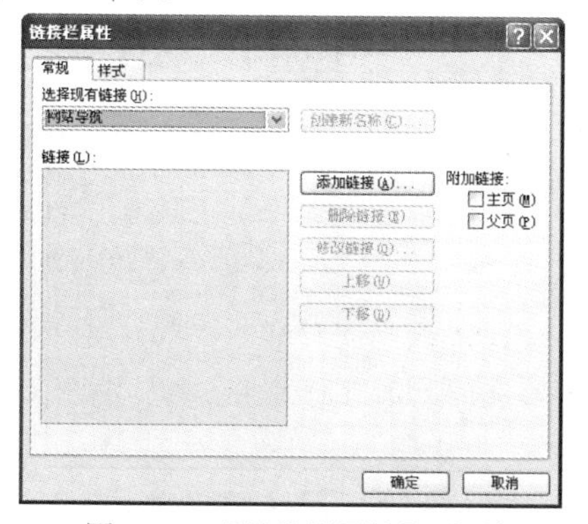

图 5-87　【链接栏属性】对话框

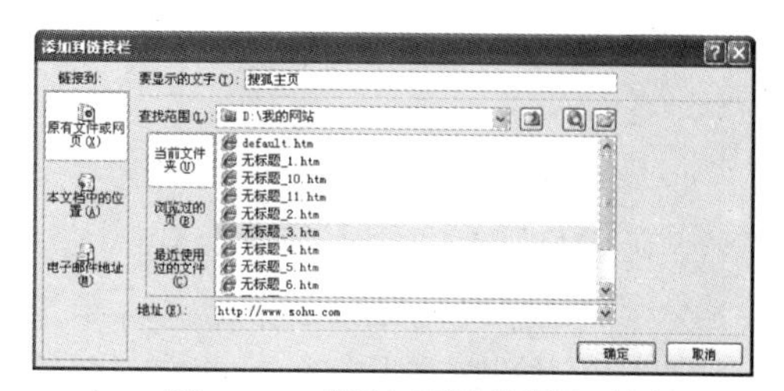

图 5-88　【添加到链接栏】对话框

(8) 单击【确定】按钮，返回【链接栏属性】对话框，在该对话框的【链接】列表中已经加入了刚刚建立的超链接名称，如图 5-89 所示。

(9) 选中【父页】复选框，然后单击【确定】按钮，即可完成该链接栏的插入，效果如图 5-90 所示。

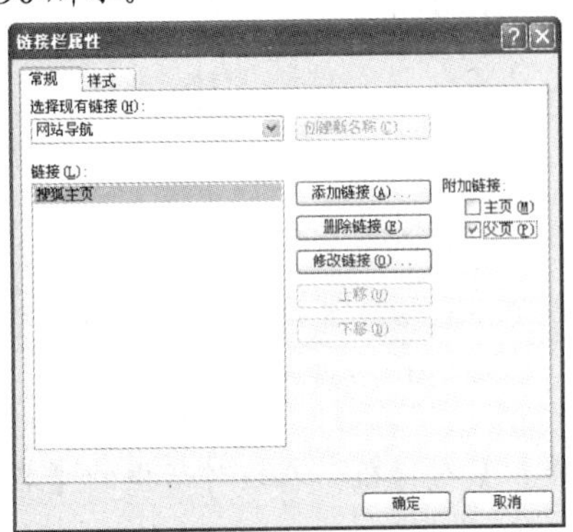

图 5-89 【链接栏属性】对话框

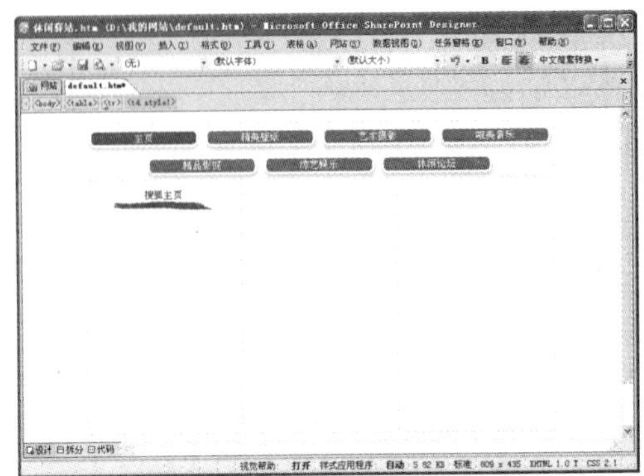

图 5-90 插入新链接栏后的效果

5.6 上机实验

本章主要介绍了在网页中插入超链接的方法，包括超链接的基础知识、创建文本超链接的方法、创建图片超链接的方法、超链接的编辑与维护以及创建网站导航的方法等。本次上机实验通过制作一个简单的带有超链接的网页来巩固读者所学习的知识。

(1) 新建一个网页，并在该网页中绘制出如图 5-91 所示的布局表格，然后在布局表格中的相应位置输入图中的文字。其中，将“书香雅舍”的字体设置为“华文琥珀”、字号为 xx-large;“有朋自远方来，不亦乐乎！”设置其字体为“方正黄草简体”(此字体需要安装)、字号为 x-large; 最下面的两行字，保持其默认字体并设置其字号为 small。

(2) 选择【文件】|【属性】命令，打开【网页属性】对话框并切换至【格式】选项卡，在该选项卡中选中【背景图片】复选框，然后单击【浏览】按钮，选择一张图片作为该网页的背景，如图 5-92 所示。

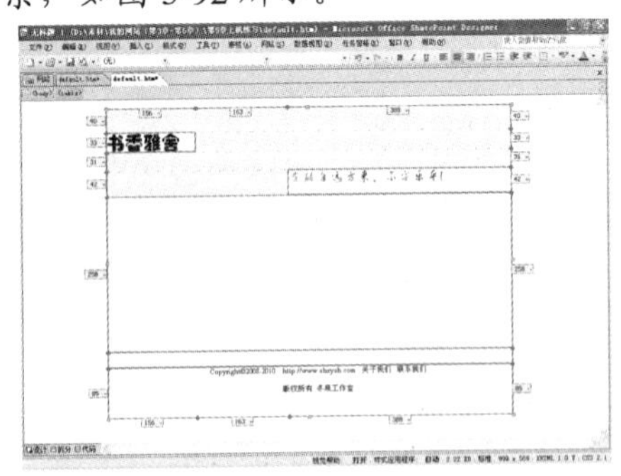

图 5-91 绘制布局表格并输入相关文字

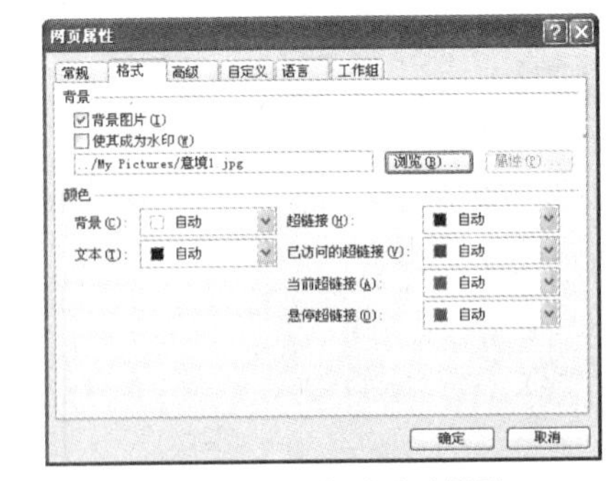

图 5-92 设置网页背景

(3) 设置完成后，单击【确定】按钮，效果如图 5-93 所示。

(4) 将光标定位在布局表格中间最大的空白区域中，然后选择【插入】|【图片】|【来自文件】命令，打开【图片】对话框，在该对话框中选择一张图片，如图 5-94 所示。

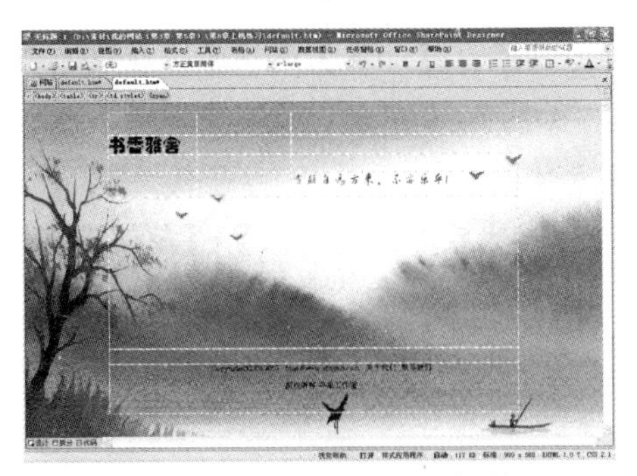

图 5-93　添加背景图片后的效果

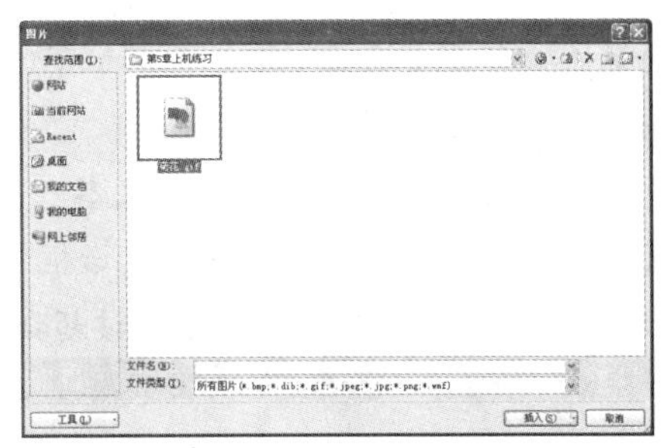

图 5-94　【图片】对话框

(5) 单击【插入】按钮，插入该图片并将图片调整至合适大小，效果如图 5-95 所示。

(6) 在插入的图片区域右击鼠标，在弹出的快捷菜单中选择【显示图片工具栏】命令，打开【图片】工具栏，如图 5-96 所示。

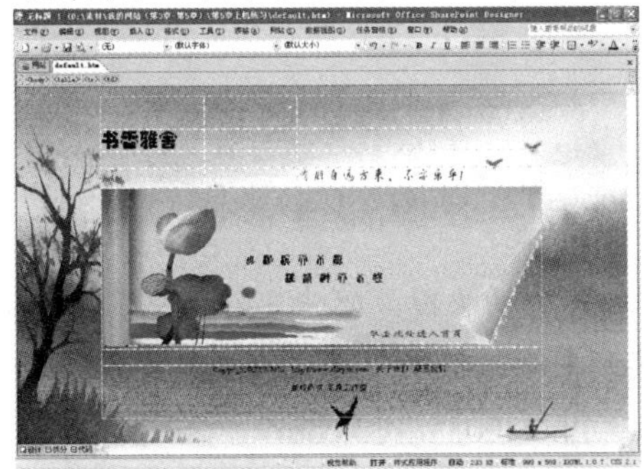

图 5-95　插入图片

图 5-96　调出【图片】工具栏

(7) 单击【图片】工具栏中的【长方形热点】按钮，在图片中的“单击此处进入首页”文本区域中，绘制一个长方形热点，如图 5-97 所示

(8) 热点绘制结束后，当松开鼠标时，系统会自动弹出【插入超链接】对话框，在该对话框中选择要链接的目标端点，如图 5-98 所示。

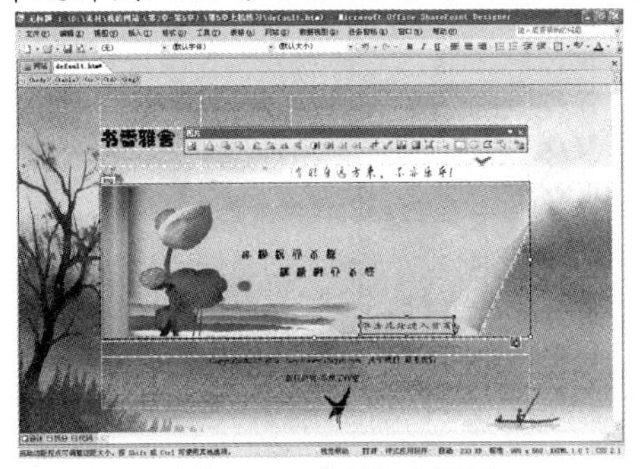

图 5-97　绘制热点区域

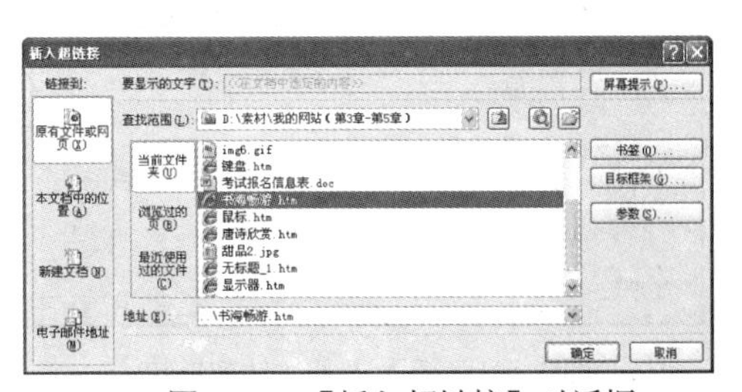

图 5-98　【插入超链接】对话框

(9) 单击【确定】按钮，即可成功插入图片热点超链接。保存该网页，然后按下 F12 快捷键进行预览，效果如图 5-99 所示。从图中可以看出，插入热点超链接后，系统自动为图片的四周添加了一个蓝色的边框。

(10) 在该页面中，蓝色的边框明显影响了网页的整体效果，因此要将其删除。在图片的热点区域以外双击鼠标，打开【图片属性】对话框，切换至【外观】选项卡，在该选项卡的【布局】区域设置【边框粗细】微调框中的值为 0，如图 5-99 所示。设置完成后，单击【确定】按钮，即可删除图片的边框。

(11) 选中布局表格中最下方的文本“关于我们”，然后选择【插入】|【超链接】命令，打开【插入超链接】对话框，在该对话框中选择“关于我们.htm”文档作为目标端点，如图 5-100 所示。单击【确定】按钮完成该超链接的插入。

图 5-99　【图片属性】对话框

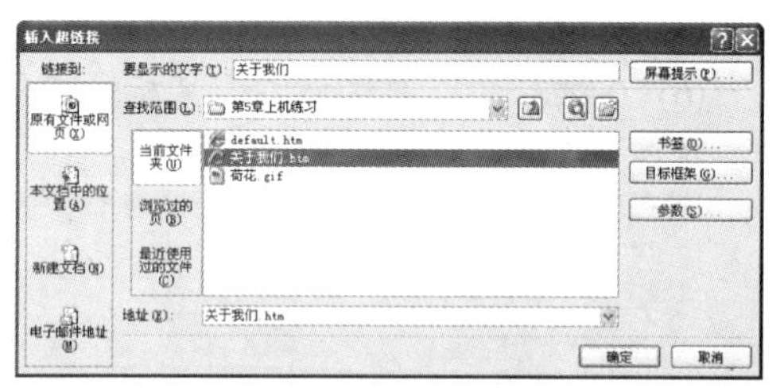

图 5-100　【插入超链接】对话框

(12) 选中文本“联系我们”，然后右击鼠标，在弹出的快捷菜单中选择【超链接】命令，打开【插入超链接】对话框，在该对话框的【链接到】选项区域中单击【电子邮件地址】按钮，然后在右侧的【电子邮件地址】文本框中输入“llhui2003@163.com”，在【主题】文本框中输入“书友探讨”，如图 5-101 所示。输入完成后，单击【确定】按钮，完成该电子邮件超链接的添加。

(13) 到此为止，整个网页已制作完成，保存该网页后，按下 F12 快捷键进行预览，效果如图 5-102 所示。

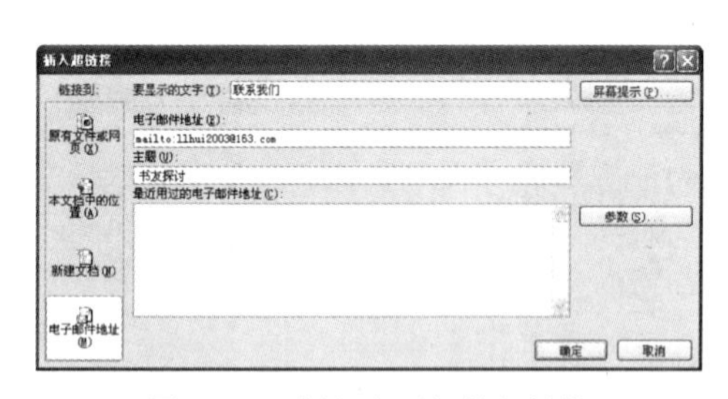

图 5-101　插入电子邮件超链接

图 5-102　网页的预览效果

提示

本次上机实验涉及 3 种超链接方式，分别为网站内部文档之间的超链接、图片热点超链接和电子邮件超链接。通过本次上机练习，读者应熟练掌握这几种超链接的使用方法。

5.7 思考练习

5.7.1 填空题

1. 根据超链接源端点的不同，可将超链接分为__________、__________、__________、__________4 种。根据目标端点的不同，可将超链接分为__________、__________、__________、__________4 种

2. 超链接的路径可以分为__________、__________、__________3 种。

3. http://www.baidu.com 表示的是网站的__________路径；如果一个网站的根目录文件夹名称为 myweb，那么，myweb/image/chenlin.gif 表示的是图片文件 chenlin.gif 的__________路径。

5.7.2 选择题

1. 当鼠标指针移至带有超链接的文本上时，鼠标指针会变成(　　)形状。

A. 👆　　　　B. I

C. ✥　　　　D. 没有任何变化

2. 下列关于超链接路径的说法中，错误的是(　　)。

A. 绝对路径指的是被链接文档的完整的 URL 地址，当要从一个网站的网页链接到另一个网站的网页时，必须使用绝对路径。

B. 相对路径是本地站点链接中使用得最多的链接形式，它无需提供完整的 URL 地址，而只需保留链接文件不同的地址部分即可。

C. 一个根相对路径以正斜杠“/”开头，它代表站点的根文件夹。

D. …/image/linlin.gif 表示的是图片文件 linlin.gif 的绝对路径。

3. 下列关于超链接的说法中，正确的是(　　)。

A. 超链接的源端点只能是一张完整图片或者是一段文本。

B. 超链接的目标端点只能是一个网页或一张图片。

C. 使用超链接可以启动一个计算机中的程序。

D. 超链接的源端点和目标端点必须在同一网站文件夹中。

4. 若要超链接到某一网页中的某一具体位置，应先在该位置插入一个(　　)。

A. 书签　　　　B. 导航条

C. 热点　　　　D. 下划线

5. 当为某张图片插入一个热点超链接后，系统会自动为该图片的四周添加一个蓝色的边框，如果想要删除这个边框，应该执行以下操作(　　)。

A. 在图片的热点区域以外双击鼠标，在打开的【图片属性】对话框的【外观】选项卡中，将【边框粗细】微调框的值设置为 0。

B. 在图片的热点区域以外双击鼠标，在打开的【图片属性】对话框的【外观】选项卡中，将【边框粗细】微调框的值设置为 1。

C. 在图片的热点区域双击鼠标，在打开的【图片属性】对话框的【外观】选项卡中，将【边框粗细】微调框的值设置为 0。

D. 在图片的热点区域双击鼠标，在打开的【图片属性】对话框的【外观】选项卡中，将【边框粗细】微调框的值设置为 1。

6. 要重新计算超链接，应选择(　　)命令。

A. 【文件】|【重新计算超链接】　　B. 【网站】|【重新计算超链接】

B. 【工具】|【重新计算超链接】　　D. 【视图】|【重新计算超链接】

5.7.3 操作题

1. 制作一个简单的网页，在该网页中添加本章所有学过的超链接类型。

2. 打开网站的【报表】视图，检测上一题中超链接的正确性；删除某个超链接的目标端点，然后在【报表】视图中查看所有断开的超链接。

3. 绘制一个如图 5-103 所示的网站结构图，并建立一个基于导航结构的链接栏。

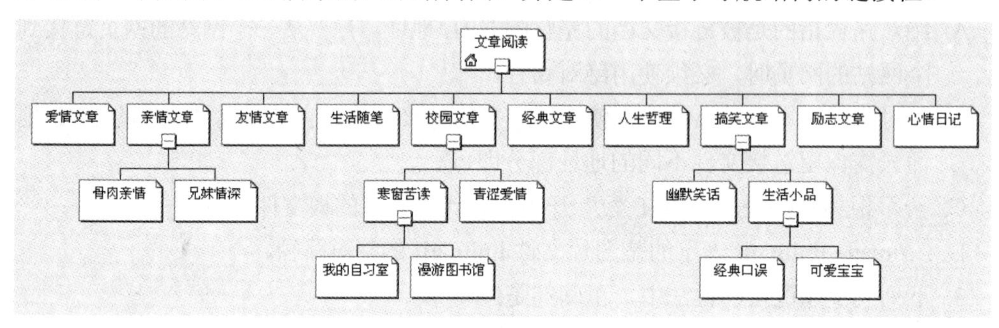

图 5-103　网站结构图

第6章 表格与CSS样式

本章导读

表格是网页中的重要元素，它不仅是网页排版的基础，而且也是网页布局的重要工具。CSS 样式是用于控制网页样式并允许将样式信息与网页内容分离的一种标记性语言，使用 CSS 样式不仅可以减小网页设计的强度和难度，还可以使网页变得更加生动活泼。本章将介绍表格与 CSS 样式在网页中的使用。

重点和难点

- 表格的插入与编辑
- 表格的格式化与数据输入
- 认识 CSS 样式表
- 使用 CSS 样式表

6.1 认识表格

第 3 章介绍了布局表格的使用，本章所要介绍的表格指的是传统意义上的表格，它和布局表格略有不同。下面先来认识表格的主要组成元素。

表格主要由行、列和单元格组成，而除了行、列和单元格之外，一个完整的表格还应包括边框、单元格间距和单元格衬距等部分，如图 6-1 所示。

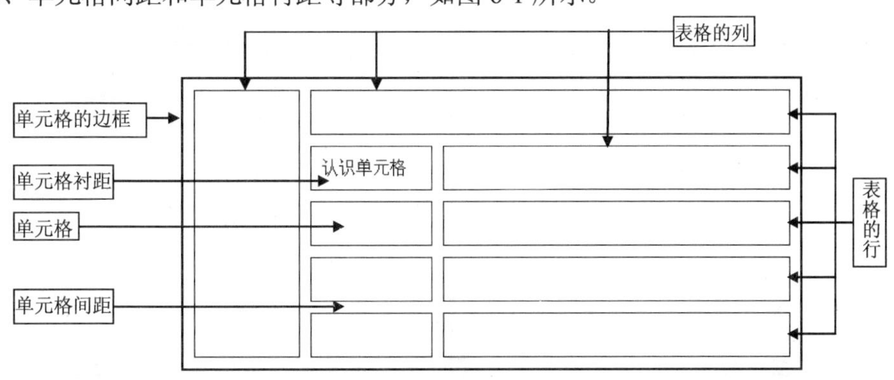

图 6-1　表格的组成元素

表格中各个主要组成元素的含义如下。

- 表格的行：表示表格中水平方向上的数据。
- 表格的列：表示表格中垂直方向上的数据。
- 表格的边框：指表格的边界。
- 单元格：表格中每一个矩形的方框称为一个单元格，单元格中可以输入各式各样的数据，包括文本、图片和动画等。
- 单元格间距：两个相邻单元格之间的空白区域。
- 单元格衬距：单元格的边框和单元格中数据之间的间距。

6.2 插入表格

在网页中插入表格，可以根据需要采用多种方法，包括使用【插入表格】对话框插入表格和使用【表格】工具栏绘制布局表格两种方法。

6.2.1 使用【插入表格】对话框插入表格

要使用【插入表格】对话框插入表格，可以先将光标定位在网页中要插入表格的位置，然后选择【表格】|【插入表格】命令，打开【插入表格】对话框，在该对话框中，可以对将要插入的表格进行一系列的属性设置，设置完成后单击【确定】按钮，即可插入表格。

【练习 6-1】 使用【插入表格】对话框，插入一个 5×6(表示该表格共有 5 行 6 列)的表格，要求该表格的单元格间距为 5，表格边框的粗细为 1，颜色为“黑色”。

(1) 先将鼠标光标定位在网页中要插入表格的位置，然后选择【表格】|【插入表格】命令，如图 6-2 所示。

(2) 系统将打开【插入表格】对话框，在该对话框【大小】选项区域的【行数】微调框中设置数值为 5；在【列数】微调框中设置数值为 6；在【布局】选项区域的【单元格间距】微调框中设置数值为 5；在【边框】选项区域的【粗细】微调框中设置数值为 1；在【颜色】下拉列表中选择“黑色”，如图 6-3 所示。

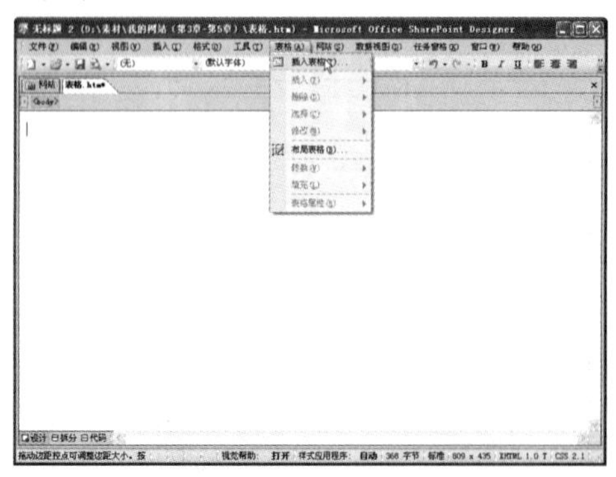

图 6-2 选择【表格】|【插入表格】命令

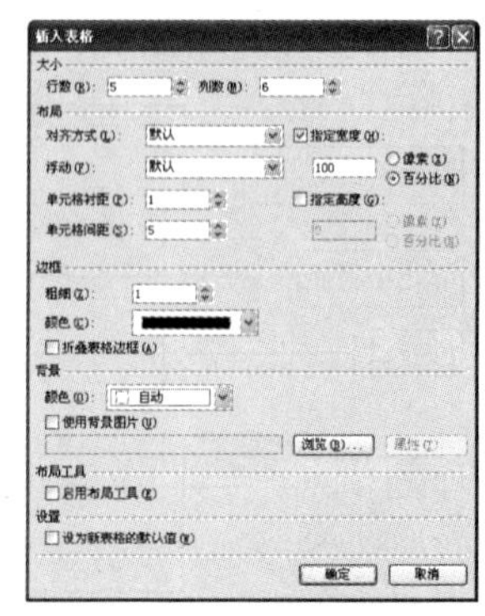

图 6-3 【插入表格】对话框

(3) 设置完成后，单击【确定】按钮，即可按要求插入所需的表格，如图 6-4 所示。

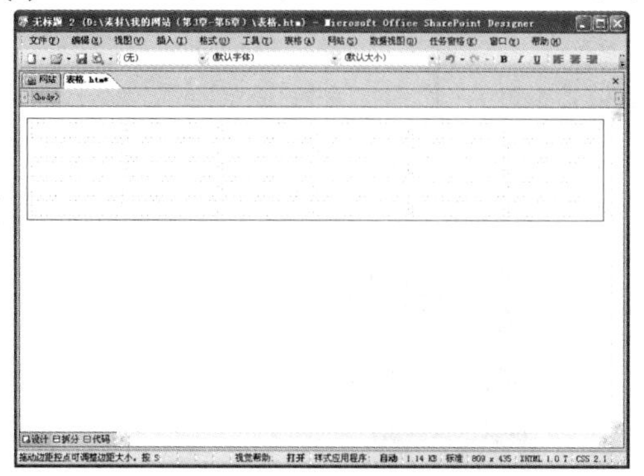

图 6-4　插入表格后的效果

提示

默认状态下，表格的边框和单元格的边框都是不可见的，即其边框【粗细】的值为 0。

6.2.2 使用【表格】工具栏绘制布局表格

除了可以使用【插入表格】对话框来插入表格外，还可以使用【表格】工具栏来手工绘制表格。具体操作方法是选择【视图】|【工具栏】|【表格】命令，打开【表格】工具栏，如图 6-5 所示。使用该工具栏中的【绘制布局表格】和【绘制布局单元格】两个按钮，即可手工绘制出布局表格。另外，表格绘制完成后，还可以套用系统自带的表格格式。

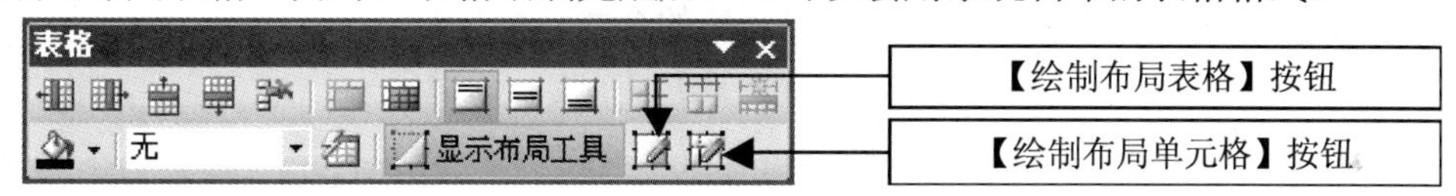

图 6-5　【表格】工具栏

【练习 6-2】 通过【表格】工具栏，手工绘制一个表格。

(1) 选择【视图】|【工具栏】|【表格】命令，打开【表格】工具栏，单击该工具栏中的【绘制布局表格】按钮，当鼠标指针变为形状时，按住鼠标左键不放并拖动鼠标，即可绘制出一个矩形的表格区域，如图 6-6 所示。

(2) 单击【表格】工具栏中的【绘制单元格】按钮，当鼠标指针变为形状时，按住鼠标左键不放并拖动鼠标，即可绘制出一个矩形的单元格区域，如图 6-7 所示。

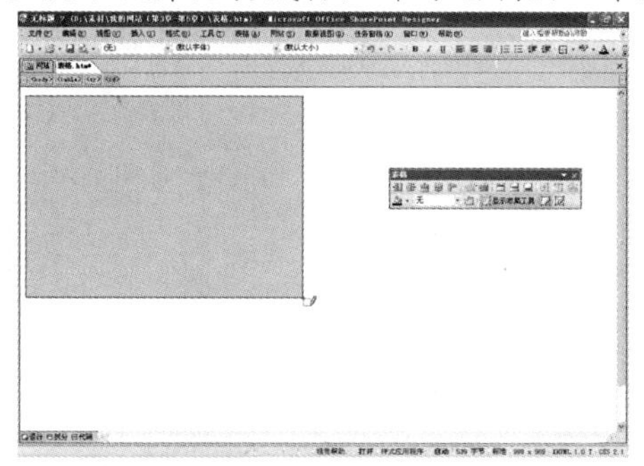

图 6-6　绘制布局表格

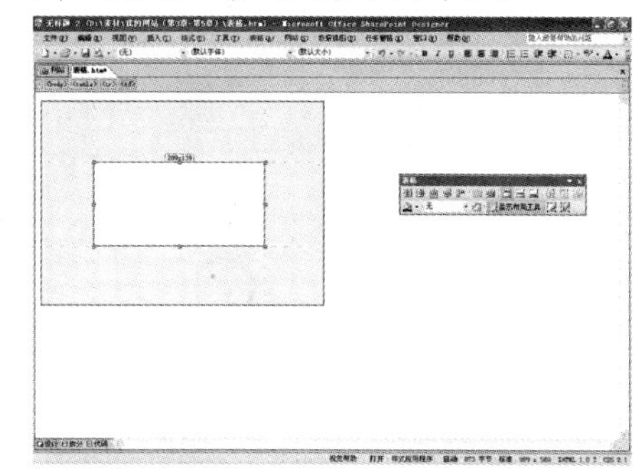

图 6-7　绘制布局单元格

(3) 表格绘制完成后，选中该表格，然后单击【表格】工具栏中的【表格自动套用格式组合】下拉列表框，如图 6-8 所示。

(4) 从弹出的下拉列表中选择一种表格类型，例如，选择【彩色型 1】，效果如图 6-9 所示。

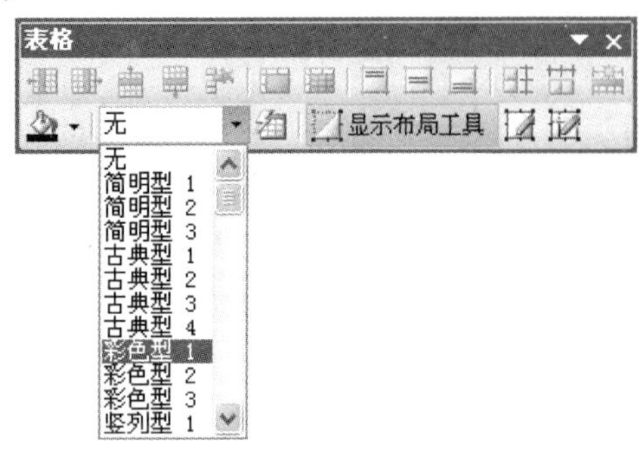

图 6-8 【表格自动套用格式组合】下拉列表

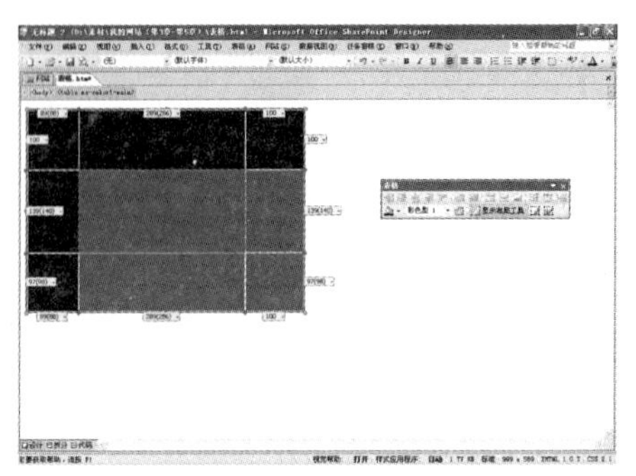

图 6-9 自动套用格式后的效果

6.3 编辑表格

表格插入完成后，在实际的操作过程中，还有可能需要对表格进行编辑。对表格的编辑操作主要包括插入、删除表格的行与列，单元格的合并与拆分等。

6.3.1 选定表格、单元格、行或列

要对表格进行编辑，首先应选中表格中的元素，这些元素包括整个表格、表格中的单元格、表格中的行和列等。

1. 选中整个表格

要选中整个表格，可以将鼠标指针移至表格的边框位置，当鼠标指针变为✥形状时，单击鼠标，即可选中整个表格，如图 6-10 所示。另外，使用鼠标单击<table>标签也可以快速地选中整个表格，如图 6-11 所示。

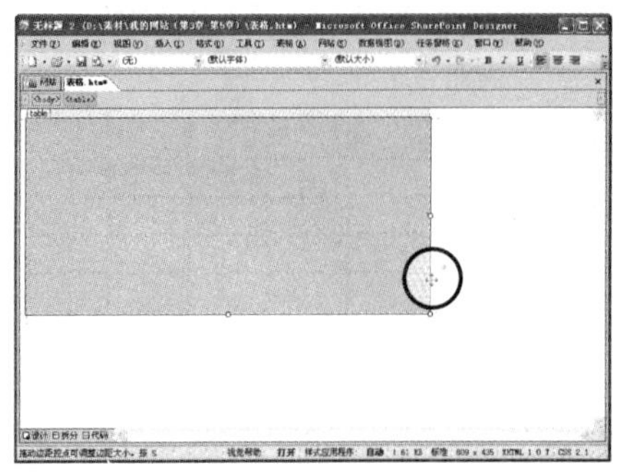

图 6-10 选中整个表格(1)

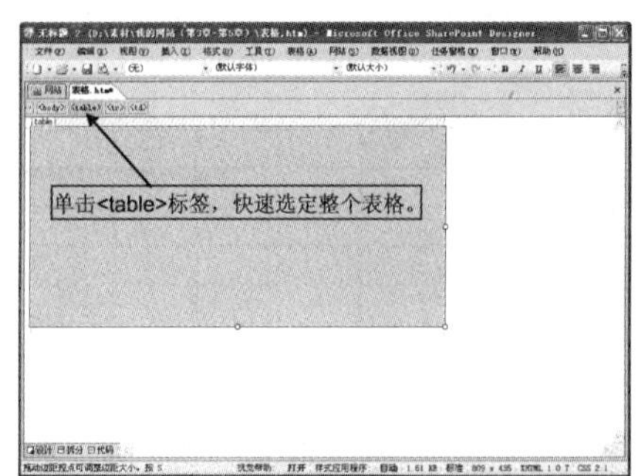

图 6-11 选中整个表格(2)

2. 选中单个单元格

选中单元格可分为选定单个单元格，选定不连续的多个单元格和选定连续的多个单元格等操作。要选中单个单元格，只需在该单元格中单击鼠标即可，如图 6-12 所示。

要选中多个不连续的单元格，只需在按住 Ctrl 键的同时，单击需要选中的单元格即可，如图 6-13 所示。

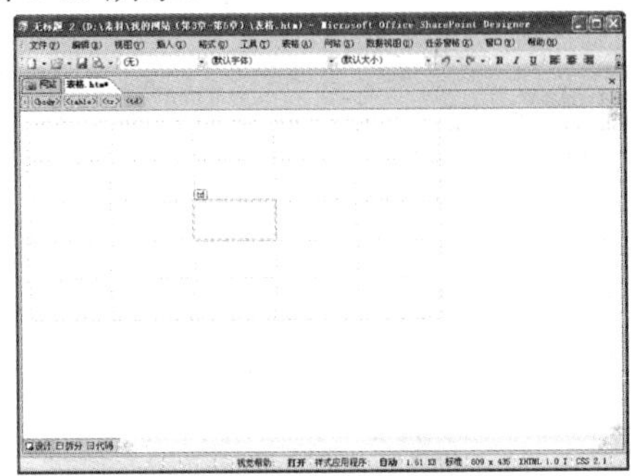

图 6-12　选中单个单元格

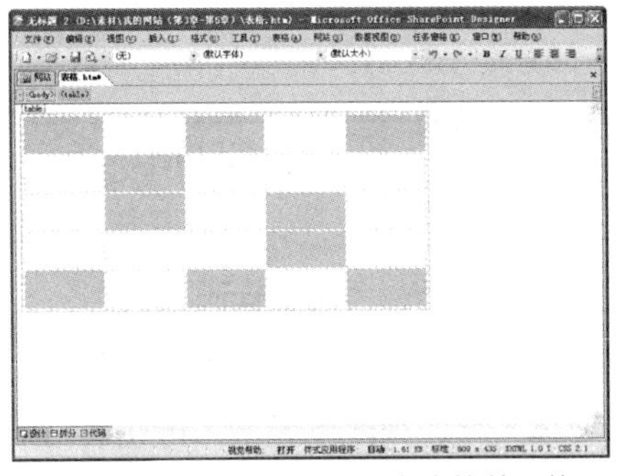

图 6-13　选中多个不连续的单元格

要选中一个连续的单元格区域，可以先将鼠标指针定位在该区域左上角的单元格中，按住鼠标左键不放并拖动鼠标指针至该区域右下角的单元格中，然后释放鼠标左键，即可选中该单元格区域，如图 6-14 所示。

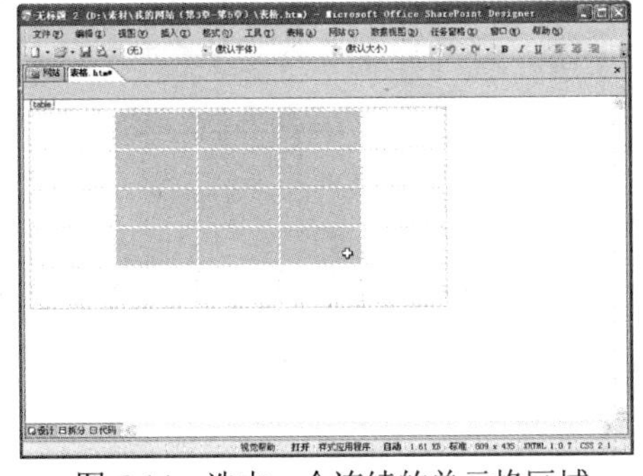

图 6-14　选中一个连续的单元格区域

提示

在按住 Ctrl 键或者拖动鼠标的过程中，鼠标指针会随之变成“✚”的形状。

3. 选中整行或整列

要选中表格中的某一行，可以将鼠标指针移至该行的前端，当鼠标指针变为➡形状时，单击鼠标，即可选中该行，如图 6-15 所示。

要选中表格中的某一列，同样可以将鼠标指针移至该列的上方，当鼠标指针变为⬇形状时，单击鼠标，即可选中该列，如图 6-16 所示。

提示

参照选中连续单元格区域的方法，通过鼠标拖动也可以选中整行或者整列。另外，将光标定位在某个单元格后，单击<tr>标签，可以选中该单元格所在的行。

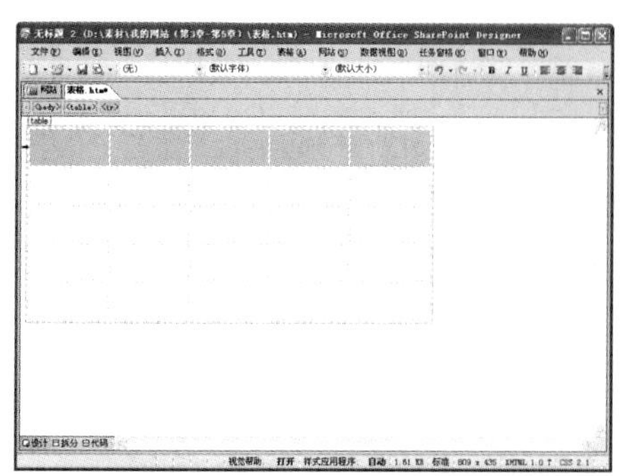

图 6-15　选中整行

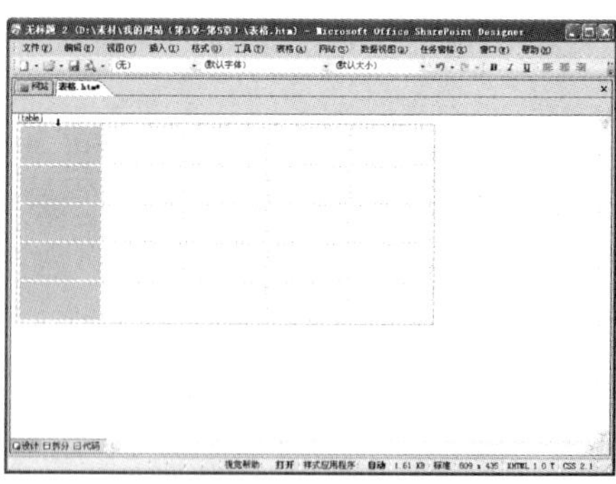

图 6-16　选中整列

6.3.2 插入行、列或单元格

要插入行、列或单元格，可在表格中的某一单元格中右击鼠标，在弹出的快捷菜单中选择【插入】命令下相应的子命令即可。

【练习 6-3】 对图 6-17 中的表格进行编辑，要求在表格的最左边插入一列、在最下面插入一行，然后在最后一行的末尾插入一个单元格。

(1) 在表格第一列的任一单元格中右击鼠标，在弹出的快捷菜单中选择【插入】|【列(在左侧)】命令，如图 6-18 所示，即可在表格的最左边插入一列。

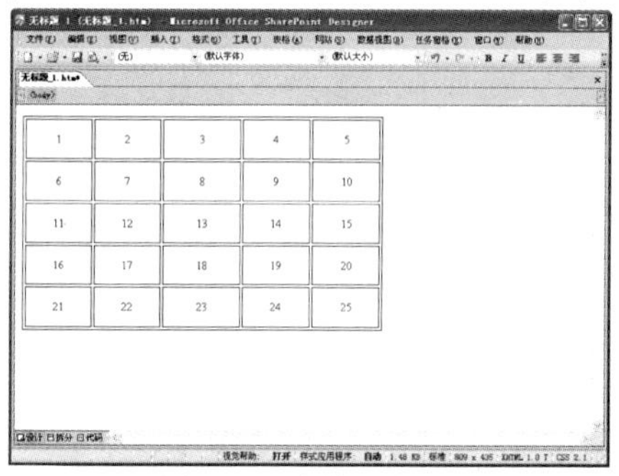

图 6-17　表格示意图

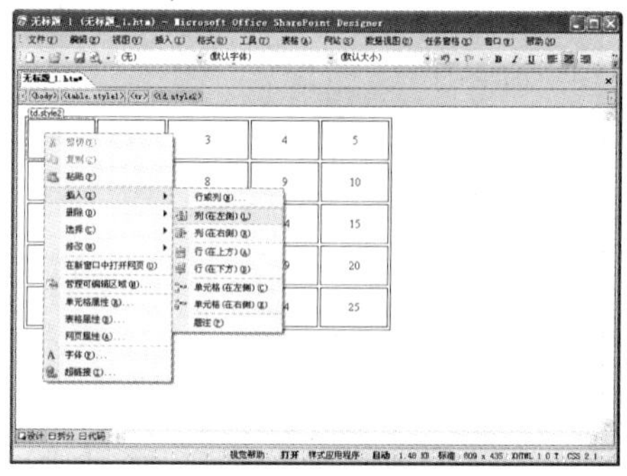

图 6-18　插入列

(2) 在表格最后一行的任一单元格中右击鼠标，在弹出的快捷菜单中选择【插入】|【行(在下方)】命令，如图 6-19 所示，即可在表格的最下面插入一行。

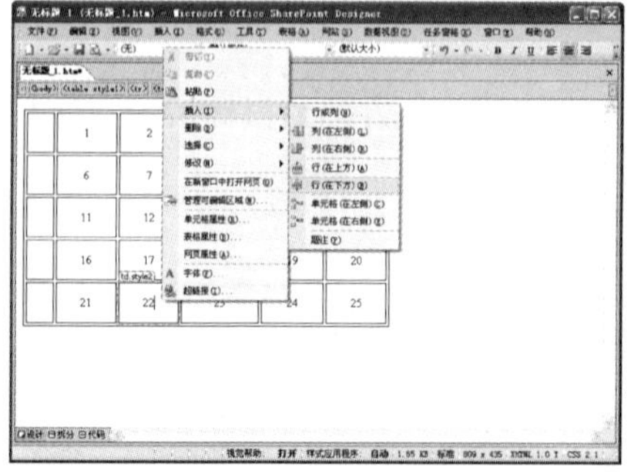

图 6-19　插入行

提示

新插入的行或列将会自动套用被操作单元格所在的行和列的属性。另外，默认情况下，插入行或列后，表格的总高度和总宽度不会改变，各行和列将自动调整高度和宽度以适应表格总的高度和宽度。

(3) 在表格最后一行的最后一个单元格中右击鼠标，在弹出的快捷菜单中选择【插入】|【单元格(在右侧)】命令，如图 6-20 所示，即可插入所需的单元格。全部操作完成后，最终效果如图 6-21 所示。

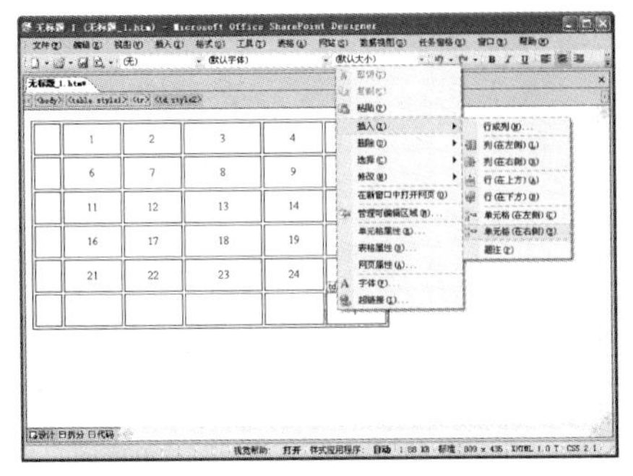

图 6-20　插入单元格

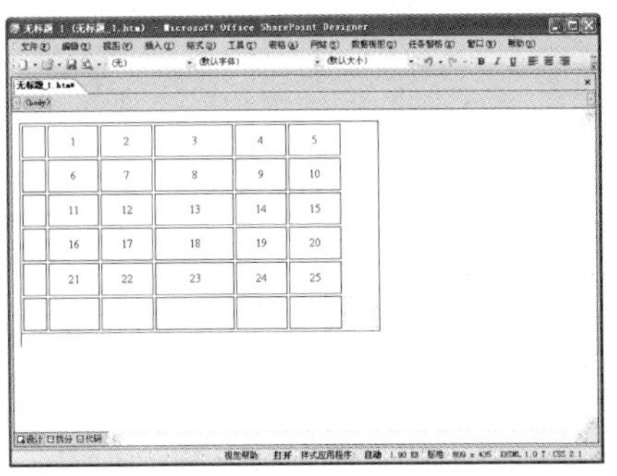

图 6-21　最终效果图

提示

除了可以插入单行和单列外，还可以一次插入多行和多列，方法为：在某一单元格中右击鼠标，在弹出的快捷菜单中选择【插入】|【行或列】命令，打开【插入行或列】对话框，在该对话框中设置相应的参数后，单击【确定】按钮即可完成插入。

6.3.3 删除行、列或单元格

要删除行或列，只需在该行或列的任一单元格中右击鼠标，在弹出的快捷菜单中选择【删除】命令下相应的子命令即可。要删除某个单元格，只需在该单元格中右击鼠标，然后在弹出的快捷菜单中选择【删除】|【删除单元格】命令即可。

【练习 6-4】 对【练习 6-3】中新加的行、列和单元格进行删除。

(1) 在表格第一列的任一单元格中右击鼠标，在弹出的快捷菜单中选择【删除】|【删除列】命令，如图 6-22 所示，即可删除第一列。

(2) 在表格最后一行的任一单元格中右击鼠标，在弹出的快捷菜单中选择【删除】|【删除行】命令，如图 6-23 所示，即可删除最后一行(同时也删除了最后面的一个单元格)。

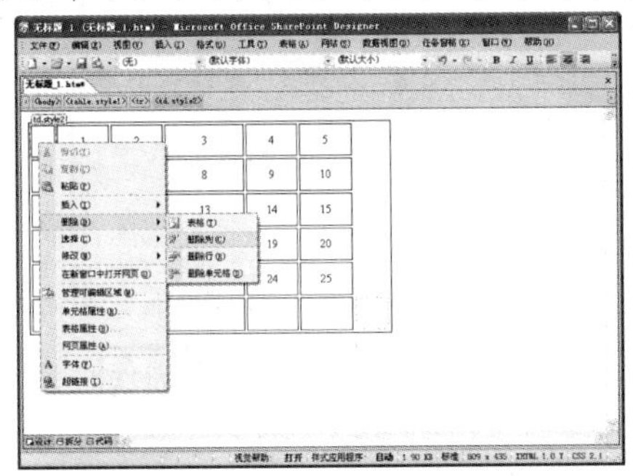

图 6-22　删除列

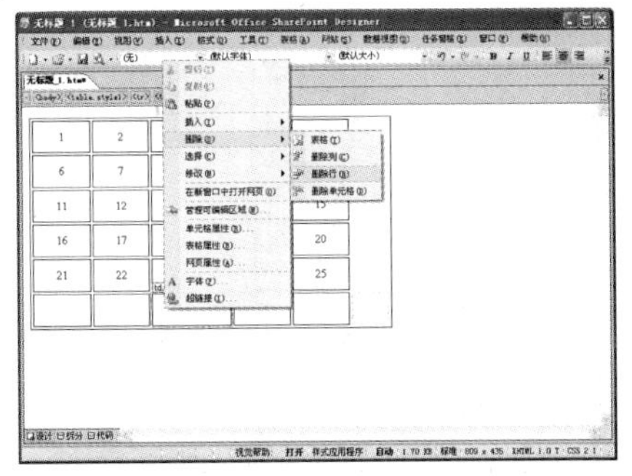

图 6-23　删除行

提示

在右键快捷菜单中选择【删除】|【表格】命令，可以删除整个表格。当删除某个单元格后默认情况下，该单元格右侧的单元格将向左移。

6.3.4 合并与拆分单元格

合并与拆分单元格是编辑表格的过程中比较常用的操作。所谓的合并单元格就是将多个单元格合并为一个单元格，与其相反，拆分单元格则是将一个单元格拆分为多个单元格。

要合并单元格，应首先选中要合并的多个单元格(注意：只能合并相邻的单元格)，然后在选中区域右击鼠标，在弹出的快捷菜单中选择【修改】|【合并单元格】命令即可将选中的多个单元格合并为一个单元格，如图 6-24 和图 6-25 所示。如果合并前各单元格含有内容，当合并后，这些内容将按照从左到右、自上而下的顺序自动合并。

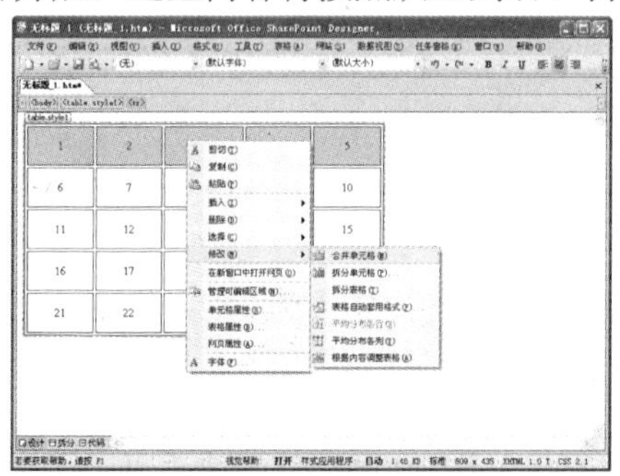

图 6-24　选择【修改】|【合并单元格】

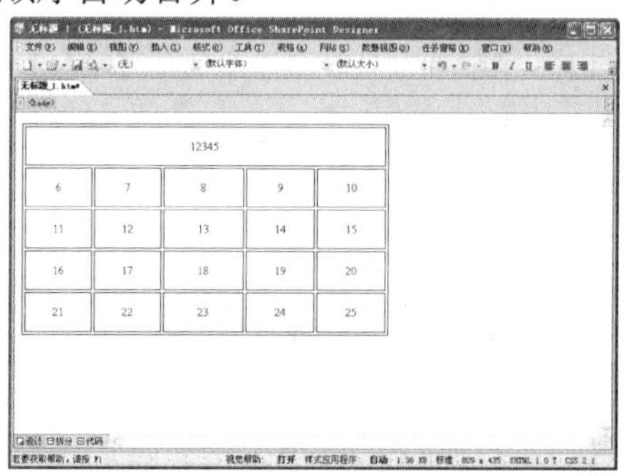

图 6-25　合并后的效果

要拆分单元格，可在该单元格中右击鼠标，在弹出的快捷菜单中选择【修改】|【拆分单元格】命令，如图 6-26 所示。系统打开【拆分单元格】对话框，在该对话框中，可以根据需要设置相应的参数。例如，选中【拆分成列】单选按钮，在【列数】微调框中设置数值为 2，然后单击【确定】按钮，效果如图 6-28 所示。

图 6-26　选择【修改】|【拆分单元格】命令

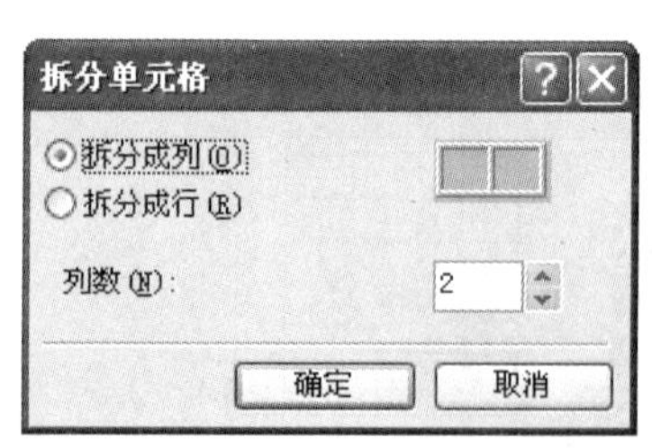

图 6-27　【拆分单元格】对话框

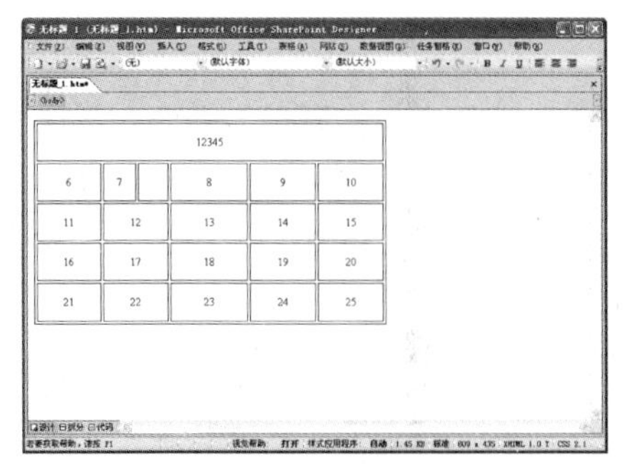

图 6-28　拆分单元格后的效果

提示

单元格被拆分后，原单元格中的数据将默认存放在拆分后最左边的单元格中。

6.4 格式化表格

格式化表格指的是对表格的属性进行设置，包括设置表格的大小、表格的行高和列宽、表格的背景颜色以及对单元格的属性设置等。对表格进行格式化不仅有助于对表格内容的编辑，还可以使表格变得更加美观。

6.4.1 调整表格的大小

要调整表格的大小，可以使用两种方法，一种是直接使用鼠标拖动，另一种是通过【表格属性】对话框来设置。

1. 用鼠标拖动的方法调整表格大小

当将鼠标指针移至表格的右边缘或下边缘框线时，在表格的这两条框线上将会出现 3 个控制点，如图 6-29 所示。当鼠标指针移至这些控制点时，会变成相应的形状，此时拖动鼠标，即可改变表格的大小。例如，当鼠标指针移至“控制点 2”处时，鼠标指针会变成↘形状，此时，按住鼠标左键不放并向左上方拖动鼠标，即可缩小表格，如图 6-30 所示。

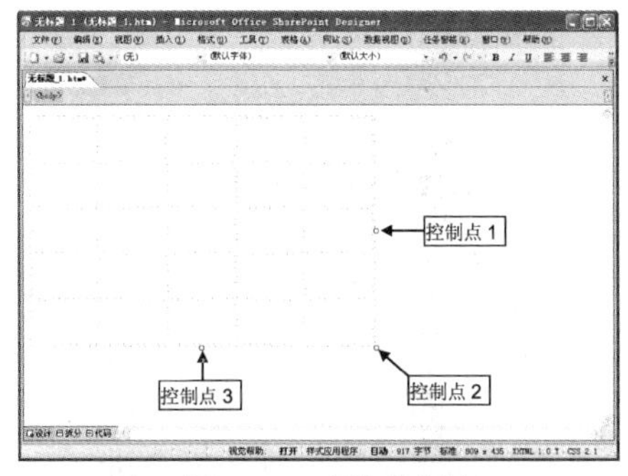

图 6-29　表格控制点

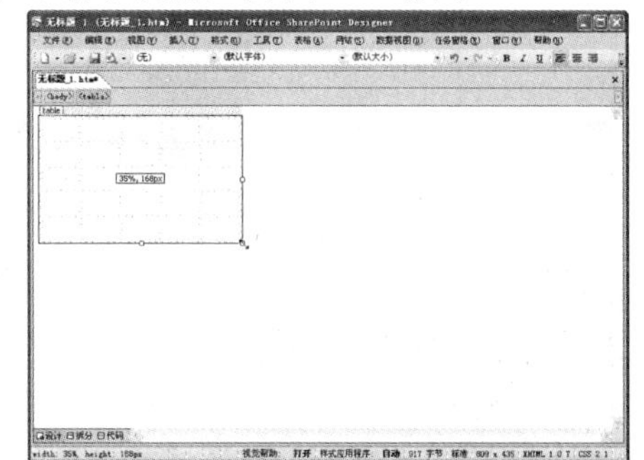

图 6-30　缩小表格

在图 6-30 的操作中，如果在按住 Shift 键的同时拖动鼠标，可等比例改变表格的大小。

2. 通过【表格属性】对话框调整表格大小

在表格中的任意位置右击鼠标，在弹出的快捷菜单中选择【表格属性】命令，如图 6-31 所示，打开【表格属性】对话框。在该对话框的【布局】选项区域中选中【指定宽度】和【指定高度】复选框，然后在各自的文本框中输入相应的数值，如图 6-32 所示。输入完成后单击【确定】按钮，即可改变表格的大小。

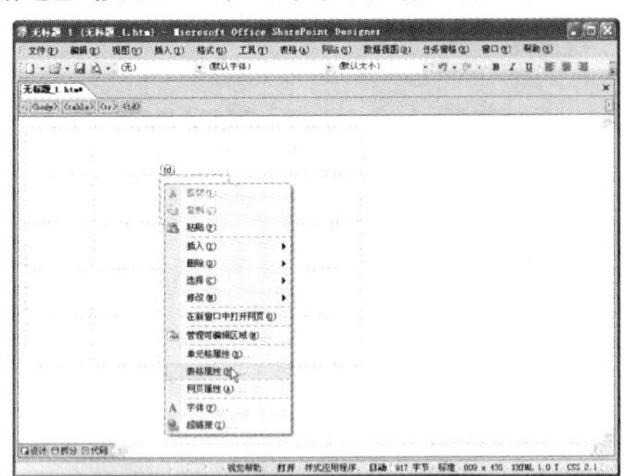

图 6-31　选择【表格属性】命令

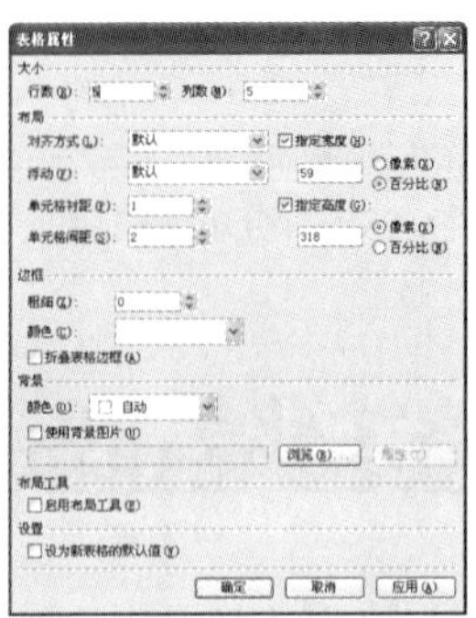

图 6-32　【表格属性】对话框

6.4.2　调整表格的行高和列宽

用户在编辑表格时，往往需要调整表格的行高和列宽，要调整表格的行高和列宽，最简便的方法就是使用鼠标。当将鼠标指针放置在表格的边框线上时，鼠标指针会变成双向箭头的形状，此时，按住鼠标左键不放并拖动鼠标，即可调整表格的行高和列宽。如图 6-33 所示的是调整表格的行高；图 6-34 所示的是调整表格的列宽。

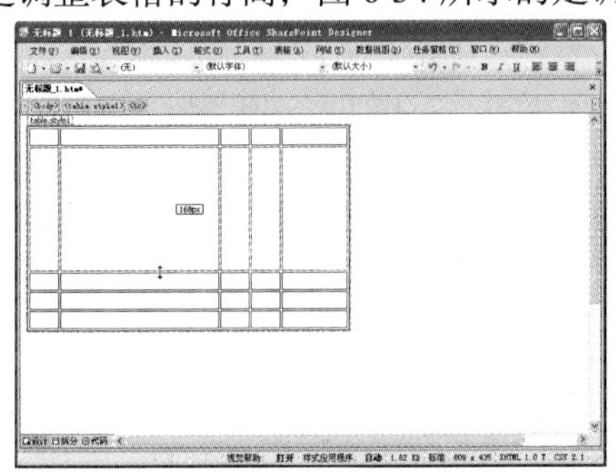

图 6-33　调整行高

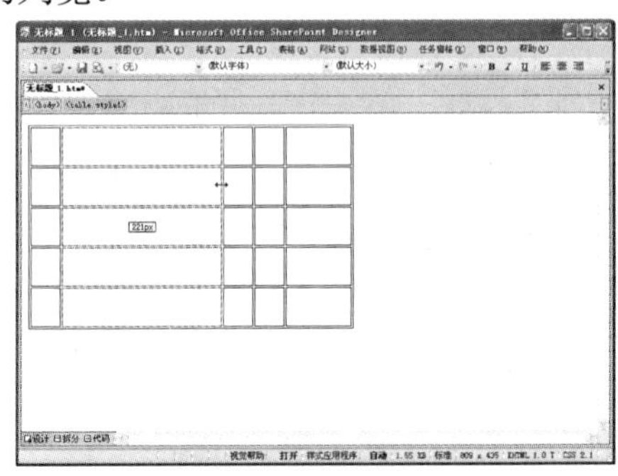

图 6-34　调整列宽

用鼠标拖动的方法调整行高和列宽，虽然非常方便，但是却不够精确。实际上，用户可以使用右键快捷菜单，对表格中的行高和列宽进行平均分布。

要平均分布各行，应先选中要分布的行，然后在选中区域右击鼠标，在弹出的快捷菜单中选择【修改】|【平均分布各行】命令，如图 6-35 所示，即可将选中行的行高进行重新分布，如图 6-36 所示。

另外，选中要平局分布的行后，还可通过选择【表格】|【修改】|【平均分布各行】命令来平均分布各行。

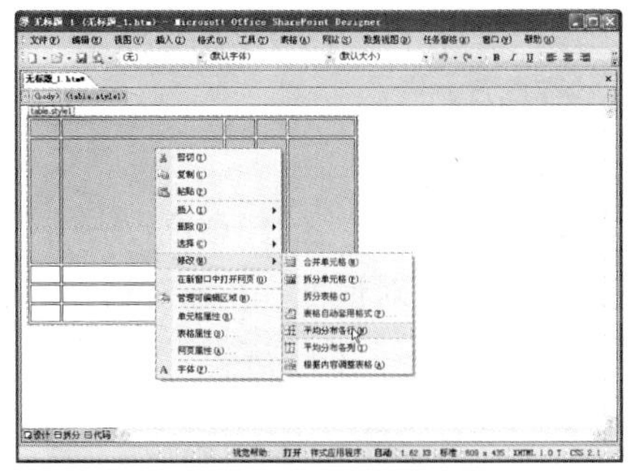

图 6-35　选择【修改】|【平均分布各行】命令

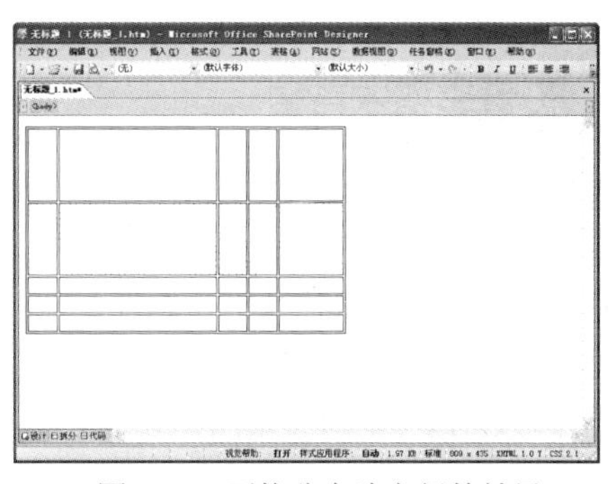

图 6-36　平均分布选定行的效果

要平均分布各列，应首先选中要分布的列，然后在选中区域右击鼠标，然后在弹出的快捷菜单中选择【修改】|【平均分布各列】命令，如图 6-37 所示，即可将选定列的列宽进行重新分布，如图 6-38 所示。

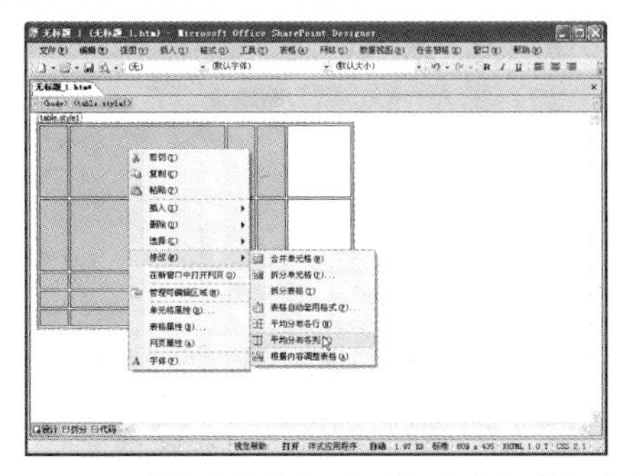

图 6-37　选择【修改】|【平均分布各列】命令

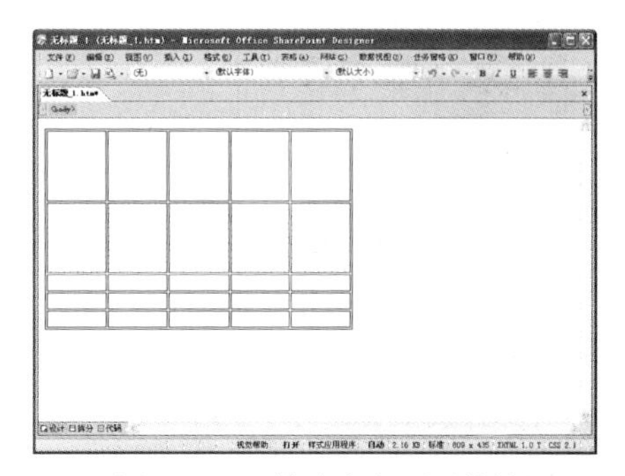

图 6-38　平均分布各列后的效果

6.4.3　设定表格在网页中的对齐方式

表格在网页中的对齐方式，指的是表格在网页中的位置，一般来说，包括 3 种情况：左对齐、居中和右对齐。具体设置方法为：在表格的任意位置右击鼠标，在弹出的快捷菜单中选择【表格属性】命令，打开【表格属性】对话框，在该对话框【布局】选项区域的【对齐方式】下拉列表中，可以选择表格的对齐方式，如图 6-39 所示。如图 6-40 所示的是将表格设置为居中对齐后的效果。

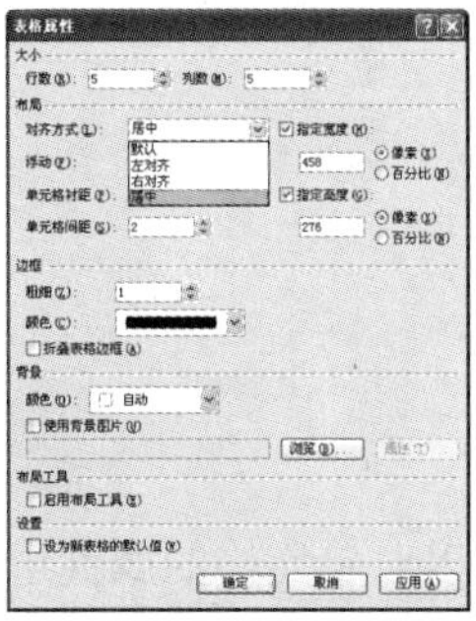

图 6-39　设置表格对齐方式

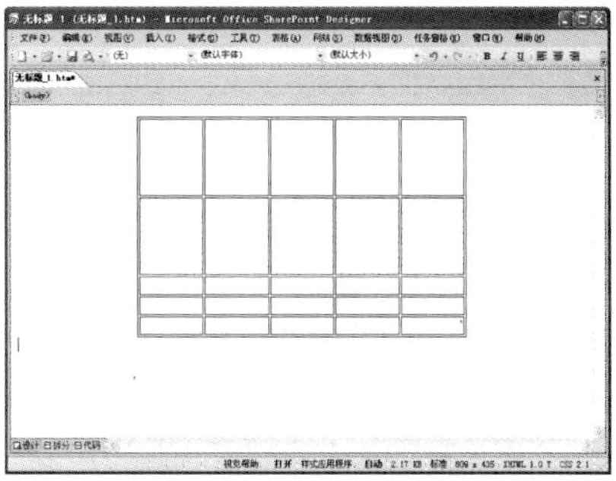

图 6-40　表格居中对齐的效果

6.4.4 设置表格的背景

要设置表格的背景，可以通过【表格属性】对话框来完成。在表格的任意位置右击鼠标，在弹出的快捷菜单中选择【表格属性】命令，打开【表格属性】对话框，在该对话框的【背景】选项区域即可对表格的背景进行设置。

【练习 6-5】 使用一张图片作为表格的背景。

(1) 在要设置背景的表格中右击鼠标，在弹出的快捷菜单中选择【表格属性】命令，打开【表格属性】对话框，在该对话框的【背景】选项区域中选中【使用背景图片】复选框，如图 6-41 所示。

(2) 单击【浏览】按钮，打开【选择背景图片】对话框，在该对话框中选择一张图片作为表格的背景图片，如图 6-42 所示。

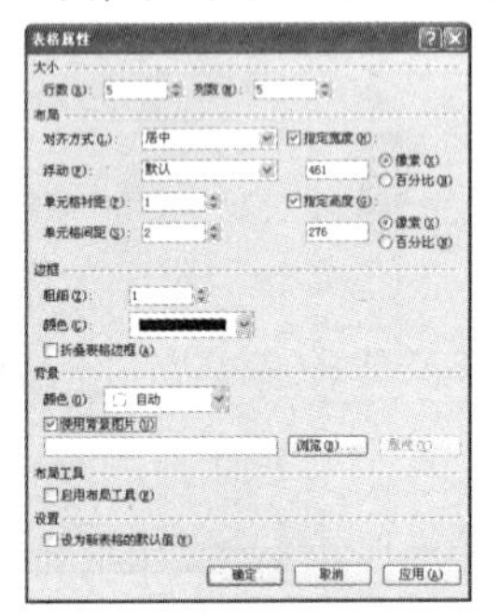

图 6-41 【表格属性】对话框

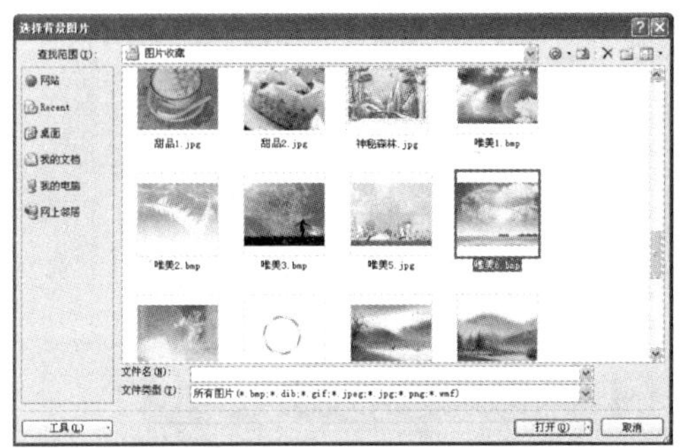

图 6-42 选择合适的背景图片

(3) 选中后，单击【确定】按钮，关闭【选择背景图片】对话框，并返回至【表格属性】对话框，再次单击【确定】按钮，即可为表格插入背景图片，如图 6-43 所示。

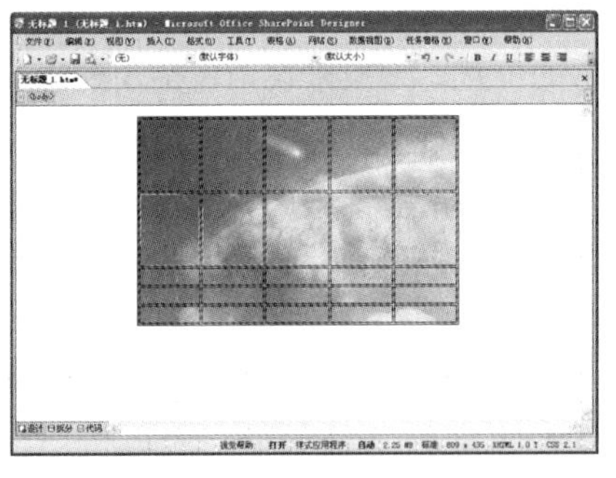

图 6-43 设置背景图片后的表格

提示

如果插入的图片比表格小，则图片会自动平铺在表格中，如果图片比表格大，则只会显示图片的一部分。

6.4.5 单元格的属性设置

在表格中，除了可以对整个表格的属性进行设置外，还可以对单元格的属性进行设置。对单元格属性的设置主要是通过【单元格属性】对话框来完成的。

要设置单个单元格的属性，可直接在该单元格中右击鼠标，在弹出的快捷菜单中选择【单元格属性】命令，即可打开【单元格属性】对话框。要对一个连续的单元格区域进行属性设置，应先选中该单元格区域，然后在选中区域右击鼠标，在弹出的快捷菜单中选择【单元格属性】命令，也可以打开【单元格属性】对话框，如图 6-44 和图 6-45 所示。

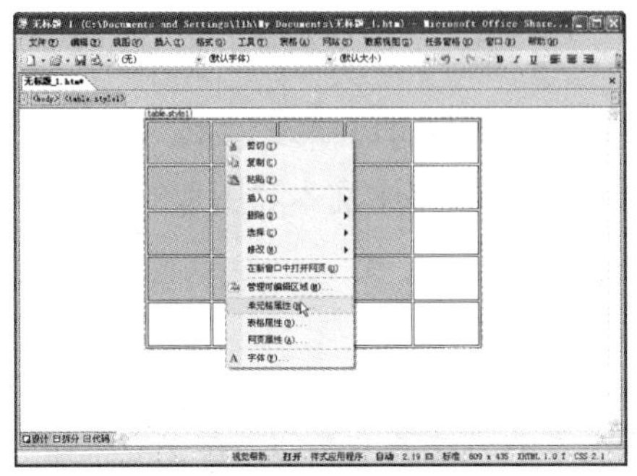

图 6-44　选择【单元格属性】命令

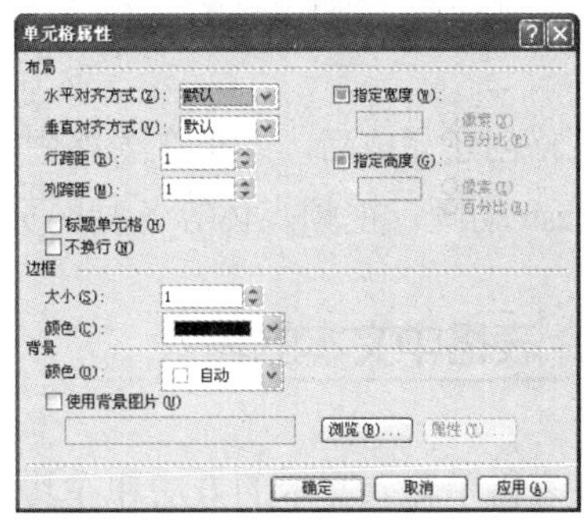

图 6-45　【单元格属性】对话框

下面对【单元格属性】对话框中的各种设置做简要说明。

- 【水平对齐方式】下拉列表框：在该下拉列表框中可以设置单元格内文字或图片在水平方向上的对齐方式，其默认对齐方式为“左对齐”。
- 【垂直对齐方式】下拉列表框：在该下拉列表框中可以设置单元格内文字或图片在垂直方向上的对齐方式，其默认对齐方式为“居中”。
- 【行跨距】微调框：该微调框中可以设置单元格跨越的行数，例如，将此数设置为 2，则这个单元格就对应两行单元格的高度。
- 【列跨距】微调框：该微调框中可以设置单元格跨越的列数。例如，将此数设置为 2，则这个单元格就对应两行单元格的宽度。
- 【标题单元格】复选框：选中此复选框后，可以将选中单元格中的文字设置为标题，如图 6-46 所示。
- 【不换行】复选框：选中此复选框后，在被选中单元格中输入文本时，该文本不会根据表格的大小而自动换行，且单元格的宽度会随着文本的增加而增加，如图 6-47 所示。

将单元格中文字视为标题的效果				

图 6-46　将单元格中的文字视为标题

将单元格中文字视为标题的效果	单元格中文字不换行的效果			

图 6-47　单元格中文字不换行的效果

- 【指定高度】与【指定宽度】复选框：选中这两个复选框后，可以按照像素或百分比来设置单元格的高度和宽度。

21 世纪电脑学校

- 【边框】选项区域：在该选项区域中，可以设置单元格边框的大小和颜色。
- 【背景】选项区域：在该选项区域中，可以设置单元格的背景颜色和背景图片。

6.5 输入表格内容

表格创建完成后，即可在表格中输入内容。在表格中不仅可以输入文本，还可以插入图片、Flash 动画、视频媒体等各种网页元素。下面主要介绍表格中文本和图片的输入。

6.5.1 表格中文本的输入

在表格中输入文本的方法和在其他软件中输入文本的方法基本类似，首先应将光标定位在要输入文本的单元格中，然后输入文本即可，如图 6-48 所示。

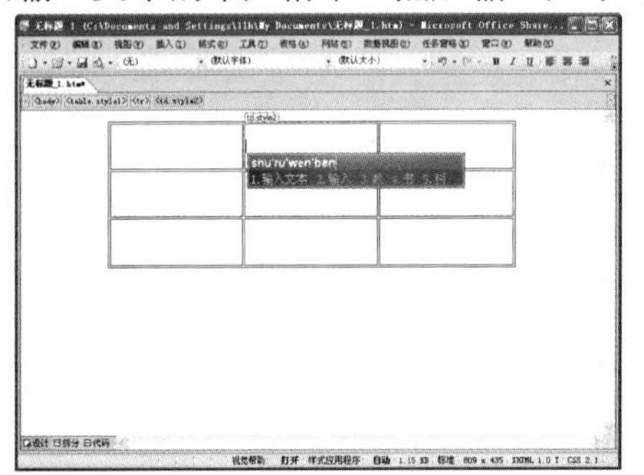

图 6-48　输入文本

提示

除了可以直接输入文本外，还可以从剪贴板中粘贴已经存在的文字内容。另外，使用 Tab 键，可以快速的将光标切换至下一单元格中。

6.5.2 在单元格中插入图片

在单元格中不仅可以插入来自本地磁盘中的图片，还可以插入来在扫描仪或照相机中的图片和 Office 提供的剪贴画等。下面以插入本地磁盘中的图片为例来介绍在单元格中插入图片的方法。

首先应将光标定位在要插入图片的单元格中，然后选择【插入】|【图片】|【来自文件】命令，打开【图片】对话框，如图 6-49 和图 6-50 所示。

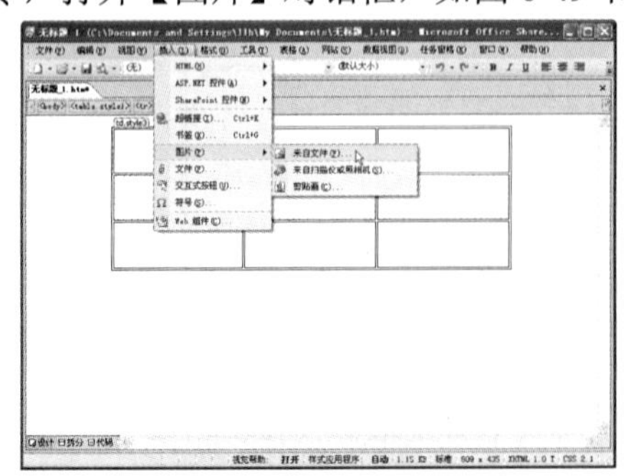

图 6-49　选择【插入】|【图片】|【来自文件】命令

图 6-50　【图片】对话框

在【图片】对话框中选择一张需要插入的图片，然后单击【插入】按钮，即可将该图片插入到光标所在的单元格中，如图 6-51 所示。

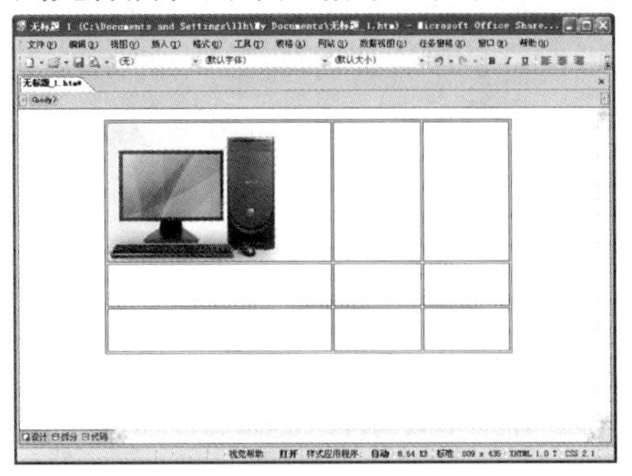

图 6-51　插入图片后的效果

提示

如果插入的图片比原来的单元格大，则单元格会被撑开。用户还可以根据实际需要调整单元格和图片的大小。

6.6 认识 CSS 样式表

在制作网页的过程中，往往要求整个网站的文本、表格的样式协调统一，若手工设置每个页面的文本、表格等格式，将会非常麻烦，使用 CSS 样式可以解决这一问题，并可以极大地提高网页制作的工作效率。

6.6.1 CSS 简介

CSS 的全称是 Cascading Style Sheet，即层叠样式表单。它是一种用于设计网页样式的常用工具，利用 CSS 样式表可以方便地控制网页内容的外观格式，包括版面的精确位置、特定的字体和格式以及图像、表格和图层的位置和样式等。

利用 CSS 样式表不仅可以方便的为网页中的同类元素设置共有的样式，也可以为某个单独的元素设置其专门的样式。这些样式不仅可以集中起来进行统一管理，而且同一样式还可以在不同的地方使用，大大的简化了网页设计工作的强度和难度。

与 HTML 语言类似，CSS 也可以在任何的纯文本编辑器中进行编辑，然后保存为独立的 CSS 文件或直接嵌入 HTML 文档<style></style>标签之间供该 HTML 文档及其中的元素调用。

CSS 样式的定义由 3 个部分构成：选择符(selector)、属性(properties)和属性的取值(value)。其基本的语法格式为：(选择符{属性:值;})，例如：body {font-size:12pt}，其含义是将整个网页中(指的是标签<body>…</body>之间的部分)文本的大小设置为 12pt。另外，一个选择符还可以定义多个属性值，他们之间应使用“;”号隔开。

6.6.2 CSS 样式表的定义方式

CSS 样式表具有多种定义方式，他们主要包括单一选择符方式、选择符组合方式、类选择符方式、id 选择符方式和包含选择符方式等。

1. 单一选择符方式

单一选择符方式即定义中只含有一个选择符，这些选择符通常是要定义样式的 HTML 标签，例如 body、p、table、td、tr 等。该定义生效后，位于该选择符(标签)中的元素都将按照 CSS 中定义的样式进行显示。例如，td {color:#FF0000} 该定义用于将网页中各表格单元格中的文本设置为红色。

2. 选择符组合方式

顾名思义，这种定义方式中不止含有一个选择符，CSS 允许把相同属性和值的选择符组合起来使用，这些选择符之间需用逗号隔开。例如 h1，h2，h3，h4，h5，h6 {font-family: 楷体} 这种定义用于将 h1～h6 的标题文字的字体统一设置为“黑体”。

3. 类选择符方式

使用类选择符方式可以将同一元素分类定义为不同的样式。类选择符要以“.”号开头，选择符的名称可以由设计者定义。例如，.style1 {text-align:left} 该类定义的含义是使文本水平靠左对齐，要使该类定义生效，只需将类名赋给对应元素标签的 class 属性即可，例如<td class= “style1” >…</td>。

4. id 选择符方式

这种方式和类选择符方式类似，id 选择符要以“#”号开头，选择符的名称可由设计者定义。例如，#style5 {font-weight:bold} 该类定义的含义是将 id 属性值为 style5 的元素中的文本以粗体显示。引用该定义时，网页中应出现对应 id 号的元素，例如<td id=“style5”>…</td>

5. 包含选择符方式

这种定义方式主要是对某种包含关系下的样式进行定义，例如，元素 A 中包含元素 B，则这种定义方式只对包含在元素 A 中的元素 B 起作用，而相对于单独的元素 A 或元素 B 都不起作用。例如，“td a:link {text-decoration:underline} ”该定义用于为网页中所有表格的单元格中的超链接文本设置下划线，而对于单元格中的非超链接文本则不起作用，对页面中表格以外的超链接文本也不起作用。

提示

CSS 样式表具有继承性，即 CSS 定义的子层样式在保留自己独有的样式外，还会继承其父层元素的 CSS 样式设置，当父层中的样式与子层中的样式有冲突时，则子层中自己独有的的样式将起到决定性作用。另外，在 CSS 样式表定义中，可以使用“/*…*/”符号来添加注释信息，只需将注释文字插入到“/*”和“*/”符号之间即可。

6.6.3 CSS 样式表的引用方式

CSS 样式表既可以是单独的 CSS 文档，也可以直接在 HTML 文档中定义。当将 CSS 样式表作为一个单独的文档时，其文档的后缀名为“.css”，要在 HTML 文档中引用该样式表，需在文档的“<head>…</head>”标签之间加入<link>标签，例如，要引用和当前 HTML 文档处于同一文件下的名称为 style.css 的样式表，则应在<head>…</head>标签之间加入以下标签：

```
<link href="style.css" rel="stylesheet" type="text/css" />
```

如果要直接在 HTML 文档中定义 CSS 样式表，则应使用<style>标签，例如：

```
<style type="text/css">
.style1 {
 border: 1px solid #000000;
}
.style2 {
 border: 1px solid #000000;
 white-space: nowrap;
}
</style>
```

另外，还可以同时使用这两种方式，例如，可以先在 HTML 文档的头文件中引用一个外部的 CSS 样式表文件，然后在其基础上通过<style>标签内嵌其他 CSS 样式来定义和扩充该文档中可用的 CSS 样式。

6.7 使用 CSS 样式表

在第 6.6 节中主要介绍了 CSS 样式表的一些基础知识，通过对该节的学习，读者应该对 CSS 样式表的概念有一个大致的了解。本节主要介绍如何在 SharePoint Designer 2007 中使用 CSS 样式表。

6.7.1 认识 CSS 样式面板

在创建 CSS 样式表之前，首先来认识 SharePoint Designer 2007 中的 CSS 样式面板。选择【任务窗格】|【应用样式】命令，打开【应用样式】任务窗格，如图 6-52 所示。该任务窗格中包含了【新建样式】和【附加样式表】两个命令以及【选择要应用的 CSS 样式】列表。另外，还可以同时打开【CSS 属性】和【管理样式】两个任务窗格，如图 6-53 所示，以便查看和更改网页中的 CSS 样式和属性。

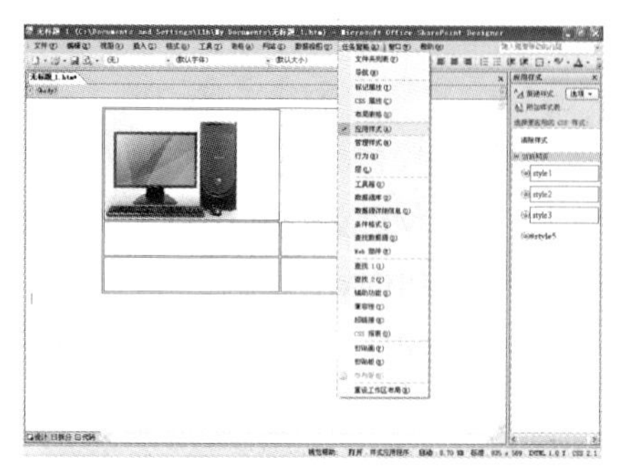

图 6-52　打开【应用样式】任务窗格

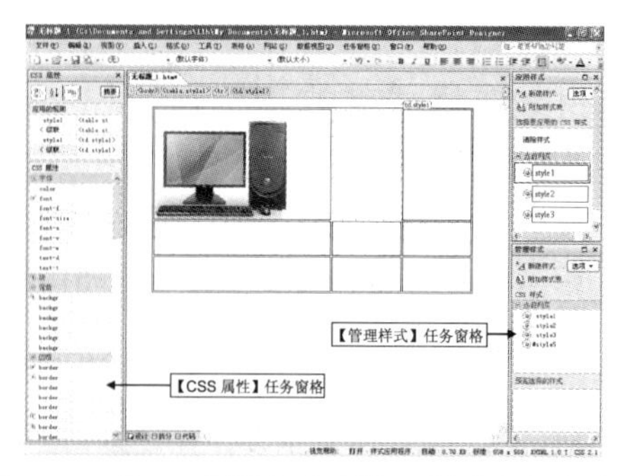

图 6-53　【CSS 属性】和【管理样式】任务窗格

在【CSS 属性】任务窗格中，可以查看当前选中 CSS 样式中的所有属性值，同时也可以直接在该任务窗格中更改这些属性值。

【管理样式】任务窗格依序显示网页中已经完成的各项样式设置。它的功能与【应用样式】任务窗格类似，只是在该任务窗格中不能进行清除样式的操作。

6.7.2 创建 CSS 样式

使用 CSS 样式表可以对网页中的文本、图片、表格、网页背景等多种元素进行定义，当更新 CSS 样式时，所有应用此样式的文件都会自动更新为新的样式。本节以设置字体的样式为例来介绍在 SharePoint Designer 2007 中创建 CSS 样式的方法。

【练习 6-6】定义一个字体样式，要求在该样式作用下的字体为“楷体”、字号为 xx-large、粗细为“粗体”、颜色为“蓝色”并且带有下划线。

(1) 新建一个网页并在该网页中输入一段文字，然后在【应用样式】任务窗格中单击【新建样式】命令，打开【新建样式】对话框，如图 6-54 所示。

(2) 在该对话框的【选择器】(选择器实际上指的就是第 6.6.2 节中介绍过的“选择符”)下拉列表框中输入样式的名称，例如，输入“.样式一”；在【定义位置】下拉列表框中选择【当前网页】选项；在【类别】列表框中单击【字体】选项，然后在右边的【font-family】下拉列表框中选择【楷体_GB2312】，在【font-size】下拉列表框中选择 xx-large，在【font-weight】下拉列表框中选择 bold，在【color】下拉列表框中选择“蓝色”，最后选中【underline】复选框。全部设置完成后，单击【确定】按钮，即可在【应用样式】任务窗格中看到刚才创建好的样式。如图 6-55 所示。

图 6-54　【新建样式】对话框

图 6-55　新创建好的样式

(3) 选中网页中要设置为“样式一”的文本，然后在【应用样式】任务窗格中单击“.样式一”选项，即可将选中文本设置为“样式一”定义的效果，如图 6-56 所示。

图 6-56　应用样式后的效果

提示

若要清除样式，可先选中要清除样式的文本，然后在【应用样式】任务窗格中右击“样式一”命令，在弹出的快捷菜单中选择【删除类】命令即可。

6.7.3 附加外部样式

在第 6.6.3 节中介绍过，CSS 样式不仅可以直接在 HTML 文档中进行定义，还可以引用外部的 CSS 样式表文件。那么，在 SharePoint Designer 2007 中如何引用外部的 CSS 样式文件呢？本节将介绍在 SharePoint Designer 2007 中引用外部 CSS 样式文件的方法。

例如，现有一单独的名称为 my_style.css 的 CSS 样式文件，其内容如下：

```
body{font-size: large; font-weight: bold; background-color: #ff9966}
```

若要将该 CSS 文件中所定义的样式应用到当前网页中，可以执行以下操作：

在【应用样式】任务窗格中单击【附加样式表命令】，打开【附加样式表】对话框，如图 6-57 所示。单击【浏览】按钮，打开【选择样式表】对话框，在该对话框中选择现有的样式表，如图 6-58 所示。

图 6-57　【附加样式表】对话框

图 6-58　【选择样式表】对话框

选择完成后，单击【打开】按钮，返回【附加样式表】对话框，在该对话框中选中【链接】单选按钮，如图 6-59 所示。

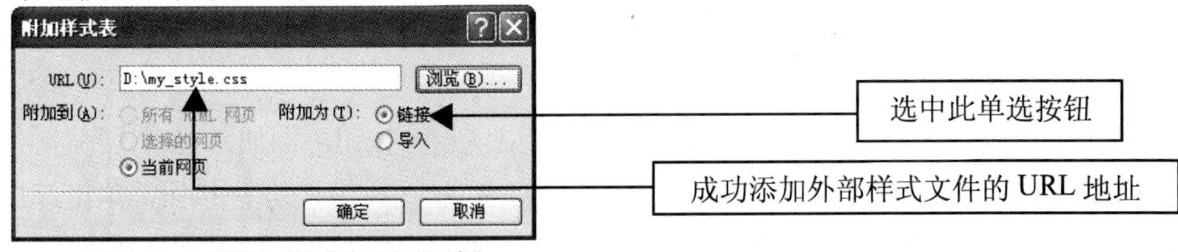

图 6-59　【附加样式表】对话框

设置完成后单击【确定】按钮，系统即可在当前页面的头文件中(即<head>…</head>标签之间)自动加入以下代码，如图 6-60 所示。

```
<link rel="stylesheet" type="text/css" href="file:///D:/my_style.css">
```

此时，my_style.css 文件中定义的样式已应用到当前网页中，如图 6-61 所示。

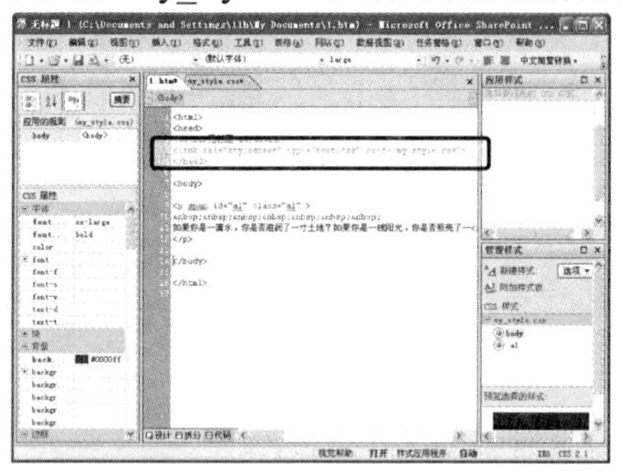

图 6-60　自动加入代码

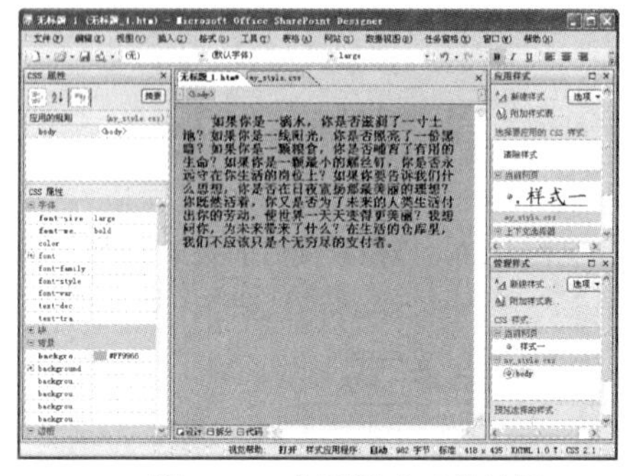

图 6-61　应用样式后的效果

若要修改该附加样式，只需在【管理样式】任务窗格中右击该样式名称，然后在弹出的快捷菜单中选择【修改样式】命令，打开【修改样式】对话框，在该对话框中，可以对样式进行修改，如图 6-62 和图 6-63 所示。

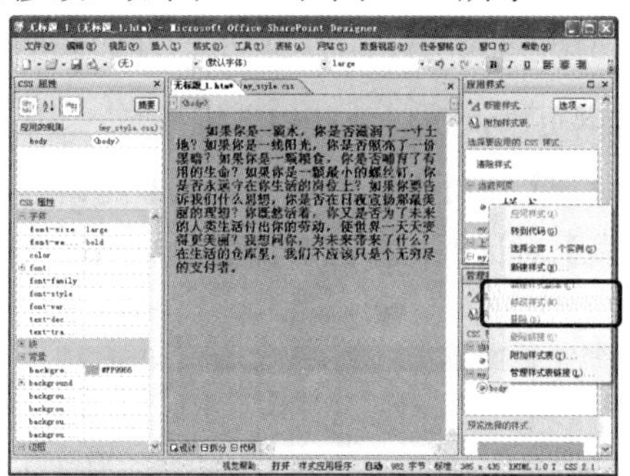

图 6-62　选择【修改样式】命令

图 6-63　【修改样式】对话框

6.7.4 通过【CSS 属性】任务窗格修改 CSS 属性

除了可以通过【修改样式】对话框来修改现有的 CSS 样式外，还可以通过【CSS 属性】任务窗格来更加直观地修改 CSS 样式。

选择【任务窗格】|【CSS 属性】命令，打开【CSS 属性】任务窗格。当在【应用样式】或【管理样式】任务窗格中选择某一样式后，【CSS 属性】任务窗格将会显示该样式已经设置的和尚未设置的所有属性值，如图 6-64 所示。

单击任意一个属性，该属性右侧的文本框中将会出现一个按钮，例如，单击【字体】列表中的【color】属性，在【color】属性右侧的文本框中将出现一个“倒三角”按钮，单击该按钮，系统会弹出一个下拉列表，如图 6-65 所示，在该下拉列表中可以对【color】属性进行设置。

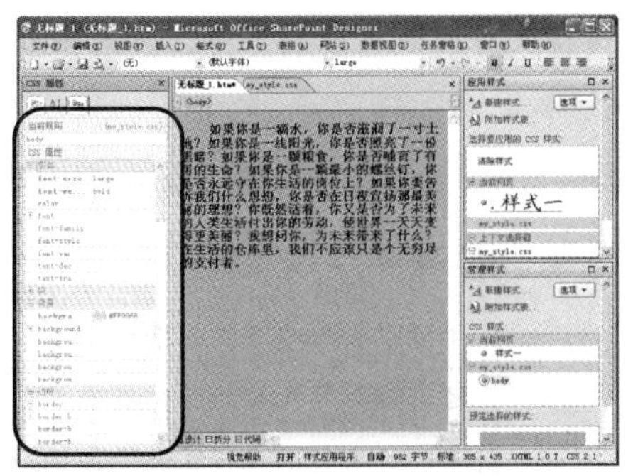

图 6-64　【CSS 属性】任务窗格

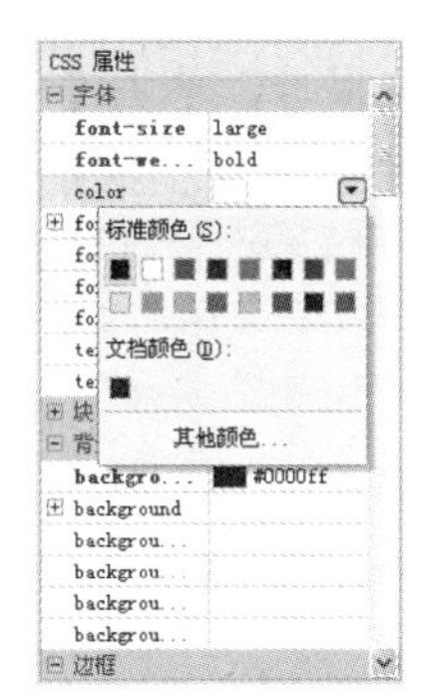

图 6-65　设置【color】属性

6.7.5　几种常用的 CSS 样式简介

利用 CSS 样式可以定义一些在 HTML 语言中难以完成的操作，例如，隐藏超链接文本的下划线、修改鼠标指针的形状等。

1. 隐藏超链接文本的下划线

在 SharePoint Designer 2007 中，默认情况下为某段文本添加超链接后，该文本的下方会自动添加上一条下划线，那么，能不能在保留超链接的情况下，将这条下划线去掉呢？利用 CSS 样式即可轻松地解决这个问题。

【练习 6-7】 去除图 6-66 所示的网页中超链接文本的下划线。

(1) 在【应用样式】任务窗格中单击【新建样式】命令，打开【新建样式】对话框，在【选择器】下拉列表中选择【a: link】选项；在【定义位置】下拉列表中选择【当前网页】；在【text-decoration】选项区域选中【none】复选框，如图 6-67 所示。

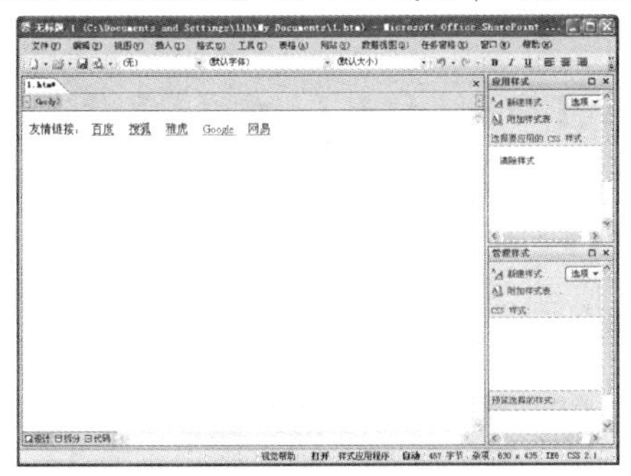

图 6-66　示例网

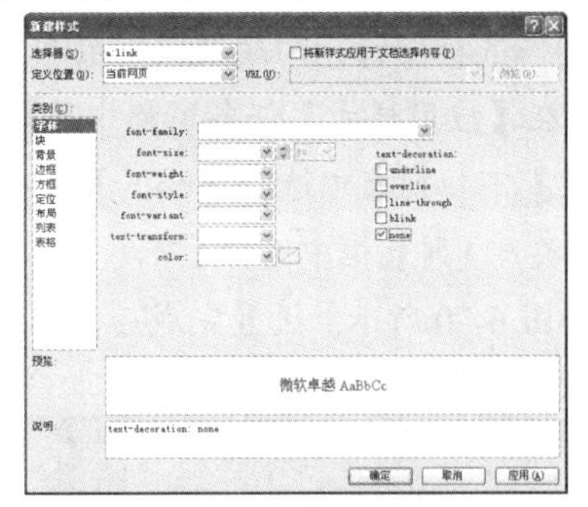

图 6-67　【新建样式】对话框

提示

在【选择器】下拉列表框中，与超链接相关的选择符有 4 个，分别是“a:active”、“a:hover”、“a:link”和“a:visited”。其中“a:active”对应超链接对象被聚焦时的状态，“a:hover”对应超链接对象在鼠标经过时的状态，“a:link”对应超链接对象的正常状态，“a:visited”对应超链接的目标文档被当前用户访问过并保留有访问记录的状态。

(2) 设置完成后，单击【确定】按钮，即可将该样式应用到当前网页中，效果如图 6-68 所示。从图中可以看出，超链接文本的下划线已被去掉。

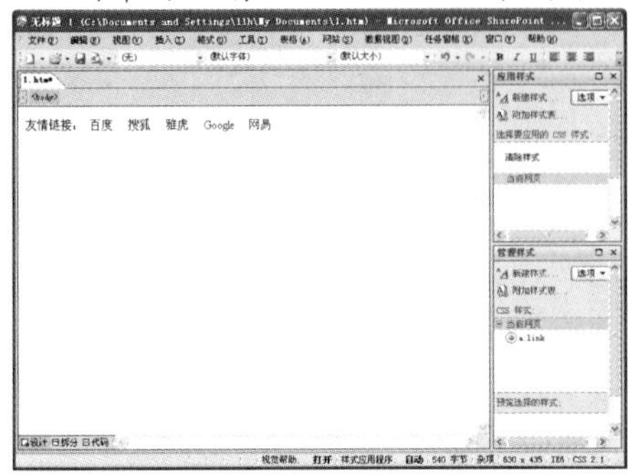

图 6-68　应用样式后的效果

提示

除了可以去除超链接的下划线以外，还可以对超链接的其他属性进行设置，读者可以自行琢磨，在此不再进行讲述。

2. 修改鼠标指针的形状

鼠标是计算机必备的工具，在网页中，鼠标指针的形状一般采用的都是 Windows 的默认设置，例如，一般情况下，鼠标指针显示为的形状，当鼠标指针指向某个具有超链接的对象上时，鼠标指针就会变成的形状。那么在网页中能不能对鼠标指针的形状作一些个性化设置呢？实际上 CSS 样式表就具有对光标进行个性化设置的功能。

【练习 6-8】 更改网页中鼠标指针的形状，要求在正常情况下鼠标指针的形状为十，当鼠标指针指向超链接时，鼠标指针的形状为?。

(1) 继续【练习 6-7】中的操作，在【应用样式】任务窗格中选择【新建样式】命令，打开【新建样式】对话框，在【选择器】下拉列表中选择【a:hover】选项；在【定义位置】下拉列表中选择【当前网页】；然后在【类别】列表框中选择【布局】选项，在右边的【cursor】下拉列表框中选择【help】选项，如图 6-69 所示。设置完成后，单击【确定】按钮，该样式用来控制当鼠标指针指向超链接时的形状。

(2) 在【应用样式】任务窗格中选择【新建样式】命令，打开【新建样式】对话框，在【选择器】下拉列表中选择【body】选项；在【定义位置】下拉列表中选择【当前网页】；然后在【类别】列表框中选择【布局】选项，在右边的【cursor】下拉列表框中选择【crosshair】选项，如图 6-70 所示。设置完成后，单击【确定】按钮，该样式用来控制正常情况下鼠标指针的形状。

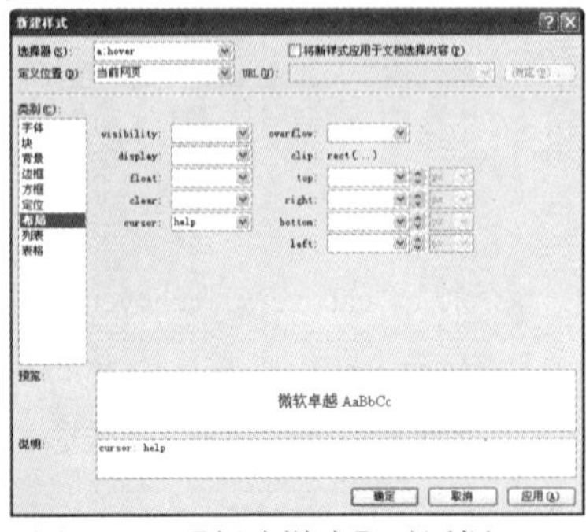

图 6-69　【新建样式】对话框(1)

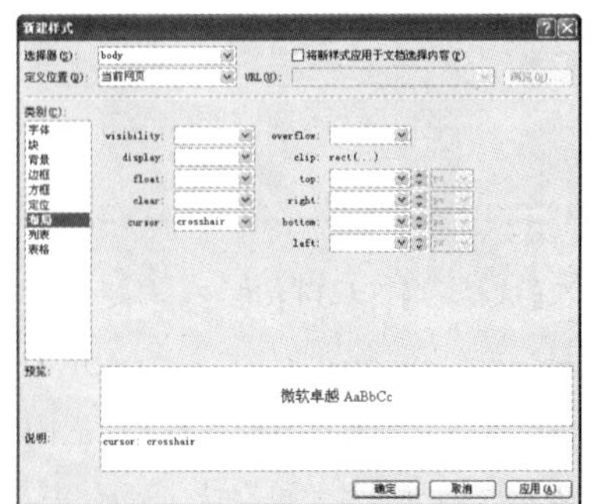

图 6-70　【新建样式】对话框(2)

(3) 设置完成后，保存该网页，然后按下 F12 快捷键对网页进行预览，效果如图 6-71 和图 6-72 所示。

图 6-71　正常情况下鼠标指针的形状

图 6-72　指向超链接时鼠标指针的形状

提示

在【新建样式】对话框中，【布局】类别的【cursor】属性用来控制鼠标指针的形状。其下拉列表中【pointer】代表☝，【move】代表✥，【progress】代表⌛，其余的选项在此不再一一列举，读者可自行研究。

6.8 上机实验

本章主要介绍了表格与 CSS 样式在网页中的使用，通过对本章的学习，读者应该掌握表格的使用方法和 CSS 样式表的使用方法。本次上机实验通过制作一个"历史朝代公元对照简表"来使读者巩固本章所学习的内容，效果如图 6-73 所示。

(1) 启动 SharePoint Designer 2007 并新建一个 HTML 网页。选择【表格】|【插入表格】命令，打开【插入表格】对话框，在该对话框【大小】选项区域的【行数】微调框中设置数值为 12；【列数】微调框中设置数值为 5；在【布局】选项区域的【对齐方式】下拉列表中选择【居中】选项；在【边框】选项区域中，设置【粗细】为 1，【颜色】为"黑色"，如图 6-74 所示。

图 6-73　最终效果图

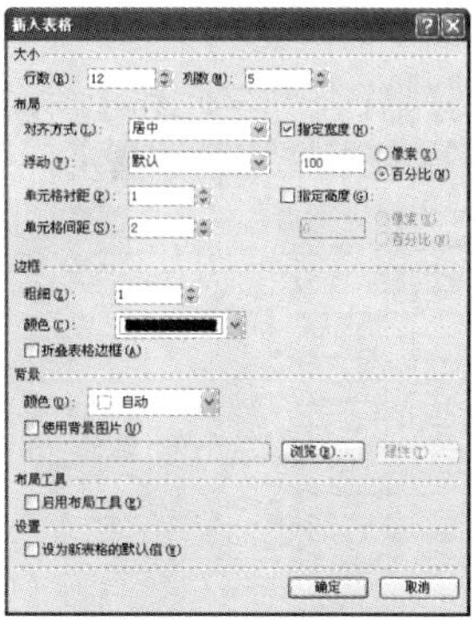

图 6-74　【插入表格】对话框

(2) 设置完成后，单击【确定】按钮，即可插入一个 12 行 5 列的表格，然后选择【文件】|【保存】命令保存该网页，并将其文件名和标题都设置为“历史朝代公元对照简表”，如图 6-75 所示。

(3) 选中所有的单元格，然后在选中区域右击鼠标，在弹出的快捷菜单中选择【单元格属性】命令，如图 6-76 所示，打开【单元格属性】对话框。

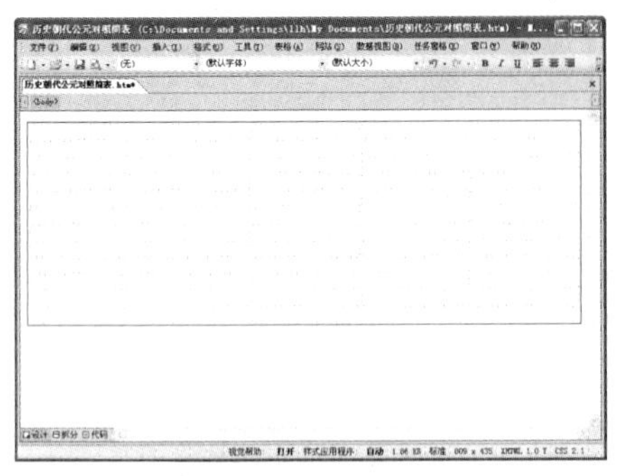

图 6-75　插入表格

图 6-76　选择命令

(4) 在【单元格属性】对话框的【布局】选项区域设置【水平对齐方式】为【居中】；在【边框】选项区域设置【大小】为 1，【颜色】为“黑色”，如图 6-77 所示。

(5) 设置完成后，单击【确定】按钮，效果如图 6-78 所示。设置该选项的目的主要是为了设置单元格中数据的排列方式和在网页中能够显示单元格的边框。

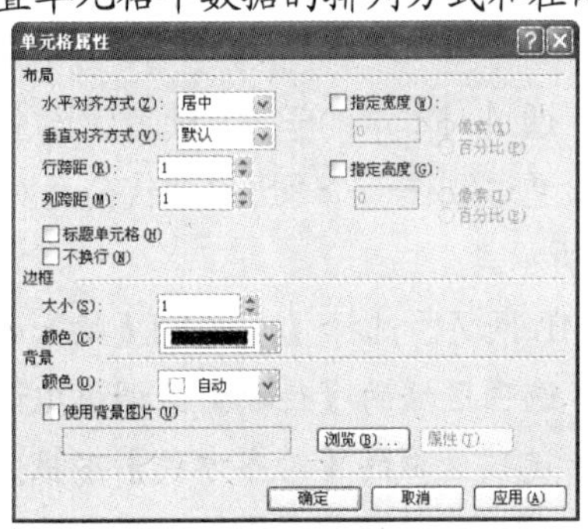

图 6-77　【单元格属性】对话框

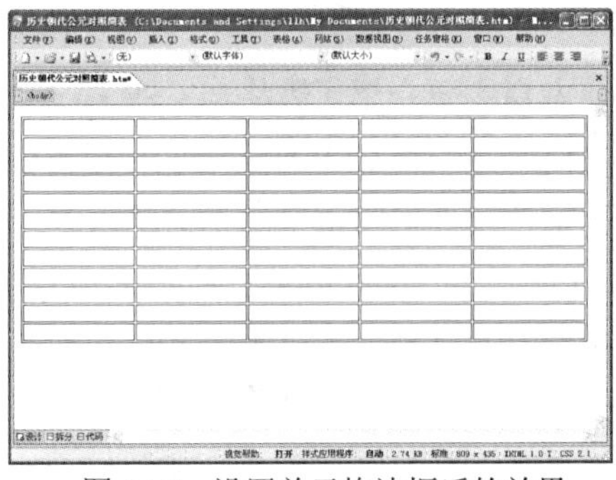

图 6-78　设置单元格边框后的效果

(6) 选中如图 6-79 所示的单元格区域，然后在选中区域右击鼠标，在弹出的快捷菜单中选择【修改】|【合并单元格】命令，将该单元格区域合并为一个单元格，如图 6-70 所示。

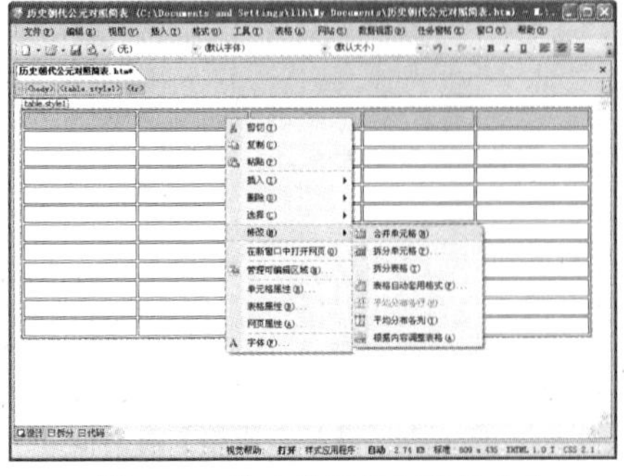

图 6-79　选中单元格与选择命令

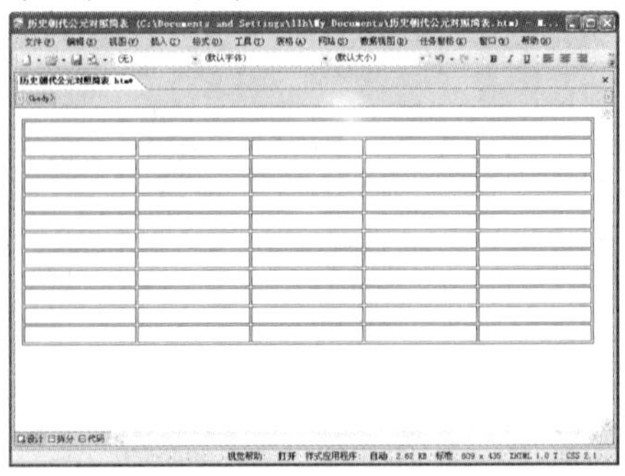

图 6-80　合并单元格后的效果

(7) 使用同样的方法，合并其他单元格，并在合并后的单元格中输入如图 6-81 所示的文字(本例只涉及到三国及其以前的朝代，有兴趣的读者可以添加其他的朝代)。

(8) 选择【任务窗格】|【应用样式】命令，打开【应用样式】任务窗格，在该任务窗格中选择【新建样式】命令，打开【新建样式】对话框，在该对话框的【选择器】下拉列表中选择【table】选项，在【定义位置】下拉列表中选择【当前网页】，然后在【类别】列表中选择【背景】选项，在右边的【background-color】下拉列表框中选择“#FFCC99”所代表的颜色，如图 6-82 所示。

图 6-81　合并单元格并输入文字

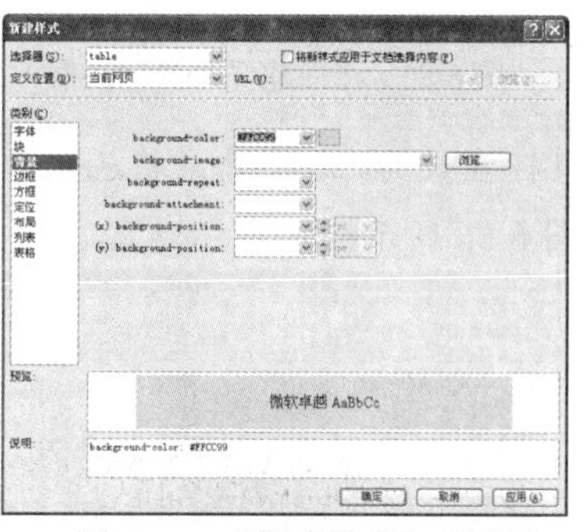

图 6-82　【新建样式】对话框

(9) 在【类别】列表中选择【布局】选项，然后在右侧的【cursor】下拉列表中选择【crosshair】选项，如图 6-83 所示。该属性用来设置鼠标指针在表格中的形状。

(10) 设置完成后，单击【确定】按钮，即可应用新样式到表格中，如图 6-84 所示。

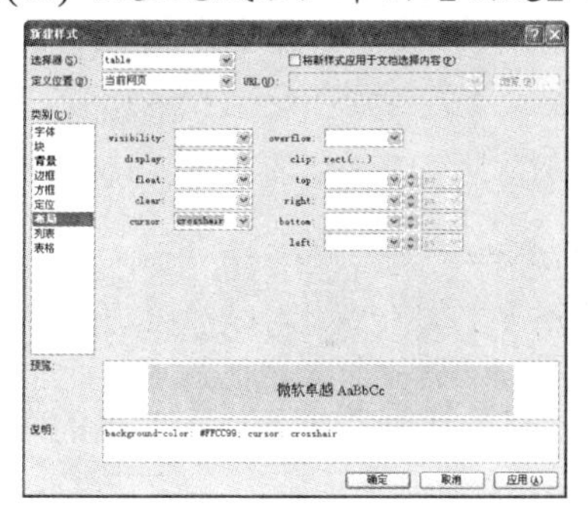

图 6-83　设置鼠标指针的形状

图 6-84　应用样式后的效果

(11) 在【应用样式】任务窗格中再次选择【新建样式】命令，打开【新建样式】对话框，在【选择器】下拉列表中输入“.标题”，在【定义位置】下拉列表中选择【当前网页】选项，然后在【类别】列表中选择【字体】选项，在右边的【font-family】下拉列表框中选择【楷体_GB2312】，在【font-size】下拉列表框中选择【x-large】，如图 6-85 所示。

(12) 设置完成后，单击【确定】按钮，在【应用样式】任务窗格中即可看到新设置的样式，如图 6-86 所示。

(13) 选中表格中的第一行文字“历史朝代公元对照简表”，然后选择【应用样式】任务窗格中新建的样式选项“.标题”，即可将该行文字设置为“.标题”所定义的样式，效果如图 6-87 所示。

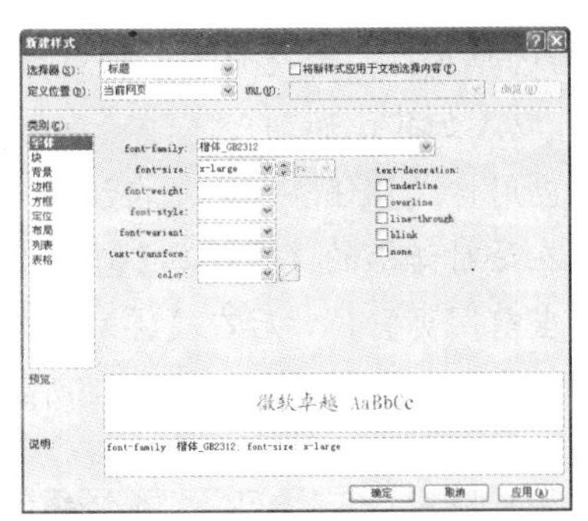

图 6-85 【新建样式】对话框

图 6-86 显示新建的样式

(14) 至此为止，整个表格已制作完成。保存该网页，然后按下 F12 快捷键进行预览，效果如图 6-88 所示。

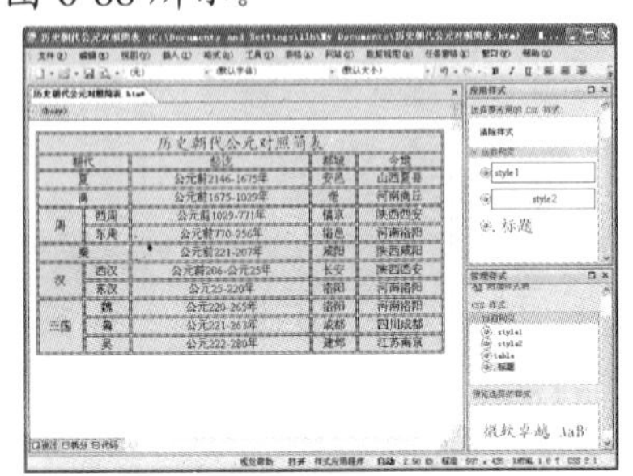

图 6-87 设置字体样式

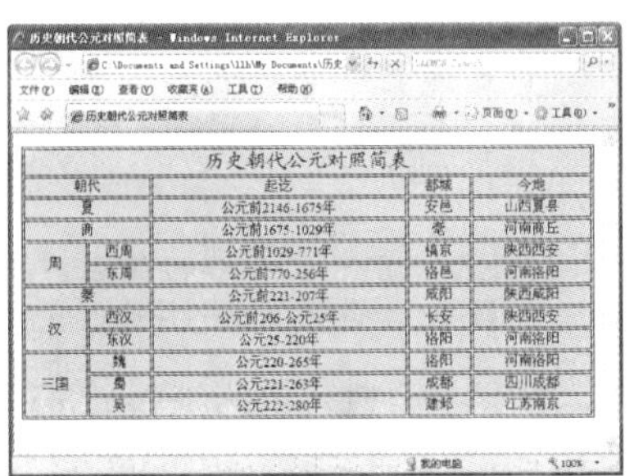

图 6-88 在浏览器中的预览效果

6.9 思考练习

6.9.1 填空题

1.两个单元格之间的空白区域称为__________，单元格的边框和单元格中数据的间距称为__________。

2. CSS 的全称是 Cascading Style Sheet，其中文含义是__________。

3. CSS 样式的定义由 3 个部分构成，分别是___________、____________和____________。

4. CSS 样式表具有多种定义方式，主要包括：___________、____________、____________、___________和____________。

6.9.2 选择题

1. 若要使单元格的边框不可见，应将单元格边框的粗细值设置为(　　)。

A. -1　　B. 0

C. 1　　D. 2

2. 要选中不连续的单元格，应在按住(　　)键的同时，用鼠标单击所要选中的单元格。

A. Ctrl　　　　B. Shift

C. Alt　　　　D. Ctrl+Alt

3. 使用鼠标拖动的方式调整表格大小时，若要等比例的缩放表格，应在按住(　　)键的同时进行操作。

A. Ctrl　　　　B. Shift

C. Alt　　　　D. Ctrl+Alt

4. 以下 CSS 样式中，格式正确的是(　　)。

A. body{font-size:large}　　　　B. table(background-color:#000000)

C. .a1{color=#0000ff}　　　　D. #a2(cursor=move)

5. 下列关于 CSS 样式几种定义方式的说法中错误的是(　　)

A. 单一选择符方式即定义中只含有一个选择符，这些选择符通常是要定义样式的 HTML 标签，例如：body{background-color:#ffffff}就属于单一选择符方式。

B. 使用类选择符方式可以将同一元素分类定义为不同的样式。类选择符要以“.”号开头，选择符的名称可以由设计者定义。

C. CSS 允许把相同属性和值的选择符组合起来，这些选择符之间需用逗号隔开。例如，h1，h2，h3，h4，h5，h6 {font-family:楷体} 属于选择符组合方式。

D. td　a:link {text-decoration：underline} 该定义用于将网页中所有表格中的单元格中的超链接文本设置下划线，而对于单元格中的非超链接文本则不起作用，对页面中表格以外的超链接文本同样也起作用。

6. 以下关于 CSS 样式表继承性的说法中，正确的是(　　)

A. 当父层样式和子层样式相冲突时，父层样式将起到决定性的作用。

B. 当父层样式和子层样式相冲突时，子层样式将起到决定性的作用。

C. 当父层样式和子层样式相冲突时，父层样式和子层样式将同时失效。

D. 以上说法都不正确。

6.9.3 操作题

1. 在 SharePoint Designer 2007 中新建一个 HTML 网页，在该网页中自定义一个表格，并为该表格定义 CSS 样式。

2. 利用 CSS 样式改变鼠标指针在网页中显示的形状。

3. 为网页定义 CSS 样式后，切换至【代码】视图，观察网页源代码的变化。

层与行为的运用

本章导读

层是进行网页布局的另一重要工具。相对于布局表格，层具有更加灵活的设置，而不会受到网页中其他元素的制约。行为实际上是一种预设的脚本程序，它需要通过一定的事件来触发。使用行为可以提高网页的交互功能。本章将介绍网页中层与行为的运用。

重点和难点

- 层的基本操作
- 在层中插入内容
- 行为的基本操作
- SharePoint Designer 2007 的常用内置行为

7.1 认识层

与布局表格类似，层也是网页布局的工具，但与布局表格不同的是，层可以不受网页中其他元素的限制，可以将其放置到网页中的任何位置，就像是漂浮在网页上一样，可以使页面上的元素进行重叠和复杂的布局。

7.1.1 层的概念

那么到底什么是层呢？层就像是含有文字或图形元素的胶片，一张张按照顺序叠放在一起，组合起来形成页面的最终效果。层可以将页面中的元素精确定位，其中可以加入文本、图片、表格等元素，也可以嵌套其他层。

网页制作中层概念的引进，是网页制作技术的一大进步，它为网页设计者提供了强大的网页控制能力；一个网页可以有多个层；各个层可以重叠，可以设置是否可见，是否有子层等。层不但可以作为一种网页定位技术出现，也可以作为一种特效形式出现，可以说，灵活掌握了层的使用方法，就掌握了网页制作的精华之一。

7.1.2 认识【层】任务窗格

选择【任务窗格】|【层】命令，打开【层】任务窗格，如图 7-1 所示。在【层】任务窗格中有【插入层】和【绘制层】两个按钮，利用这两个按钮可以轻松地在网页中插入和绘制层。在这两个按钮下方的空白区域中(该空白区域被称为层的组件库)，系统会显示网页中所有层的信息，包括层的可视性、索引和 ID 等。

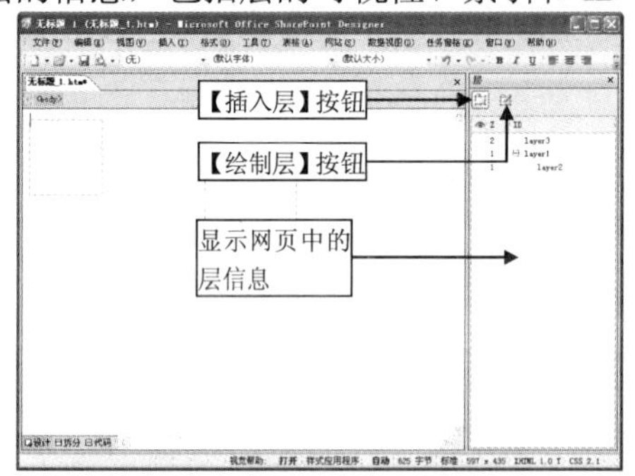

图 7-1 【层】任务窗格

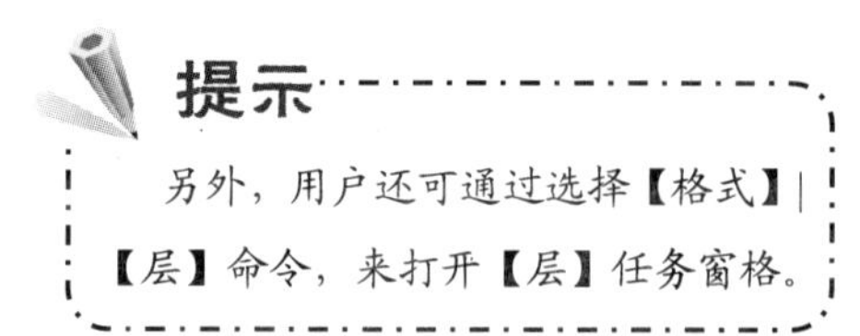

提示

另外，用户还可通过选择【格式】|【层】命令，来打开【层】任务窗格。

7.2 层的基本操作

在熟练掌握使用层的方法之前，首先应熟练掌握对层的基本操作。对层的基本操作主要包括层的插入、层的显示与隐藏、调整层的显示顺序以及变更层的名称等操作。

7.2.1 插入新层

要在一个网页中插入新层，可以采用两种方法，一种是直接插入，另一种是通过任务窗格来插入和绘制新层。

1. 直接插入层

为了显示层的透明效果，在插入层之前，先将网页的背景颜色设置为“灰色”。设置完成后，选择【插入】|【HTML】|【层】命令，如图 7-2 所示，即可在网页中自动插入一个新层，如图 7-3 所示。当鼠标指针移至层左上方的白色标签 div#layer1 上时，会变成✥形状，此时按住鼠标左键不放并拖动鼠标，即可改变层在网页中的位置。

提示

当层被选中后，层的四周会出现 8 个控制点，使用鼠标拖动这些控制点，即可改变层的大小。在按住 Shift 键的同时，拖动层 4 个边角处的控制点，可以等比例的改变层的大小。

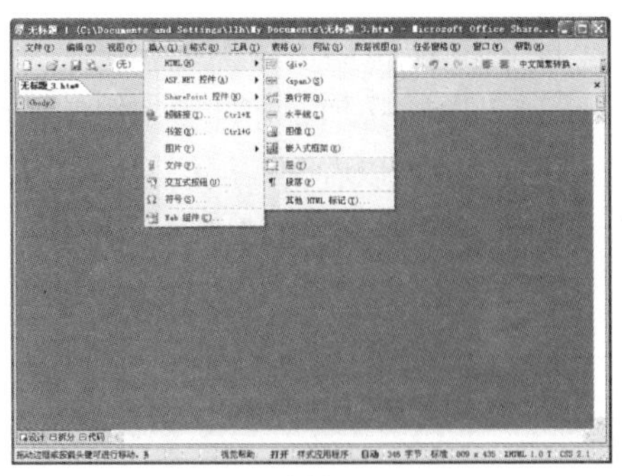

图 7-2　直接插入层

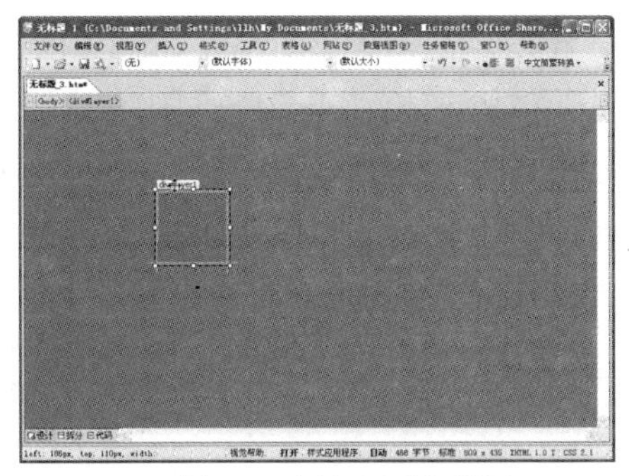

图 7-3　插入层后的效果

2. 通过【层】任务窗格插入和绘制层

选择【任务窗格】|【层】命令，打开【层】任务窗格，如图 7-4 所示。在【层】任务窗格中直接单击【插入层】按钮，即可在网页中插入一个新层，如图 7-5 所示。

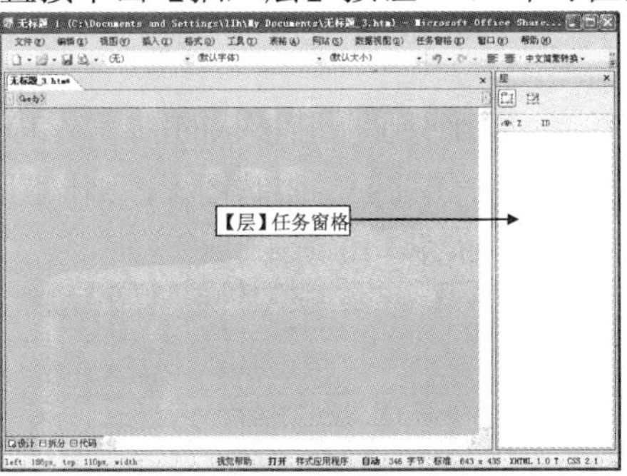

图 7-4　打开【层】任务窗格

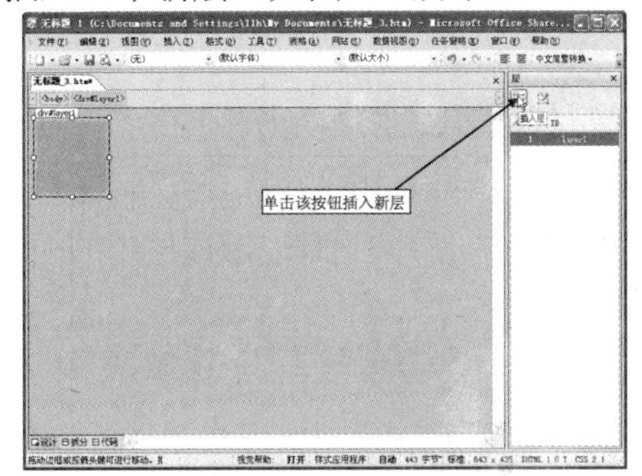

图 7-5　插入新层

除了可以使用【插入层】按钮直接插入层外，还可以通过【绘制层】按钮在网页中绘制新层。单击【绘制层】按钮，在网页编辑区中，鼠标指针将变成形状，此时按住鼠标左键不放并拖动鼠标，即可绘制出一个新层，如图 7-6 所示。

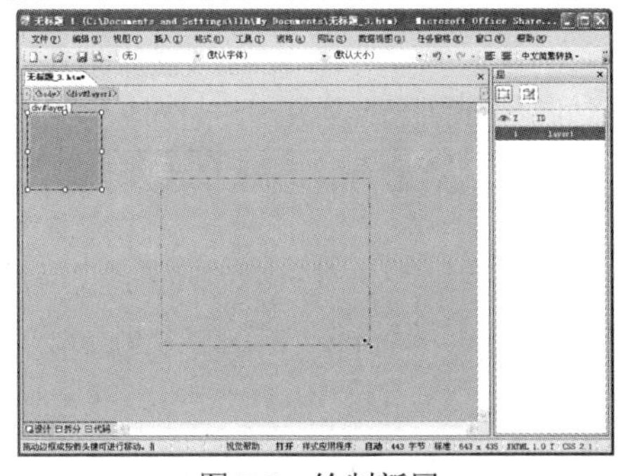

图 7-6　绘制新层

提示

层在 HTML 语言中用<div>标签来表示，并且该标签前总是成对出现。

7.2.2 层的显示与隐藏

要在网页中显示或隐藏层，可以在【层】任务窗格的“层组件库”中实现。层组件库是

【层】任务窗格中的一个比较大的空白区域，在该区域显示着层的一些具体信息。

为了方便讲述，首先在网页中任意插入 3 个示例层，如图 7-7 所示，此时层组件库已自动显示出与这 3 个层的相关信息，如图 7-8 所示。在图 7-8 中可以看到，层组件库中有一个按钮和两个标签，分别为【层可视性】按钮、【层 Z-索引】标签和【层 ID】标签。其中，【层可视性】按钮主要用来控制层的可视性。

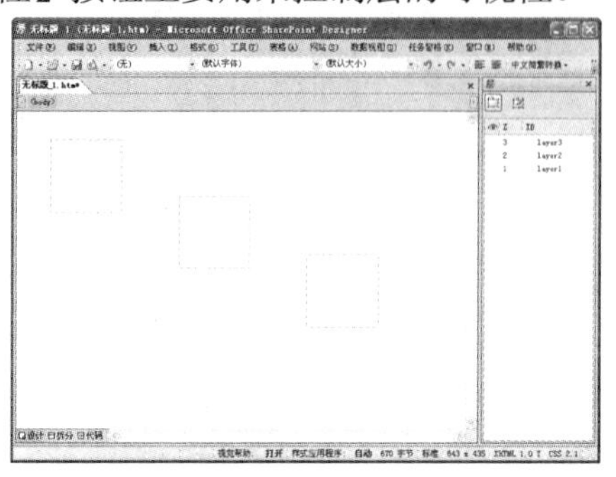

图 7-7　插入 3 个示例层

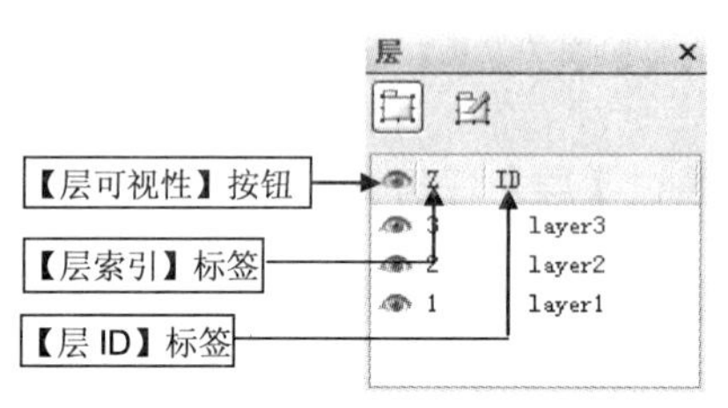

图 7-8　层组件库的结构

单击【层可视性】按钮，则在所有层的索引前会显示一个类似眼睛形状的图标，如图 7-9 所示。此时表示该层中的内容会显示在网页中。若单击某个层前面的眼睛图标，则该图标会呈现“闭眼”状态，此时表示该层中的内容已经被隐藏，如图 7-10 所示。

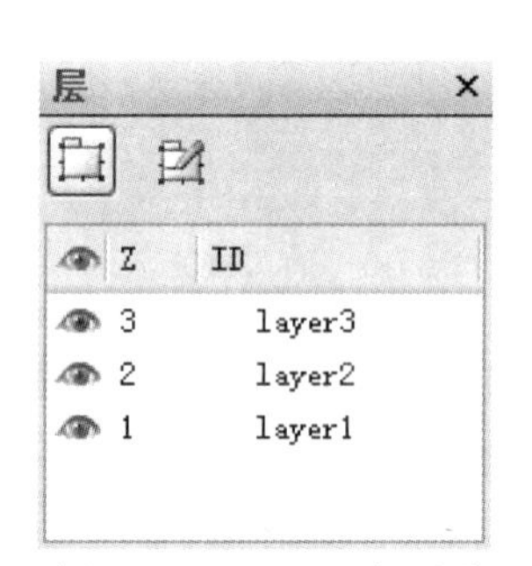

图 7-9　显示“眼睛”图标

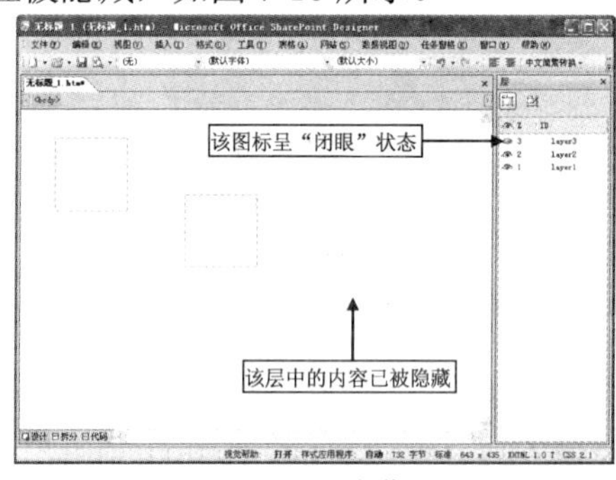

图 7-10　隐藏层

再次单击呈现“闭眼”状态的图标，可使该图标处于“睁眼”状态，此时对应层中的内容将会重新显示在网页中。另外，连续单击【层可视性】按钮，可显示或隐藏网页中所有的层。

7.2.3　调整层的显示顺序

层组件库中的【层 Z-索引】标签代表层在网页中的显示顺序，这个数字越大，代表该层的位置越靠上。为了使读者能够更加深刻地理解网页中层的相对位置关系，可以把网页看作是一个三维的立体空间，如图 7-11 所示。

假如在网页中按照顺序依次插入了 layer1、layer2 和 layer3 共 3 层，那么在图 7-11 中，X 轴和 Y 轴代表的平面表示原始的页面，layer1、layer2 和 layer3 分别代表网页中新插入的层，

Z 轴的坐标 1、2、3 分别代表各层的坐标。从图中可以看出，新插入的层按照插入顺序从下到上依次排列，最先插入的层位于最下面，最后插入的层位于最上面。

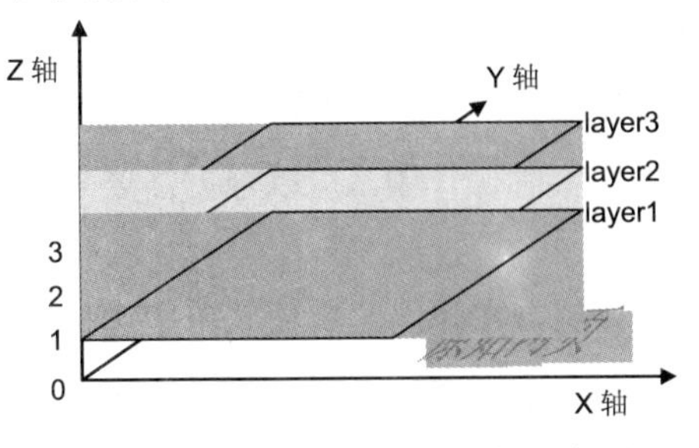

图 7-11　网页中层的坐标示意图

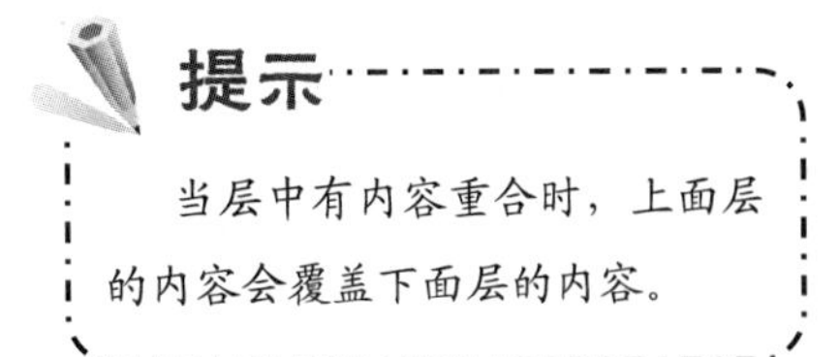

通过【层】任务窗格，用户可以很轻松地调整层的显示顺序，例如，要把 layer3 层放在 layer1 层的下方，可在层组件库中右击 layer3 层，在弹出的快捷菜单中选择【修改 Z-索引】命令，如图 7-12 所示。此时该层的索引变为可编辑状态，将其数值改为 0 即可，如图 7-13 所示。

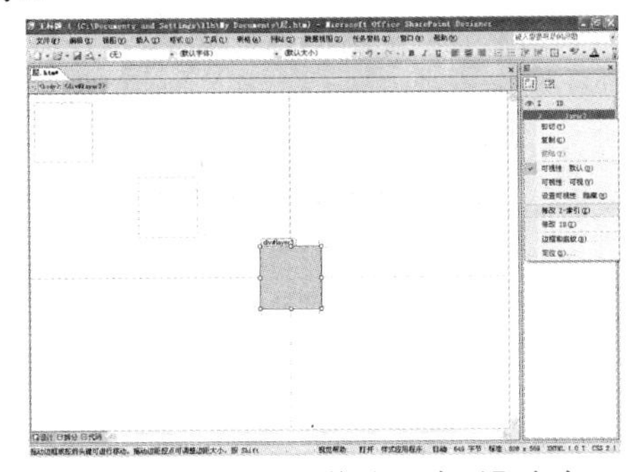

图 7-12　选择【修改 Z-索引】命令

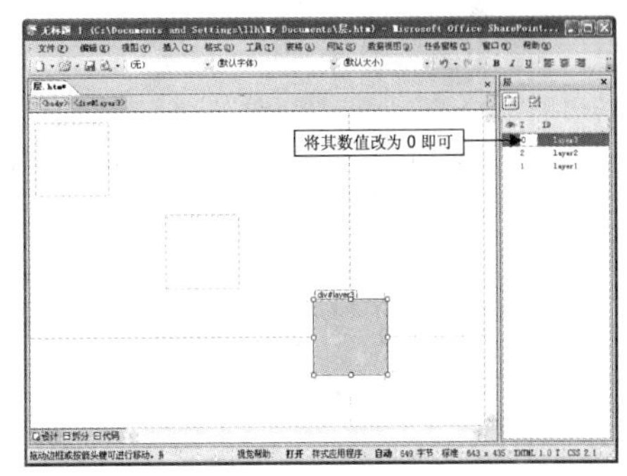

图 7-13　修改索引

索引值改变后，在当前窗口的任意设置单击鼠标，即可更改层的显示顺序。系统也将自动调整层组件库中各层的显示顺序，如图 7-14 所示。

另外，还可以通过拖动鼠标的方式改变层的显示顺序，例如，要将 layer3 层重新放置在各层的最上方，可采取以下操作：在层组件库中，按住鼠标左键不放将 layer3 层拖动至 layer2 层的上方，然后松开鼠标左键即可，效果如图 7-15 所示。

层

Z	ID
2	layer2
1	layer1
0	layer3

图 7-14　自动调整层的显示顺序

层

Z	ID
3	layer3
2	layer2
1	layer1

图 7-15　拖动鼠标后的效果

7.2.4 变更层的名称

层的名称是层组件库中的识别码即 ID 号，在默认情况下，系统会根据层插入的先后顺序将层依次命名为 layer1、layer2、layer3……layerN。在实际操作中，可以根据需要来更改各层的名称。

在层组件库中，双击某个层的识别码，或者右击该层，在弹出的快捷菜单中选择【修改 ID】命令，则该层的识别码将变为可编辑状态，如图 7-16 所示。输入名称，然后按 Enter 键，即可完成修改，如图 7-17 所示。

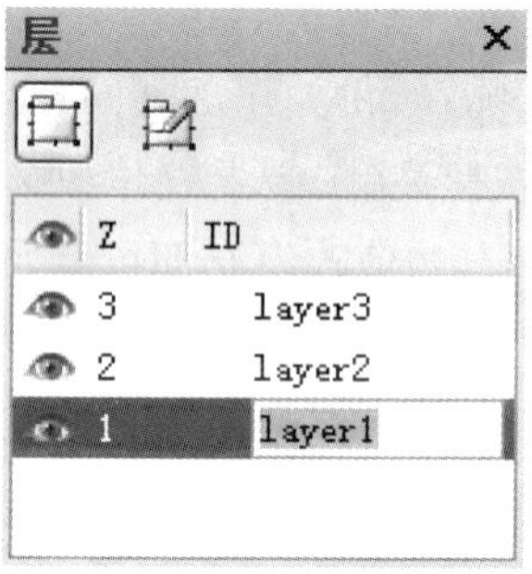

图 7-16 修改层的识别码

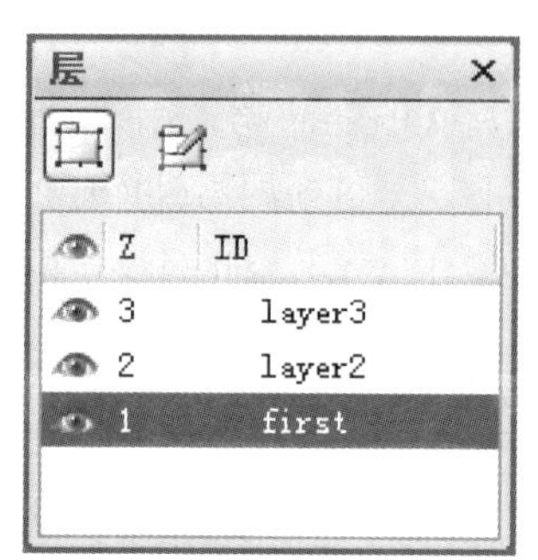

图 7-17 修改后的效果

7.2.5 插入子层

在网页中不仅可以插入层，而且还可以在层中嵌套层，这就是子层，插入后的子层会归并到原有的层内，以便集中管理。

要在某个层中插入子层，可先选中该层，然后单击【插入层】按钮，即可在该层中插入一个子层。如图 7-18 所示为在 first 层中插入了一个子层，该层的名称为 layer4。另外，在子层中还可再嵌套子层，例如，可以为 layer4 层嵌套一个子层 layer5，效果如图 7-19 所示。

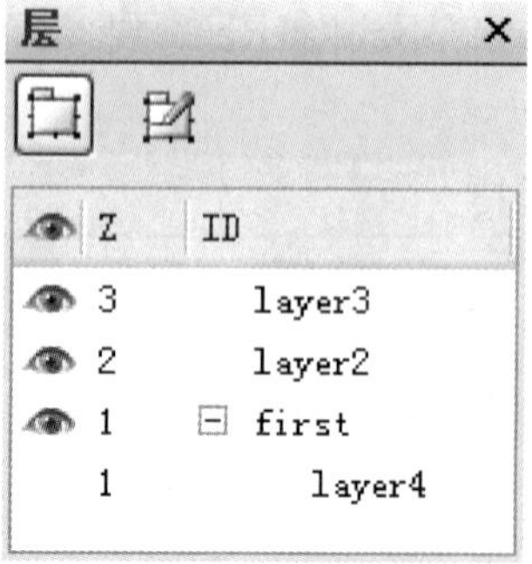

图 7-18 嵌套子层

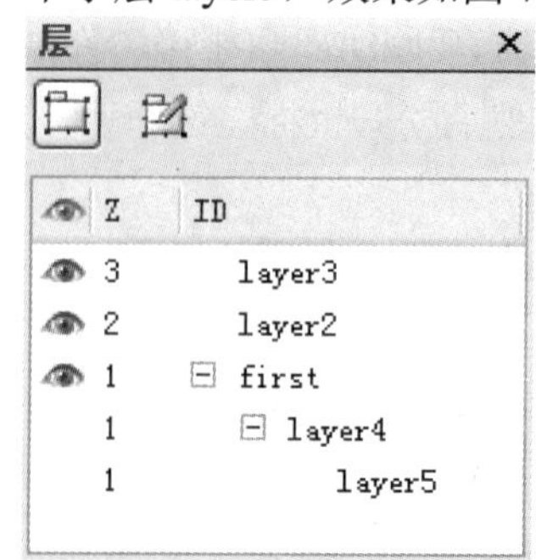

图 7-19 为子层嵌套子层

单击层名称前面的“－”号，可将子层折叠，“－”号随之变为“＋”号，单击“＋”号可展开该层所属的子层。

7.3 在层中输入内容

层创建完成后，即可在层中输入内容。在层中不仅可以输入文字信息，还可以插入图片、Flash 动画等媒体信息。在网页制作中，适当的利用层的各种特性，可以使网页的布局和内容显得更加丰富多彩。

7.3.1 为图片添加文字说明

提起为图片添加文字说明，读者不仅会想到一些专业的图片处理软件。实际上，在 SharePoint Designer 2007 中，使用网页的层功能，可以轻松的为图片添加文字。

【练习 7-1】 为如图 7-20 中所示网页中的图片添加一首古诗。

(1) 选择【任务窗格】|【层】命令，打开【层】任务窗格，在图片中单击鼠标，然后单击【层】任务窗格中的【插入层】按钮，在图片中插入一个层，如图 7-21 所示。

图 7-20　示例网页

图 7-21　插入一个层

(2) 将鼠标指针移至层左上角的标签处，当鼠标指针变为✥形状时，按住鼠标左键不放，将该层拖至如图 7-22 所示的位置。

(3) 将光标定位在该层中，然后在层中输入一首古诗，如图 7-23 所示。

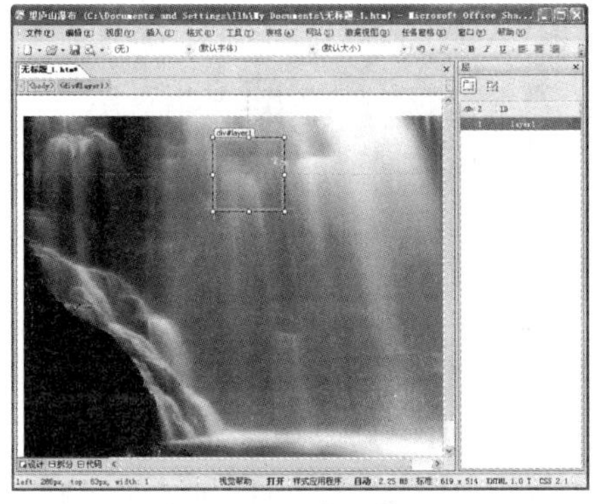

图 7-22　改变层的位置

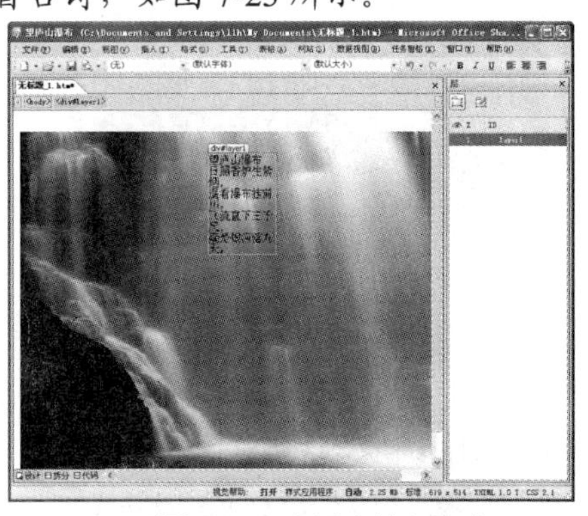

图 7-23　在层中输入文字

(4) 选中层中的文字，将该段文字的【字体】设置为【华文行楷】、【字号】设置为【x-large】，设置完成后，调整层的大小并将其拖至合适的位置，效果如图 7-24 所示。

(5) 默认情况下，在网页的设计视图中，层的边框是可见的，若要使层的边框不可见，可以选择【视图】|【视觉帮助】|【可见边框】命令，如图 7-25 所示。

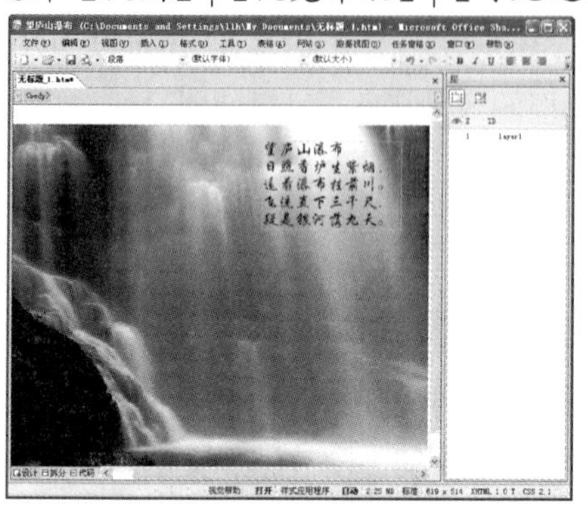

图 7-24　设置完成后的效果

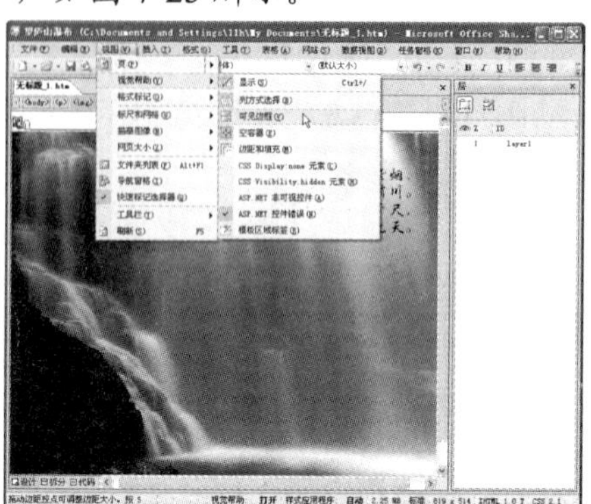

图 7-25　设置层边框的可见性

7.3.2　在层中加入动态文字

不仅可以在层中添加静态的文字，还可以添加具有 Flash 特性的动态文字说明，例如，可以在网页中加入一段滚动的文字，使其达到一个广告横幅的效果。

【练习 7-2】在网页中插入一段滚动的文字。

(1) 打开如图 7-26 所示的网页，单击【层】任务窗格中的【插入层】按钮，在该网页中插入一个层。

(2) 用鼠标调节层四周的 8 个控制点，改变层的形状，然后将层拖动到网页中的合适位置，效果如图 7-27 所示。

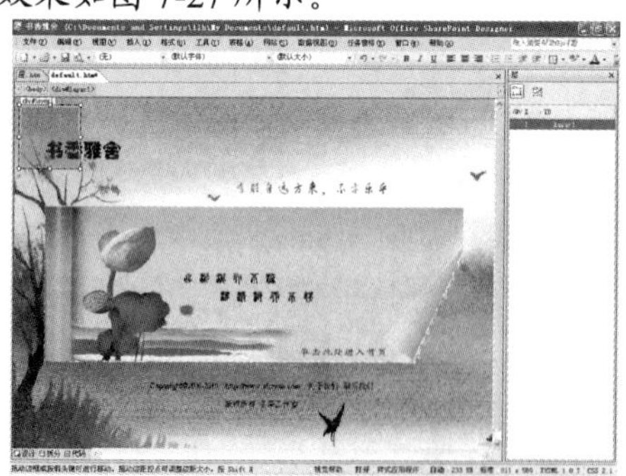

图 7-26　插入一个层

图 7-27　调节层的形状和位置后的效果

(3) 将光标定位在该层中，然后在层中输入以下文字：“欢迎光临本站，请提出你宝贵的意见和建议！”如图 7-28 所示。

(4) 选择【插入】|【Web 组件】命令，打开【插入 Web 组件】对话框，在该对话框的【组件类型】列表框中选择【动态效果】选项，在【选择一种效果】列表中选择【字幕】选项，

如图 7-29 所示。(关于 Web 组件将在以后的章节中详细介绍)

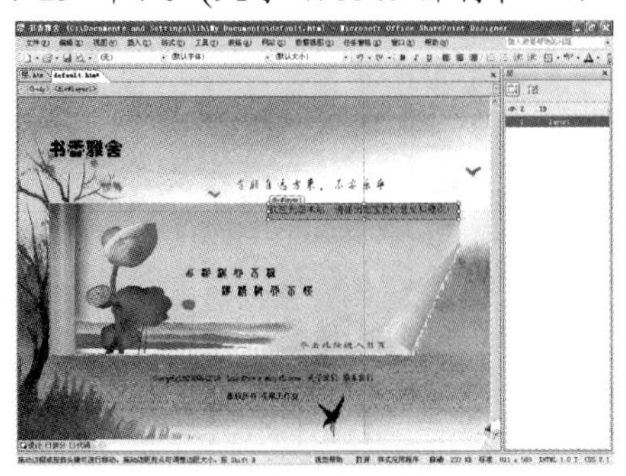

图 7-28　在层中输入文字

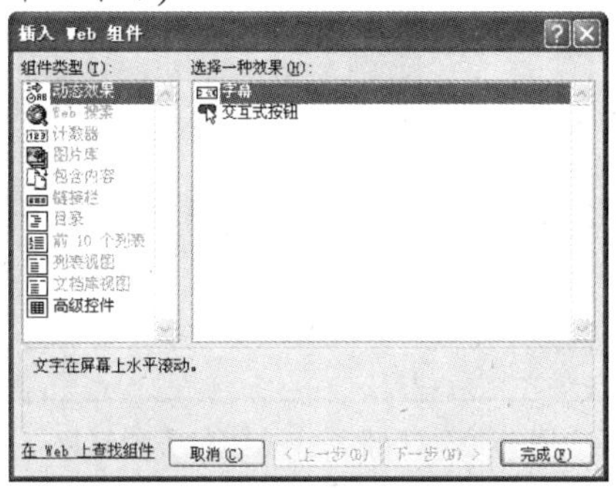

图 7-29　【插入 Web 组件】对话框

(5) 选择完成后，单击【完成】按钮，打开【字母属性】对话框，在该对话框的【文本】文本框中可以输入字幕的内容，在【方向】选项区域可以选择字幕的滚动方向，在【速度】选项区域可以设置字幕的滚动速度，在【表现方式】选项区域可以设置字幕的表现方式。本例中保持默认设置，如图 7-30 所示。

(6) 单击【确定】按钮，完成该滚动字幕的设置。保存网页并按下 F12 快捷键对其进行预览，即可看到该字幕的滚动效果，如图 7-31 所示。

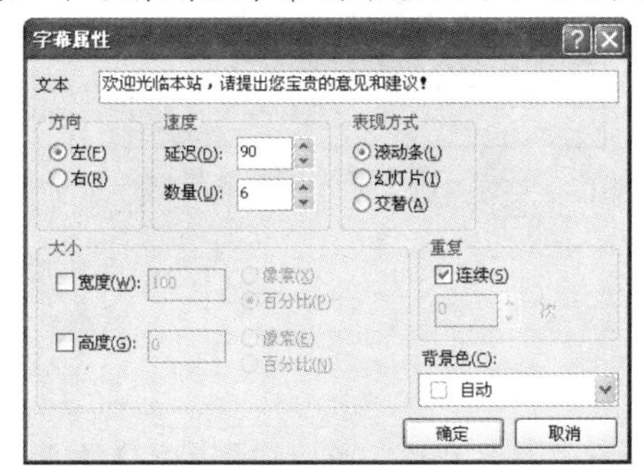

图 7-30　【字幕属性】对话框

图 7-31　预览网页

7.3.3　在层中插入 Flash 动画

要在层中插入 Flash 动画，可以先将光标定位在层中，然后选择【插入】|【Web 组件】命令，打开【插入 Web 组件】对话框，在该对话框的【组件类型】列表框中选择【高级控件】选项，在【选择一个控件】列表中选择【插件】选项，如图 7-32 所示。

选择完成后，单击【完成】按钮，打开【插件属性】对话框，在该对话框中单击【浏览】按钮，选择一个要插入到层中的 Flash 文件，选择完成后，系统会自动在【插件属性】对话框的【数据源】文本框中加入该 Flash 动画的相对地址，如图 7-33 所示。

在【插件属性】对话框中单击【确定】按钮，即可在层中插入一个 Flash 动画。插入后，在网页的设计视图中 Flash 动画是不能播放的，仅会显示如图 7-34 所示的图标。

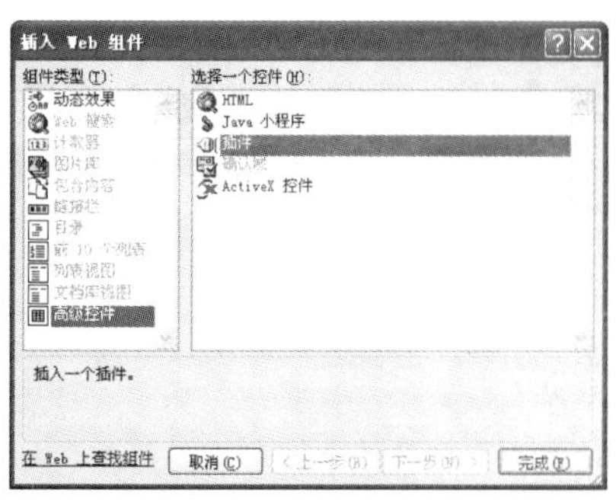

图 7-32 【插入 Web 组件】对话框

图 7-33 【插件属性】对话框

保存该网页，然后按下 F12 快捷键进行预览，当打开网页时，该 Flash 动画即将会在网页中自动播放，效果如图 7-35 所示。

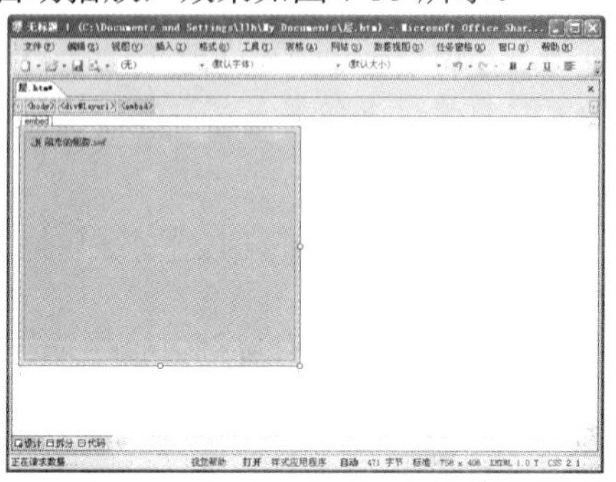

图 7-34 插入 Flash 动画后的效果

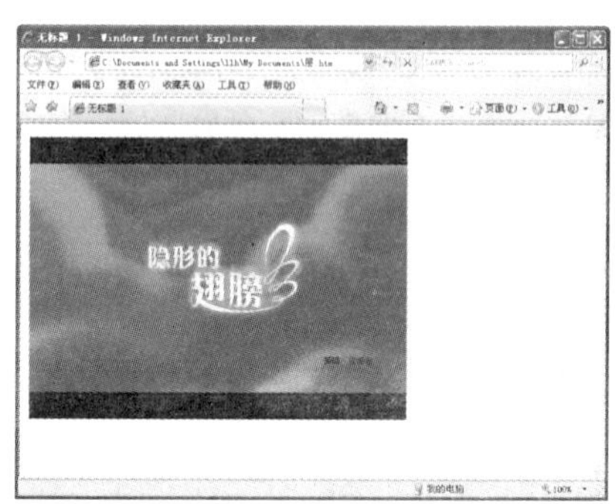

图 7-35 预览效果

7.3.4 在层中插入图片

在层中插入图片的方法和在网页中插入图片的方法基本相同，可以选择【插入】|【图片】命令来插入图片，也可以直接把粘贴板中的图片粘贴在层中。

【练习 7-3】 现有如图 7-36 和图 7-37 所示的两张图片，要求将这两张图片插入到网页中，并将图片(2)放置在图片(1)上方的合适位置。

(1) 新建一个空白网页，然后选择【插入】|【图片】|【来自文件】命令，打开【图片】对话框，在该对话框中选择图片(1)，如图 7-38 所示。

图 7-36 图片(1)

望岳

——杜甫

岱宗夫如何？
齊魯青未了。
造化鐘神秀，
陰陽割昏曉。
盪胸生層雲，
決眦入歸鳥。
會當凌絕頂，
一覽衆山小。

图 7-37 图片(2)

(2) 单击【插入】按钮，将该图片插入到网页中，然后选择【任务窗格】|【层】命令，打开【层】任务窗格，单击【插入层】按钮，在网页中插入一个层，如图 7-39 所示。

图 7-38　【图片】对话框

图 7-39　插入层

(3) 将光标定位在层中，然后选择【插入】|【图片】|【来自文件】命令，打开【图片】对话框，在该对话框中选择图片(2)，如图 7-40 所示。

(4) 单击【插入】按钮，即可在该层中插入图片(2)效果如图 7-41 所示。

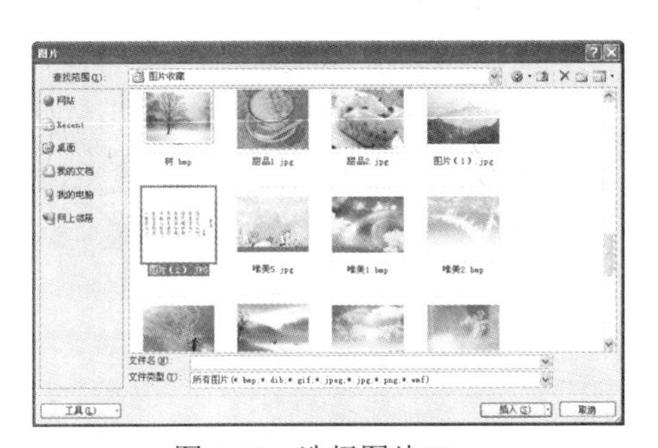

图 7-40　选择图片(2)

图 7-41　在层中插入图片后的效果

(5) 将鼠标指针移至层左上角的层标签 div#layer1 处，当鼠标指针变为形状时，按住鼠标左键不放并拖动鼠标，将层拖至合适的位置，如图 7-42 所示。

(6) 选中图片(2)，然后在图片(2)上右击鼠标，在弹出的快捷菜单中选择【显示图片工具栏】命令，打开【图片】工具栏，如图 7-43 所示。

图 7-42　移动层至合适的位置

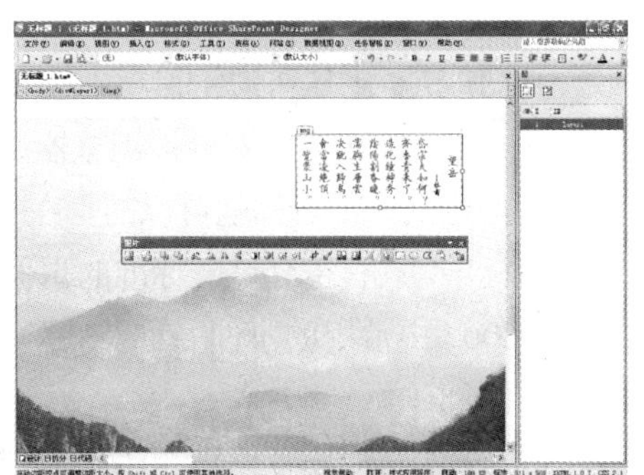

图 7-43　调出【图片】工具栏

(7) 在【图片】工具栏中单击【设置透明色】按钮，在弹出的对话框中单击【是】按钮，然后将鼠标指针移至图片(2)中，当鼠标指针变为形状时，在图片(2)的非文字区域单击鼠标，即可将图片(2)设置成透明图像，如图 7-44 所示。

(8) 设置完成后，保存该网页，然后按下 F12 快捷键对其进行预览，效果如图 7-45 所示。

图 7-44　设置透明图像

图 7-45　预览效果

7.4 使用行为提高网页的交互能力

行为是 SharePoint Designer 2007 中一个非常重要的概念，行为代码实际上是由一些预定义的 Javascript 的脚本程序构成的，需要通过一定的事件来触发这些脚本程序。通过行为，用户可以制作出许多特殊的网页效果。

7.4.1 认识行为

行为是事件(Events)和动作(Actions)的结合物，其中事件是动作的原因，而动作是事件的直接后果，两者缺一不可，将它们组合起来就构成了行为。

1. 常用事件介绍

对于事件，可以简单地理解成用户对网页中元素的一个操作，例如，单击或双击鼠标、按下键盘上的某个键等，也可以是由浏览器的某个状态或者网页程序的某种操作引起的，例如载入页面或是关闭当前页面等。

事件是多种多样的，若要被浏览器识别和执行，就必须有一个符合规范的名称来描述它，而不是随便定义一个名称就可以的。在 SharePoint Designer 2007 中，对事件名称的描述有一个统一的标准，只有符合这一标准的事件名称才会被浏览器接受。下面列举了一些 SharePoint Designer 2007 中常用的事件名称及其含义，用户可进行参考。

- 鼠标事件

onclick：单击指定元素(如图片、超链接、按钮)将触发该事件。

ondbclick：双击指定元素将触发该事件。

onmousedown：当用户按下鼠标按钮(不必释放鼠标按钮)将触发该事件。

onmousemove：当鼠标指针停留在对象边界内时触发该事件。

onmouseout：当鼠标指针离开对象边界时触发该事件。

onmouseover：当鼠标指针首次移动到指向特定对象时触发该事件。

omouseup：当按下的鼠标按钮被释放时触发该事件。

- 键盘事件

onkeydown：当用户按下任意键时即触发该事件。

onkeypress：当用户按下任意键并释放时触发该事件。

onkeyup：按下任意键后释放该键时触发该事件。

- 页面事件

onload：当图片或页面完成装载后触发该事件。

onunload：离开页面时触发该事件。

onerror：在页面或图片发生装载错误时触发该事件。

onmove：移动窗口或框架时将触发该事件。

onresize：当用户调整浏览器窗口或框架尺寸时触发该事件。

onscroll：当用户上、下滚动页面时触发该事件。

- 表单事件

onchange：改变页面中的数值时将触发该事件。例如，当用户在菜单中选择了一个项目，或者修改了文本区中的数值，然后在页面中的任意位置单击均可触发该事件。

onfocus：当指定元素成为焦点时将触发该事件。例如，单击表单中的文本框将触发该事件。

onblur：当特定元素停止作为用户交互焦点时触发该事件。例如，当用户在单击文本框后，在该文本框区域以外单击，系统将触发该事件。

onselect：在文本区域选定文本时触发该事件。

onsubmit：确认表单时触发该事件。

onreset：当表单被复位到其默认值时触发该事件。

以上的分类并非是绝对的，对于高版本的浏览器来说，还有许多的事件可供用户使用。

动作是由预先编写的 JavaScript 代码组成的，这些代码执行特定的任务，例如，打开浏览器窗口、显示或隐藏层、播放声音或停止影片的播放等。当事件发生后，浏览器立即查看是否存在与该事件对应的动作，如果存在就执行它。这就是整个行为的执行过程。

2. 行为的应用

在制作网页的过程中，可以将行为附加给整个文档、链接、图像、表单或其他任何 HTML 元素。并有浏览器决定哪个元素可以接受行为，哪些元素不能接收行为。在为对象附加行为时，可以一次为每个事件关联多个动作，动作的执行按照在【行为】任务窗格的行为列表中的顺序执行。要使用行为，首先应选择要添加行为的网页元素，如果不选择，系统一般会默认为是整个网页文档。

3. 认识【行为】任务窗格

在 SharePoint Designer 2007 中，对行为的操作大多是通过【行为】任务窗格来完成的。选择【任务窗格】|【行为】命令，即可打开【行为】任务窗格。

在【行为】任务窗格中，单击【插入】按钮，会弹出一个下拉列表，在该下拉列表中，可以选择要插入的行为所触发的动作，如图 7-46 所示。

【行为】任务窗格下方的空白区域是一个行为列表，该列表显示了与当前选中元素相对应的所有行为，如图 7-47 所示。

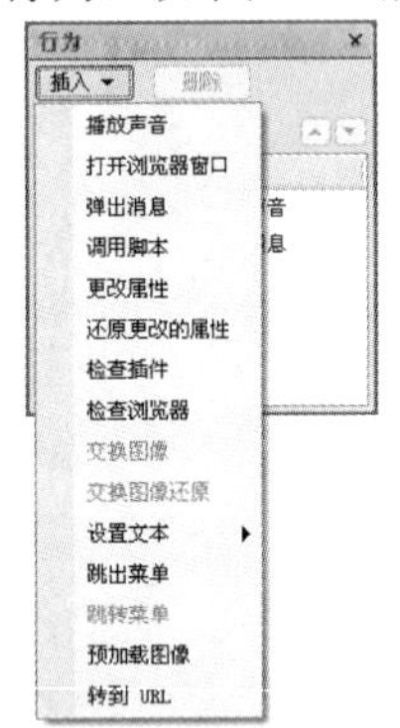

图 7-46 【插入】按钮的下拉列表

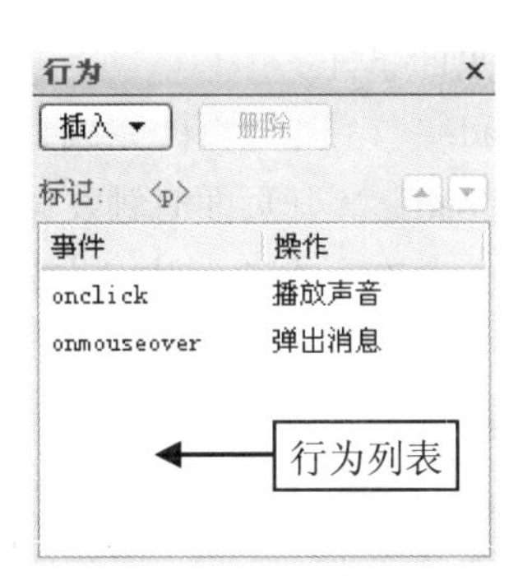

图 7-47 【行为】任务窗格

7.4.2 行为的基本操作

在【行为】任务窗格中，可以对行为执行添加、修改和删除等操作，本节将详细介绍这些操作。

1. 添加行为

在添加行为之前，首先在页面中选中要添加该行为的目标元素，如果未选择，则系统会默认为对整个网页添加行为。

要添加行为，可以选择【任务窗格】|【行为】命令，打开【行为】任务窗格，如图 7-48 所示。

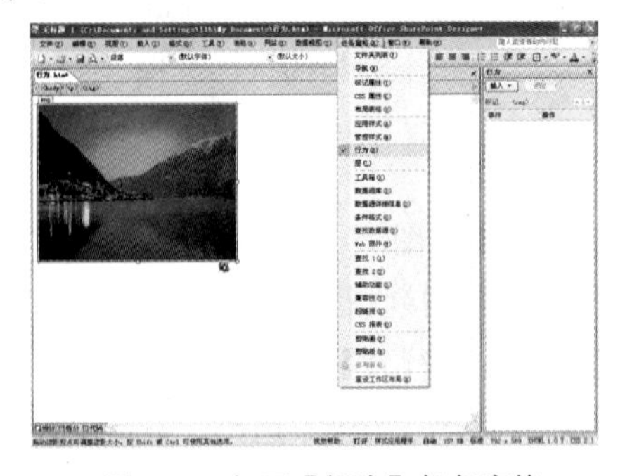

图 7-48 打开【行为】任务窗格

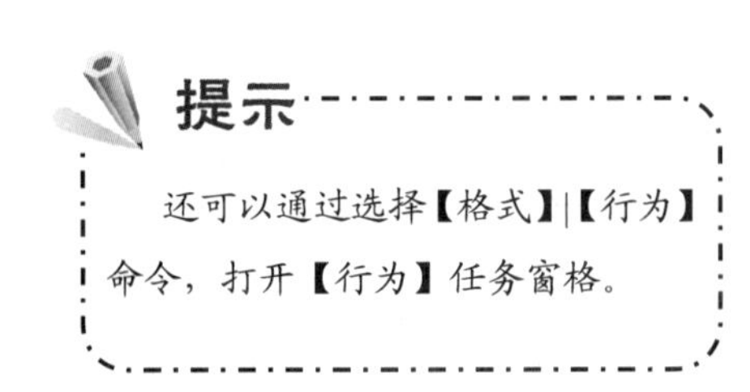

提示

还可以通过选择【格式】|【行为】命令，打开【行为】任务窗格。

然后在网页中选中要添加行为的元素，例如选择网页中的图片。选中后，在【行为】任务窗格中单击【插入】按钮，在弹出的下拉列表中选择一个动作，例如，选择【转到 URL】选项，如图 7-49 所示。

系统将会打开【转到 URL】对话框，在对话框中进行相关的参数设置，如图 7-50 所示，设置完成后，单击【确定】按钮，即可添加该行为。

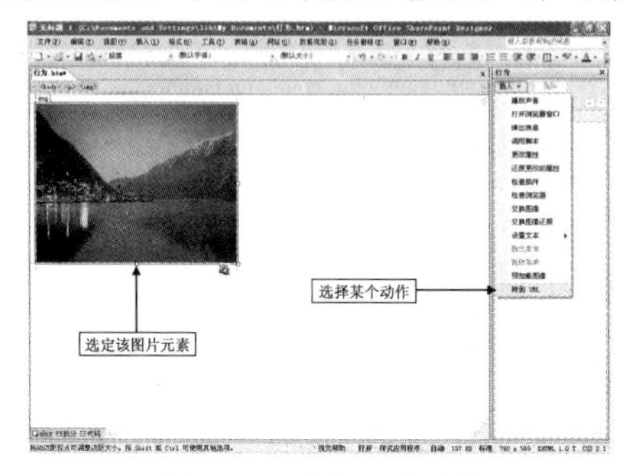

图 7-49　选择一个动作

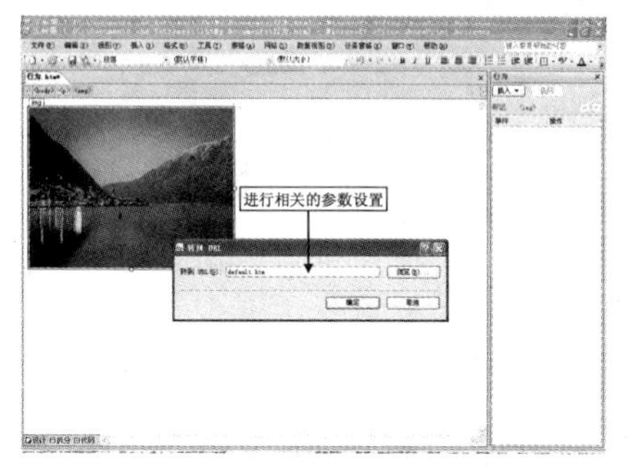

图 7-50　设置相关参数

成功添加行为后，选中该图片，在【行为】任务窗格的行为列表中即可看到该行为。用户可以在【行为】列表中单击该行为，该行为的【事件】列将会变成一个下拉列表，单击该下拉列表框，可以在弹出的下拉列表中更改事件，如图 7-51 所示。

图 7-51　更改事件

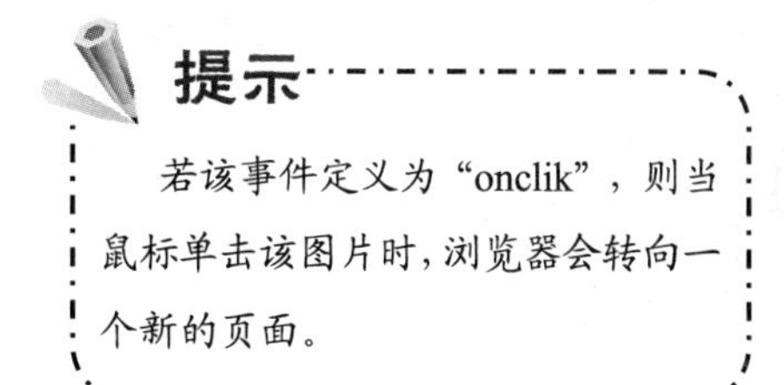

添加行为后，SharePoint Designer 2007 会在该网页的代码视图中自动添加 Javascript 代码，这些代码最好不要进行修改，更不能删除，否则所设置的行为将会失效。

2. 删除行为

删除行为是添加行为的逆操作，当网页中的某个元素不再需要自身所附加的行为时，可以在【行为】任务窗格中将其删除。

删除行为，可以采用两种方法，一种是在【行为】任务窗格的行为列表中选中要删除的行为，然后单击【删除】按钮，即可将选中的行为删除，如图 7-52 所示。

另一种是在【行为】列表中右击要删除行为的【操作】列，在弹出的快捷菜单中选择【删除】命令，即可删除该行为，如图 7-53 所示。

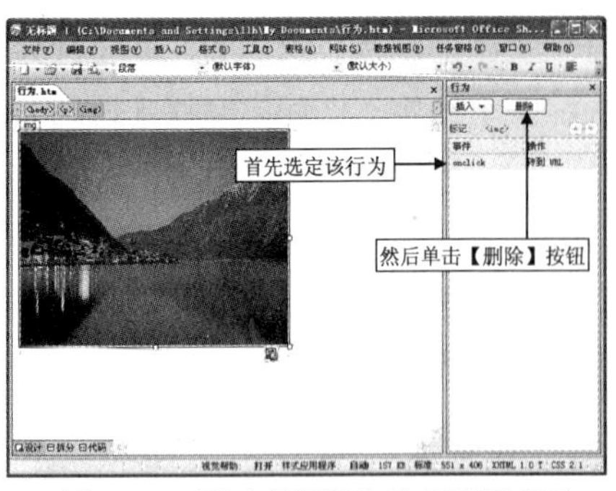

图 7-52 通过【删除】按钮删除行为

图 7-53 通过右键快捷菜单删除行为

3. 修改行为

行为添加完成后，如果对该行为包含的事件或者是动作参数不满意，还可以在【行为】任务窗格中对其进行修改。更改事件的操作在介绍添加行为的操作时已经介绍过(参看图 7-51)，本小节主要介绍如何更改行为的动作参数。

要修改某个行为的动作参数，可以在【行为】任务窗格的行为列表中双击该行为，然后在打开的对话框中更改相应的参数即可。具体操作方法如下：

例如，要修改图 7-53 中与图片相关的行为的动作参数，可以在【行为】任务窗格中双击该行为，如图 7-54 所示，系统将打开【转到 URL】对话框，如图 7-55 所示，在该对话框中对相应的参数进行修改即可。

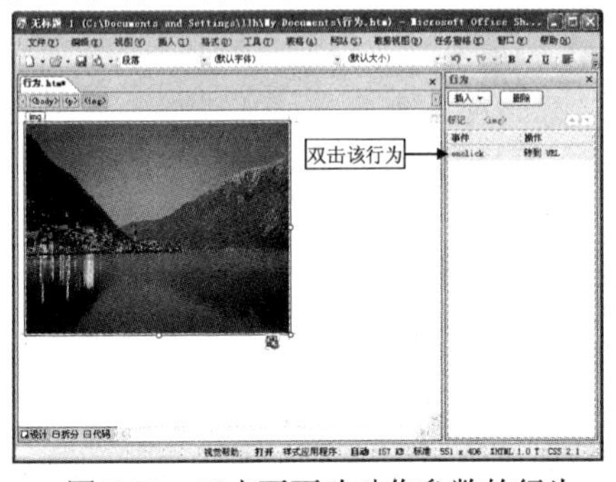

图 7-54 双击要更改动作参数的行为

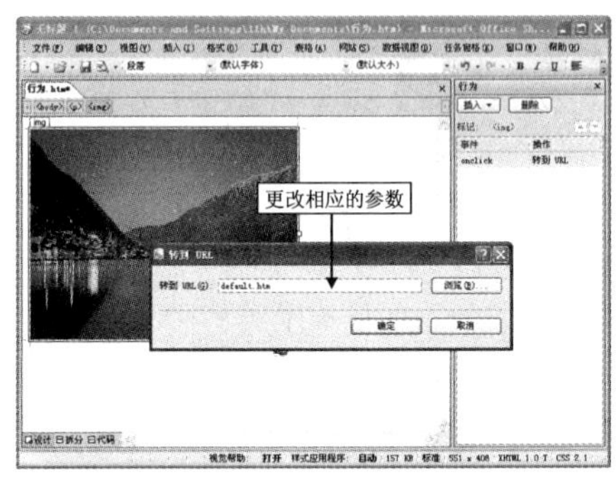

图 7-55 更改相应的参数

提示

另外，还可以在【行为】任务窗格中更改行为的执行顺序，方法是在【行为】列表中右击要更改顺序的行为的【操作】列，在弹出的快捷菜单中选择【上移行】或【下移行】命令，即可更改行为的执行顺序。

7.5 SharePoint Designer 2007 的常用内置行为

SharePoint Designer 2007 在其【行为】任务窗格中预定义了丰富的行为类型供用户选择，

这些行为基本上可以满足网页设计的需要。另外，如果用户对 JavaScript 脚本语言熟悉，还可以编写自己的行为动作，也可以从第三方软件中找到更多的行为。

7.5.1 播放声音

使用“播放声音”行为，可以在网页中播放声音文件。例如，可以设置当网页被完全载入后播放一段音乐，或是当鼠标指针移至某个对象上时播放声音，提供声效。

【练习 7-4】 为网页添加行为，要求在该网页打开后自动播放一段音乐。

(1) 打开一个网页，不要选中网页中的任何元素，然后在【行为】任务窗格中单击【插入】按钮，在弹出的下拉菜单中选择【播放声音】命令，如图 7-56 所示。

(2) 系统将打开【播放声音】对话框，如图 7-57 所示。

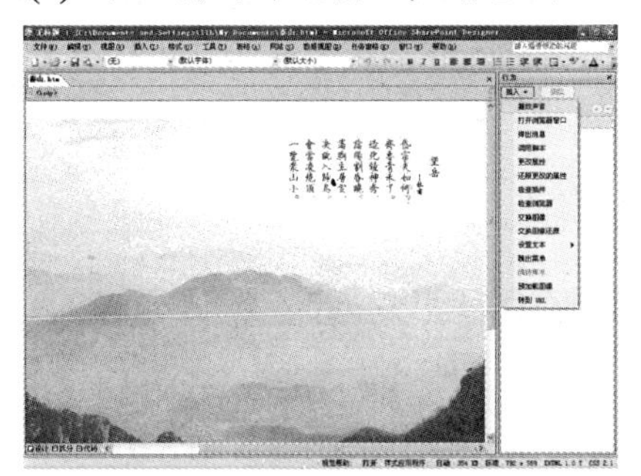

图 7-56　选择【播放声音】选项

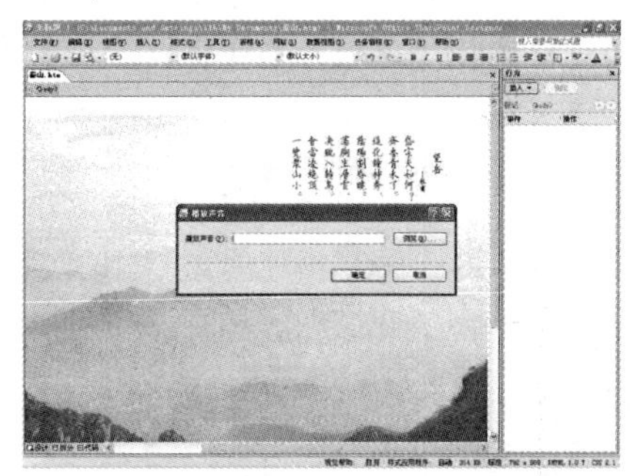

图 7-57　【播放声音】对话框

(3) 在【播放声音】对话框中单击【浏览】按钮，打开【浏览】对话框，如图 7-57 所示，在该对话框中选择需要播放的声音文件，然后单击【确定】按钮返回【播放声音】对话框。

(4) 此时在【播放声音】对话框中已经加入了该声音文件的相对地址，单击【确定】按钮即可添加该行为，如图 7-59 所示。

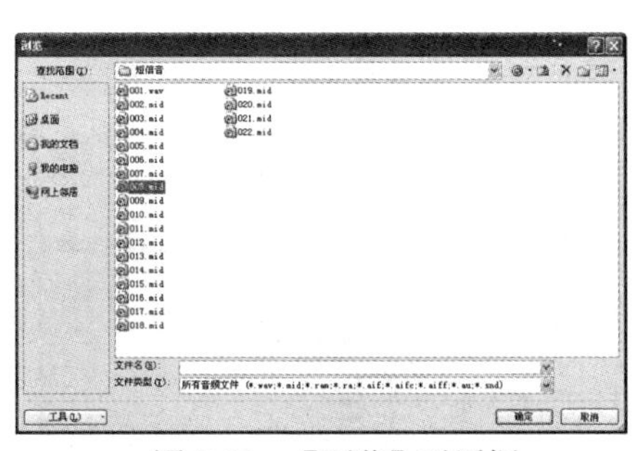

图 7-58　【浏览】对话框

图 7-59　行为已经成功添加

(5) 从图 7-59 中可以看出，该行为的事件已被 SharePoint Designer 2007 默认设置为 onload，因此无需再做修改。保存该网页并对其进行预览，当网页打开时，即可听到刚才设置的音乐。

7.5.2 打开浏览器窗口

使用“打开浏览器窗口”行为，可以在一个新的浏览器窗口中载入位于指定 URL 位置处的文档。同时还可以指定新打开的浏览器窗口的属性，例如窗口的宽度、高度、名称以及是否显示必要的滚动条等。

【练习 7-5】 为网页添加行为，要求在该网页打开后自动打开一个像素为 220×220 的新浏览器窗口。

(1) 打开一个网页，不要选中网页中的任何元素，然后在【行为】任务窗格中单击【插入】按钮，在弹出的下拉菜单中选择【打开浏览器窗口】命令，如图 7-60 所示。

(2) 系统打开【打开浏览器窗口】对话框，在该对话框的【转到 URL】文本框中输入要打开的窗口的相对地址，在【窗口名称】文本框中输入 Welcome，在【窗口宽度】和【窗口高度】文本框中分别输入 220，如图 7-61 所示。

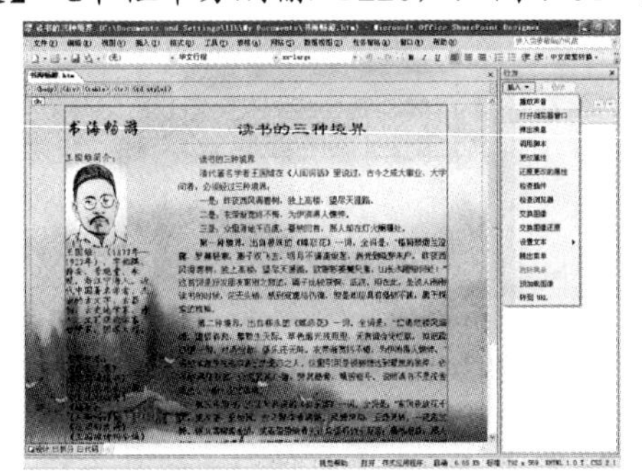

图 7-60　选择【打开浏览器窗口】选项

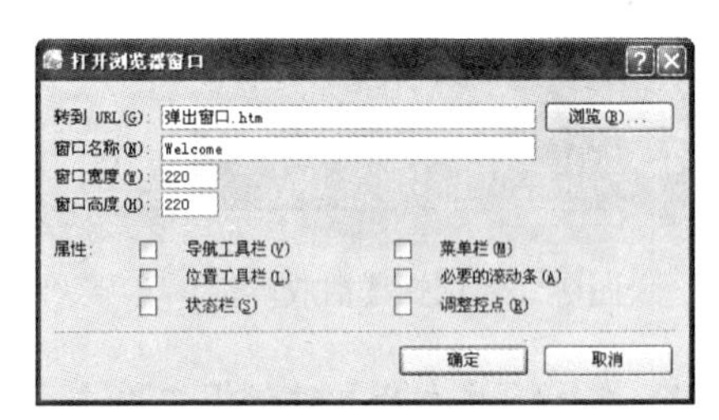

图 7-61　【打开浏览器窗口】对话框

(3) 设置完成后，单击【确定】按钮，即可添加该行为，如图 7-62 所示。该行为的事件系统默认为 onload，完全符合要求，因此无需更改。

(4) 保存该网页，然后按下 F12 快捷键对其进行预览，当该网页打开时，系统即会自动打开设置好的窗口，效果如图 7-63 所示。新打开的窗口默认在屏幕的左上方打开。

(5) 在本例中，该窗口打开后，其大小不能被浏览者调整，设计者可在图 7-61 中选中【调整控点】复选框，浏览者即可随意调整该窗口的大小。

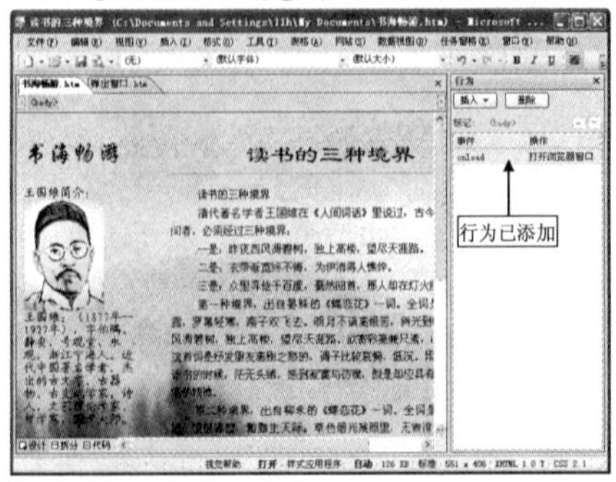

图 7-62　行为已成功添加

图 7-63　预览效果

7.5.3 弹出消息

使用“弹出消息”行为，可以在网页中显示消息对话框，起到提示信息的作用。其中最常见的消息对话框只有一个【确定】按钮，用于对用户当前的操作进行提示。

【练习 7-6】 为网页添加行为，要求在该网页打开后系统自动打开一个对话框，该对话框中显示文本“您好，欢迎光临！”。

(1) 打开一个网页，不要选中网页中的任何元素，然后在【行为】任务窗格中单击【插入】按钮，在弹出的下拉菜单中选择【弹出消息】命令，如图 7-64 所示。

(2) 系统将打开【弹出消息】对话框，在该对话框的【消息】文本框中输入文本“您好，欢迎光临！”，如图 7-65 所示。

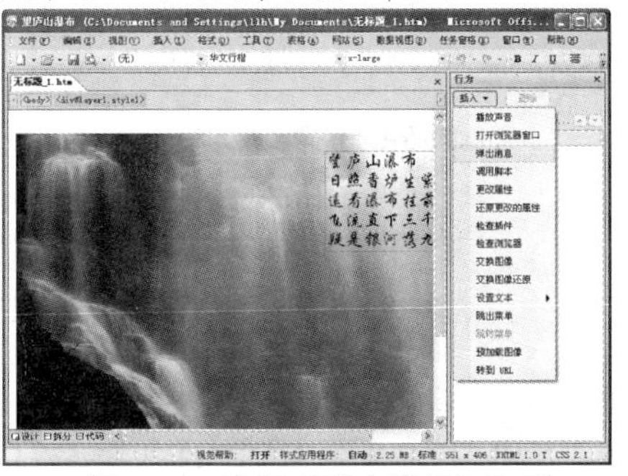

图 7-64　选择【弹出消息】选项

图 7-65　【弹出消息】对话框

(3) 输入完成后，单击【确定】按钮，即可成功添加该行为，如图 7-66 所示。该行为的事件系统默认为 onload，完全符合要求，因此无需更改。

(4) 保存该网页，然后按下 F12 快捷键对其进行预览，当该网页打开时，系统自动打开设置好的消息对话框，效果如图 7-67 所示。单击【确定】按钮即可关闭该对话框。

图 7-66　行为已添加

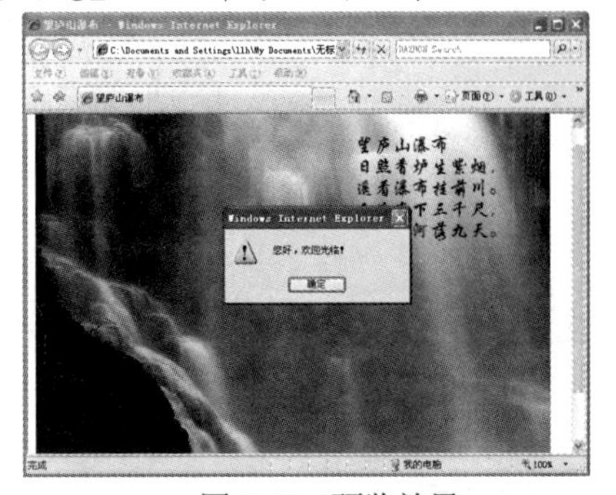

图 7-67　预览效果

7.5.4 调用脚本

虽然 SharePoint Designer 2007 预定义了丰富的行为供用户使用，但是相对于 JavaScript

脚本程序的强大功能而言，这些行为对 JavaScript 的应用还是很有限的。其实，在 SharePoint Designer 2007 的【行为】任务窗格中提供了一个非常有用的功能，即“调用脚本”，该功能有效地弥补了 SharePoint Designer 2007 可选行为数量上的不足，同时也有效地避免了在代码视图中操作容易出错的问题。

【练习 7-7】 将网页中的一张图片设置为按钮，当用户单击该按钮时，浏览器自动返回上一个网页。

(1) 在网页中，首先选中要设置为按钮的图片，然后在【行为】任务窗格中单击【插入】按钮，在弹出的下拉菜单中选择【调用脚本】命令，如图 7-68 所示。

(2) 系统将打开【调用脚本】对话框，在该对话框的文本框中输入以下脚本：“history.back()”，如图 7-69 所示。

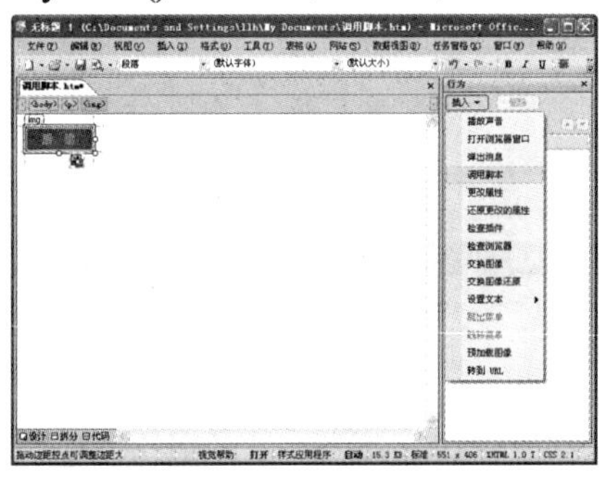

图 7-68　选择【调用脚本】选项

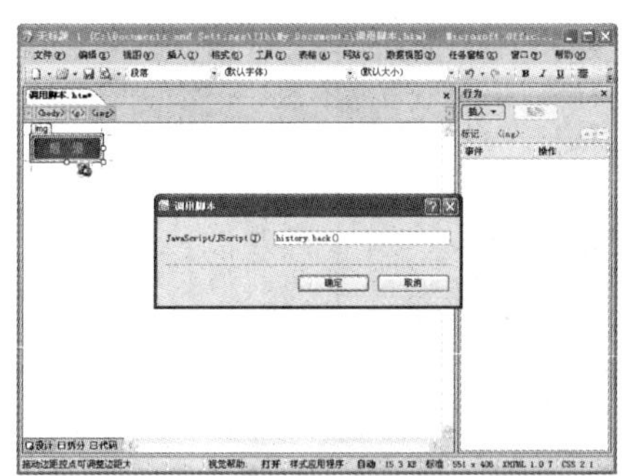

图 7-69　【调用脚本】对话框

(3) 输入完成后，单击【确定】按钮，即可成功添加该行为，如图 7-70 所示。该行为的事件系统默认为 onclick，完全符合要求，因此无需更改。添加该行为后，当用户单击该图片时，浏览器会自动返回至上一个页面。

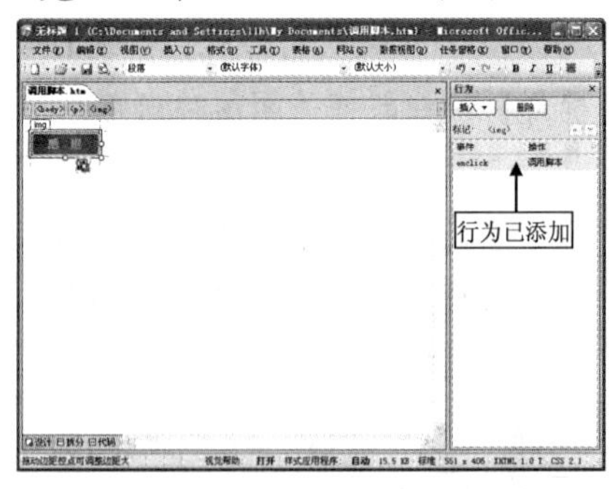

图 7-70　行为已添加

> **提示**
>
> 关于 JavaScript 脚本语言的具体用法，用户可参考相关书籍自行学习，本书不再对其进行讲述。

7.5.5 检查插件

使用“检查插件”行为，可以检查用户在访问网页时，浏览器中是否安装有指定插件，通过这种检查，可以分别为安装插件和未安装插件的用户显示不同的网页。

在【行为】任务窗格中单击【插入】按钮，在弹出的下拉菜单中选择【检查插件】命令，系统将打开【检查插件】对话框，如图 7-71 所示。

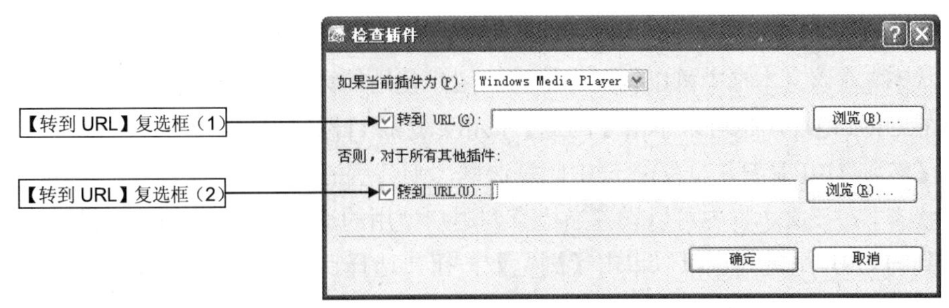

图 7-71　【检查插件】对话框

【检查插件】对话框各个选项的功能如下。

- 【如果当前插件为】下拉列表框：单击该下拉列表框，在弹出的下拉列表中，可以选择要检查的插件类型。
- 【转到 URL】复选框(1)：选中此复选框，则其后的文本框和【浏览】按钮变为可用状态，在该文本框中可以设置当检查到浏览器中安装了指定插件时跳转到的 URL 地址。用户也可以单击【浏览】按钮，选择目标文档。
- 【转到 URL】复选框(2)：选中此复选框，则其后的文本框和【浏览】按钮变为可用状态，在该文本框中可以设置当检查到浏览器中没有安装指定插件时，跳转到的 URL 地址。也可以单击【浏览】按钮，选择目标文档。

7.5.6 检查浏览器

使用“检查浏览器”行为，可以获取浏览网页所使用的浏览器类型。通过这种检查，可以实现针对不同的浏览器显示不同的网页的功能。

在【行为】任务窗格中单击【插入】按钮，在弹出的下拉菜单中选择【检查浏览器】命令，打开【检查浏览器】对话框，如图 7-72 所示。

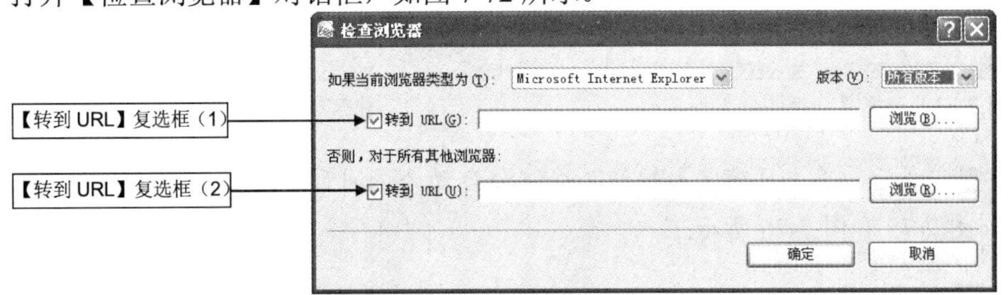

图 7-72　【检查浏览器】对话框

在【检查浏览器】对话框中，各个选项的功能如下。

- 【如果当前浏览器类型为】下拉列表框：单击该下拉列表框，在弹出的下拉列表中，可以选择要检查的浏览器类型。
- 【版本】下拉列表框：单击该下拉列表框，在弹出的下拉列表中，可以选择要检查的浏览器的版本。

- 【转到 URL】复选框(1)：选中此复选框，则其后的文本框和【浏览】按钮变为可用状态，在该文本框中可以设置当检查到用户使用的浏览器是指定的浏览器时，跳转到的 URL 地址。也可以单击【浏览】按钮，选择目标文档。
- 【转到 URL】复选框(2)：选中此复选框，则其后的文本框和【浏览】按钮变为可用状态，在该文本框中可以设置当检查到用户使用的浏览器不是指定的浏览器时，跳转到的 URL 地址。也可以单击【浏览】按钮，选择目标文档。

7.5.7 交换图像

“交换图像”行为主要是指当在页面中的某个图像上发生一个事件后，该图像将会被替换为另一张图像，同时还可以以另一事件触发动作使其返回至原来的图像状态。这种行为主要通过修改图像的 src 属性来实现图像交换。

【练习 7-8】 为网页中的某张图片设置“交换图像”行为，要求当鼠标指针移至该图像上时，该图像变为另一张图像；当鼠标指针移开时，该图像又恢复为原图片。

(1) 首先在网页中选中要设置“交换图像”行为的图片，然后在【行为】任务窗格中单击【插入】按钮，在弹出的下拉菜单中选择【交换图像】命令，如图 7-73 所示。

(2) 系统将打开【交换图像】对话框，在该对话框的【交换图像 URL】文本框中设置要交换图像的 URL 地址，然后选中【Mouseout 事件后还原】复选框，如图 7-74 所示。

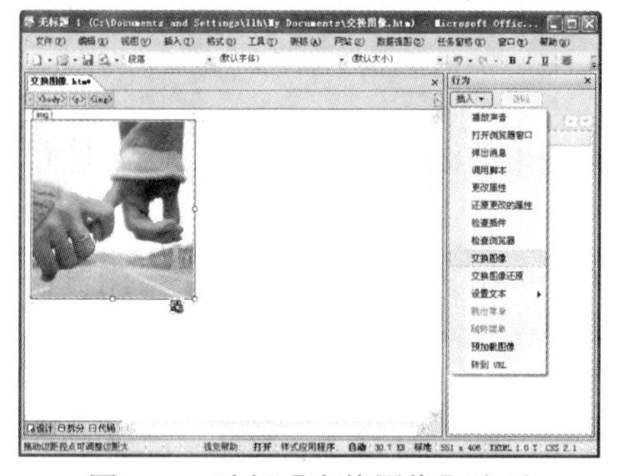

图 7-73 选择【交换图像】选项

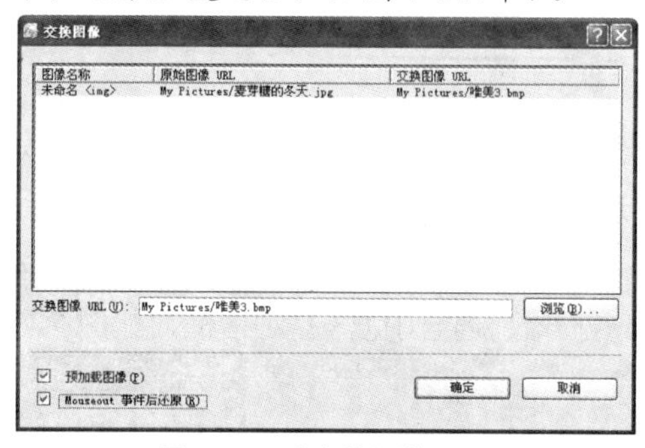

图 7-74 【交换图像】对话框

(3) 设置完成后，单击【确定】按钮，系统会自动为该网页添加一个网页行为和两个鼠标行为，如图 7-75 和图 7-76 所示。

提示

网页行为中，预先载入图像动作可以使浏览器下载那些尚未在网页中显示但是有可能显示的图像，并将其存储到本地缓存中，以加快图像的显示速度。另外，在【交换图像】对话框中，选中【Mouseout 事件后还原】复选框，主要是设置了一个还原图像的事件。

图 7-75　网页行为

图 7-76　鼠标行为

(4) 从图 7-75 和图 7-56 中可以看出，交换图像动作的事件系统默认为 onmouseover，交换图像还原动作的事件系统默认为 onmouseout，完全符合要求，因此无需再做更改。

(5) 保存该网页，然后按下 F12 快捷键对其进行预览，当鼠标指针移至网页中的图片上时，该图片会变成要交换的目标图片；当鼠标指针移开时，又还原为原图片，如图 7-77 所示。

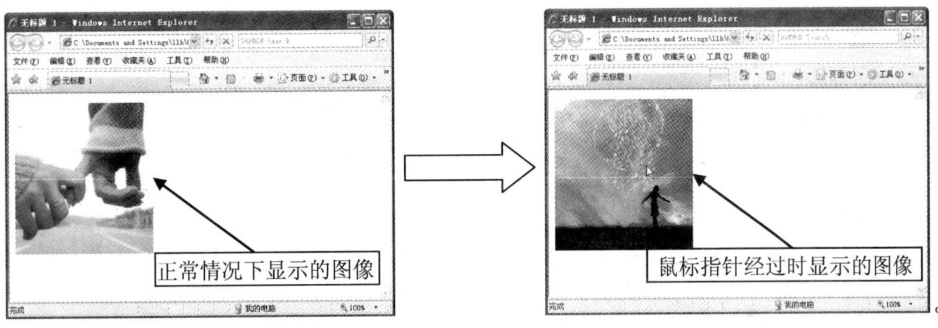

图 7-77　预览效果

7.5.8 设置文本

SharePoint Designer 2007 中，设置文本行为主要由设置层的文本、设置框架的文本、设置文本域的文本和设置状态栏的文本 4 个子行为组成。其操作虽然都很简单，但对提高网页的交互能力方面都有非常大的作用。

1. 设置层的文本

该行为只有在网页中包含有层的情况下才能使用。使用该行为可以动态设置网页层中的文本，或替换层中的内容。新设置的内容可以是任意类型的 HTML 文档，因此，可以利用该动作动态的显示各种信息。

【练习 7-9】 为如图 7-78 所示的网页添加行为，该网页中包含 3 个层，要求当用户单击 layer3 层时，在 layer2 层中显示相应的文本内容。

(1) 首先选中 layer3 层，然后在【行为】任务窗格中单击【插入】按钮，在弹出的下拉菜单中选择【设置文本】|【设置层的文本】命令，如图 7-79 所示。

(2) 系统将打开【设置层的文本】对话框，在该对话框的【层】下拉列表中选择【div“layer2”】

选项，在【新 HTML】文本框中输入相应的文本，如图 7-80 所示。

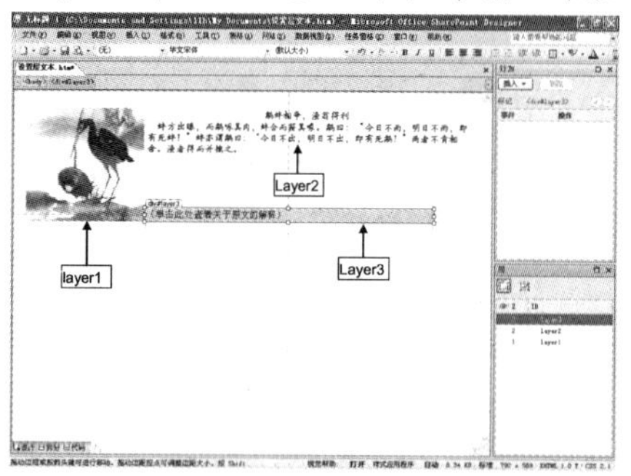

图 7-78　示例网页

图 7-79　选择【设置文本】|【设置层的文本】选项

(3) 输入完成后，单击【确定】按钮，即可添加该行为，如图 7-81 所示，从图中可以看出系统将该行为的事件默认设置为 onclick，完全符合要求，因此无需更改。

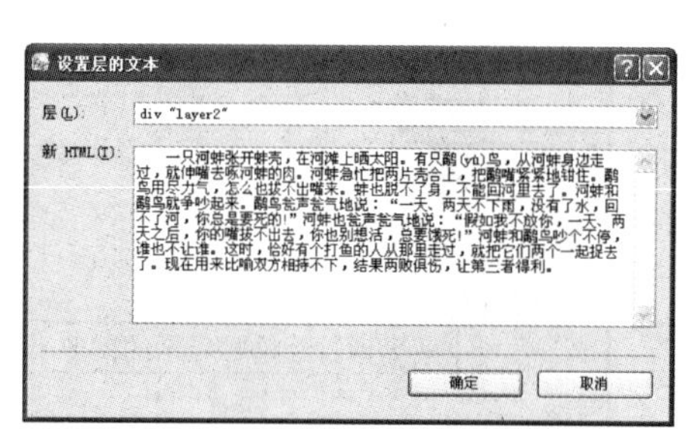

图 7-80　【设置层的文本】对话框

图 7-81　设置完成

(4) 保存该网页，然后按下 F12 快捷键对其进行预览，效果如图 7-82 所示。当鼠标单击 layer3 层所在的位置时，layer2 层即可显示相应的文本，如图 7-83 所示。

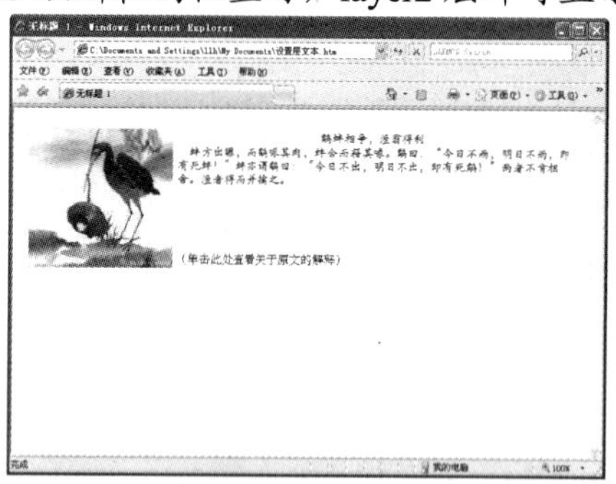

图 7-82　预览效果(1)

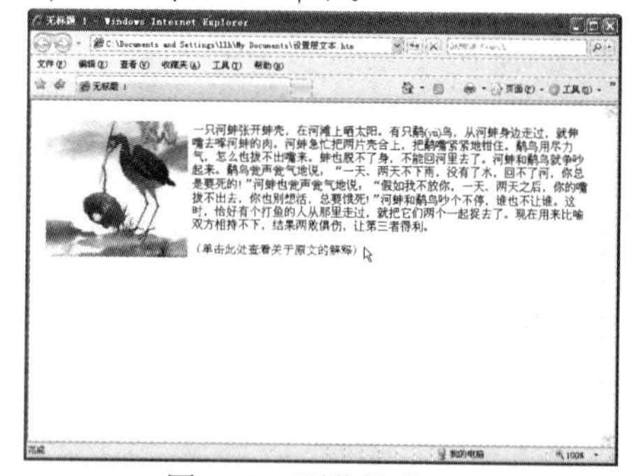

图 7-83　预览效果(2)

2. 设置框架的文本

该行为只有在文本中含有框架的情况下才能使用(关于框架的知识，可以参看第 8 章的内容)。用户可以为网页中的框架添加“设置框架的文本”行为，当目标框架中设置的事件被触发时，系统将调用该行为中设置的文本和格式来代替目标框架中原有的文本和格式。

选中某个框架，然后在【行为】任务窗格中单击【插入】按钮，在弹出的下拉菜单中选择【设置文本】|【设置框架的文本】命令，打开【设置框架的文本】对话框，如图 7-84 所示。该对话框中各个选项的含义如下。

- 【框架】下拉列表框：用于选择事件被触发后，发生动作的目标框架。
- 【新 HTML 文本框】：用于设置当该行为被触发后，在目标框架中显示的内容。
- 【保留背景色】复选框：选中该复选框后，该行为被触发时将不会引起目标框架页的原背景色的消失。

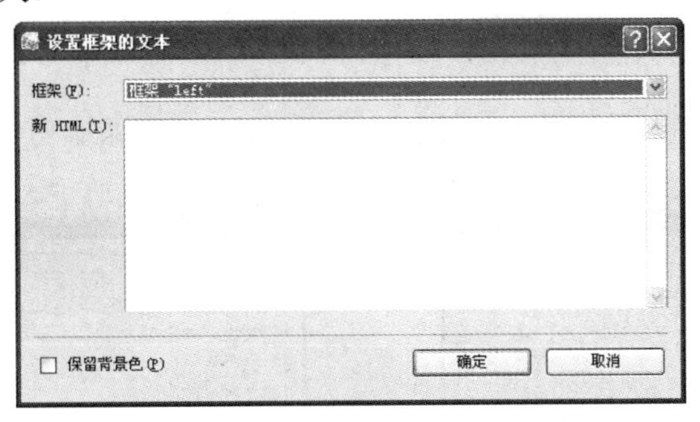

图 7-84　【设置框架的文本】对话框

3. 设置文本域的文本

该行为只有在网页中含有文本输入框即文本域时才可以使用。设置该行为的方法和“设置层的文本”的方法基本相同，只不过是把选择目标层的操作换成了选择目标文本域。

【练习 7-10】 为图如 7-85 所示的网页中的文本域添加行为，要求当单击【确定】按钮时，在该文本域中显示预设的文本。

(1) 首先选中图 7-85 中所示的图像按钮，然后在【行为】任务窗格中单击【插入】按钮，在弹出的下拉菜单中选择【设置文本】|【设置文本域的文本】命令，如图 7-86 所示。

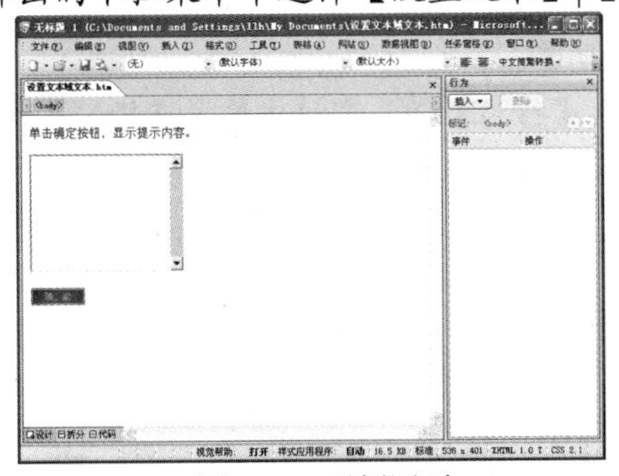

图 7-85　示例网页

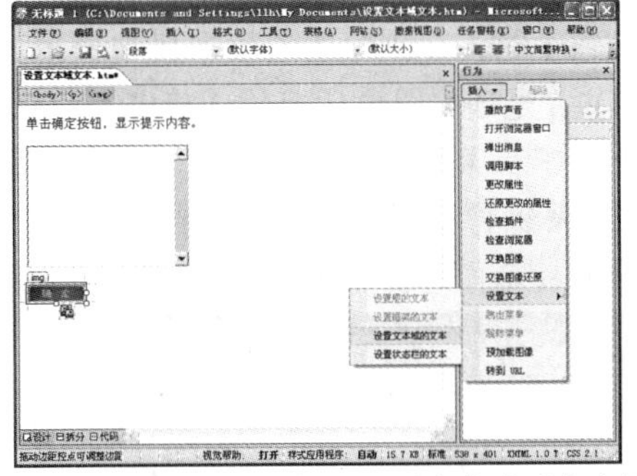

图 7-86　选择【设置文本】|【设置文本域的文本】选项

(2) 系统将打开【设置文本域的文本】对话框，在该对话框的【文本域】下拉列表框中选择 TextArea1 文本域，在【新建文本】文本框中输入需要显示的文本，如图 7-87 所示。

(3) 输入完成后，单击【确定】按钮，即可添加该文本域行为，如图 7-88 所示，从图中可以看出，该行为的默认事件为 onclick，完全符合要求，因此无需更改。

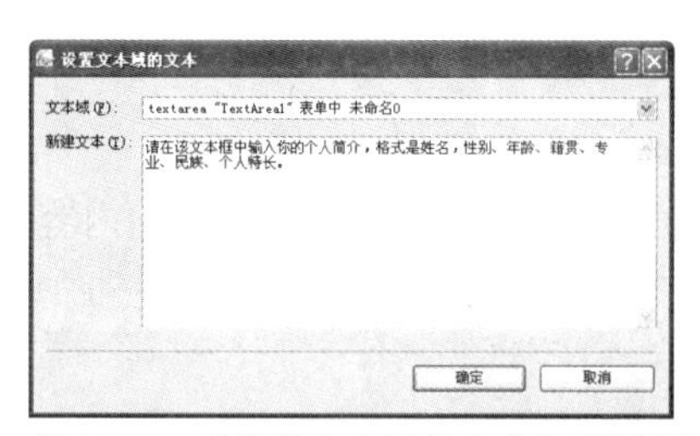

图 7-87　【设置文本域的文本】对话框

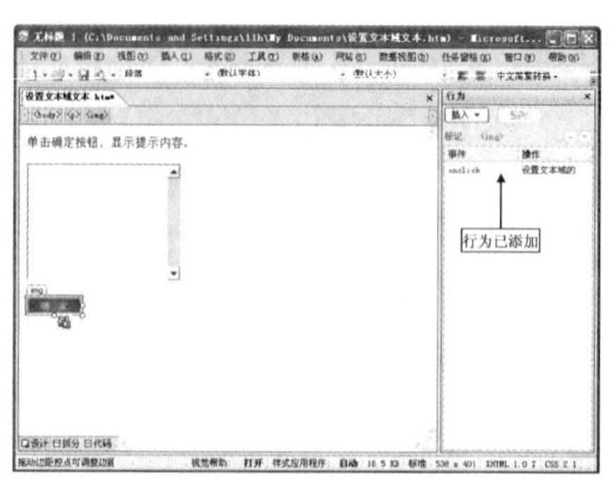

图 7-88　行为已添加

(4) 保存该网页，然后按下 F12 快捷键对其进行预览，效果如图 7-89 所示。当单击【确定】按钮时，在 text1 文本框中将显示相应的文本，如图 7-90 所示。

图 7-89　预览效果(1)

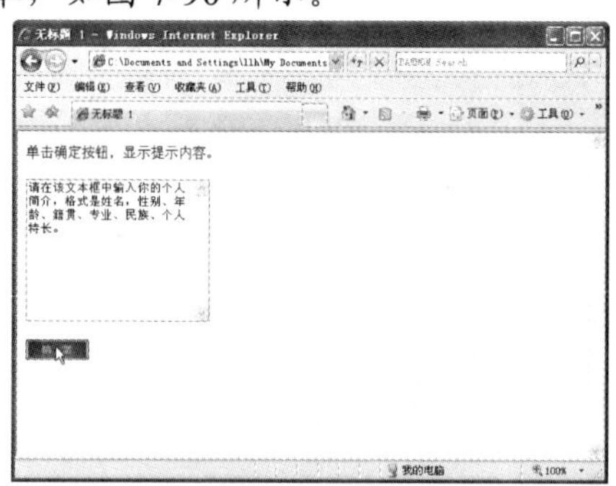

图 7-90　预览效果(2)

4. 设置状态栏的文本

在浏览器窗口的状态栏中，通常会显示当前状态的提示信息。例如，当鼠标指针移动到一个链接上时，状态栏就会显示指向的 URL 地址。

【练习 7-11】 为如图 7-90 所示的网页中的【确定】按钮添加行为，要求当鼠标指针移至该按钮上时，在浏览器的状态栏中显示该按钮的功能。

(1) 首先选中图中所示的【确定】按钮，然后在【行为】任务窗格中单击【插入】按钮，在弹出的下拉菜单中选择【设置文本】|【设置状态栏的文本】命令，如图 7-91 所示。

(2) 系统将打开【设置状态栏的文本】对话框，在该对话框的【消息】文本框中输入需要显示的提示内容，如图 7-92 所示。

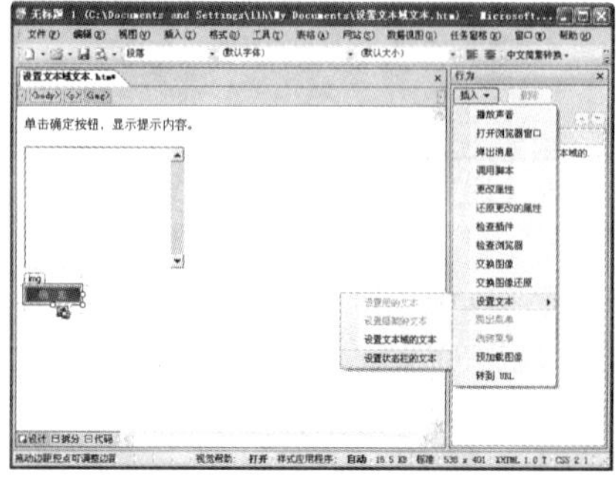

图 7-91　选择【设置状态栏的文本】选项

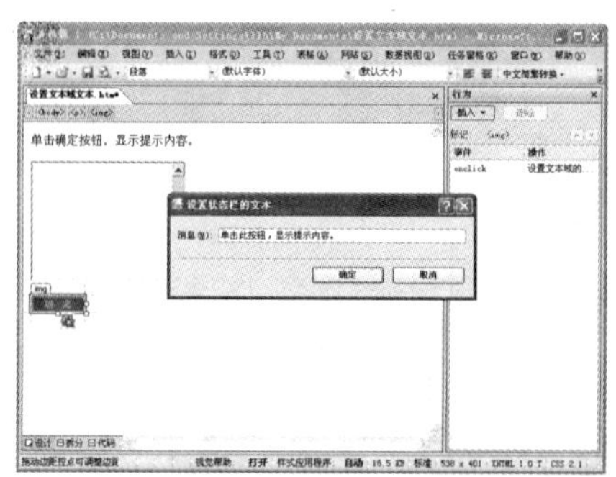

图 7-92　输入提示内容

(3) 输入完成后，单击【确定】按钮，即可添加该文本域行为，如图 7-93 所示，从图中可以看出，该行为的默认事件为 onclick，不符合要求，因此需要对其进行更改。

(4) 单击该行为的【事件】列，在弹出的下拉列表中选择 onmouseover 选项，如图 7-93 所示。

(5) 选择完成后，保存该网页，然后按下 F12 快捷键对其进行预览，当鼠标指针移至【确定】按钮上时，在状态栏中将显示相应的文本，效果如图 7-94 所示。

图 7-93　更改事件

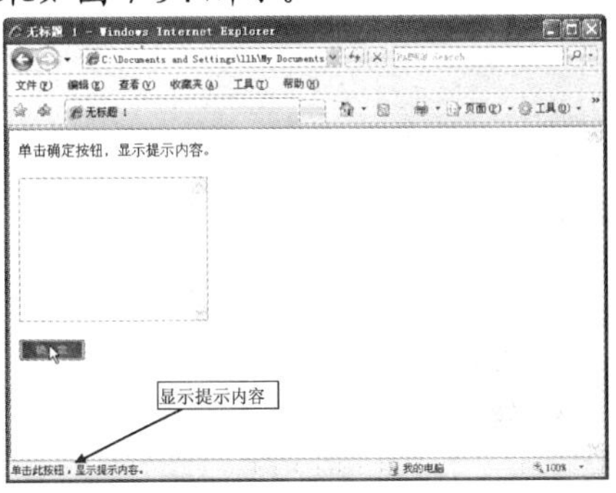

图 7-94　预览效果

7.5.9 跳出菜单

跳出菜单指的是这样一种行为，该行为在网页中以一个下拉列表框的形式出现，当单击该下拉列表框时，会弹出一个下拉列表，选中该下拉列表中的某个选项，浏览器即可自动打开该选项所指向的目标文档。

【练习 7-12】 为网页添加一个跳出菜单，要求该跳转菜单中包含有搜狐、网易等几大门户网站选项，选择其中的某个选项，即可打开相应的网页。

(1) 首先将光标定位在网页中要添加跳出菜单的位置，然后在【行为】任务窗格中单击【插入】按钮，在弹出的下拉菜单中选择【跳出菜单】命令，如图 7-95 所示，系统将打开【跳出菜单】对话框，如图 7-96 所示。

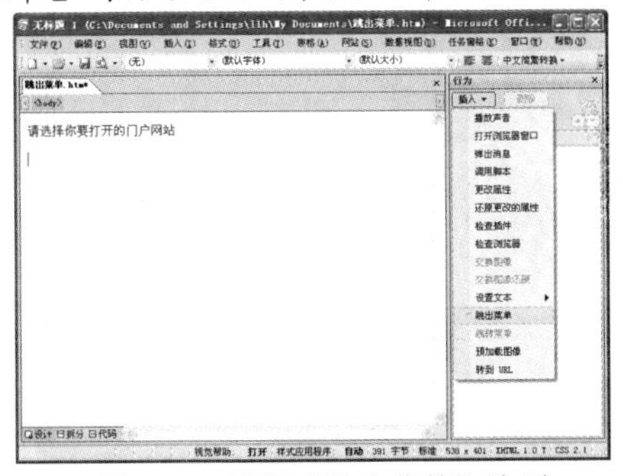

图 7-95　选择【跳出菜单】选项

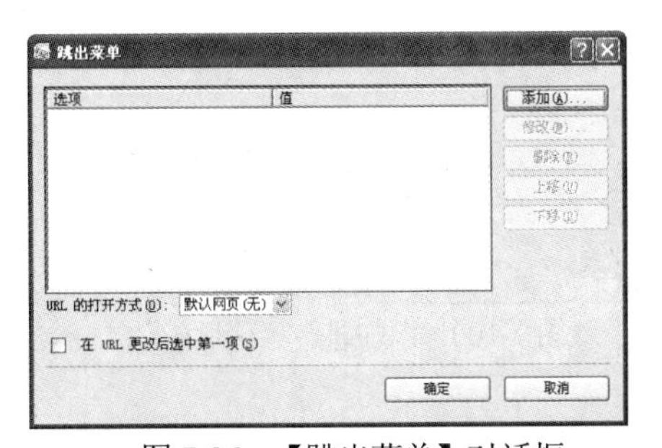

图 7-96　【跳出菜单】对话框

(2) 在【跳出菜单】对话框中单击【添加】按钮，打开【添加选项】对话框，在该对话框的【选项】文本框中输入“搜狐”，在【值】文本框中输入网址“http://www.sohu.com”，如图 7-97 所示。

(3) 输入完成后，单击【确定】按钮即可添加该选项，效果如图 7-98 所示。

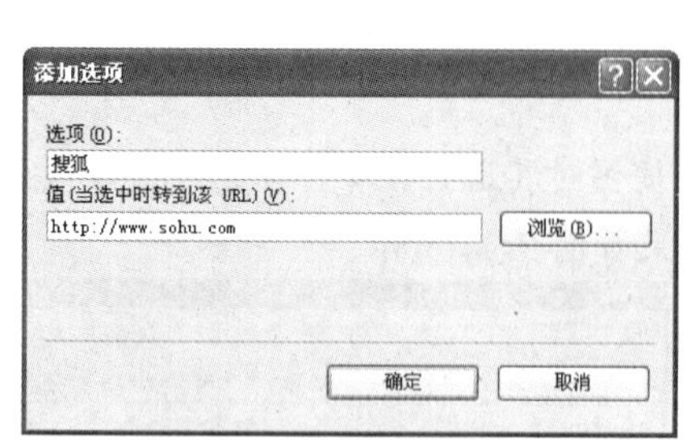

图 7-97 【添加选项】对话框

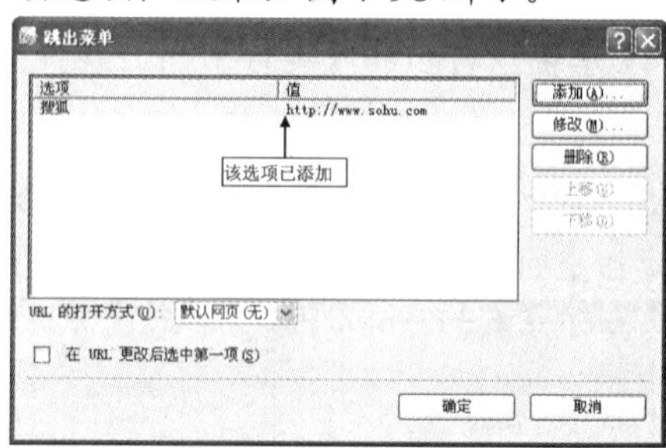

图 7-98 选项已添加

(4) 使用同样的方法添加其他选项，添加后的效果如图 7-99 所示。添加完成后，在【URL 的打开方式】下拉列表框中选择【默认网页(无)】选项。

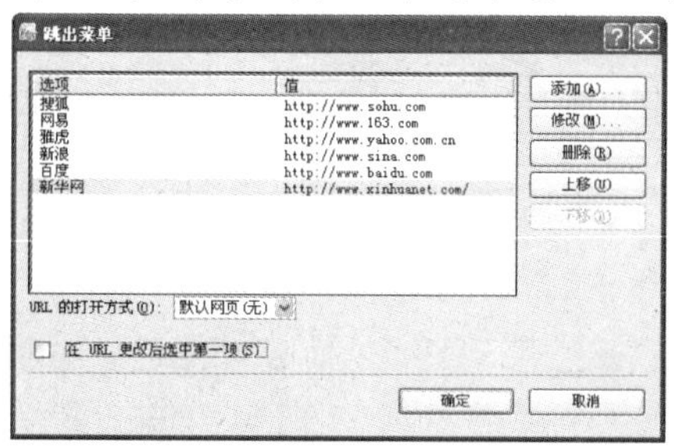

图 7-99 添加多个选项后的效果

提示

在【URL 的打开方式】下拉列表框中选择【默认网页（无）】选项，新的网页将在原窗口中打开；选择【新窗口】选项，新的网页将在一个新的窗口中打开。

(5) 选择完成后，单击【确定】按钮，即可在网页中的指定位置添加该跳出菜单，效果如图 7-100 所示。

(6) 保存该网页，然后按下 F12 快捷键对其进行预览，当鼠标单击该跳出菜单时，会弹出一个下拉列表，选择其中的某个选项，即可打开相应的网页，效果如图 7-101 所示。

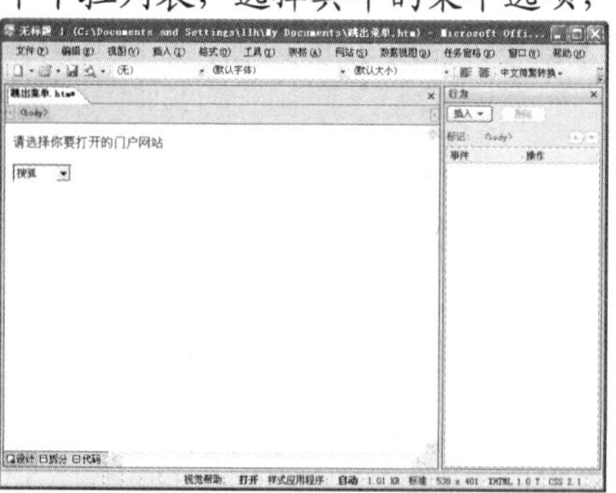

图 7-100 添加跳转菜单后的效果

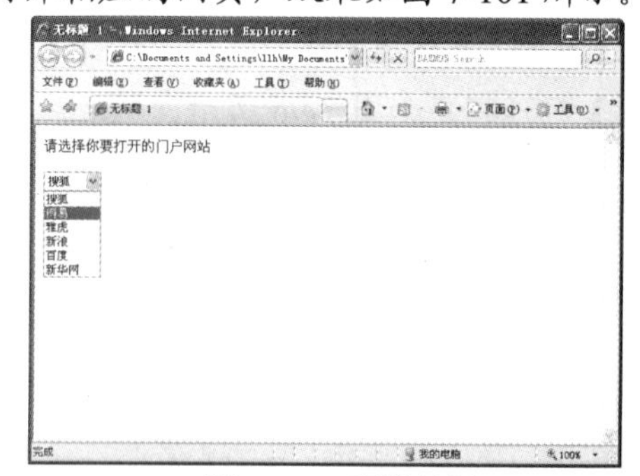

图 7-101 预览效果

7.5.10 预加载图像

“预加载图像行为”在第 7.5.7 节已提到过，该行为的主要作用是在打开网页的同时使

浏览器下载那些尚未在网页中显示但有可能显示的图像，并将其存储在本地缓存中，以便脱机浏览和加快网页的打开速度。

在【行为】任务窗格中单击【插入】按钮，在弹出的下拉菜单中选择【预加载图像】命令，如图 7-102 所示，打开【预加载图像】对话框，如图 7-103 所示。在【图像源文件】文本框中可以设置要加载图像的 URL 地址，单击【添加】按钮，可以将该 URL 地址添加到【预加载图像】列表框中。图像全部添加完成后，单击【确定】按钮，即可完成该行为的添加。该行为的默认事件为 onload。

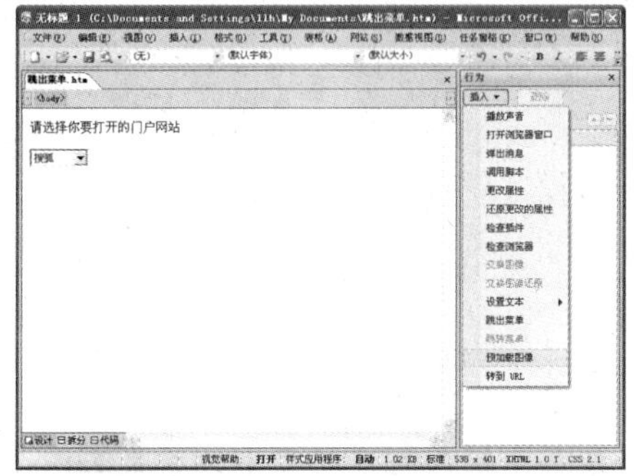

图 7-102　选择【预加载图像】选项

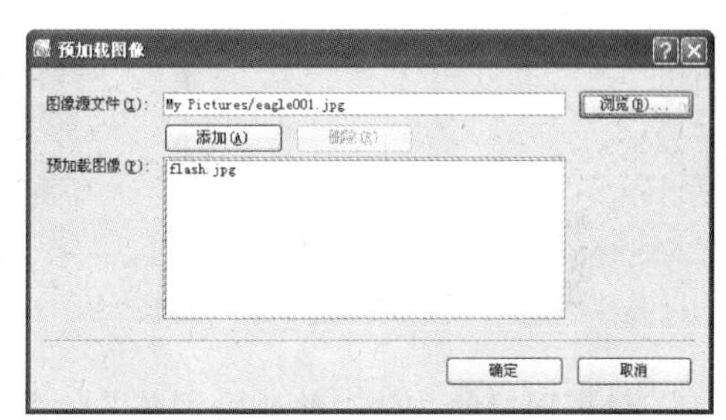

图 7-103　【预加载图像】对话框

7.6 上机实验

本章主要介绍了网页中层与行为的用法，包括层的基本操作、如何在层中输入内容、行为的基本操作以及 SharePoint Designer 2007 的常用内置行为等。本次上机实验通过实际操作来巩固本章所学习的内容。

本次上机实验将制作一个如图 7-104 所示的日历网页，整个网页的版面布局用层来实现，当用户将鼠标指针移至网页周围的某个月份上时，网页的中间将会显示该月份的具体信息。

(1) 启动 SharePoint Designer 2007，新建一个 HTML 网页，然后选择【任务窗格】|【层】命令，打开【层】任务窗格。

(2) 在【层】任务窗格中，单击【插入层】按钮，在网页中插入一个层，如图 7-105 所示。

图 7-104　示例网页

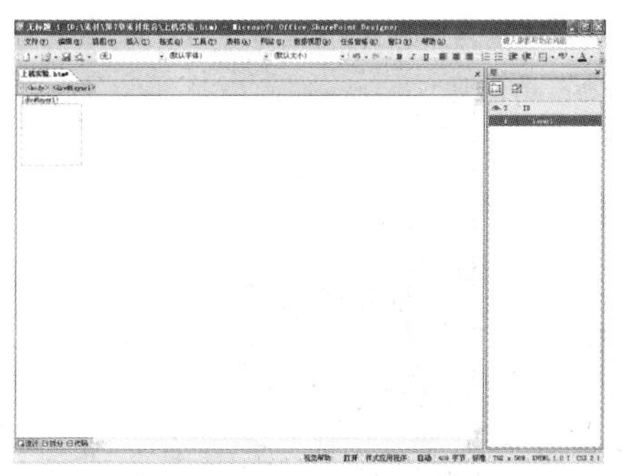

图 7-105　插入一个层

(3) 选中该层，然后用鼠标拖动该层四周的相关控制点，将其调整为如图 7-106 所示的形状。然后在该层中输入文本“2009(乙丑)年日历查询”。

(4) 选中该层中的文本，在工具栏中将其字体设置为“汉仪雪峰体简”(此字体需安装)、字号设置为 xx-large，然后单击【居中】按钮，将该文本居中，并将文字的颜色设置为“红色”，效果如图 7-107 所示。

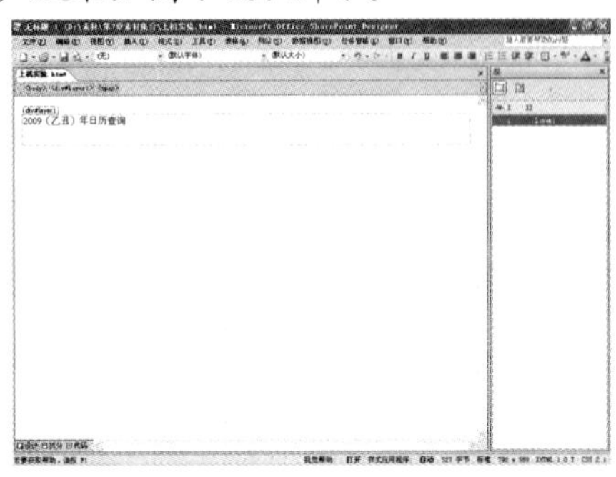
图 7-106　调整层并输入文本

图 7-107　设置文本格式

(5) 使用同样的方法，绘制和调整其他各层，并在层中输入相应的文本，效果如图 7-108 所示。该页面中共含有 15 个层，其中页面中间最大的那个空白层为 layer14。

(6) 选择【任务窗格】|【行为】命令，打开【行为】任务窗格，如图 7-109 所示。

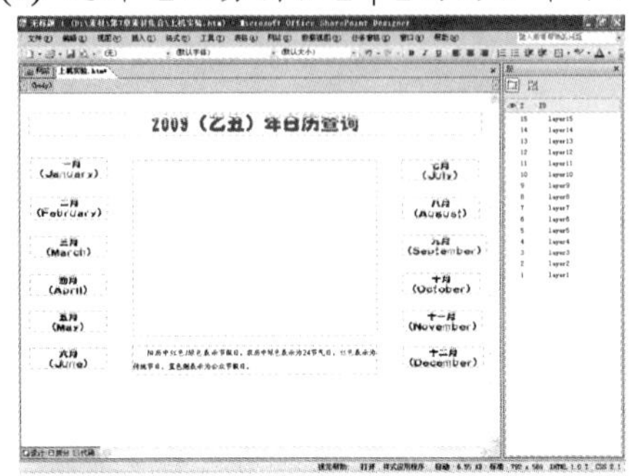

图 7-108　添加其它层后的效果

图 7-109　打开【行为】任务窗格

提示

在图 7-108 中，各个月份的字体为“汉仪雪峰体简”，颜色为“蓝色”。另外，为了布局网页的方便，可以选择【视图】|【标尺和网格】|【显示标尺】命令，显示网页中的标尺，以便帮助用户更加精确地布局网页。

(7) 选中文本“一月”所在的层，然后在【行为】任务窗格中单击【插入】按钮，在弹出的下拉菜单中选择【设置文本】|【设置层的文本】命令，如图 7-110 所示。

(8) 系统将打开【设置层的文本】对话框，如图 7-111 所示。在该对话框的【层】下拉列表中选择 div “layer14”，表示该行为发生的目标层为 layer14 层；在【新 HTML】文本框中输入以下代码: <img src="image/一月.jpg">，这段代码的含义是在目标层中显示 image 文件夹中的图片“一月.jpg”。

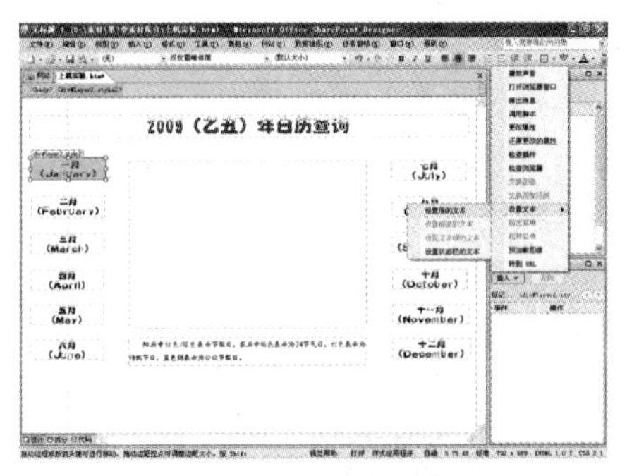

图 7-110　选择【设置层的文本】选项

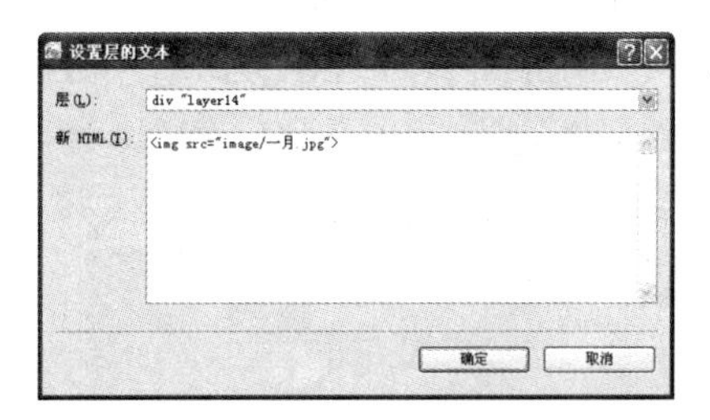

图 7-111　【设置层的文本】对话框

(9) 设置完成后，单击【确定】按钮，即可添加该行为，如图 7-112 所示。从图中可以看出，该行为的系统默认事件为 onclick，不符合本练习的要求，因此需要改正。

(10) 在行为列表中，单击该行为的【事件】列，在弹出的下拉菜单中选择【onmouseover】命令，如图 7-113 所示。

图 7-112　行为已添加

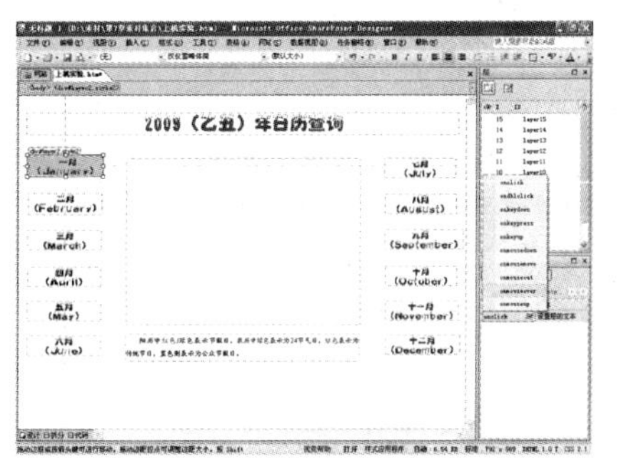

图 7-113　修改行为的事件

(11) 使用同样的方法为其他的 11 个月份设置相应的行为。为了保持整个页面的美观，可以在 layer14 层中预先插入一张图片。

(12) 将光标定位在 layer14 层中，然后选择【插入】|【图片】|【来自文件】命令，打开【图片】对话框，如图 7-114 所示。

(13) 在该对话框中选择一张合适的图片，然后单击【插入】按钮插入该图片。新插入的图片大小可能不太合适，可以拖动图片四周的控制点，将其调整到合适大小，效果如图 7-115 所示。

图 7-114　【图片】对话框

图 7-115　插入图片后的效果

(14) 接下来为该网页添加背景图片，选择【文件】|【属性】命令，打开【网页属性】对话框并切换至【格式】选项卡，在【背景】选项区域选中【背景图片】复选框，在其后的文本框中设置背景图片的 URL 地址，如图 7-116 所示。

(15) 设置完成后，单击【确定】按钮，即可为网页添加背景图片，效果如图 7-117 所示。

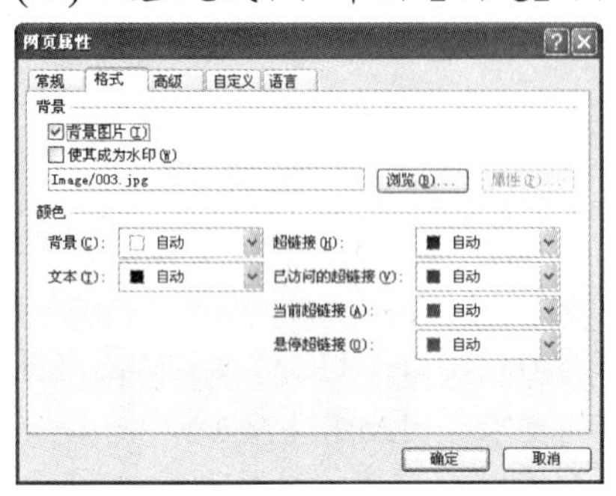

图 7-116 【网页属性】对话框

图 7-117 添加背景图片后的效果

(16) 保存该网页，然后按下 F12 快捷键对其进行预览，初始状态下，网页的效果如图 7-118 所示，当鼠标指针移至网页中的某个月份上时，中间的图片部分就会替换为该月份的详细信息，如图 7-119 所示。。

图 7-118 预览效果图(1)

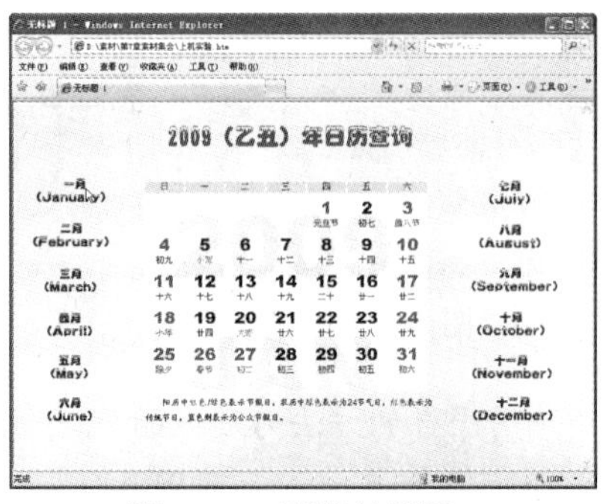

图 7-119 预览效果图(2)

7.7 思考练习

7.7.1 填空题

1. 行为是__________和__________的结合物，其中__________是__________的原因，而__________是__________的直接后果，两者缺一不可，它们组合起来就构成了行为。

2. __________事件，当网页中的内容装载完成后，即可自动触发；__________事件，当鼠标指针经过相应对象时，即可自动触发；__________事件，当鼠标指针停留在对象的边界内时即可自动触发。

3. 使用____________行为，可以在一个新的浏览器窗口中载入位于指定 URL 位置上的文档。同时还可以指定新打开的浏览器窗口的属性，例如，窗口的宽度、高度、名称以及是否显示必要的滚动条等。

4. 使用____________行为，可以检查用户在访问网页时，其浏览器中是否安装有指定插件，通过这种检查，可以分别为安装插件和未安装插件的用户显示不同的网页。

5. 使用____________行为，可以在打开网页的同时使浏览器下载那些尚未在网页中显示但有可能显示的图像，并将其存储在本地缓存中，以方便脱机浏览和加快网页的打开速度。

7.7.2 选择题

1. 如果在网页中按照先后顺序插入了 layer1、layer2 和 layer3 共 3 个层，那么相对于其它层来说，位于最上方的层是(　　)。

A. layer1　　B. layer2
C. layer3　　D. 不分上下

2. 若想把某个行为的触发事件定义为单击鼠标，则该事件应为(　　)。

A. onclick　　B. ondbckick
C. onmouseover　　D. onmousedown

3. 若某个行为的事件为 onkeypress，则以下哪个操作可触发该事件(　　)。

A. 单击鼠标　　B. 双击鼠标
C. 按下键盘的任意键　　D. 按下并释放键盘上的任意键

4. 下列关于层与行为的描述中错误的是(　　)。

A. 层可以将页面中的元素精确定位，其中可以加入文本、图片、表格等元素，也可以嵌套其他层。
B. 当网页中插入多个层时，后插入的层的位置将更加靠上。
C. 行为是事件(Events)和动作(Actions)的结合物，其中动作是事件的原因，而事件是动作的直接后果。
D. 事件是多种多样的，若要被浏览器识别和执行，就必须有一个符合规范的名称来描述它，而不是随便定义一个名称就可以的。

7.7.3 操作题

1. 在 SharePoint Designer 2007 中，制作一个完全由层的来布局的网页，并在层中加入文本、图片等信息，练习层的基本操作。

2. 将上机练习中的 onmouseover 事件更改为鼠标单击，并预览其结果。

第8章 框架的运用

本章导读

在网页制作中，除了可以使用表格和层来布局网页外，还可以使用框架。框架可以把浏览器窗口划分为若干个区域，每个区域可以分别显示不同的网页，通过导航条的链接来改变主要框架的内容，从而达到网页布局的统一。本章介绍如何在网页中使用框架。

重点和难点

- 框架网页的创建与保存
- 编辑框架网页
- 设置框架网页的属性
- 超链接到目标框架
- 使用嵌入式框架

8.1 认识框架

框架也是一种进行网页布局的工具，但是它比表格和层更加复杂一些。简单地说，框架的作用就是将浏览器窗口分为若干部分，每个部分可以载入不同的网页文档。这些独立的部分叫做框架，而整个网页被称做框架集。各框架中的文档都是一个完全独立的文档，但它们又通过一定的链接关系被联系在一起。

使用框架布局网页，最明显的优势就是可以在一个框架中控制另一个框架的动作，当一个框架中的内容固定不动时，而另一个框架中的内容仍然可以通过滚动条进行上下翻动。框架结构通常被用在具有多个分类导航或多项复杂功能的网页中，例如，大型的社区、论坛、个人网上银行管理程序界面等。

一般来说，采用框架布局的网页可分为以下 3 种类型：左右框架型、上下框架型和综合框架型。

左右框架型的网页布局如图 8-1 所示，在这种布局结构中，左边较窄的框架为网页的导航栏，右边较宽的框架用来显示网页的正文内容。当正文中的内容被随意滚动时，左边的导航栏不会跟着滚动，以便用户在浏览网页正文的同时也可以看到导航栏中的主要分类，并随时切换正文的内容。例如，“天涯社区”的网页布局类型就属于左右框架型，如图 8-2 所示。

图 8-1　左右框架型

图 8-2　示例网页

上下框架型的网页布局如图 8-3 所示，在这种布局结构中，上面的部分为网页的导航栏，下面的部分用来显示网页的正文内容。其功能和左右框架型的网页基本类似，只是把横向的分割方式改成了纵向。

综合框架型的网页实际上是左右框架和上下框架结构的组合，其组合方式多种多样，可以将浏览器分为 3 个部分，也可以分为更多部分，如图 8-4 所示。

图 8-3　上下框架型

图 8-4　综合框架型

有了框架结构，网页设计者就可以更加灵活地划分页面结构，以实现网页设计的个性化。但是，并不是网页中的框架越多就越个性化，过多框架的堆积可能会使网页的版面显的杂乱无章，而且还会造成页面在浏览器中加载缓慢。这是因为在框架集中的每个框架都对应一个独立的网页，打开一个框架集网页就相当于同时打开了多个独立的页面，这对网页打开速度的影响是可想而知的。

8.2 框架网页的创建与保存

是否使用框架进行网页布局，在进行网页设计前一定要考虑清楚，因为无法将一个正常的网页拆分成为框架，而只能先建立一个框架集，然后在各个框架中插入不同的网页。

8.2.1 创建框架网页

要创建框架网页，可以选择【文件】|【新建】|【网页】命令，如图 8-5 所示，打开【新

建】对话框。在该对话框左边的列表中单击【框架网页】选项，在其中间的列表中将显示 SharePoint Designer 2007 提供的几个内置模板，单击其中的某个模板，该对话框的右半部分将会显示该模板的说明文字和预览效果，如图 8-6 所示。选择某个模板后，单击【确定】按钮，即可建立基于该模板的框架网页。

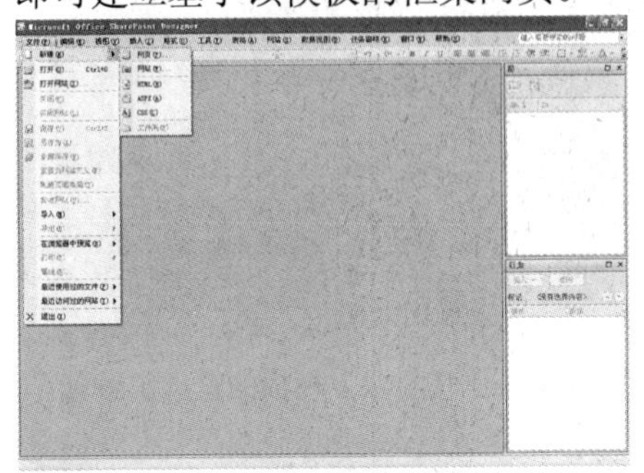

图 8-5　选择【文件】|【新建】|【网页】命令

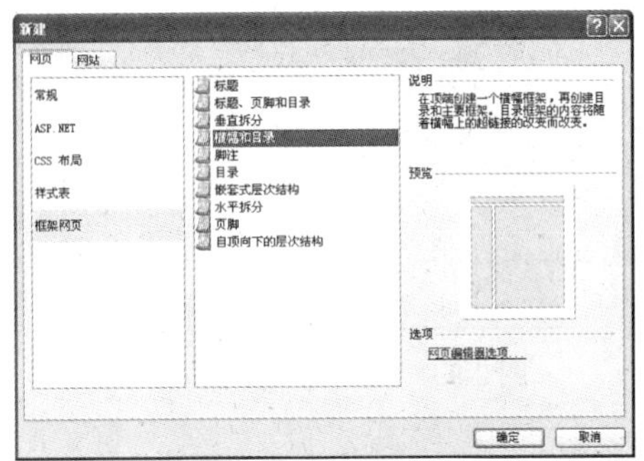

图 8-6　【新建】对话框

例如，选择【横幅和目录】模板，单击【确定】按钮，即可创建基于该模板结构的框架集网页，效果如图 8-7 所示。

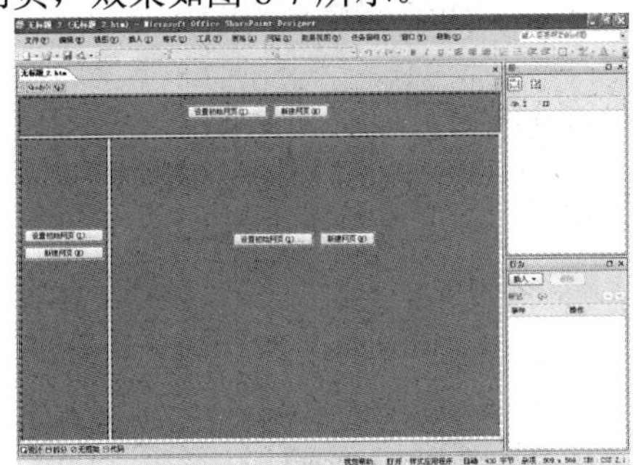

图 8-7　创建好的框架集网页

提示

框架集的每个框架中都包含有两个按钮，分别代表在框架中建立两种不同网页的方法，即建立新的网页或是应用现成的网页。

8.2.2　在框架中填充内容

框架集网页创建完成后，即可在框架中填充内容。在框架中填充内容有两种方法，一种是使用已经存在的网页，另一种是新建网页。

1. 使用已经存在的网页

要使用已经存在的网页，可以单击【设置初始网页】按钮，打开【插入超链接】对话框，在该对话框中选择需要使用的网页，然后单击【确定】按钮，即可将该网页插入到相应的框架中。

【练习 8-1】 新建一个框架网页，并在该框架中插入一个已经存在的网页。

(1) 启动 SharePoint Designer 2007，选择【文件】|【新建】|【网页】命令，打开【新建】对话框，如图 8-8 所示。

(2) 在【新建】对话框的【网页】选项卡中，单击左边列表中的【框架网页】选项，然后在中间的列表中选择【目录】选项，单击【确定】按钮，即可创建一个基于【目录】模板的框架集网页，如图 8-9 所示。

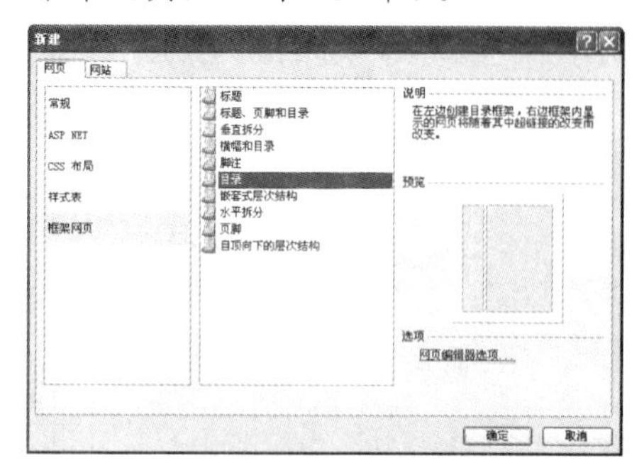

图 8-8　【新建】对话框

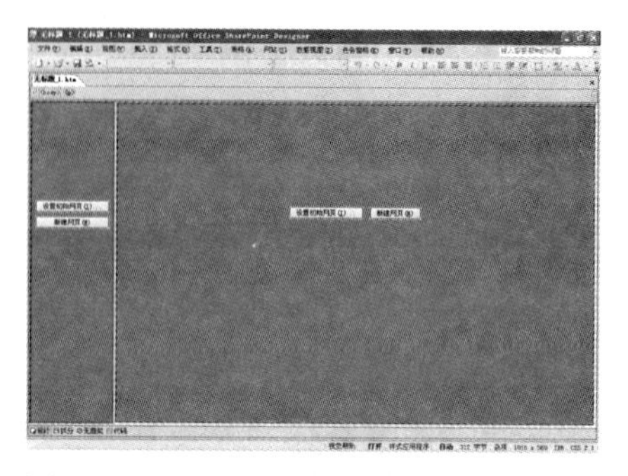

图 8-9　基于【目录】模板的框架集网页

(3) 单击右边框架中的【设置初始网页】按钮，打开【插入超链接】对话框，如图 8-10 所示，在该对话框中选择一个需要使用的网页，然后单击【确定】按钮，即可将该网页插入到相应的框架中，如图 8-11 所示。

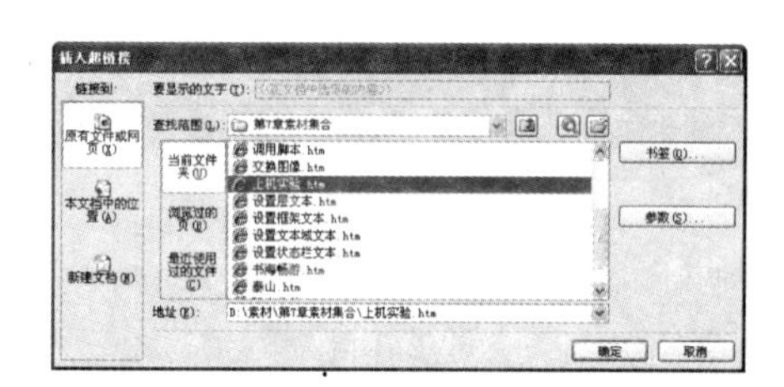

图 8-10　【插入超链接】对话框

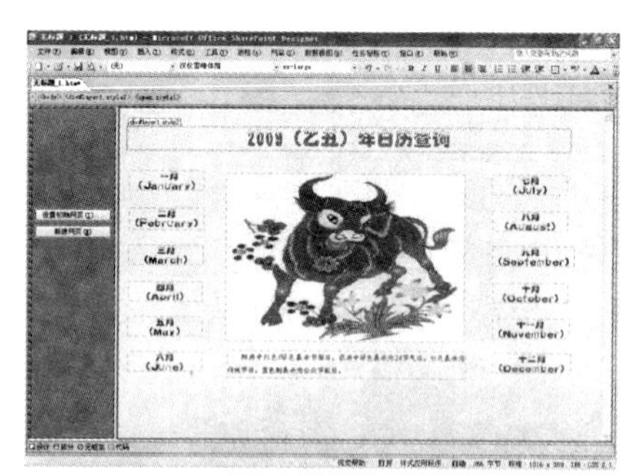

图 8-11　插入网页后的效果

2. 新建网页

要在框架中建立一个新的网页，可以在框架中单击【新建网页】按钮，在该框架中新建一个空白的网页，如图 8-12 和图 8-13 所示。该空白网页和普通的空白网页相同，可以对其进行各种编辑操作。

图 8-12　单击【新建网页】按钮

图 8-13　新的空白网页已建立

3. 更改框架中的网页

如果用户对已经存在在框架中的网页感觉不满意，想要将其更换掉，该如何操作呢？此时，可以在该框架中右击鼠标，然后在弹出的快捷菜单中选择【框架属性】命令，如图 8-14 所示。系统将打开【框架属性】对话框，如图 8-15 所示，在该对话框的【初始网页】文本框中编辑相应的 URL 地址即可。

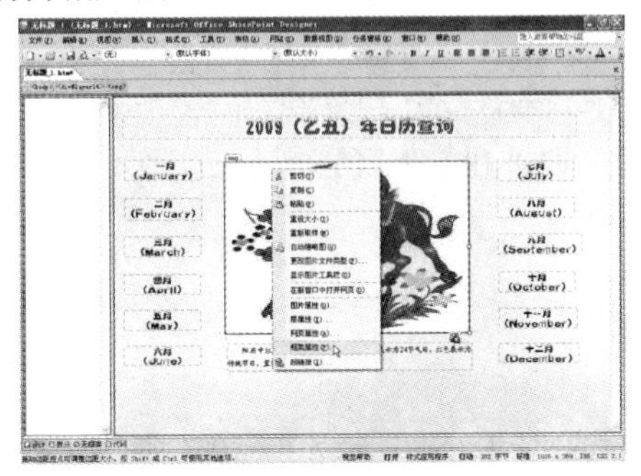

图 8-14　选择【框架属性】命令

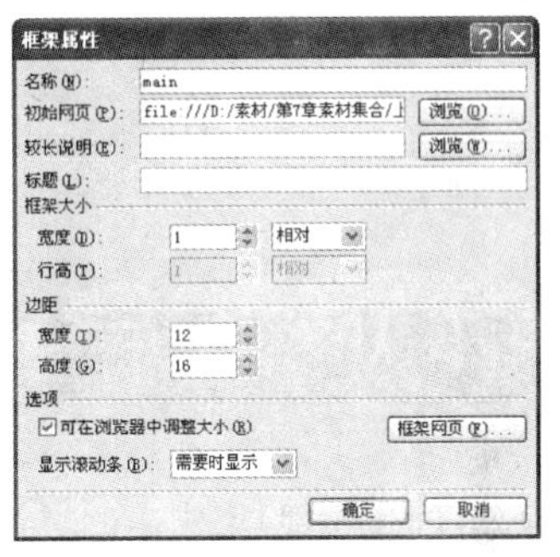

图 8-15　【框架属性】对话框

8.2.3 保存框架网页

保存框架网页的方法与保存普通网页的方法类似，但过程稍有不同。保存框架网页，框架和框架网页要分别进行保存。

继续前面的操作，例如，要保存图 8-13 中的框架网页，可以先选择左边框架中的新网页，然后单击【保存】按钮，如图 8-16 所示。系统将打开【另存为】对话框，如图 8-17 所示。在该对话框中设置网页的保存位置和保存名称后，单击【确定】按钮，即可将左框架中的网页成功保存。

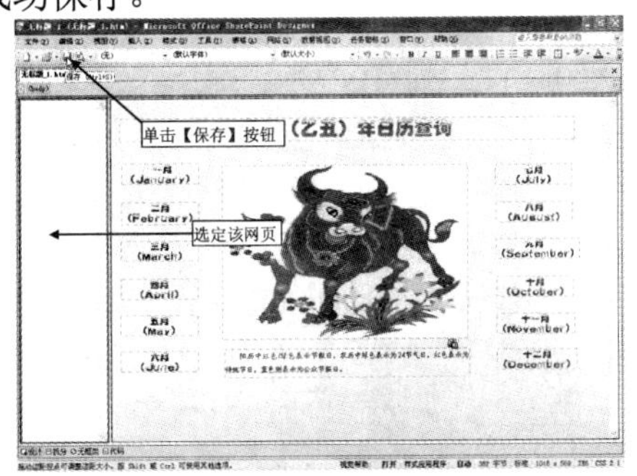

图 8-16　保存左框架中的网页

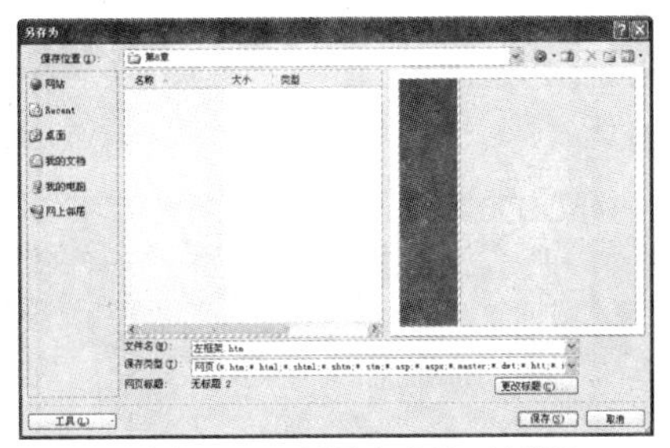

图 8-17　【另存为】对话框

左框架中的网页保存完毕后，因为整个框架还没有保存，因此系统会再次弹出【另存为】对话框，在该对话框中设置整个框架网页的保存位置和保存名称，如图 8-18 所示。然后单击【保存】按钮，即可完成整个框架网页的保存。

完成框架网页的保存后，网页的文件名也会随之自动更改为保存时设置的名称，如图 8-19 所示。

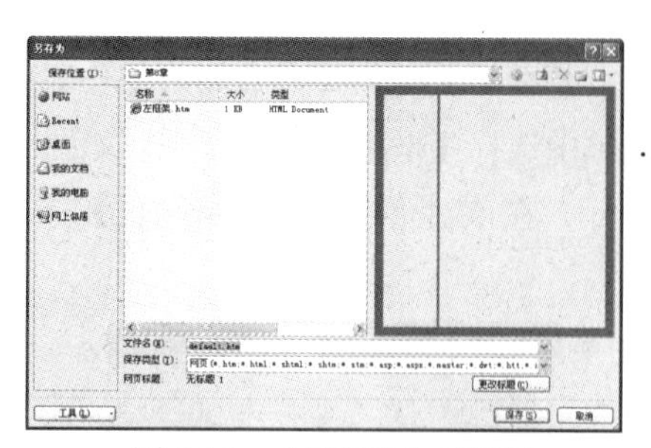

图 8-18　【另存为】对话框

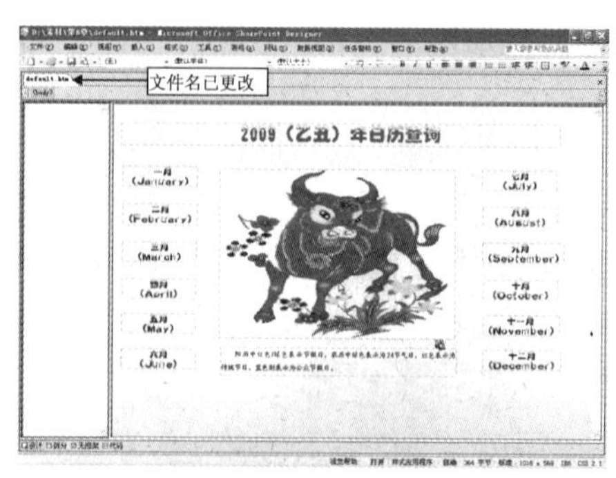

图 8-19　网页的文件名已更改

8.3　编辑框架网页

框架网页创建完成后，还可以对其进行进一步的编辑和修改。例如，调整框架的大小、拆分框架和删除框架等。

8.3.1　调整框架的大小

框架网页初步创建完成后，其中每个框架的大小并不是固定不变的，可以根据实际设计的需求调整其大小。

调整框架大小的方法很简单，使用鼠标拖动即可轻松完成。首先将鼠标指针移至两个框架的分隔线处，例如，要调整框架的宽度，当鼠标指针变为↔形状时，按住鼠标左键不放并左右拖动鼠标，即可改变框架的宽度，如图 8-20 所示。

若在拖动鼠标的同时按住 Ctrl 键，则将鼠标指针拖动到目标位置后，释放鼠标左键和 Ctrl 键，即可在鼠标指针经过的区域新建一个空白框架，如图 8-21 所示。

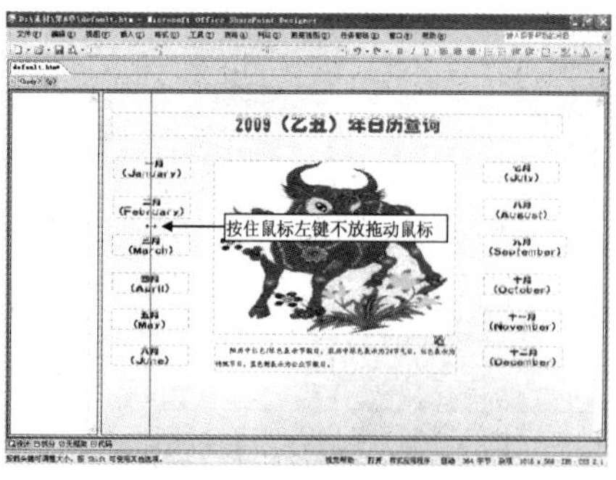

图 8-20　调整框架的大小

图 8-21　新产生的空白框架

8.3.2　拆分框架

拆分框架和在表格中拆分单元格比较类似，指的是将一个框架拆分为若干个小的框架。在 8.3.1 节中提到过，在按住 Ctrl 键的同时，拖动框架边界而产生的新框架，实际上也是一

种对框架的拆分操作。除了这种方式以外，还可以使用菜单命令对框架进行拆分。

【练习 8-2】 将图 8-21 中最左边的框架拆分为上、中、下 3 个部分。

(1) 首先将光标定位在图 8-21 中最左边的框架中，然后选择【格式】|【框架】|【拆分框架】命令，如图 8-22 所示。

(2) 系统将打开【拆分框架】对话框，在该对话框中选中【拆分成行】单选按钮，如图 8-23 所示。

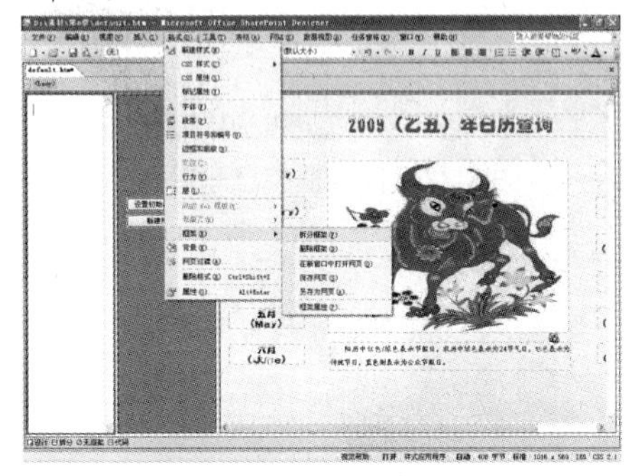

图 8-22　拆分框架

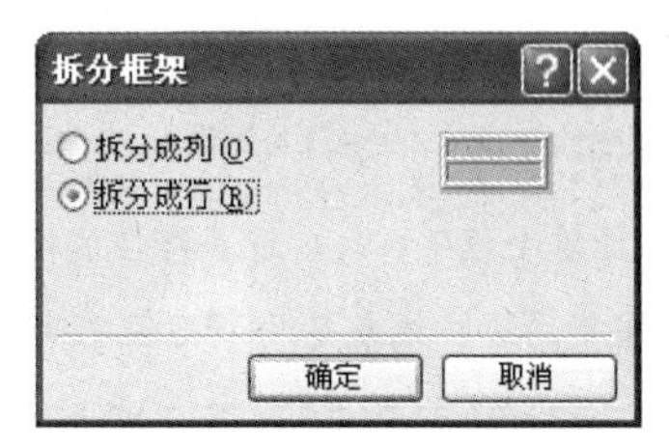

图 8-23　【拆分框架】对话框

(3) 单击【确定】按钮，即可将该框架拆分为上、下两个部分，如图 8-24 所示。因为每次操作只能将框架拆分为两部分，因此需做两次拆分才能够满足题目的要求。

(4) 将光标定位在最左边上下两个框架中的任意一个框架中，然后使用相同的方法，即可按照题目的要求将最左边的框架拆分为上、中、下 3 个部分，如图 8-25 所示。

图 8-24　第一次拆分

图 8-25　第二次拆分

提示

如果原框架中含有网页，则拆分后，若框架拆分成行，则该网页默认保留在上面的框架中；若拆分成列，则该网页默认保留在左边的框架中。

8.3.3 删除框架

若对网页中现存的框架不满意，还可以将其删除。其方法如下：首先选择要删除的框架，然后选择【格式】|【框架】|【删除框架】命令，如图 8-26 所示，即可将该框架删除，如图

8-27 所示。

图 8-26　删除框架

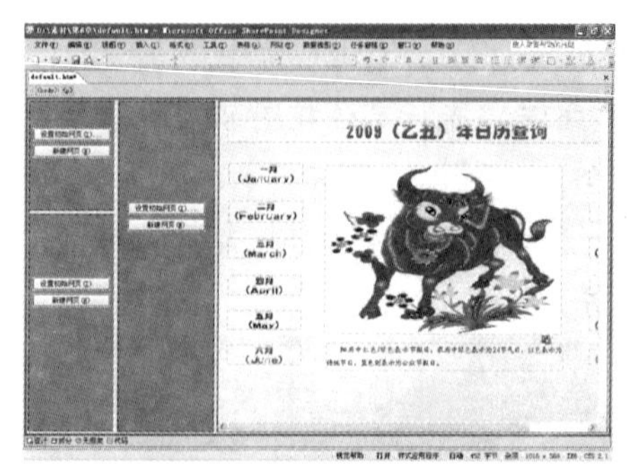

图 8-27　目标框架已删除

提示

要选择单个框架，只需用鼠标在该框架中单击即可，要选择整个框架集，只需用鼠标单击整个框架集的边界线或是两个框架之间的分隔线即可。

8.4 设置框架网页的属性

对框架网页的属性设置主要包括以下几个方面，分别是：设置框架大小的可调节性、设置是否显示滚动条、设置框架之间分隔线的可见性和对不支持框架网页的浏览器的处理等。

8.4.1 框架网页的基本属性设置

对框架网页的属性设置大多是通过【框架属性】对话框来实现的。在需要设置属性的框架中右击鼠标，在弹出的快捷菜单中选择【框架属性】命令，即可打开【框架属性】对话框，如图 8-28 和图 8-29 所示。

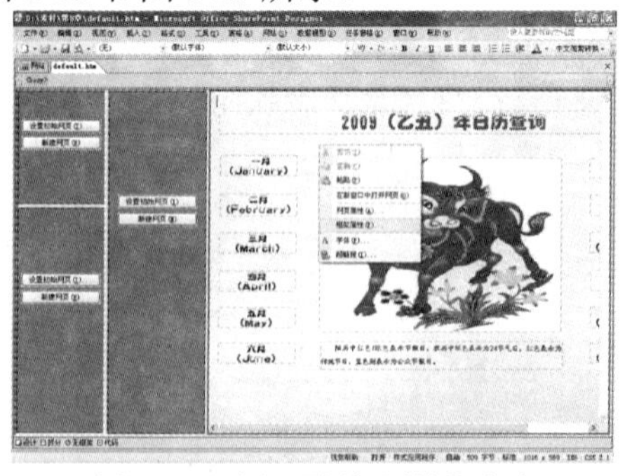

图 8-28　选择【框架属性】命令

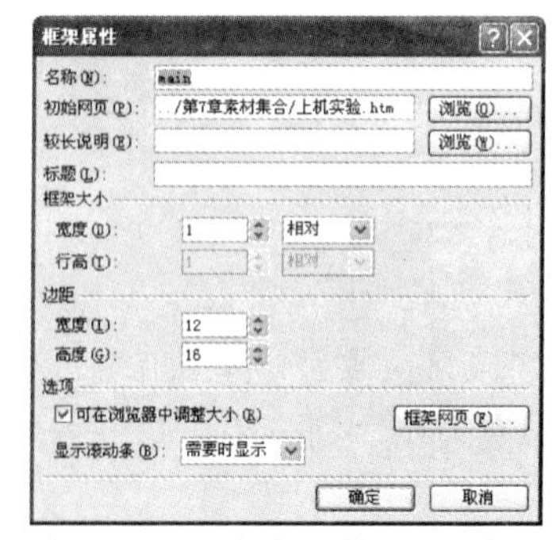

图 8-29　【框架属性】对话框

1. 设置框架大小的可调节性

框架大小的可调节性指的是，当访问者在浏览网页时，是否可以通过浏览器来随意调整

框架的大小。在 SharePoint Designer 2007 中，默认情况下，框架集网页中的框架大部分是可以在浏览器中调整大小的。如图 8-30 所示，当将鼠标指针移至两个框架的分隔线处时，鼠标指针会变成↔形状，此时按住鼠标左键不放并拖动鼠标，即可改变框架的大小。

要限制某个框架大小的可调节性，只需在该框架中右击鼠标，在弹出的快捷菜单中选择【框架属性】命令，打开【框架属性】对话框，然后在该对话框的【选项】区域，取消【可在浏览器中调整大小】复选框即可，如图 8-31 所示。

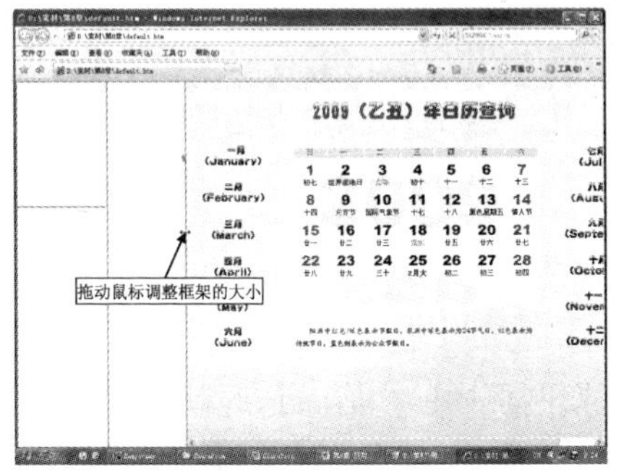

图 8-30　调整框架大小

图 8-31　【框架属性】对话框

2. 设置是否显示滚动条

当某个框架中的网页过大时，需要用鼠标拖动滚动条才能看到整个网页。在 SharePoint Designer 2007 中，默认情况下，滚动条的显示方式是“需要时显示”，这种方式应用得最为普遍，建议设计者在设计网页时使用这种方式。

另外，【显示滚动条】下拉列表框中还有两个选项，分别为“不显示”和“始终显示”，如图 8-32 所示。当选择“不显示”选项时，则对应框架在任何情况下都不会显示滚动条；当选择“始终显示”选项，则对应框架在任何情况下都将显示滚动条，如图 8-33 所示。

图 8-32　【框架属性】对话框

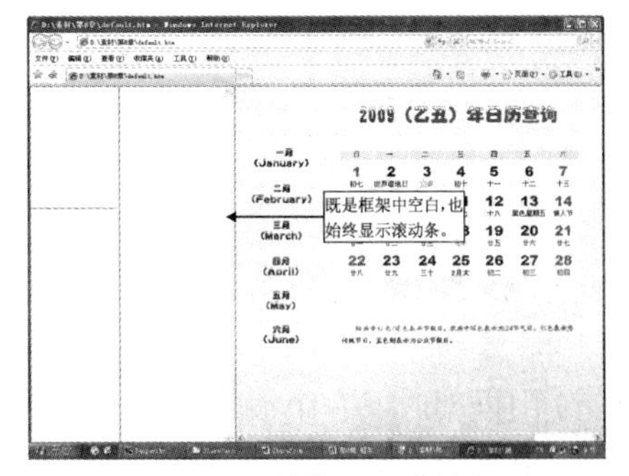

图 8-33　始终显示滚动条

3. 设置框架之间分隔线的可见性

在 SharePoint Designer 2007 中，默认情况下，框架之间的分隔线是可见的。要隐藏该分隔线，可以在【框架属性】对话框中单击【框架网页】按钮，打开【网页属性】对话框的【框架】选项卡，在该选项卡中取消【显示边框】复选框即可，如图 8-34 所示。隐藏框架之间的分隔线后，网页的预览效果如图 8-35 所示。

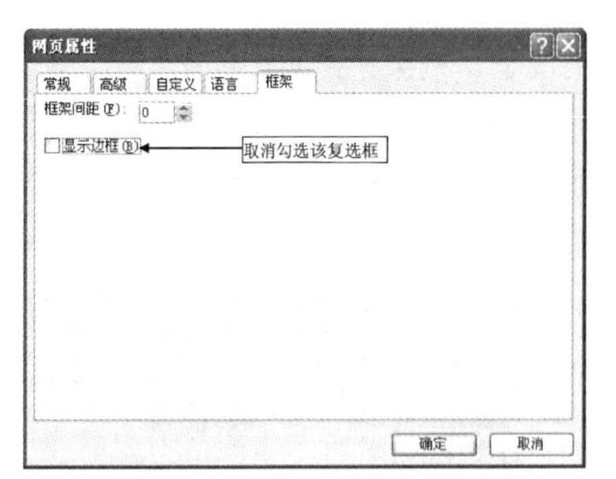

图 8-34　【网页属性】对话框

图 8-35　隐藏框架边框后的效果

8.4.2 对不支持框架网页的浏览器的处理

较早的浏览器不支持框架，所以无法正常显示框架网页中的内容，这时就需要制作一个替代网页来告知浏览者：其浏览器不支持框架，而不是网页自身内容的问题。

如图 8-38 所示，直接在框架集网页的【视图】栏中单击【无框架】按钮，切换至【无框架】视图，在该视图中输入要告知浏览者的提示信息即可，如图 8-37 所示。

图 8-36　切换视图

图 8-37　设置提示信息

8.5 超链接到目标框架

在使用框架时，有个很重要的应用就是使用超链接来控制框架中显示的内容，其中被控制的框架被称为目标框架。

例如，用户可以自己制作一个简易的网络收藏夹，当单击该收藏夹中的某个选项时，即可在目标框架中打开相应的网页，具体制作方法请参考【练习 8-3】。

【练习 8-3】 制作一个简易的网络收藏夹。

(1) 启动 SharePoint Designer 2007，选择【文件】|【新建】|【网页】命令，打开【新建】对话框的【网页】选项卡。在该选项卡左边的列表中选择【框架网页】选项，在右边的列表中选择【标题】选项，如图 8-38 所示。

(2) 单击【确定】按钮，插入一个基于【标题】模板的框架集网页，如图 8-39 所示。

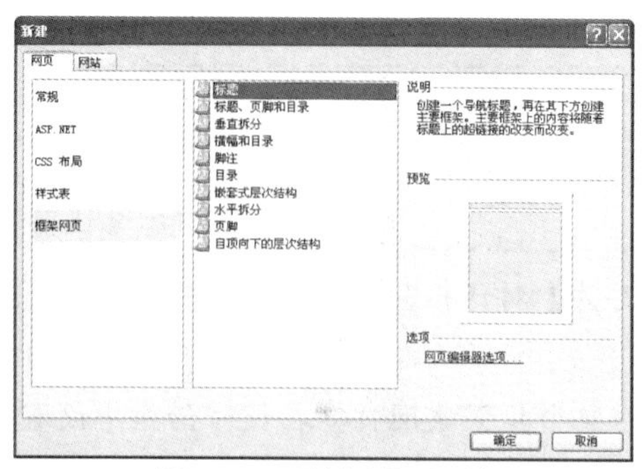

图 8-38　【新建】对话框

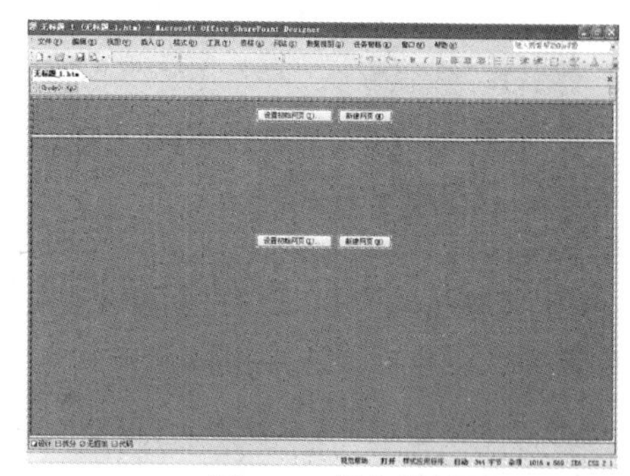

图 8-39　插入模板页

(3) 单击上方框架中的【新建网页】按钮，激活该框架，然后在该框架中输入所要收藏的网站的名称，并设置相应的格式，如图 8-40 所示。

(4) 选定文本“百度”，然后选择【插入】|【超链接】命令，打开【编辑超链接】对话框，如图 8-41 所示。

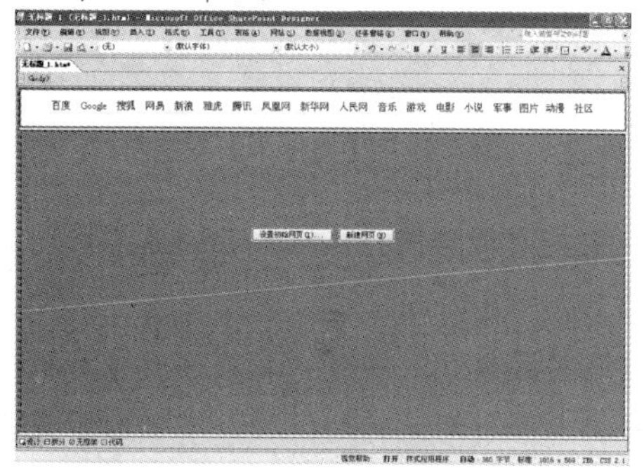

图 8-40　输入相关文本

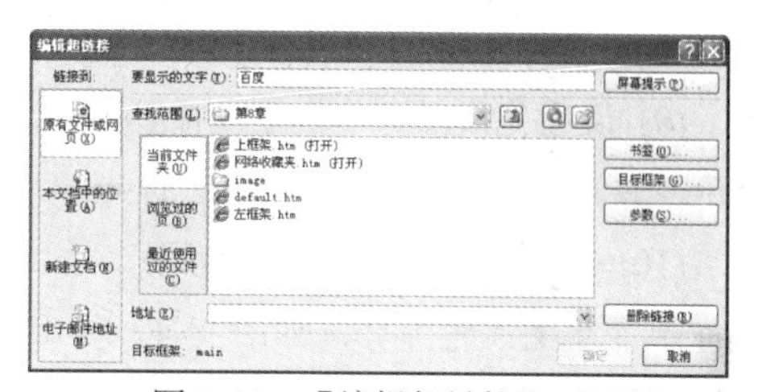

图 8-41　【编辑超链接】对话框

(5) 在该对话框的右侧单击【目标框架】按钮，打开【目标框架】对话框，在【当前框架网页】选项区域选择网页下方的框架，如图 8-42 所示。

(6) 保持其他选项的默认值不变，然后单击【确定】按钮，返回【编辑超链接】对话框，并在【地址】下拉列表框中输入网址：http://www.baidu.com，如图 8-43 所示。输入完成后，单击【确定】按钮，完成该超链接的添加操作。

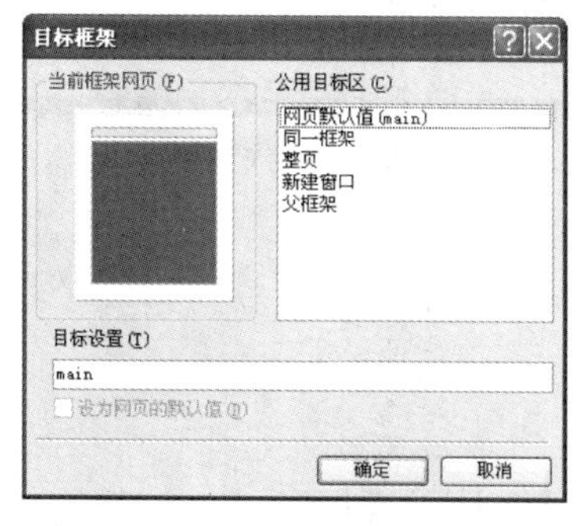

图 8-42　【目标框架】对话框

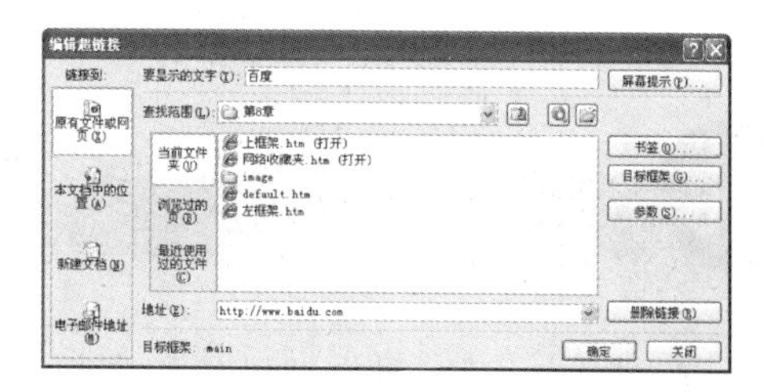

图 8-43　输入网址

提示

注意：在【目标框架】的【公用目标区】列表中共有 5 个选项，选择其中的某个选项，可以设置目标框架网页的打开位置。

(7) 选择【文件】|【保存】命令，打开【另存为】对话框，在该对话框中设置网页的保存位置和保存名称，如图 8-44 所示。

(8) 系统将打开【另存为】对话框，用来保存整个框架集网页，在该对话框中设置网页的保存名称为“网络收藏夹”，如图 8-45 所示。

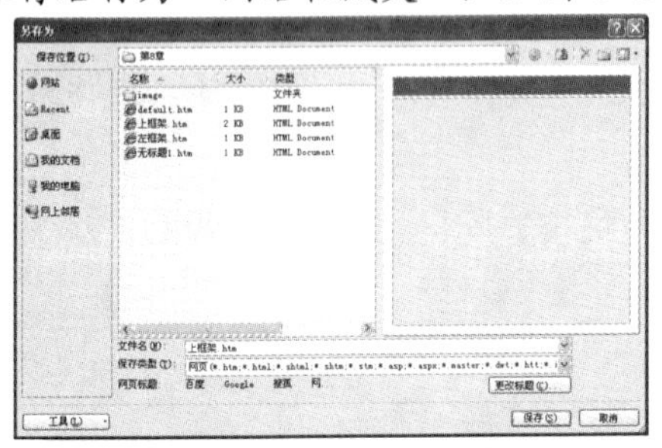

图 8-44 【另存为】对话框(1)

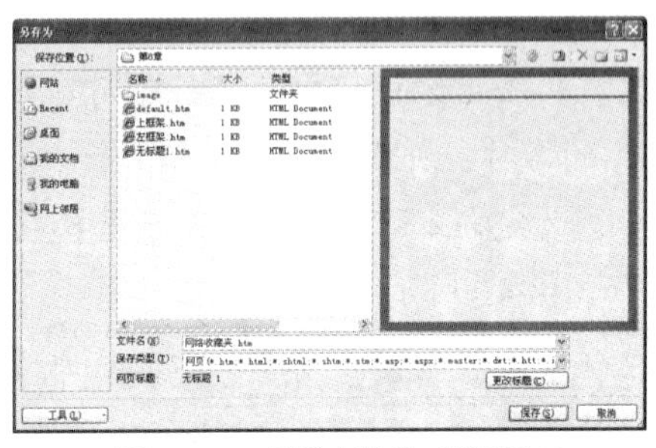

图 8-45 【另存为】对话框(2)

(9) 设置完成后，单击【保存】按钮，完成该框架集网页的保存，保存后的效果如图 8-46 所示，该网页的名称已经自动更新为“网络收藏夹”。

(10) 按下 F12 快捷键进行预览，当单击“百度”超链接时，即可自动在网页下方的框架中打开“百度”的首页，如图 8-47 所示(本例只添加了一个网站的超链接，有兴趣的读者可以将其他的超链接补充完整)。

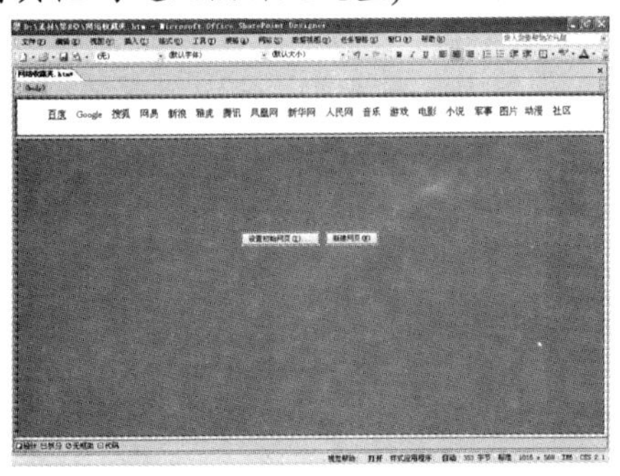

图 8-46 保存后的网页

图 8-47 预览效果

8.6 使用嵌入式框架

在网页中，有一种框架可以不受其他条件的限制而随时插入到网页中，这就是嵌入式框架。使用嵌入式框架，可以使网页的布局更加灵活多样。本节介绍如何插入嵌入式框架和设置嵌入式框架的属性。

8.6.1 创建嵌入式框架

创建嵌入式框架的方法很简单，只需先将光标定位在要插入框架的位置，然后选择【插入】|【HTML】|【嵌入式框架】命令，即可在光标所在的位置插入一个嵌入式框架，如图 8-48 和图 8-49 所示。

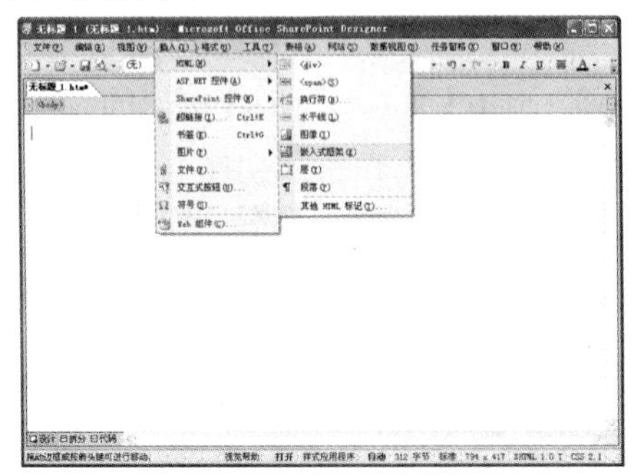

图 8-48　插入嵌入式框架

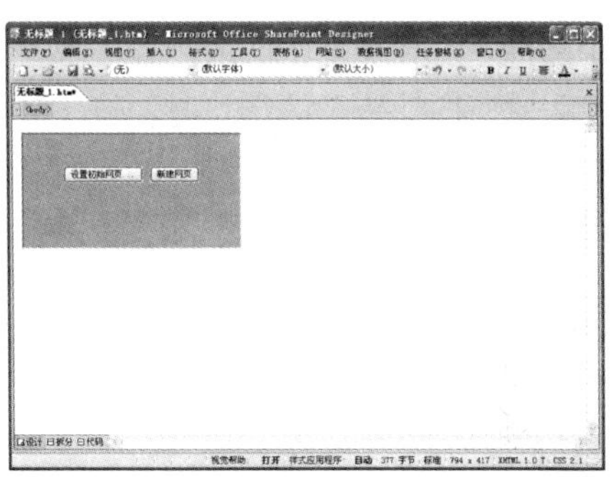

图 8-49　插入后的效果

对嵌入式框架的操作和对普通框架的操作基本相似，单击【设置初始网页】按钮，可以在该框架中设置一个初始网页，单击【新建网页】按钮，可在该框架中新建一个空白网页。

8.6.2 设置嵌入式框架属性

对嵌入式框架的属性设置大多是通过【嵌入式框架属性】对话框来完成的。在需要设置属性的嵌入式框架中右击鼠标，在弹出的快捷菜单中选择【嵌入式框架属性】命令或者在该框架中双击鼠标，都可以打开【嵌入式框架属性】对话框，如图 8-50 和图 8-51 所示。

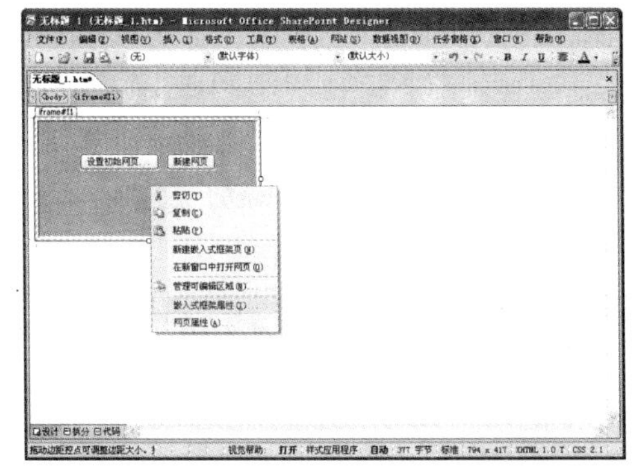

图 8-50　选择【嵌入式框架属性】命令

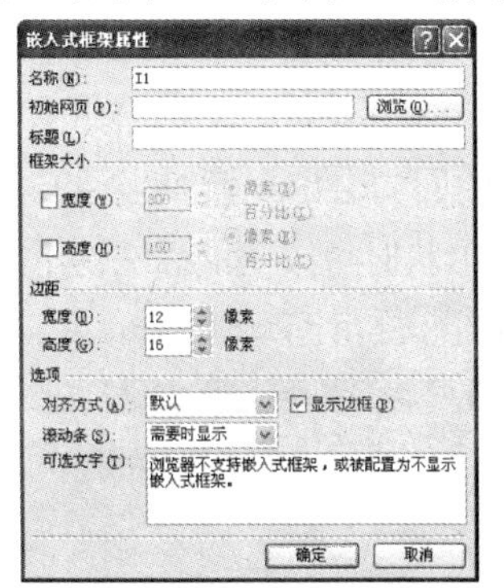

图 8-51　【嵌入式框架属性】对话框

【嵌入式框架属性】对话框中，各个选项的功能如下。

- 【名称】文本框：在该文本框中可以设置框架的名称。
- 【初始网页】文本框：在该文本框中可以设置相应框架中的初始网页的 URL 地址，也可以单击【浏览】按钮，选择已经存在的网页。

- 【框架大小】选项区域：该区域可以用于设置框架的大小，包括框架的宽度和高度，其度量单位可以是“像素”和“百分比”两种。
- 【边距】选项区域：该区域主要用于设置框架的边框和框架中内容之间的距离。
- 【选项】选项区域：该区域可以用于设置框架在网页中的对齐方式、是否显示框架边框、是否显示滚动条以及浏览器不支持框架时的提示信息等 4 种属性。

其中，调整框架的大小也可以使用拖动鼠标的方法来实现，具体方法是：首先选择要调整大小的框架，在该框架的周围将出现 3 个控制点，将鼠标指针移至这些控制点处，当鼠标指针变为“双向箭头”的形状时，按住鼠标左键并不放拖动鼠标，即可改变框架的大小，如图 8-52 和图 8-53 所示。

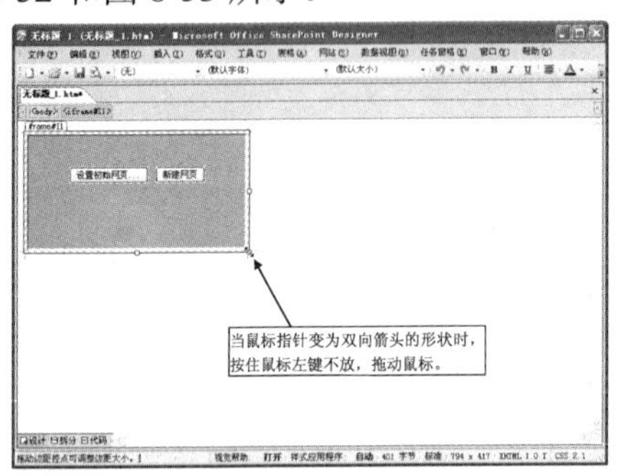

图 8-52　调整框架大小

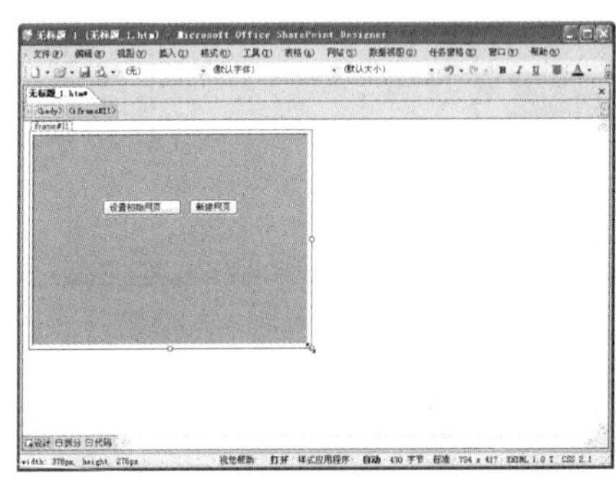

图 8-53　调整后的效果

8.6.3 改变嵌入式框架在网页中的位置

在【嵌入式框架属性】对话框的【对齐方式】下拉列表中，只能对嵌入式框架的位置作有限的设置，实际上，可以通过定位操作来随意的改变嵌入式框架在网页中的位置。

选择要改变位置的嵌入式框架，然后选择【格式】|【定位】命令，打开【定位】对话框，在该对话框的【定位样式】选项区域选择【绝对】选项，如图 8-54 所示，单击【确定】按钮，在该框架的四周会出现横纵坐标线，此时将鼠标指针移至该框架左上方的标签上，当鼠标指针变为✥形状时，按住鼠标左键不放并拖动鼠标，即可将该嵌入式框架拖动至网页中的任何位置，如图 8-55 所示。

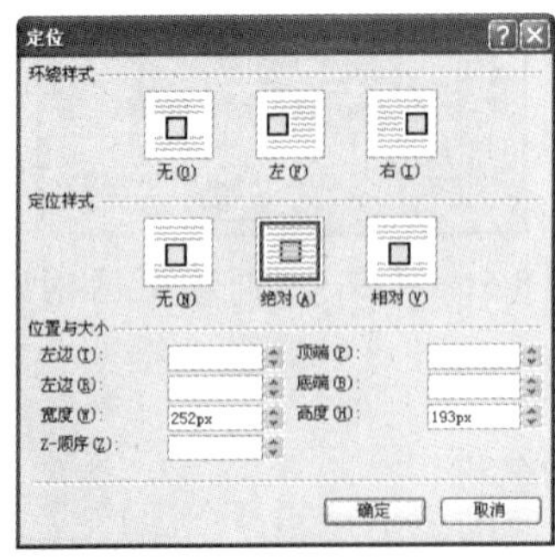

图 8-54　【定位】对话框

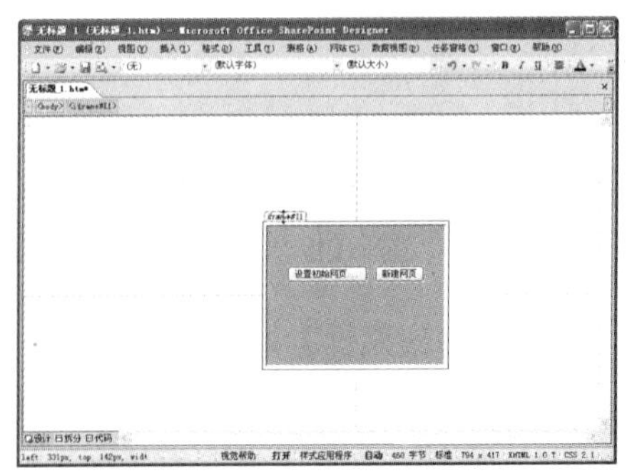

图 8-55　调整框架的位置

8.7 上机实验

本章主要介绍了网页中框架的运用，包括框架网页的创建与保存、如何在框架中填充内容、框架网页的编辑、设置框架网页的属性、超链接到目标框架以及使用嵌入式框架等内容。通过对本章的学习，读者应熟练掌握网页中框架的使用方法。

本次上机实验制作一个简易的年历查询网页，效果如图 8-56 所示。整个网页采用框架进行布局，当用户单击网页左侧框架中的超链接时，其右侧的框架中将显示相应的内容。具体制作方法如下：

(1) 启动 SharePoint Designer 2007，选择【文件】|【新建】|【网页】命令，打开【新建】对话框的【网页】选项卡，如图 8-57 所示。

图 8-56　示例网页

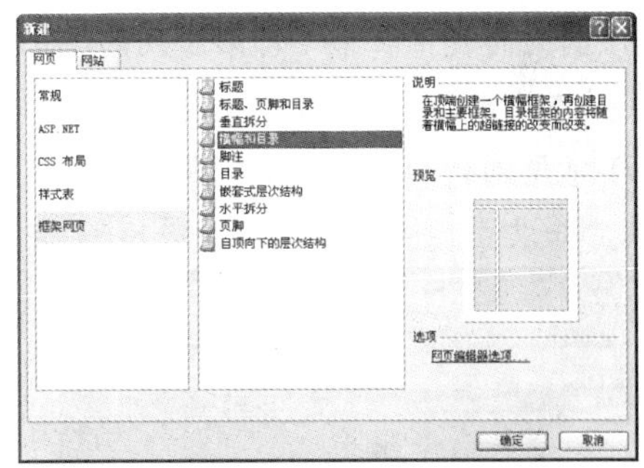

图 8-57　【新建】对话框

(2) 在该对话框左边的列表中选择【框架网页】选项，在右边的列表中选择【横幅和目录】选项，然后单击【确定】按钮，插入一个基于“横幅和目录”模板的框架集网页，如图 8-58 所示。

(3) 单击最上方框架中的【新建网页】按钮，然后在该框架的网页中输入“简易年历查询”，并将其字体设置为“华文楷体”，字号设置为 xx-large，对齐方式设为“居中”，效果如图 8-59 所示。

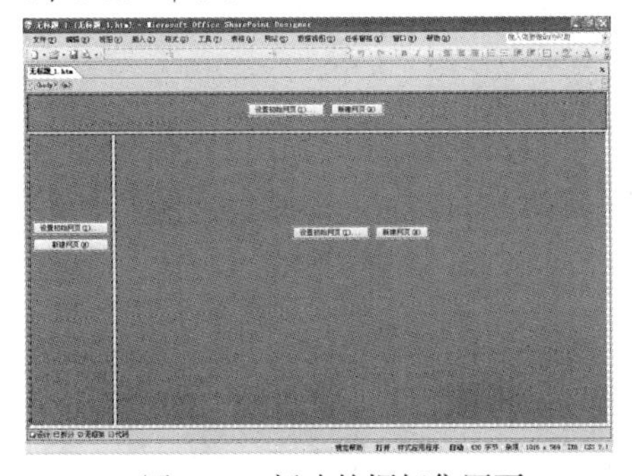

图 8-58　新建的框架集网页

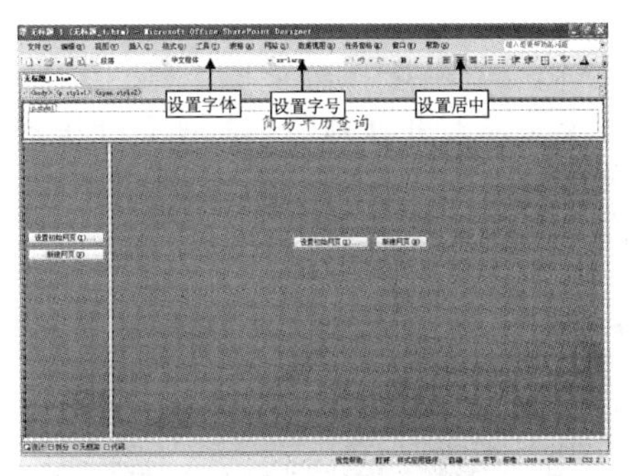

图 8-59　输入文本并设置其格式

(4) 单击左边框架中的【新建网页】按钮，将光标定位在该框架新建的网页中，然后选择【表格】|【插入表格】命令，打开【插入表格】对话框，在该对话框的【行数】微调框中

设置数值为 20，在【列数】微调框中设置数值为 1，如图 8-60 所示。

(5) 设置完成后，单击【确定】按钮，在当前网页中插入一个 20 行 1 列的表格，如图 8-61 所示。

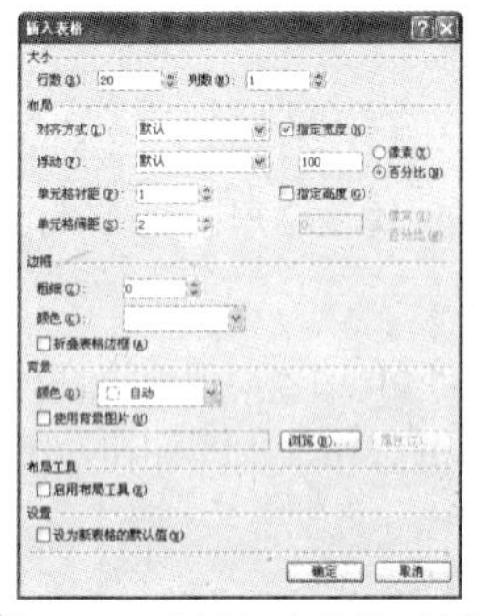

图 8-60　【插入表格】对话框

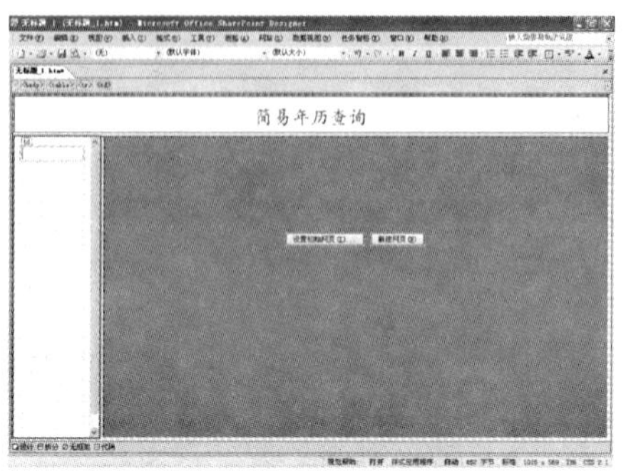

图 8-61　插入表格后的效果

(6) 将光标定位在第 1 行第 1 列的单元格中，在该单元格中输入文本“公元 2002 年”，并将其字体设置为“华文楷体”，对齐方式设置为“居中”，如图 8-62 所示。

(7) 使用同样的方法，分别在第 3 行、第 5 行、第 7 行……第 19 行的单元格中输入相应的文本，并设置其格式，效果如图 8-63 所示。

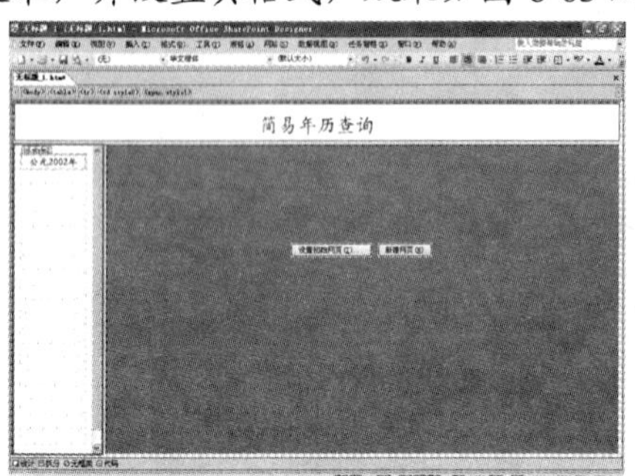

图 8-62　在单元格中输入文本

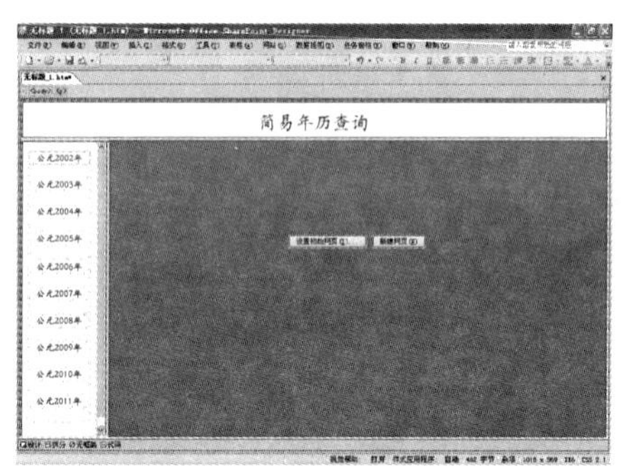

图 8-63　输入文本后的效果

(8) 为了使页面更加美观，可以为单元格设置背景颜色。在按住 Ctrl 键的同时，用鼠标选择所有带有文字的单元格，然后在选中区域右击鼠标，在弹出的快捷菜单中选择【单元格属性】命令，如图 8-64 所示。

(9) 系统将打开【单元格属性】对话框，如图 8-65 所示。

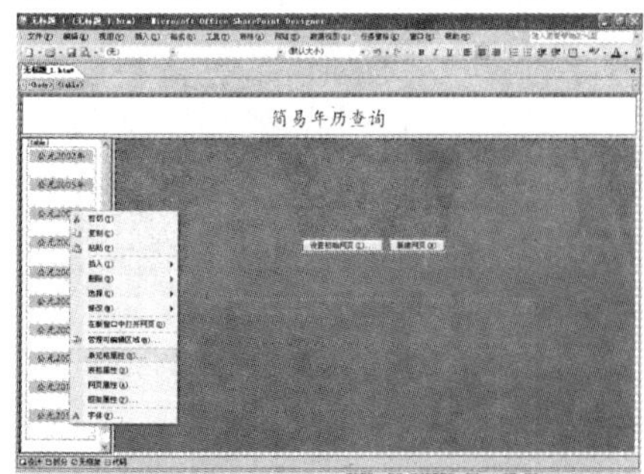

图 8-64　选择【单元格属性】命令

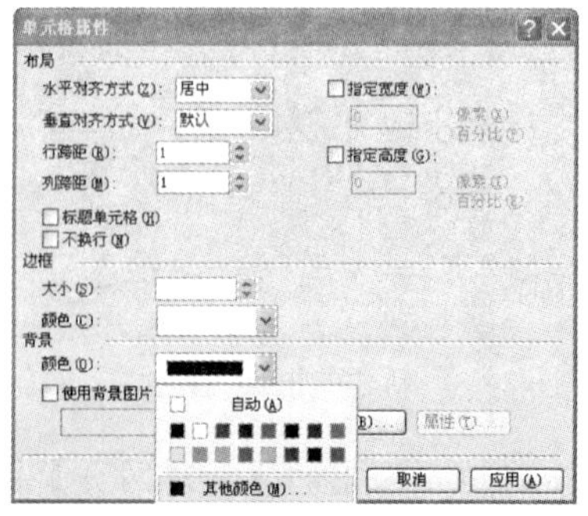

图 8-65　【单元格属性】对话框

(10) 在【单元格属性】对话框【背景】选项区域的【颜色】下拉列表框中选择【其他颜色】选项，打开【其他颜色】对话框，在该对话框中选择如图 8-66 所示的颜色。

(11) 单击【确定】按钮，返回【单元格属性】对话框，然后单击【确定】按钮，即可将选中单元格的背景颜色设置为图 8-67 中所选择的颜色，效果如图 8-67 所示。

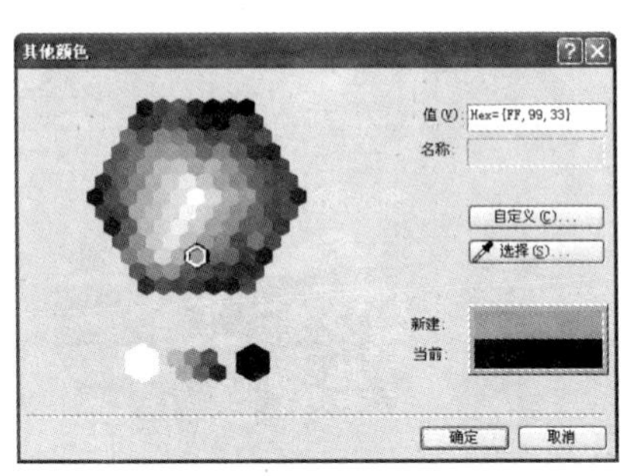

图 8-66　【其他颜色】对话框

图 8-67　设置背景颜色后的效果

(12) 在右侧的框架中单击【设置初始网页】按钮，打开【插入超链接】对话框，在该对话框中选择第 7 章上机实验中制作好的 2009 年日历，如图 8-68 所示。

(13) 设置完成后，单击【确定】按钮，即可成功地在该框架中添加在初始情况下显示的网页，如图 8-69 所示。

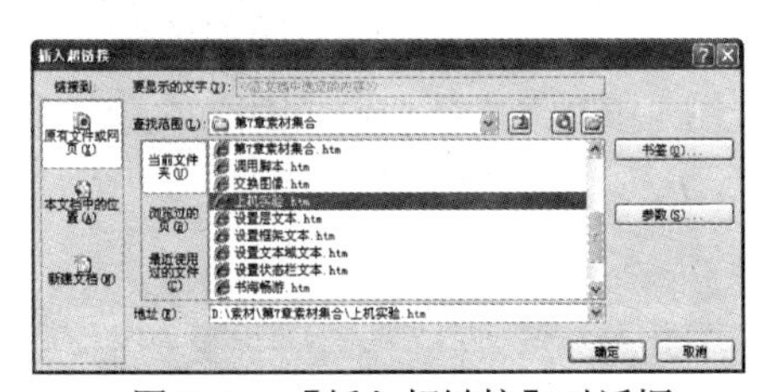

图 8-68　【插入超链接】对话框

图 8-69　设置框架中初始网页后的效果

(14) 选中左侧框架表格第一行中的文本，然后选择【插入】|【超链接】命令，打开【插入超链接】对话框，如图 8-70 所示。

(15) 在该对话框的右侧单击【目标框架】按钮，打开【目标框架】对话框，在【当前框架网页】选项区域选择右边的框架，如图 8-71 所示。

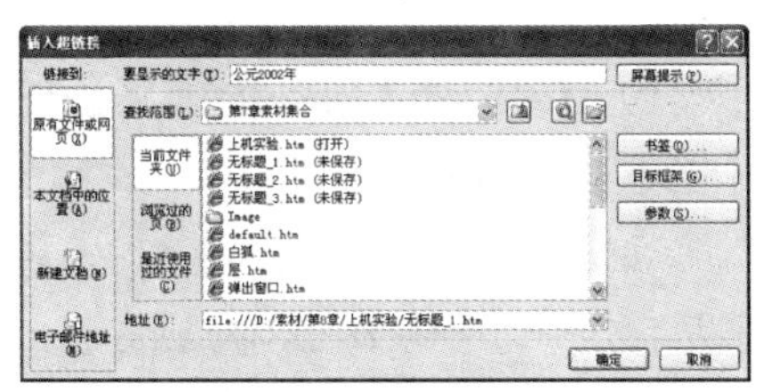

图 8-70　【插入超链接】对话框

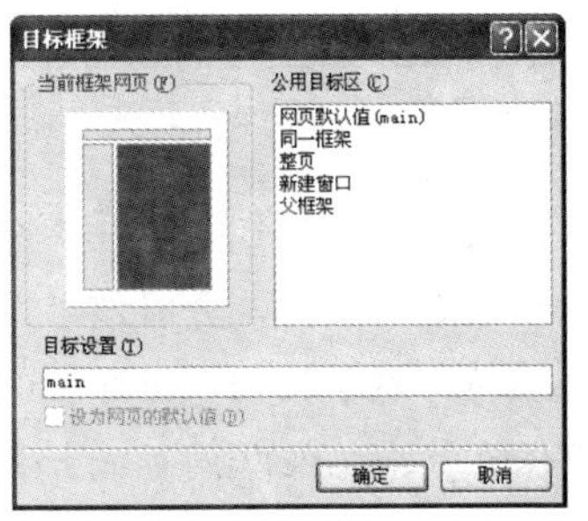

图 8-71　【目标框架】对话框

(16) 选择完成后，单击【确定】按钮，返回【插入超链接】对话框，在该对话框中选择一个事先制作好的网页“2002 年日历”，如图 8-72 所示。

(17) 选择完成后，单击【确定】按钮，完成该超链接的添加。使用同样的方法为表格中的其他文本也添加相应的超链接(目标框架都是该框架集网页中的右框架)，效果如图 8-73 所示。

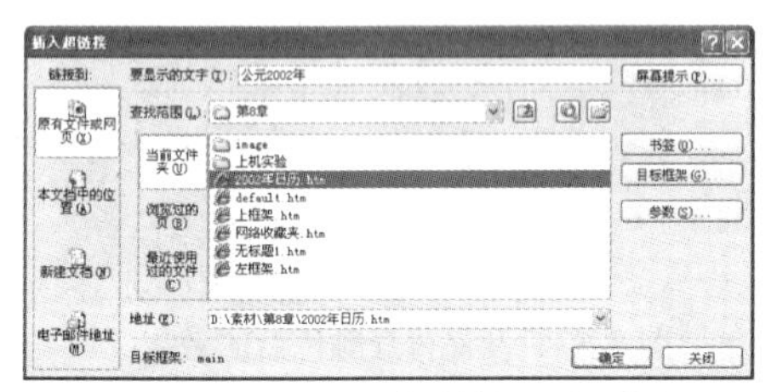

图 8-72 【插入超链接】对话框

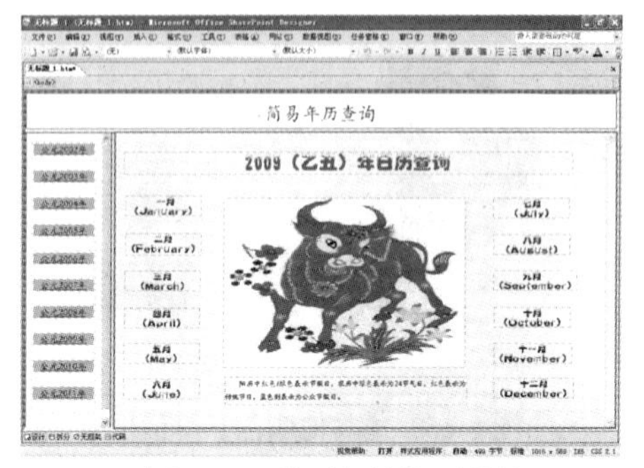

图 8-73 设置超链接后的效果

(18) 默认情况下，在【横幅和目录】模板中，上方框架的大小是不能在浏览器中调整的，而下方左右两个框架的大小可以在浏览器中随意调整。为了保持网页原有的风格，在此应禁止在浏览器中调整框架的大小。

(19) 在左侧的框架中右击鼠标，在弹出的快捷菜单中选择【框架属性】命令，打开【框架属性】对话框，在该对话框的【选项】区域中，取消【可在浏览器中调整大小】复选框，如图 8-74 所示。设置完成后单击【确定】按钮。

(20) 选择【文件】|【保存】命令，打开【另存为】对话框，在该对话框中保存上方框架中的网页，并将该网页命名为“上方框架”，如图 8-75 所示。

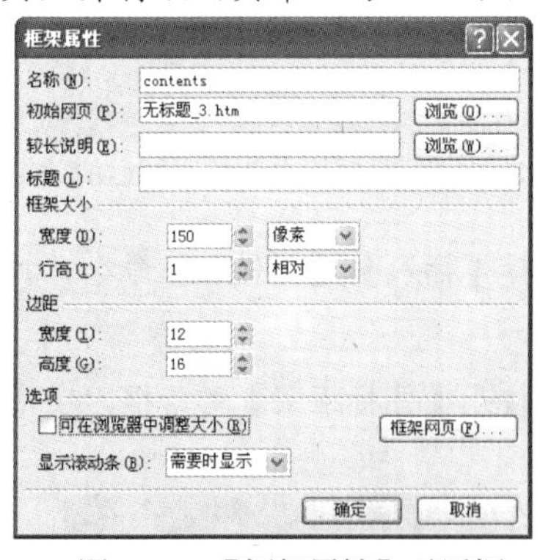

图 8-74 【框架属性】对话框

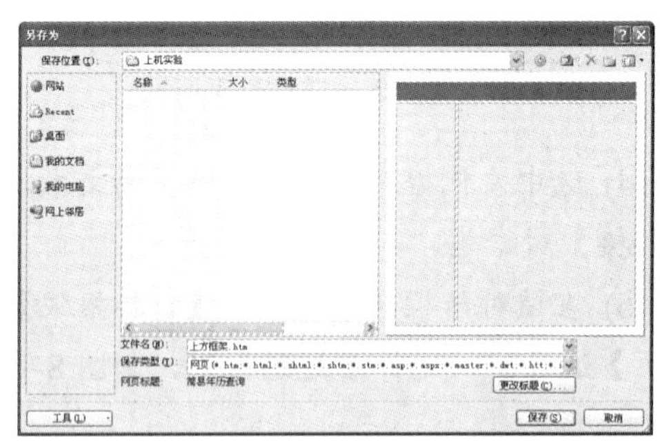

图 8-75 【另存为】对话框

(21) 单击【保存】按钮，保存该网页，同时系统又打开【另存为】对话框，在该对话框中保存左侧框架中的网页，并将该网页命名为“左侧框架”，如图 8-76 所示。

(22) 单击【保存】按钮，保存左侧框架中的网页，同时系统打开【另存为】对话框，在该对话框中保存整个框架集网页，并将其命名为“简易年历查询”，如图 8-77 所示。

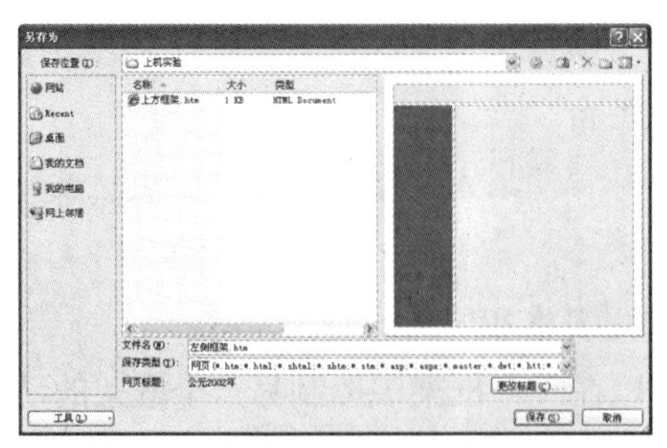

图 8-76　保存左侧框架中的网页

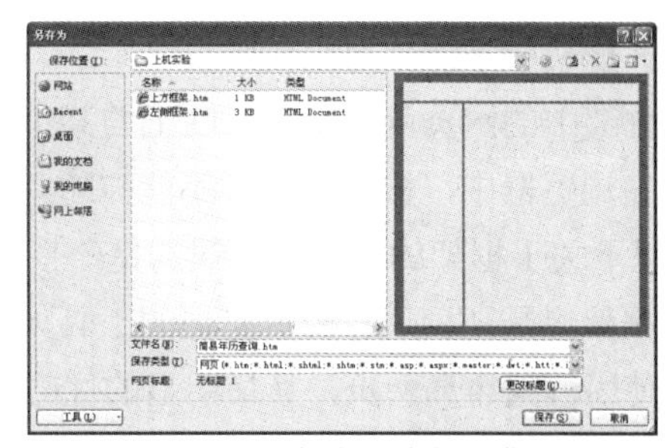

图 8-77　保存整个框架集网页

(23) 单击【保存】按钮，完成整个网页的保存，然后按下 F12 快捷键进行预览，首页效果如图 8-78 所示。当单击左侧框架中的“公元 2002 年”超链接时，右侧框架中即可显示 2002 年的日历，如图 8-79 所示。

图 8-78　预览效果(1)

图 8-79　预览效果(2)

8.8 思考练习

8.8.1 填空题

1. 一般来说，采用框架布局的网页可分为以下 3 种类型：__________、__________和__________。

2. 框架集网页创建完成后，就可以为框架中填充内容了。在框架中填充内容可分为两种方法，一种是__________，另一种是__________。

3. 在使用鼠标拖动的方法调整框架的大小时，若按住__________键，拖动鼠标，则可在光标经过的区域新建一个空白框架。

8.8.2 选择题

1. 以下关于框架的描述中正确的是(　　)。

A. 在框架中只能使用已经存在的网页

B. 在框架中不能使用空白网页

C. 框架中的网页可以是互联网上的某个网站的主页

D. 在浏览器中，框架的大小不能被随意调节

2. 以下关于框架的描述中错误的是(　　)。

A. 框架也是一种进行网页布局的工具，只是它比表格和层更加复杂一些。

B. 使用框架布局网页，其最明显的优势就是可以在一个框架中控制另一个框架的动作，当一个框架中的内容固定不动时，而另一个框架中的内容仍然可以通过滚动条进行上下翻动

C. 有了框架结构，网页设计者就可以更加灵活的划分页面结构，以实现网页设计的个性化。

D. 鉴于框架的各种优点，在网页中使用的框架越多则网页越有个性，打开速度也越快。

3. 以下那种操作不能打开【框架属性】对话框(　　)。

A. 在框架中右击鼠标，在弹出的快捷菜单中选择【框架属性】命令。

B. 将光标定位在框架中，然后选择【格式】|【框架】|【框架属性】命令。

C. 在框架的边框线上右击鼠标，在弹出的快捷菜单中选择【框架属性】命令。

D. 在框架中双击鼠标。

4. 以下关于嵌入式框架的描述中错误的是(　　)。

A. 嵌入式框架可以不受其他条件的限制，而随时的插入到网页中。

B. 对嵌入式框架的操作和对普通框架的操作基本相似，单击【设置初始网页】按钮，可以在该框架中设置一个初始网页，单击【新建网页】按钮，可在该框架中新建一个空白网页。

C. 当用户使用鼠标拖动的方法，调整嵌入式框架的大小时，若在按住 Ctrl 键的同时拖动鼠标，可在光标经过的区域新建一个空白的嵌入式框架。

D. 通过定位操作，可以随意的改变嵌入式框架在网页中的相对位置。

8.8.3 操作题

1. 制作一个框架集网页，并在其中的某个框架中插入一个已经存在的网页。

2. 制作一个左右型的框架网页，要求当浏览者单击左框架中的超链接时，在右框架中即可显示相应的目标端点文档。

表单的使用

本章导读

表单是网页中进行信息交互的最基本元素，它是站点浏览者与网站所有者之间沟通的桥梁，是 Internet 用户与服务器进行信息交流的主要工具。使用表单可以在网页上制作留言等，供浏览者发表意见。另外，网站中的注册、聊天室、在线调查、网上购物等页面都是利用表单制作的。本章介绍 SharePoint Designer 2007 中表单的使用方法。

重点和难点

- 表单和表单标签
- 认识表单对象
- 表单的基本操作
- 学会制作表单

9.1 表单基础知识

表单在网页中有着非常广泛的应用，如留言板、搜索引擎、注册程序等。表单一般包括说明性文字、用于输入文本的文本域、用于选择项目的单选按钮和复选框、用于显示选项列表的列表框以及用于发送命令的提交和重置按钮等内容。

9.1.1 表单和表单标签

在网页中，表单的主要作用是从客户端收集用户输入的信息，然后提交到服务器端并由特定的程序处理，处理结束后，通常还会向用户反馈处理结果的提示信息。因此，表单的完整定义应该包含两部分内容，即用于收集用户信息的表单对象集合和用于对收集信息进行处理的处理过程。

在 HTML 语言中使用<form>标签来定义一个表单区域，<form>标签被称为表单标签，该标签可将一组表单元素有机地组合在一起，同一表单标签中的表单元素将会被统一收集并提交，然后由目标位置的处理程序统一处理。

在<form>标签中，可以对表单的一些属性，例如，提交动作、传输方法、MIME 类型等属性进行设置，以使表单符合设计者的要求并实现指定的功能。

关于 HTML 语言，有兴趣的读者可参考相关的书籍进行学习，本节只对<form>标签中的几个常用属性作简要说明。

(1) name 属性：用于为该表单标签设置一个名称，以方便脚本程序对该表单区域内的数据进行检查或赋值等操作。

(2) id 属性：用于为该表单设置一个 id 号，对该表单标签进行标识，同时也方便脚本程序对该表单标签的操作和控制。

(3) method 属性：用于设置传输数据的方法，该属性具有以下 3 个可选参数。

- post 方法和 get 方法：这两种方法都用来获取客户端数据并将其提交至目标处理程序。所不同的是，get 方法是从服务器上获取数据，而 post 方法是向服务器传送数据；get 方法是把参数数据队列加到提交表单的 action 属性所指的 URL 中，值和表单内各个字段一一对应，在 URL 中可以看到，而 post 方法是通过 HTTP post 机制，将表单内各个字段与其内容放置在 HTML HEADER 内一起传送到 action 属性所指向的 URL 地址，用户看不到这个过程；对于 get 方法，服务器端用 Request.QueryString 获取变量的值，对于 post 方式，服务器端用 Request.Form 获取提交的数据。
- 默认方法：该方法使用浏览器的默认设置将表单数据发送到服务器端。

(4) encyte 属性：用于设置提交数据所使用 MIME 编码类型，它具有以下两个可选参数。

- Application/x-www-form-urlencode：该类型通常与 post 方法配合使用。
- Multipart/form-data：该类型主要用于向服务器端上传文件。

(5) Target 属性：用于设置该表单提交时，处理页面的打开方式，它的参数值主要有：_blank、_parent、_self、_top。

- _blank：在新浏览器窗口中打开目标文档。
- _parent：将链接的文档载入含有该链接框架的父框架集或父窗口中。如果含有该链接的框架不是嵌套的，则在浏览器全屏窗口中载入链接的文档。
- _self：在同一框架或窗口中打开目标文档。此参数为默认值，通常不用指定。
- _top：在当前的整个浏览器窗口中打开需要显示的目标文档，因此会删除所有的框架。

9.1.2 认识表单对象

在 SharePoint Designer 2007 中，表单的输入类型被称为表单对象。可以在网页中插入表单和创建各种表单对象，这些表单对象包括文本框、密码框、文件框、提交按钮、重置按钮、单选按钮和复选框等。

启动 SharePoint Designer 2007，选择【任务窗格】|【工具箱】命令，如图 9-1 所示，打开【工具箱】任务窗格，该任务窗格的【表单控件】列表列出了 SharePoint Designer 2007 提供的大部分的表单对象，如图 9-2 所示。双击其中的某个对象，即可将该对象插入到网页中

光标所在的位置。

图 9-1　选择【任务窗格】|【工具箱】命令

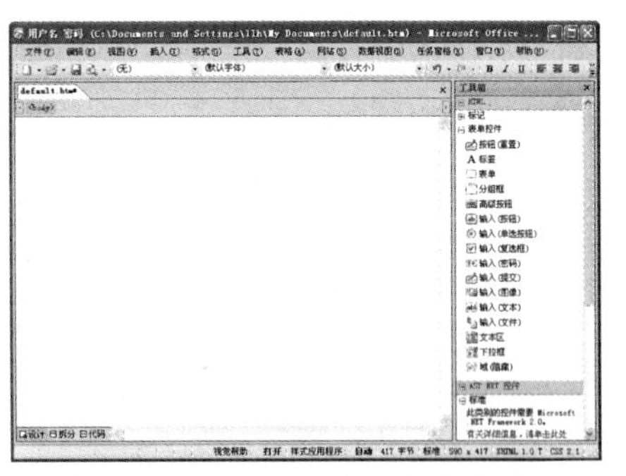

图 9-2　打开【工具箱】任务窗格

1. 文本框

在 HTML 的语言规范中，文本框被分为 3 类：单行文本框、多行文本框和密码框。除了多行文本框使用<textarea>标签来定义外，其他两种都使用<input>标签来定义。双击【工具箱】任务窗格【表单控件】列表中的【输入(文本)】选项，可以在网页中插入一个单行文本框；双击【文本区】选项，可以在网页中插入一个多行文本框；双击【输入(密码)】选项，可以在网页中插入一个密码框。预览效果如图 9-3 所示。

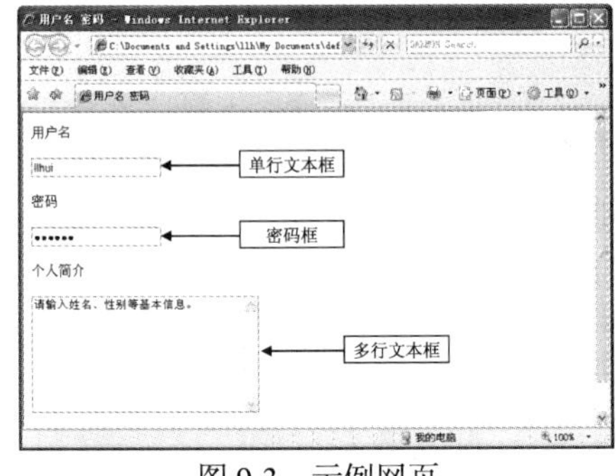

图 9-3　示例网页

提示

密码框中输入的内容在显示时，将被操作系统中默认的密码占位符所取代。

2. 按钮

与表单相关的按钮主要有以下 3 种类型：提交按钮、重置按钮和普通按钮，如图 9-4 所示。当用户单击提交按钮时，浏览器会将相应表单中的数据提交到服务器端，单击重置按钮时会把用户先前在该表单中输入且尚未被提交的数据全部清空或是还原到初始状态，单击普通按钮时，在默认状态下不会引起任何的表单动作，但通过网页脚本程序的控制，可以使该按钮实现各种不同的功能。这些按钮都使用<input>标签来定义。

3. 单选按钮和复选框

当用户只能从一组选项中选择其中的一个选项时，可以使用单选按钮。单选按钮分为两种状态，一种是选中状态，一种是未选中状态。与之相对应的是复选框，当用户需要从一组选项中选择多个选项时，可以使用复选框。复选框也有选中和未选中两种状态。如图 9-5 所示。

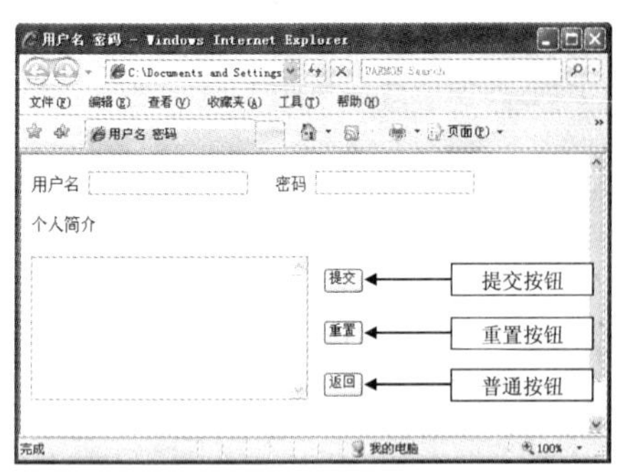

图 9-4　按钮示例

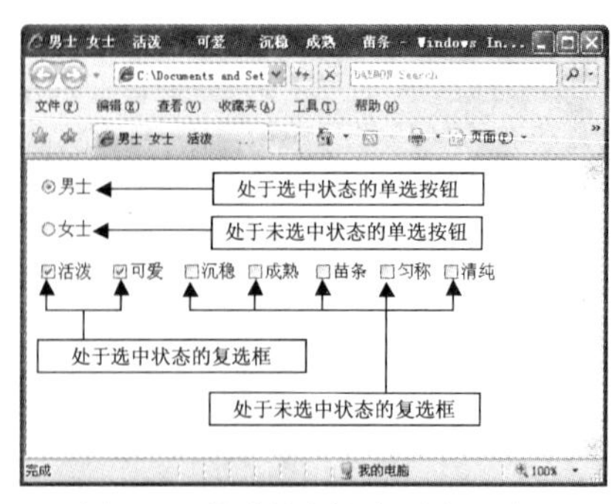

图 9-5　单选按钮和复选框示例

4. 列表框

在 HTML 的语言规范中，列表框分为 3 种类型：列表、菜单和跳转菜单，它们都使用<option>标签来定义。列表是一个可以同时显示多个选项并具有滚动条的选项框，使用鼠标单击即可选中其中的某个选项；菜单是一个下拉列表框，初始状态下只能显示一个选项，当需要更改选项时，应单击其右侧的下拉按钮，然后在弹出的下拉列表中进行选择即可，如图 9-6 所示；跳转菜单则是由菜单与网页脚本进行组合的结果，在其中选择某个菜单项后，当前网页将自动跳转到相应的目标网页。

5. 文件框

文件框指的是这样一种表单对象，当单击其右侧的【浏览】按钮时，系统会自动打开一个选择文件的对话框，在该对话框中，可以选择本地磁盘中的文件，选择完成后，在该框中会自动获取被选择文件的 URL 地址，如图 9-7 所示。

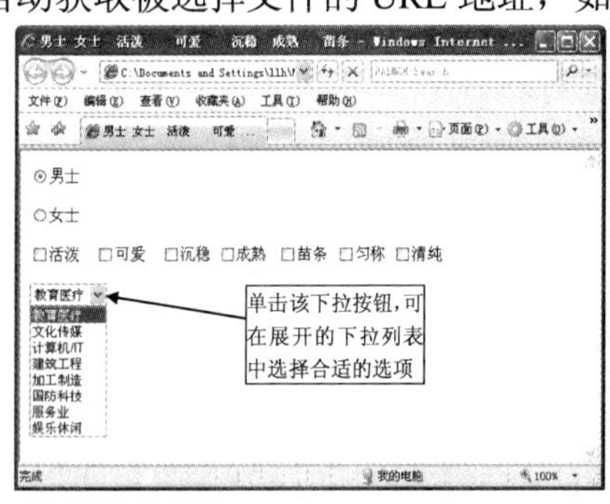

图 9-6　下拉菜单示例

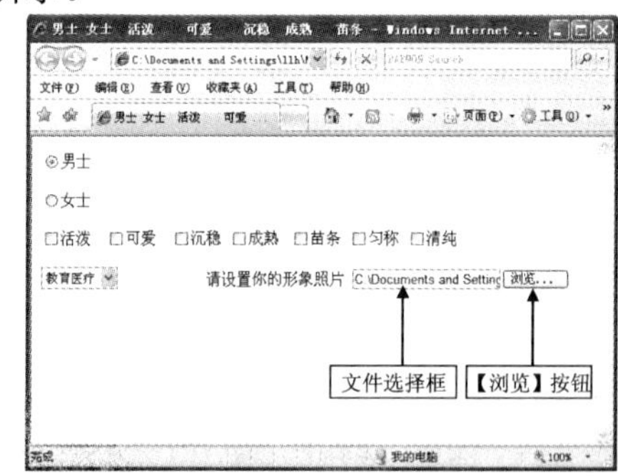

图 9-7　文件框示例

6. 隐藏域

隐藏域是用来收集或发送信息的不可见元素，对于网页的访问者来说，隐藏域是看不见的。当表单被提交时，隐藏域就会将信息用设置时定义的名称和值发送到服务器上。例如，输入的用户名、E-mail 地址或其他参数，当下次访问站点时能够使用所输入的这些信息。

9.2 表单的基本操作

要在网页中使用表单，首先要熟悉关于表单的基本操作。表单的基本操作主要包括：插入表单标签、文本框、按钮、单选按钮、复选框、菜单以及对各种表单对象进行相关的属性值设置等。

9.2.1 插入表单标签

单独的表单对象是没有任何意义的，因为离开了表单标签，表单对象中的值就无法传递给服务器端，其获取用户信息的作用就失效了。在实际的运用中，表单对象都是被放置在表单标签中的。因此，要在网页中插入一个表单对象，首先要插入表单标签。

要插入表单标签，可以直接双击【工具箱】任务窗格【表单控件】列表中的【表单】选项，即可在光标所在的位置插入一个表单标签，如图 9-8 所示。插入一个表单标签后，该表单标签定义的表单区域将以一个虚线框框住，如图 9-9 所示。所有属于该表单的表单对象都应插入到该虚线框中。该虚线框只是对一个表单区域的标识，在浏览器中并不会显示出来。

图 9-8　插入表单标签

图 9-9　表单标签的虚线框

另外，SharePoint Designer 2007 为用户提供了一个方便的可视化编程窗口，选择【任务窗格】|【标记属性】命令，可以打开【标记属性】任务窗格，在该任务窗格中，可以对表单标签的各种属性进行设置。例如，要设置 method 属性，可以单击该属性右侧的文本框，在弹出的下拉菜单中选择 post 方法或 get 方法即可，如图 9-10 所示。

图 9-10　设置表单属性

提示

在 SharePoint Designer 2007 中，当直接在网页中插入一个表单对象时，系统会自动为该表单对象添加 <form>标签。

9.2.2 插入文本框

文本框是表单中最常见的一种元素，主要用来获取用户输入的文本信息。例如，在注册的过程中所输入的用户名和密码等文本信息。文本框分为单行文本框、多行文本框和密码文本框，他们插入的方法也各不相同。

1. 插入单行文本框

在【工具箱】任务窗格的【表单控件】列表中，双击【输入(文本)】选项，即可在光标所在位置插入一个单行文本框，如图 9-11 所示。选中该单行文本框，在该文本框右侧和下侧的框线上将出现 3 个控制点，使用鼠标拖动这些控制点，可以改变该文本框的大小。

在该文本框上双击鼠标，可以打开【文本框属性】对话框，如图 9-12 所示。在【名称】文本框中可以设置该文本框的名称即 name 值(注意该值必须以英文字母或下划线开头，随后必须是英文字幕、数字或下划线)；在【初始值】文本框中可以设置该文本框在初始状态下显示的数据。

图 9-11　插入单行文本框

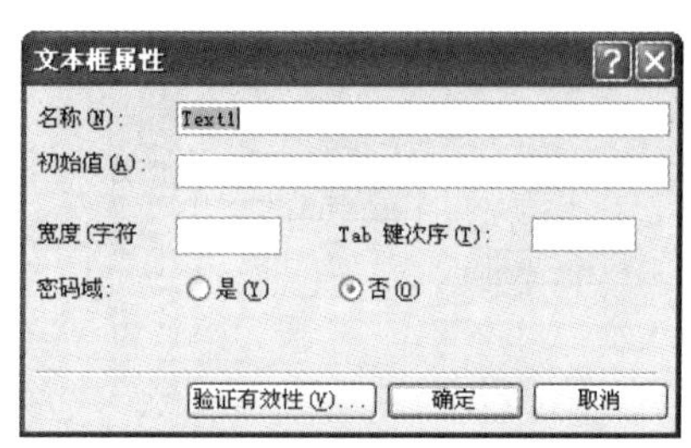

图 9-12　【文本框属性】对话框

单击【验证有效性】按钮，可以打开【文本框有效性验证】对话框，如图 9-13 所示。在该对话框中可以设置该文本框中输入的数据的格式。例如，输入数值的类型、输入数据的最小和最大长度等。

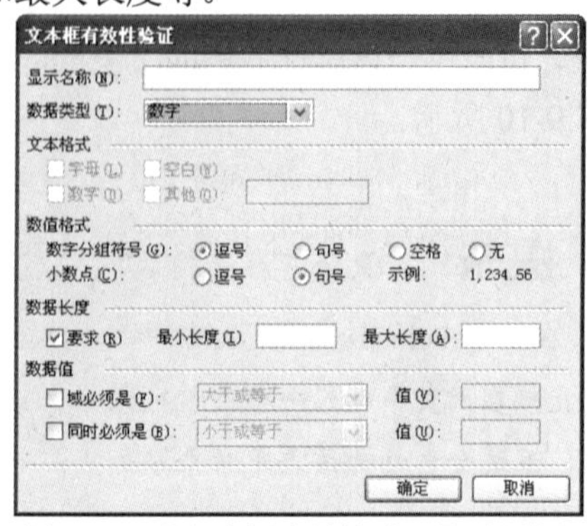

图 9-13　【文本框有效性验证】对话框

提示

在【文本框属性】对话框中，若在【密码域】选项区域选中【是】单选按钮，则可将该文本框转化为密码框。

2. 插入多行文本框

在【工具箱】任务窗格的【表单控件】列表中，双击【文本区】选项，可以在光标所在位置插入一个多行文本框，如图 9-14 所示。该文本框和单行文本框一样，也可以用拖动鼠标的方法调整其大小。

在该文本框上双击鼠标，可打开【文本区属性】对话框，如图 9-15 所示。在该对话框中，可以设置该文本框的相关属性。

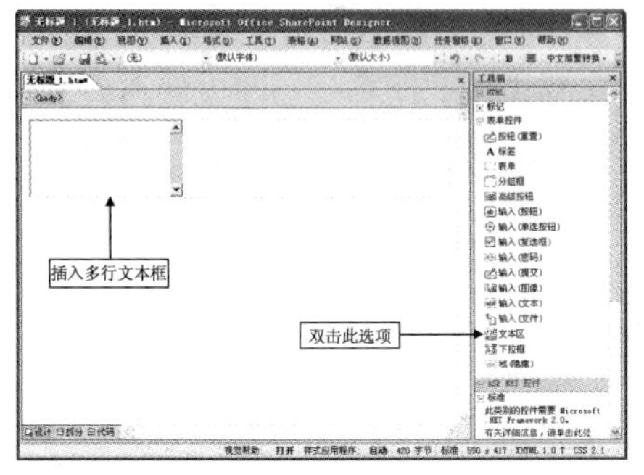

图 9-14　插入多行文本框

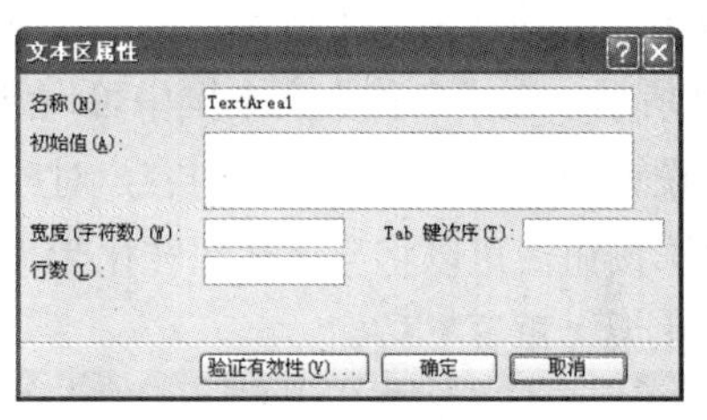

图 9-15　【文本区属性】对话框

提示

在单行文本框中，无论输入的文本有多长，该文本都不能换行，而在多行文本框中，输入的文本会根据文本框的大小自动换行。

3. 插入密码框

在【工具箱】任务窗格的【表单控件】列表中，双击【输入(密码)】选项，可在光标所在位置插入一个密码框，如图 9-16 所示。密码框和单行文本框比较相似，只是 type 属性不同。在该文本框上双击鼠标，可以打开【文本块属性】对话框，如图 9-17 所示。在该对话框中，可以设置该密码框的相关属性。

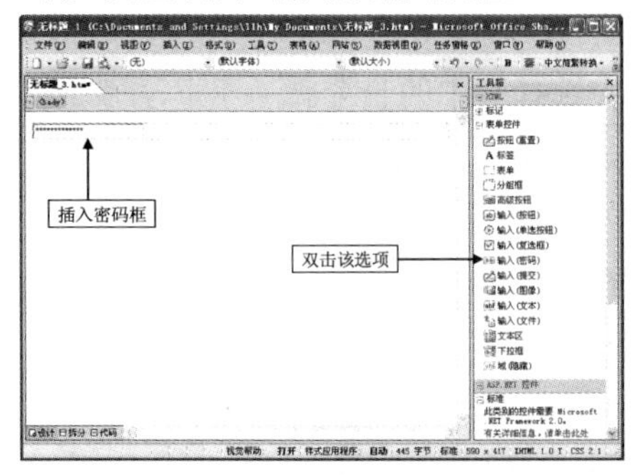

图 9-16　插入密码框

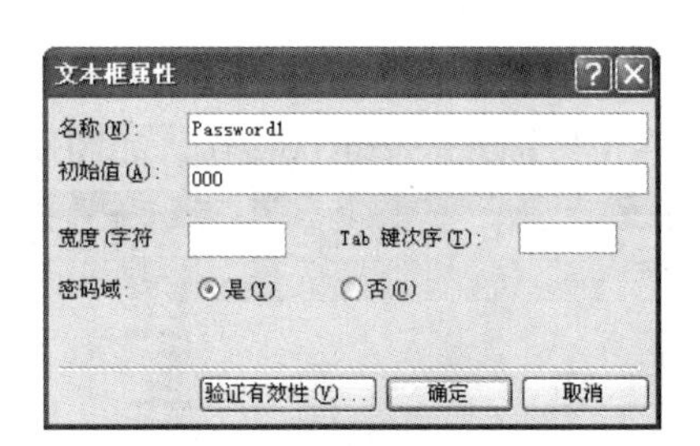

图 9-17　【文本框属性】对话框

在密码框中，无论是为其设置初始值，还是在其中输入数据，这些数据在浏览器中都将以系统默认的密码占位符所取代。

9.2.3 插入按钮

按钮是表单中一个非常重要的表单对象，对用户输入结果的确认以及提交都需要通过按钮来完成。按钮对表单主要起到一个控制的作用，如果表单离开了按钮，表单中的信息将无法完成提交，表单也就失去了存在的意义。

在前面的章节中介绍过，按钮分为 3 种类型：提交按钮、重置按钮和普通按钮。如图 9-18 所示，在【工具箱】任务窗格的【表单控件】列表中，双击相应的选项，即可插入这些按钮。

双击其中的任何一个按钮，例如，双击“提交”按钮，将打开【按钮属性】对话框，如图 9-19 所示。在【名称】文本框中可设置按钮的名称，对应 name 属性；在【值/标签】文本框中可设置当前按钮上显示的内容，对应 value 属性；在【按钮类型】选项区域，选中【普通】单选按钮，可以将当前按钮转化为“普通”按钮，选中【重置】单选按钮，可以将当前按钮转化为“重置”按钮。

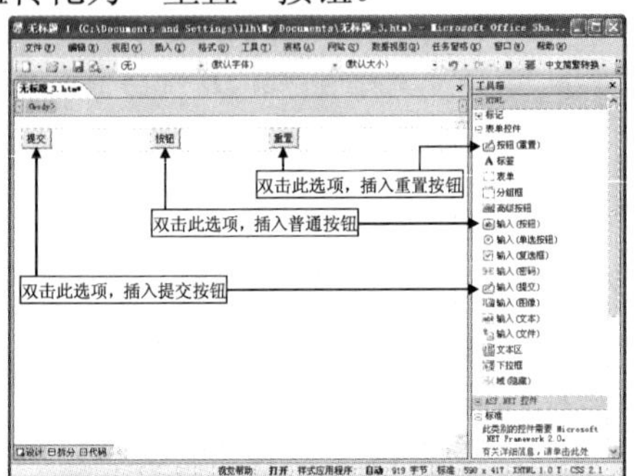

图 9-18　插入按钮

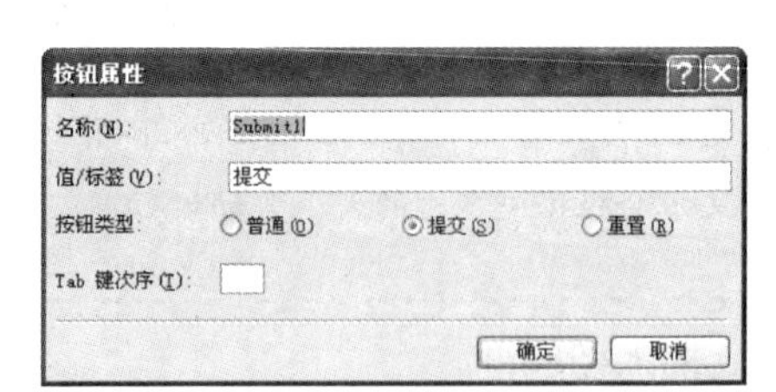

图 9-19　【按钮属性】对话框

9.2.4 插入单选按钮

当需要在网页中提供一组互斥的选项时(例如性别选项)就需要用到单选按钮。一般来说，单选按钮都是成组出现的，要求用户在这一组选项中选择其中的一个。

在【工具箱】任务窗格的【表单控件】列表中，双击【输入(单选按钮)】选项，可以在光标所在位置插入一个单选按钮，如图 9-20 所示。

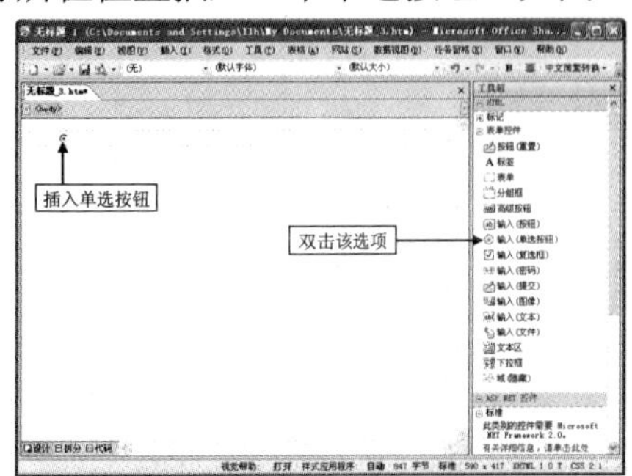

图 9-20　插入单选按钮

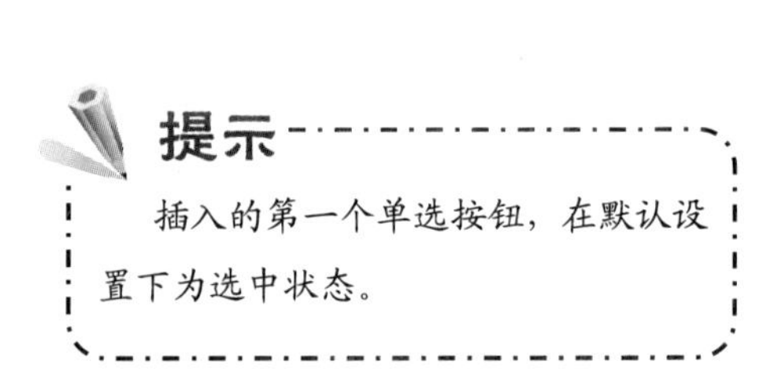

双击插入的单选按钮，打开【选项按钮属性】对话框，如图 9-21 所示。在【组名称】文本框中可以设置该单选按钮所属的分组。组名称对于单选按钮是非常重要的，每一个单选按钮都有一个组名，表示它属于哪个按钮组，在同一个按钮组中的单选按钮不能同时选中两个以上，默认情况下组名称为 Radio1。在【值】文本框中可以设置在该单选按钮被选中时应提交给服务器端的值。在【初始状态】选项区域可以设置该单选按钮在初始状态下是否处于选中状态。

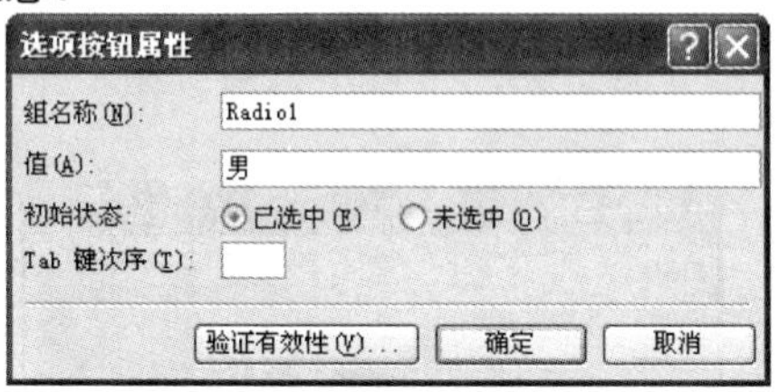

图 9-21　【选项按钮属性】对话框

提示

需要注意的是，在同一组单选按钮中，任何时候只能有一个单选按钮处于选中状态。

【练习 9-1】在网页中插入两组单选按钮。

(1) 启动 SharePoint Designer 2007，并新建一个网页。选择【任务窗格】|【工具箱】命令，打开【工具箱】任务窗格，如图 9-22 所示。

(2) 在【工具箱】任务窗格的【表单控件】列表中双击【表单】选项，建立一个表单标签。然后在该标签中输入文本“请选择你的性别”。输入完成后按两下 Enter 键换行，在【表单控件】列表中，双击【输入(单选按钮)】选项，插入一个单选按钮，如图 9-23 所示。

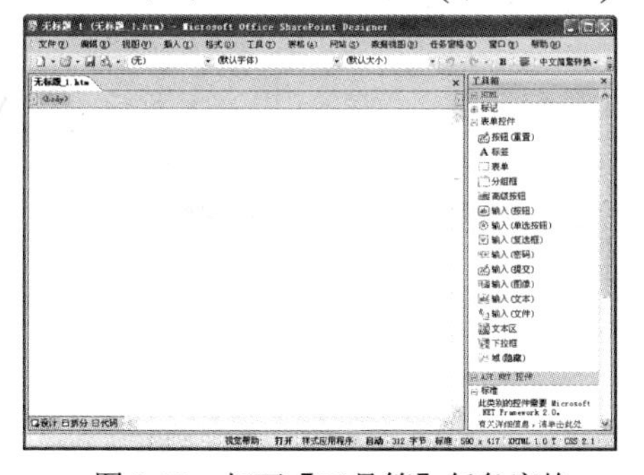

图 9-22　打开【工具箱】任务窗格

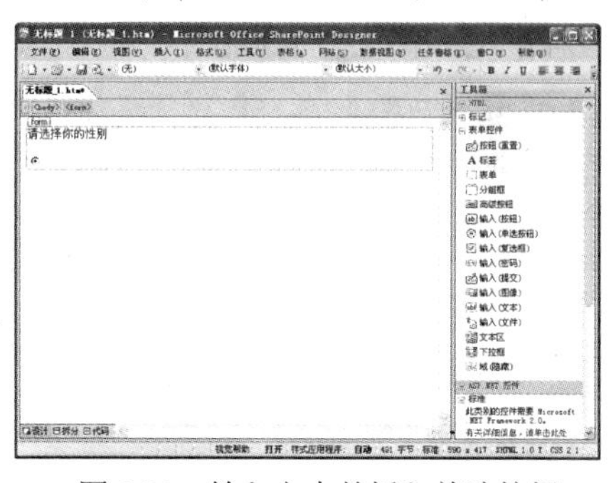

图 9-23　输入文本并插入单选按钮

(3) 将光标定位在该单选按钮的右侧，然后输入文本“男士”，使用同样的方法，在同一行中再插入一个单选按钮，并在该单选按钮的右侧输入文本“女士”，如图 9-24 所示。

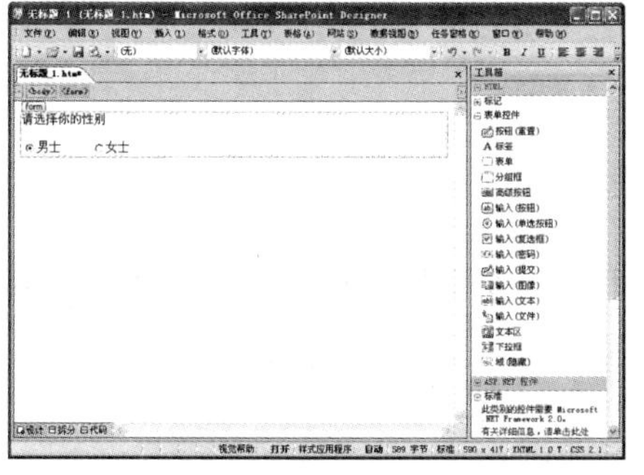

图 9-24　输入相关文本

提示

为了排版的整齐，两个选项之间应用空格隔开，用户可以根据版面的需求，适当的进行调整。

(4) 另起两行，并输入文本“请选择你的学历”。输入完成后，按两下 Enter 键换行，然后按照第(2)步和第(3)步的方法，插入单选按钮，并输入相应的文本，效果如图 9-25 所示。

(5) 双击文本“男士”左侧的单选按钮，打开【选项按钮属性】对话框，在【组名称】文本框中输入 Radio1，在【值】文本框中输入“男士”，初始状态设置为【已选中】，如图 9-26 所示。单击【确定】按钮，完成该单选按钮的属性设置。

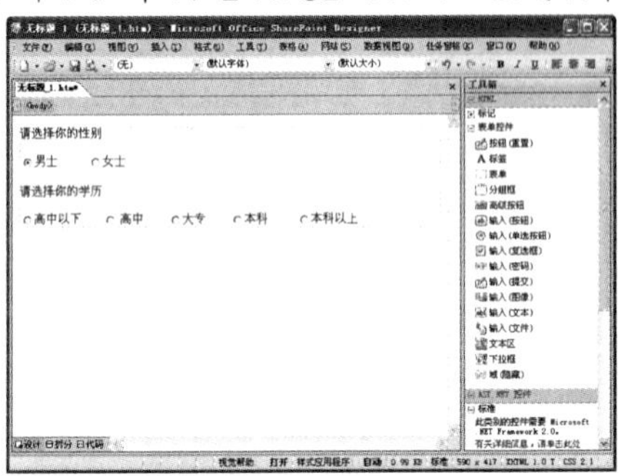

图 9-25　插入按钮并输入相关文本

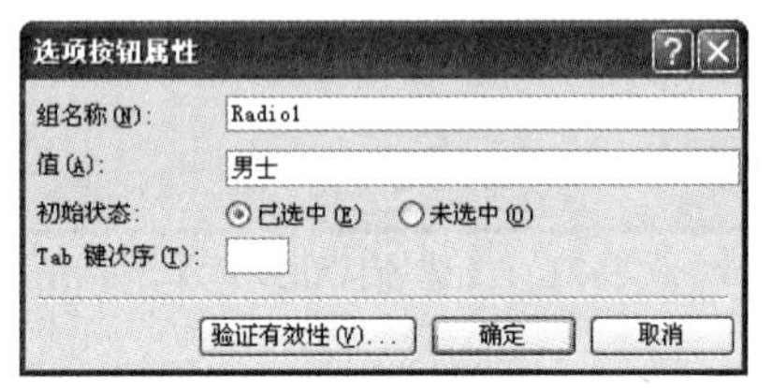

图 9-26　【选项按钮属性】对话框

(6) 双击文本“女士”左侧的单选按钮，打开【选项按钮属性】对话框，设置其【组名称】为 Radio1，在【值】文本框中输入“女士”，【初始状态】设置为【未选中】，如图 9-27 所示。单击【确定】按钮，完成该单选按钮的属性设置。

(7) 使用同样的方法设置其他单选按钮的属性，需要注意的是，应将第二组单选按钮的【组名称】统一设置为 Radio2。

(8) 设置完成后，保存该网页，然后按下 F12 键进行预览，效果如图 9-28 所示。从图中可以看出，所有的单选按钮已被分为两组，每组只能有一个单选按钮处于选中状态。

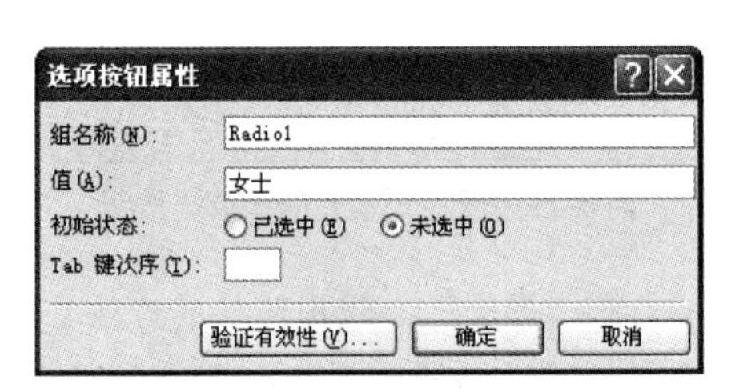

图 9-27　【选项按钮属性】对话框

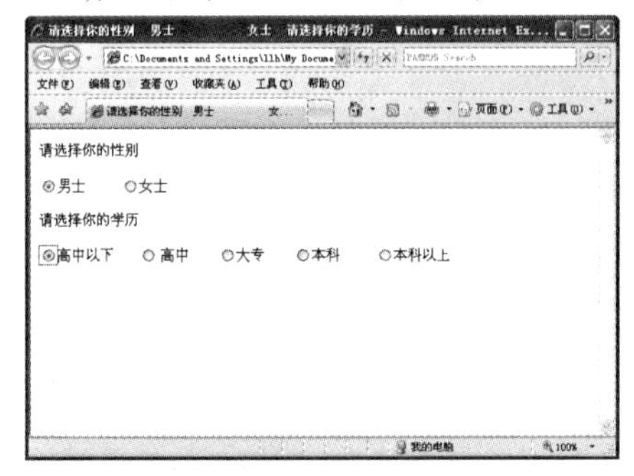

图 9-28　预览效果

9.2.5 插入复选框

如果把单选按钮比作是考试中的单项选择题，那么，复选框就相当于是多项选择题。采用复选框，允许用户从一组数据中选择多个数据进行提交，例如，选择爱好、特长等。复选框常常会被用在在线调查、信息反馈等页面。

下面通过一个具体实例来说明表单中复选框的使用方法。

【练习 9-2】在网页中插入一组复选框。

(1) 继续【练习 9-1】中的操作，另起两行，然后输入文本“请选择你的爱好”，如图 9-29 所示。

(2) 按两次 Enter 键进行换行，然后在【工具箱】任务窗格的【表单控件】列表中双击【输入(复选框)】选项，插入一个复选框，并在该复选框右侧输入文本“听音乐”，如图 9-30 所示。

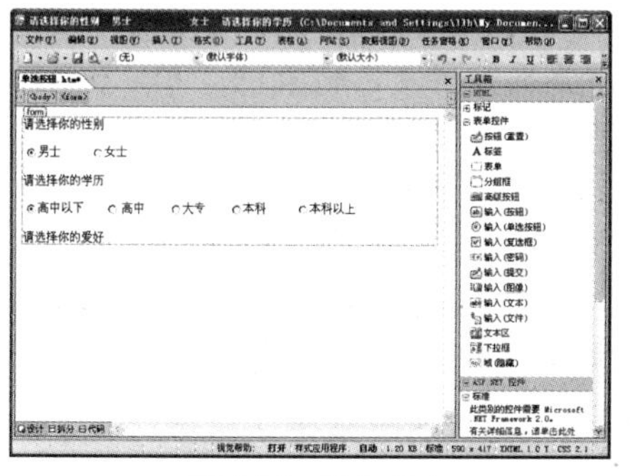

图 9-29　输入文本

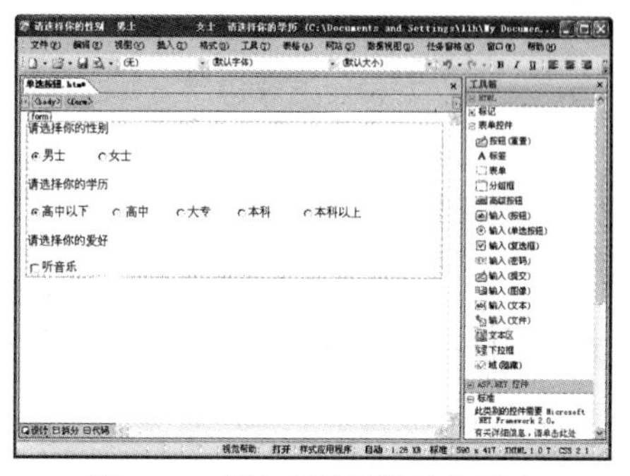

图 9-30　插入复选框并输入文本

(3) 使用同样的方法在当前表单标签中插入其他复选框，并输入相应的文本，效果如图 9-31 所示。

(4) 双击“听音乐”文本左侧的复选框，打开【复选框属性】对话框，在【名称】文本框中保持其默认设置，在【值】文本框中输入“听音乐”，设置其【初始状态】为【选中】状态，如图 9-32 所示。

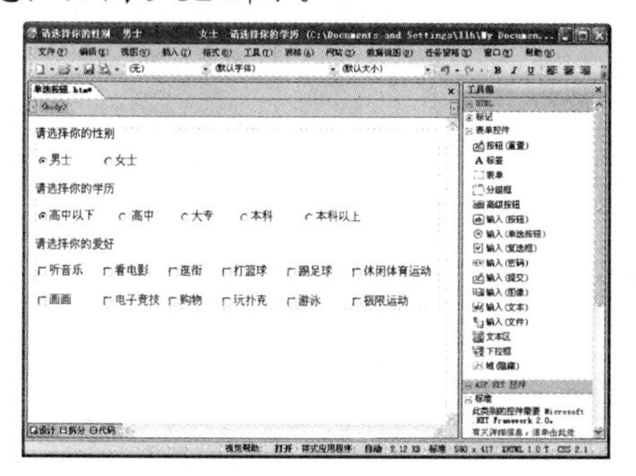

图 9-31　插入其他复选框后的效果

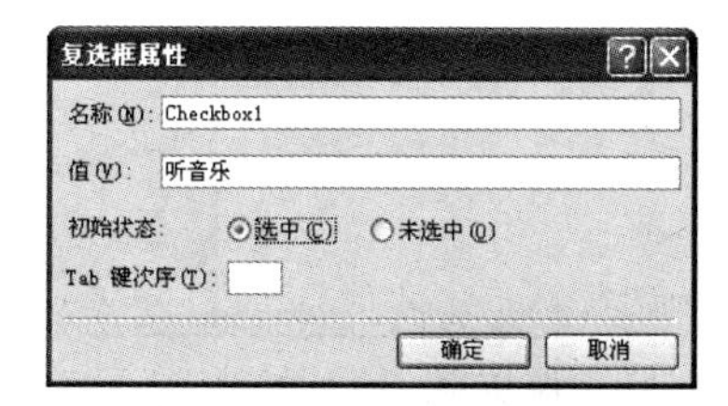

图 9-32　【复选框属性】对话框

(5) 使用同样的方法设置其他复选框的属性，在设置的过程中要注意以下两点：

- 务必保持所有复选框的名称都相同，即都为 Checkbox1(系统默认设置)。
- 与单选按钮不同，在同一组复选框中，在初始状态下可有多个复选框处于选中状态。

(6) 设置完成后，保存该网页，然后按下 F12 快捷键进行预览，如图 9-33 所示。在复选框选项组中，用户一次可选中多个复选框。

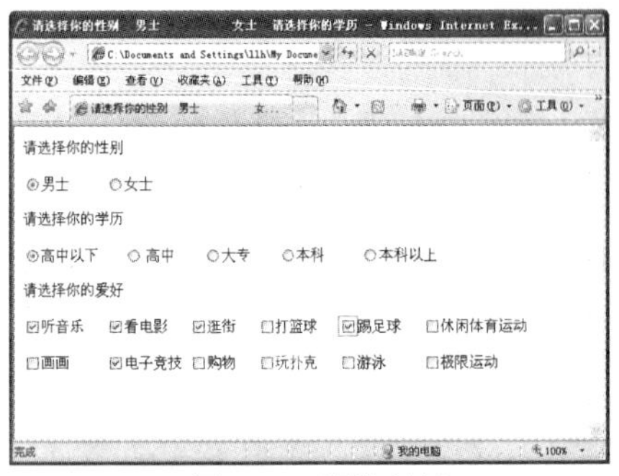

图 9-33 预览效果

> **提示**
>
> 无论是单选按钮还是复选框，其【值】也就是 value 属性，都可以设置为中文，输入的中文将被作为字符串处理。

9.2.6 插入菜单

菜单也是表单中比较常见的一种表单对象，使用菜单可以在有限的控件内为用户提供多个选项。菜单也称为是“弹出式菜单”或“下拉列表框”，初始状态下仅显示一个选项，该选项也是活动选项，用户只能从菜单中选择一项。

【练习 9-3】在网页中插入一组复选框。

(1) 继续【练习 9-2】中的操作，另起两行，然后输入文本“请选择你的职业”，如图 9-34 所示(务必保持在同一表单标签中)。

(2) 按两次 Enter 键进行换行，然后在【工具箱】任务窗格的【表单控件】列表中双击【下拉框】选项，插入一个下拉列表框，如图 9-35 所示。

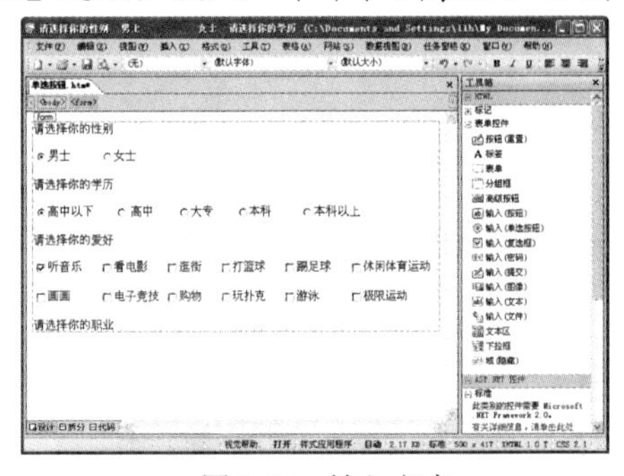

图 9-34 输入文本

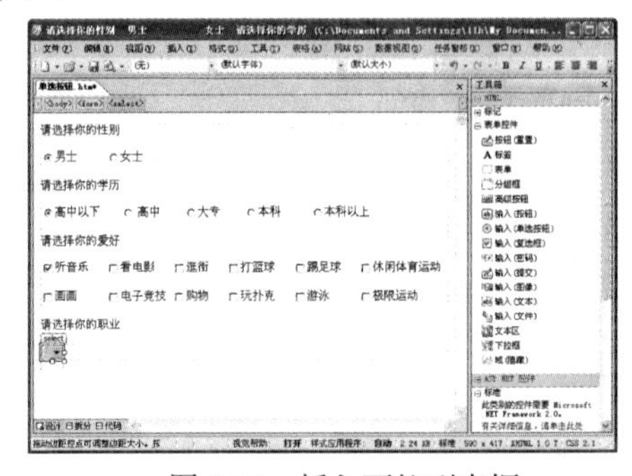

图 9-35 插入下拉列表框

(3) 双击该下拉列表框，打开【下拉框属性】对话框，如图 9-36 所示。在【名称】文本框中可以设置该下拉列表框的 name 属性值。

(4) 在该对话框中单击【添加】按钮，打开【添加选项】对话框，在【选项】文本框中输入“计算机/IT”；选中【指定值】复选框并保持其后文本框中的默认设置(该值对应该选项的 value 属性)；在【初始状态】选项区域选中【选中】单选按钮，如图 9-37 所示。在下拉菜单中，初始状态下只能有一个选项处于选中状态。

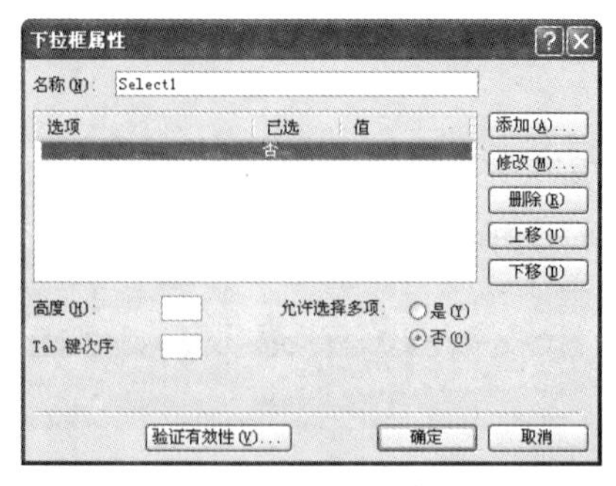

图 9-36　【下拉框属性】对话框

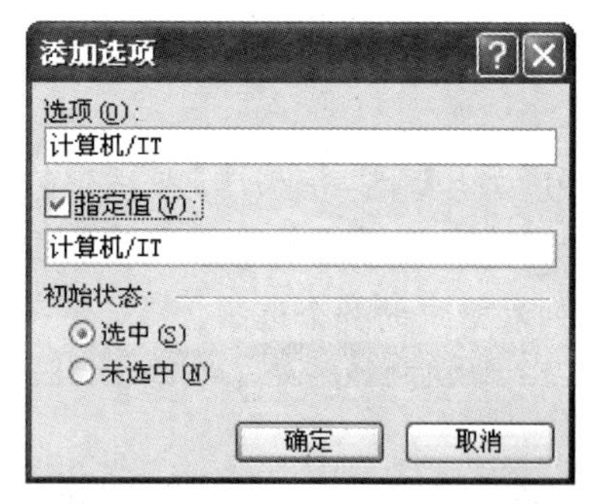

图 9-37　【添加选项】对话框

(5) 设置完成后，单击【确定】按钮，返回【下拉框属性】对话框，在其中间的列表中即可看到刚刚添加的选项，如图 9-38 所示。

(6) 如果对已经添加的选项不满意，可以选中该选项，然后单击【修改】按钮，打开【修改选项】对话框，如图 9-39 所示。在该对话框中即可对有关属性进行修改。选中某个选项后，单击【删除】按钮即可删除该选项。

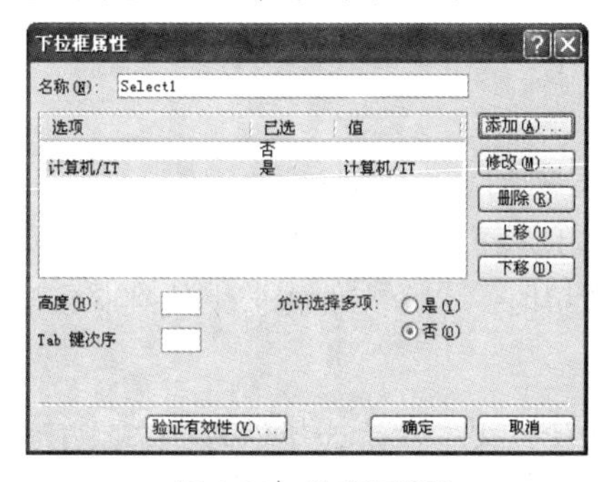

图 9-38　选项已添加

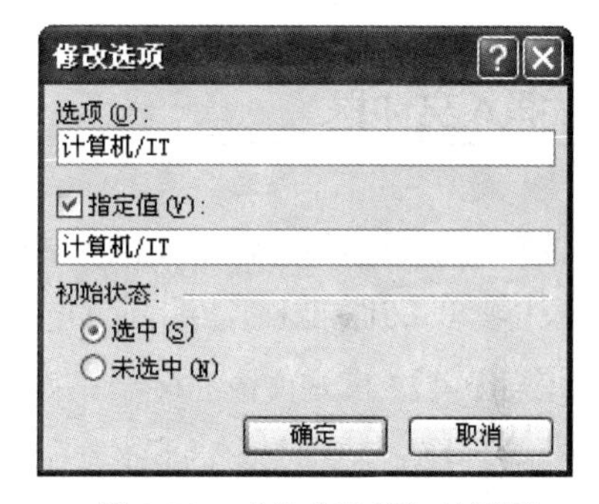

图 9-39　【修改选项】对话框

(7) 按照第(4)步的方法，继续添加其他选项，添加完成后的效果如图 9-40 所示。设置完成后，保持其他选项的默认设置，单击【确定】按钮，完成该下拉菜单的属性设置。

(8) 保存该网页，然后按下 F12 快捷键对其进行预览，效果如图 9-41 所示。当用户单击该下拉列表框时，会弹出一个下拉菜单，用户可以选择其中的一项。

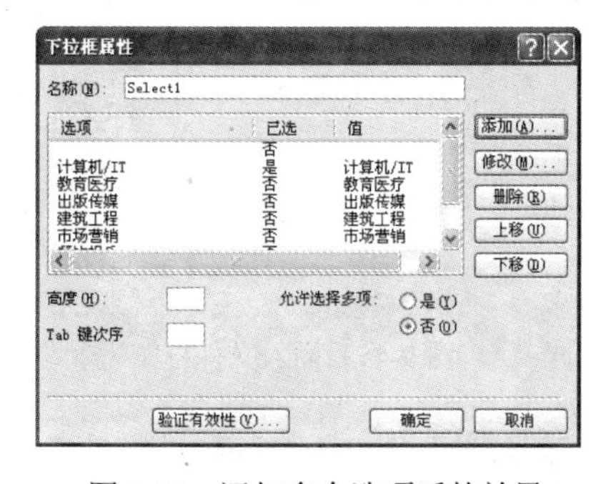

图 9-40　添加多个选项后的效果

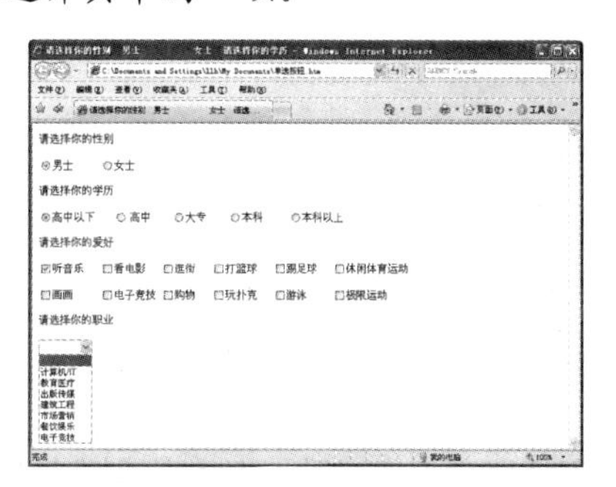

图 9-41　预览效果

(9) 从图 9-41 中可以看出，该下拉菜单的第一项为空白，实际上该项是没有必要存在

的。要删除该项，只需在【下拉框属性】对话框中，选中该空白选项，然后单击【删除】按钮即可。

(10) 若在【下拉框属性】对话框的【允许选择多项】选项区域选中【是】按钮，如图 9-42 所示。则该下拉列表框会变为“列表框”，其预览效果如图 9-43 所示，用拖动鼠标的方法可选中该列表框中的多个选项。

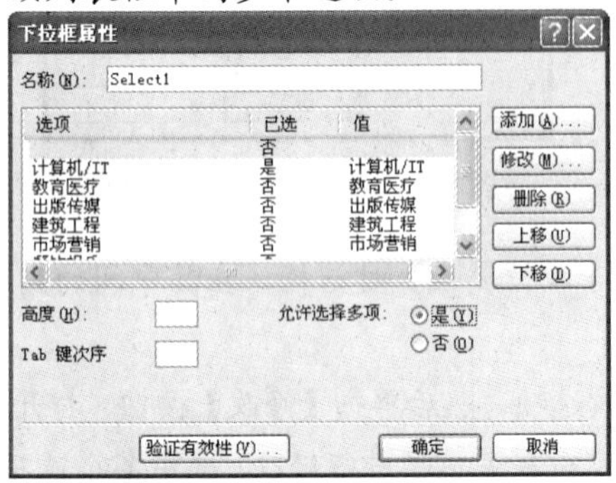

图 9-42 【下拉框属性】对话框

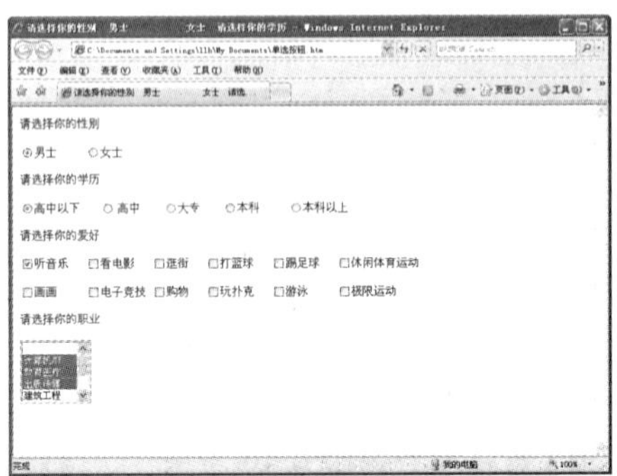

图 9-43 列表框的预览效果

9.2.7 插入文件框

文件框也是表单中比较常见的一种元素，它由一个文本框和一个【浏览】按钮组成，可以通过表单中的文件框来上传指定的文件。当提交表单时，这个文件将被上传到服务器。

【练习 9-4】在表单中插入一个文件框。

(1) 继续【练习 9-3】中的操作，另起两行，然后输入文本“请选择你的形象照片”，如图 9-44 所示(务必保持在同一表单标签中)。

(2) 将光标定位在刚输入的文本右侧，然后在【工具箱】任务窗格的【表单控件】列表中双击【输入(文件)】选项，插入一个文件框，如图 9-45 所示。

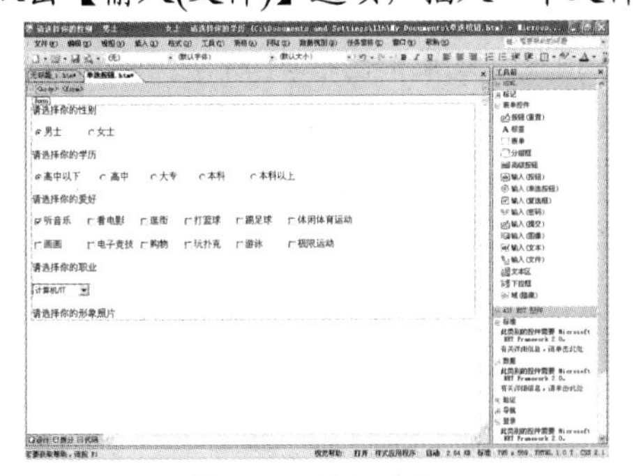

图 9-44 输入文本

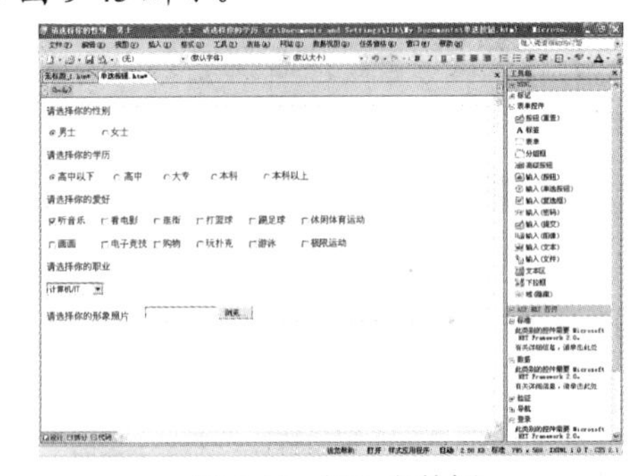

图 9-45 插入文件框

(3) 保存该网页，然后按下 F12 快捷键对其进行预览，效果如图 9-46 所示。当单击【浏览】按钮时，会打开【选择文件】对话框，如图 9-47 所示，从中选择合适的文件即可。

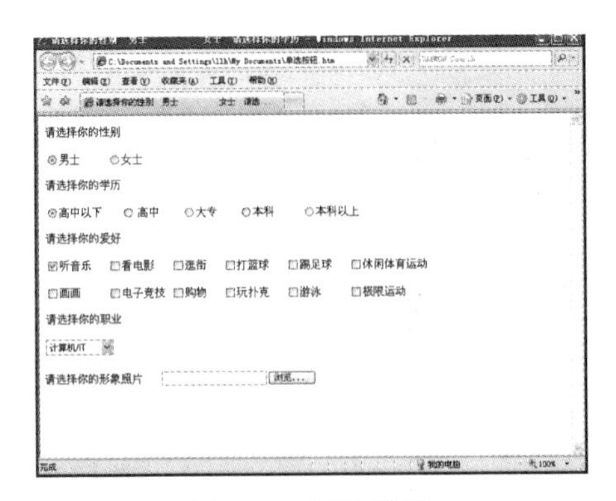

图 9-46　预览效果

图 9-47　【选择文件】对话框

9.3 上机实验

本章主要介绍了网页中表单的使用方法，包括表单的基础知识和各种表单对象的使用方法等，通过对本章的学习，应掌握表单的基本使用方法。本次上机实验通过制作两个具体实例来巩固本章所学习的知识。

9.3.1 制作用户注册表单

对于经常上网的用户来说，对用户注册页面应该并不陌生。例如，注册用户帐户，注册电子邮箱等，都要用到用户注册表单。本节就来制作一个简单的用户注册表单。

(1) 启动 SharePoint Designer 2007，并新建一个网页，然后选择【任务窗格】|【工具箱】命令，打开【工具箱】任务窗格，如图 9-48 所示。

(2) 在【工具箱】任务窗格的【表单控件】列表中双击【表单】选项，在网页中插入一个表单标签，如图 9-49 所示。

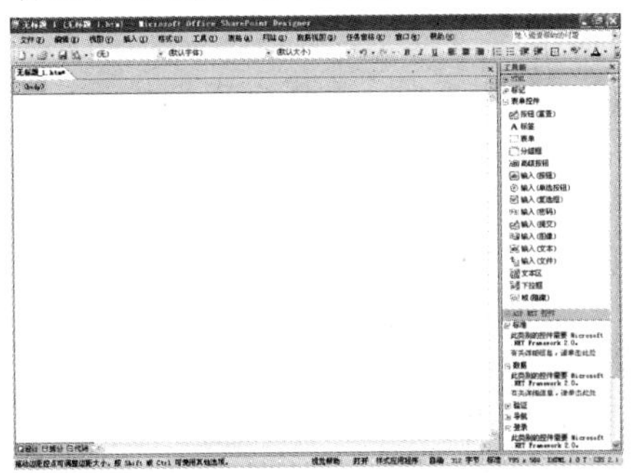

图 9-48　新建网页

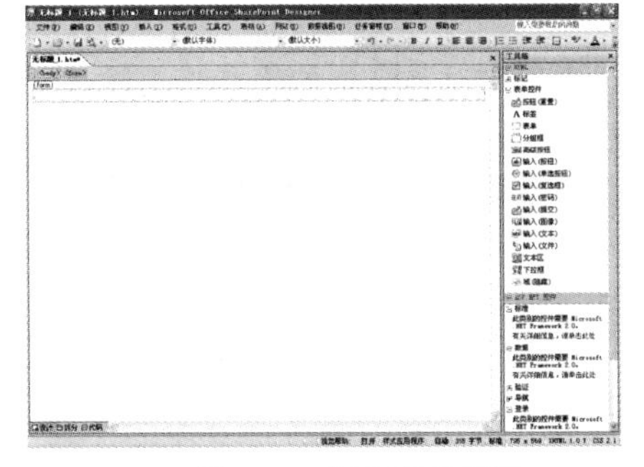

图 9-49　插入表单标签

(3) 将光标定位在该表单标签中，然后选择【表格】|【插入表格】命令，打开【插入表格】对话框，在【大小】选项区域的【行数】微调框中设置数值为 10，【列数】微调框中设置数值为 2，如图 9-50 所示。

(4) 保持其余部分的默认设置不变，然后单击【确定】按钮，在当前表单标签中插入一个10行2列的表格，如图9-51所示。

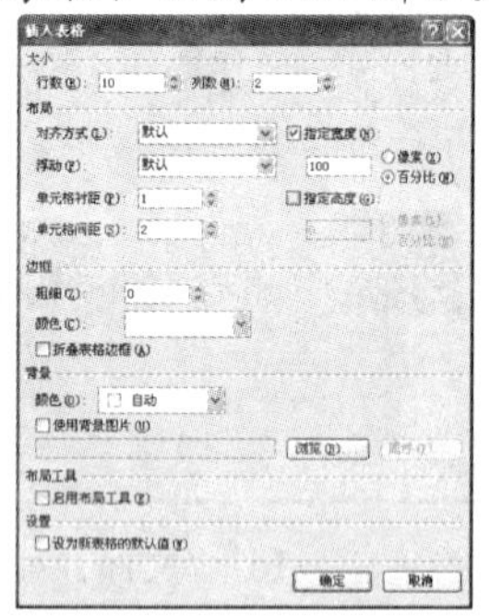

图 9-50　【插入表格】对话框

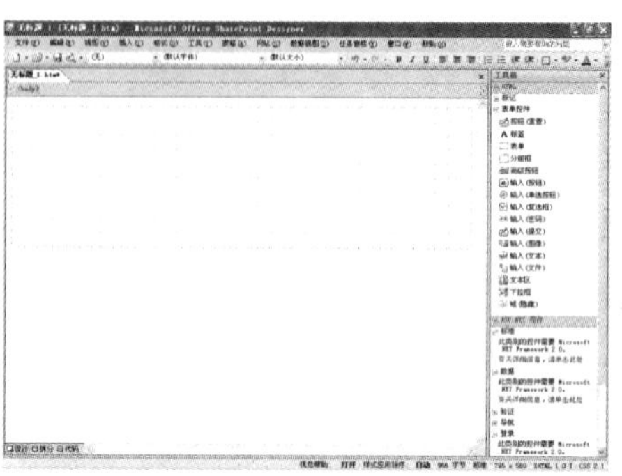

图 9-51　插入表格

(5) 合并第1行第1列和第2列的单元格，然后在合并后的单元格中输入文本“用户注册”，并将该文本的字体设置为“华文楷体”，字号设置为xx-large，对齐方式设置为居中，效果如图9-52所示。

(6) 在表格第2行第1列的单元格中输入文本“请设置你的用户名”，然后将光标定位在文本的右侧，在【工具箱】任务窗格的【表单控件】列表中双击【输入(文本)】选项，在该表格中插入一个单行文本框，如图9-53所示。

图 9-52　输入文本

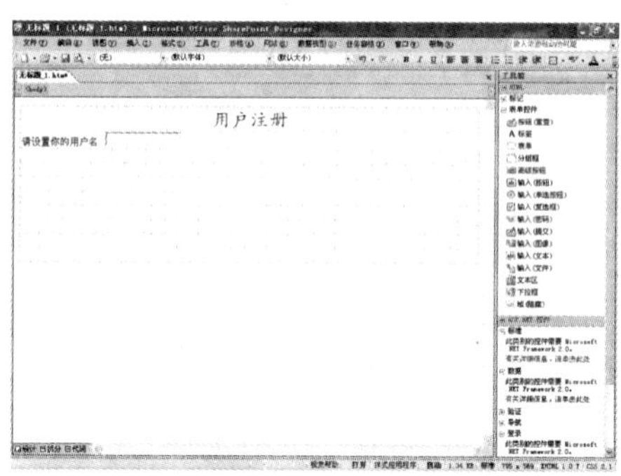

图 9-53　插入单行文本框

(7) 在第2行第2列的单元格中输入文本“用户名必须以字母、数字或下划线开头，且最长不能超过16位”，输入完成后，适当调整表格的大小，效果如图9-54所示。

图 9-54　输入说明文字

提示

调整表格大小的方法，可以参考第6章中关于表格使用方法的介绍。

(8) 在第 3 行第 1 列的单元格中输入文本“请输入密码”，然后将光标定位在文本的右侧，在【工具箱】任务窗格的【表单控件】列表中双击【输入(密码)】选项，在该表格中插入一个密码框，并在其右侧的单元格中输入相应的说明文字，如图 9-55 所示。

(9) 使用同样的方法，在表格的其他单元格中输入相关的文本并插入相应的表单对象，最终效果如图 9-56 所示。

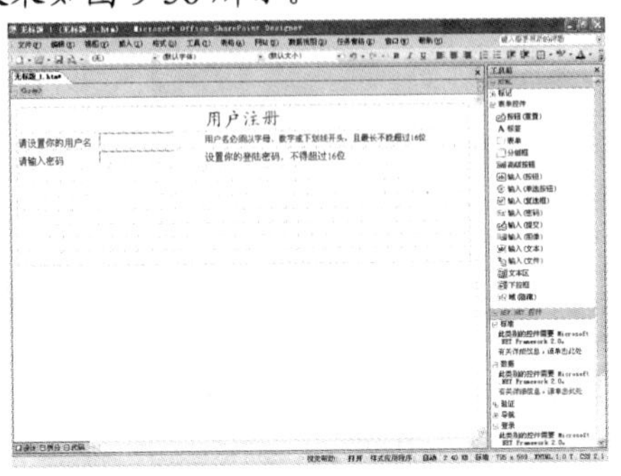

图 9-55　插入密码框

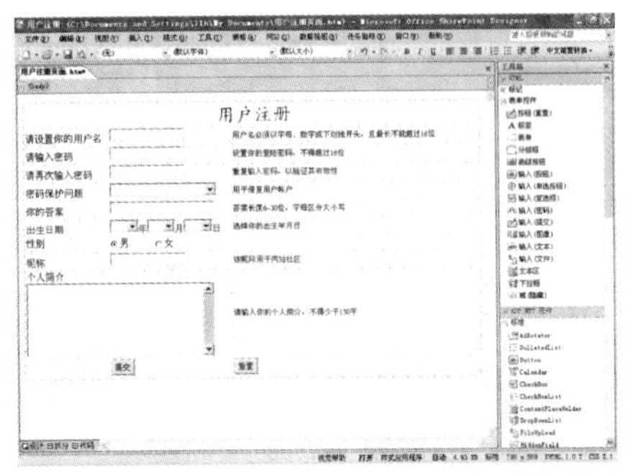

图 9-56　在其他单元格中加入内容后的效果

(10) 保存该网页，然后按下 F12 快捷键进行预览，效果如图 9-57 所示，对于图中各个表单对象的插入方法，请参考第 9.2 节，限于篇幅原因，在此不再进行讲解。

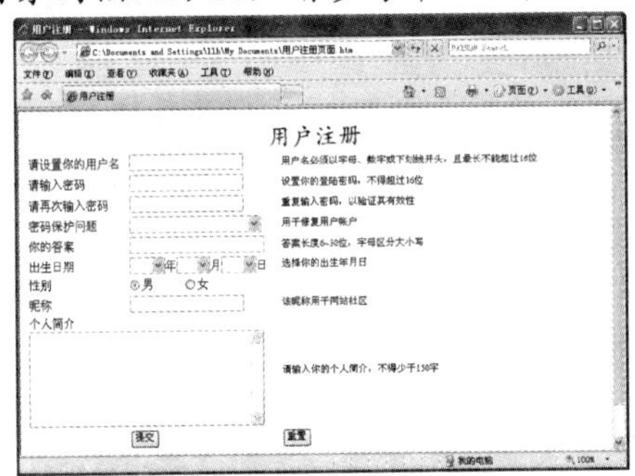

图 9-57　预览界面

提示

该上机实验中涉及的表单对象主要包括单行文本框、多行文本框、下拉列表框、单选按钮、提交按钮和重置按钮。

9.3.2 制作网络调查问卷

网络调查问卷也是表单的一种常见形式，其中使用得最多的表单元素是单选按钮、复选框和文本框等。本节制作一个简单的网络调查问卷。

(1) 启动 SharePoint Designer 2007，并新建一个网页，然后选择【任务窗格】|【工具箱】命令，打开【工具箱】任务窗格，如图 9-58 所示。

(2) 在【工具箱】任务窗格的【表单控件】列表中双击【表单】选项，在网页中插入一个表单标签，如图 9-59 所示。

(3) 将光标定位在该表单标签中，然后选择【表格】|【插入表格】命令，打开【插入表格】对话框，在【大小】选项区域的【行数】微调框中设置数值为 20，【列数】微调框中设置数值为 1，如图 9-60 所示。

图 9-58 新建网页

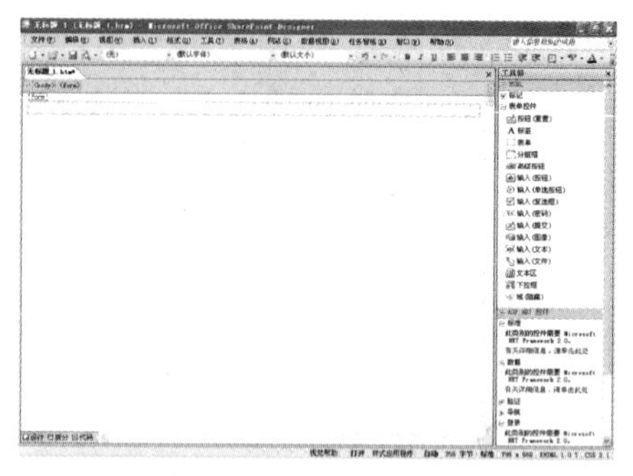

图 9-59 插入表单标签

(4) 保持其余部分的默认设置，然后单击【确定】按钮，在当前表单标签中插入一个 10 行 1 列的表格，如图 9-61 所示。

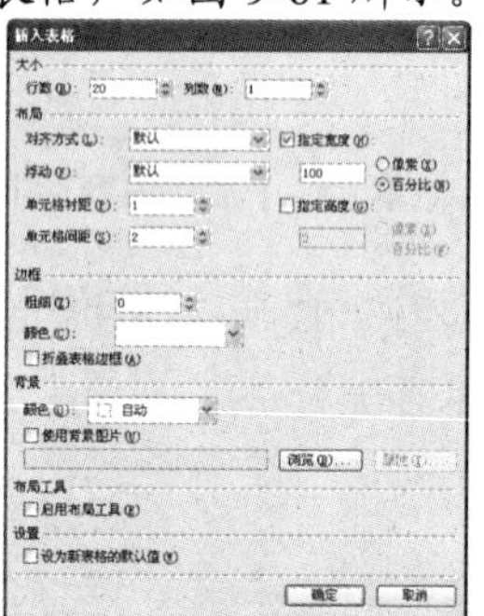

图 9-60 【插入表格】对话框

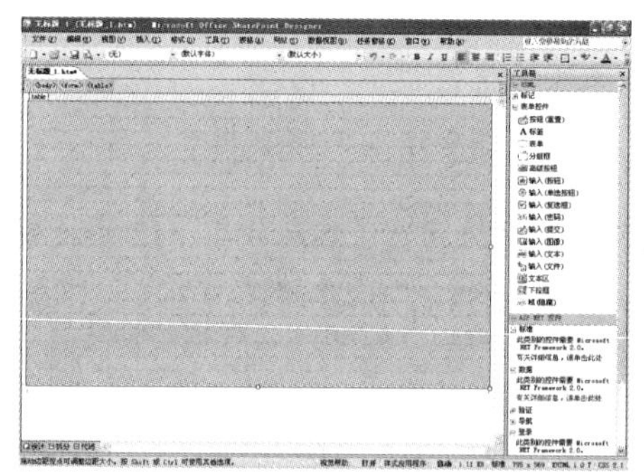

图 9-61 插入表格后的效果

(5) 在表格的第 1 行输入文本“关于英语学习的问卷调查”，并将该文本的字体设置为“华文楷体”，字号设置为 xx-large，对齐方式设置为居中，效果如图 9-62 所示。

(6) 在第 2 行中输入文本“1、你认为学习英语有用吗？”，然后在【工具箱】任务窗格的【表单控件】列表中双击【输入(单选按钮)】选项，插入一个单选按钮，并在其右侧输入文本“有用”，如图 9-63 所示。

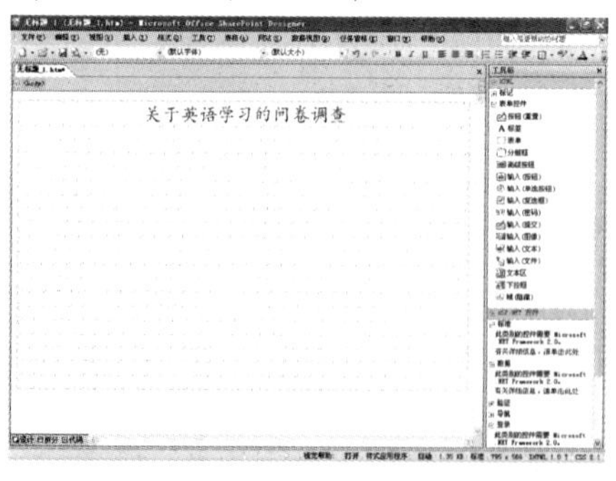

图 9-62 输入文本

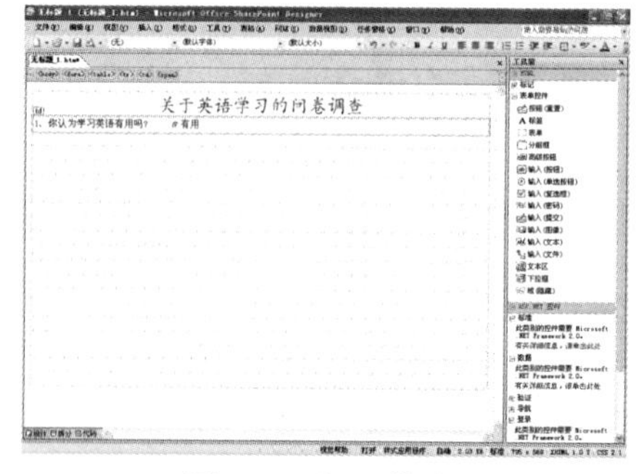

图 9-63 插入单选按钮

(7) 使用同样的方法，插入其他单选按钮，效果如图 9-64 所示。

(8) 双击第一个单选按钮，打开【选项按钮属性】对话框，保持【域名称】的默认设置不变，在【值】文本框中输入“有用”，然后选中【已选中】单选按钮，如图 9-65 所示。

(9) 单击【确定】按钮，完成该单选按钮的属性设置。使用同样的方法设置其他单选按钮的属性，需要注意的是，务必保持该组单选按钮【域名称】的统一。

图 9-64　插入其他的单选按钮

图 9-65　【选项按钮属性】对话框

(10) 在第 3 行的单元格中输入文本“2、你认为学习英语的最大用途在于”，然后将光标定位在第 4 行的单元格中，在【工具箱】任务窗格的【表单控件】列表中双击【输入(复选框)】选项，插入一个复选框，并在其右侧输入文本“看外文书刊”，如图 9-66 所示。

(11) 使用同样的方法，插入其他复选框，效果如图 9-67 所示。

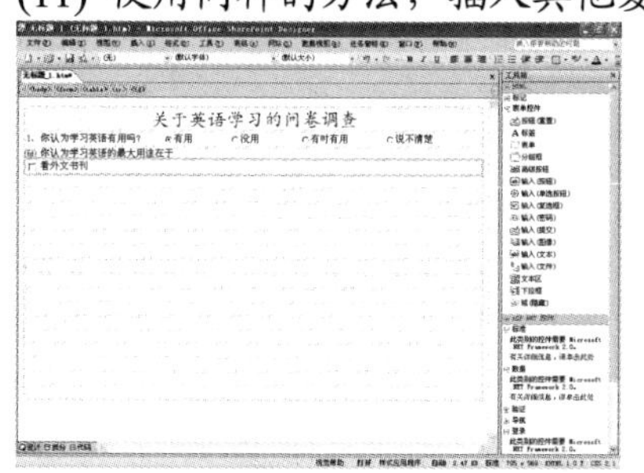

图 9-66　插入复选框

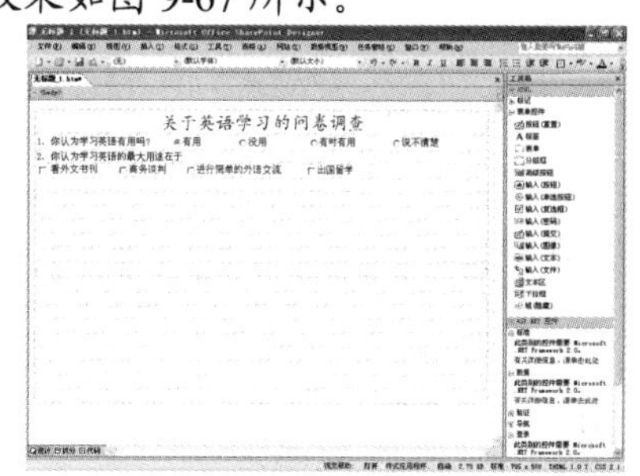

图 9-67　插入其他复选框

(12) 双击第一个复选框，打开【复选框属性】对话框，保持其【名称】文本框中的默认设置，在【值】文本框中输入“看外文书刊”，并选中【选中】单选按钮，如图 9-68 所示。

(13) 单击【确定】按钮，完成该复选框的属性设置。使用同样的方法设置其他复选框的属性，需要注意的是，务必保持该组复选框【名称】的统一。

(14) 按照以上的步骤，在表格的其他单元格中输入相应的文本与表单对象，最终效果如图 9-69 所示。

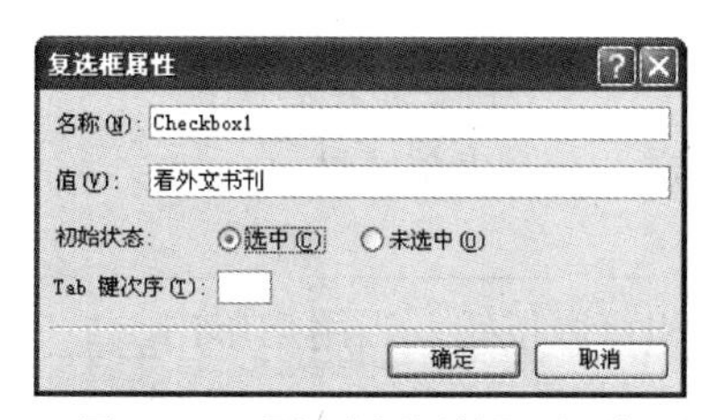

图 9-68　【复选框属性】对话框

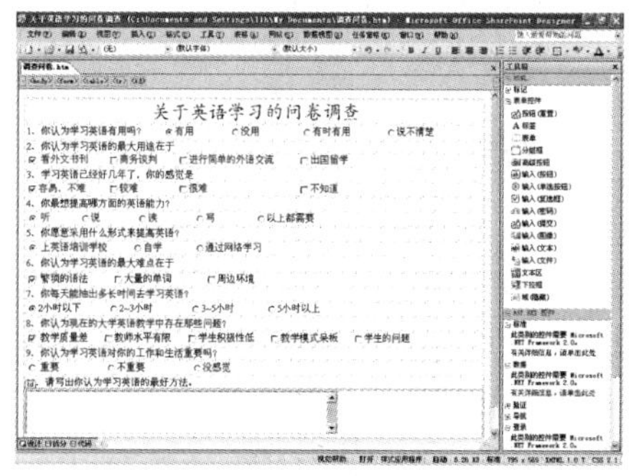

图 9-69　最终效果图

(15) 将光标定位在最后一行多行文本框的右侧，然后在【工具箱】任务窗格的【表单控件】列表中双击两次【输入(提交)】选项，插入两个“提交”按钮，并在这两个按钮之间加入适当的空格，如图 9-70 所示。

(16) 双击第二个“提交”按钮，打开【按钮属性】对话框，在【名称】文本框中输入 Reset，在【值/标签】文本框中输入“重新填写”，然后选中【重置】单选按钮，如图 9-71 所示。设置完成后，单击【确定】按钮，将该按钮转换为“重置”按钮。

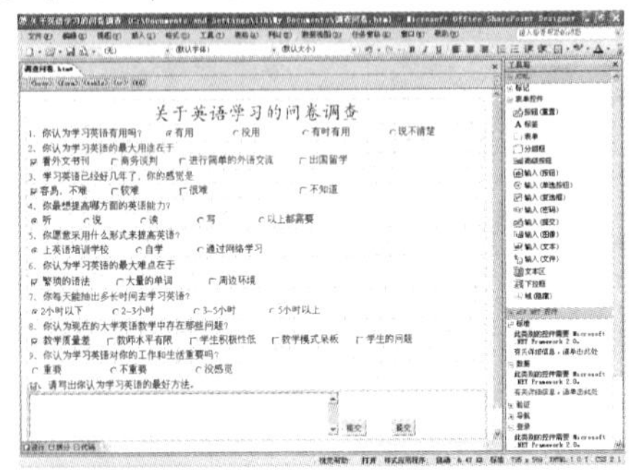

图 9-70　预览效果

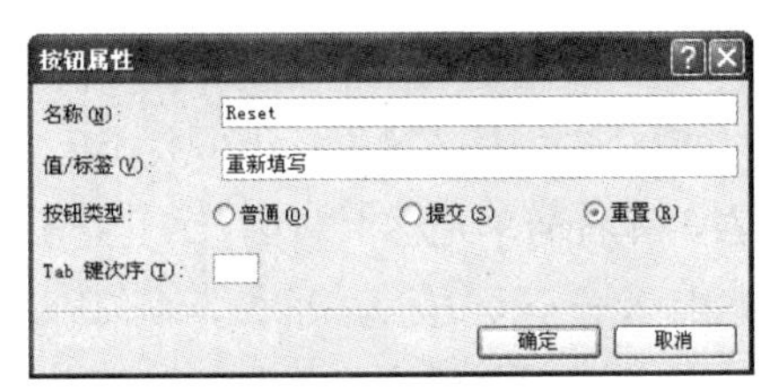

图 9-71　【按钮属性】对话框

(17) 保存该网页，然后按下 F12 快捷键进行预览，效果如图 9-72 所示，对于图中各个表单对象的插入方法，请参考第 9.2 节，限于篇幅原因，在此不再进行讲解。

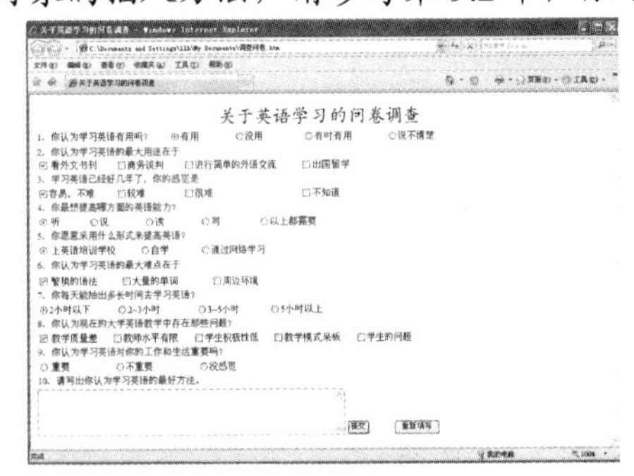

图 9-72　预览效果

提示

本次上机实验中涉及的表单对象主要包括单选按钮、复选框和多行文本框。

9.4 思考练习

9.4.1 填空题

1. 在 HTML 语言中，通常使用__________标签来定义一个表单区域。

2. 表单中的文本框可以分为 3 类，分别是__________、__________和__________。

3. 与表单相关的按钮主要有提交按钮、重置按钮和普通按钮。当用户单击__________按钮时，浏览器会将相应表单中的数据提交到服务器端，单击__________按钮时会把用户先前在该表单中输入且尚未被提交的数据全部清空或是还原到初始状态，单击__________按钮

时，在默认状态下不会引起任何的表单动作，但通过网页脚本程序的控制，可以使该按钮实现各种不同的功能。

9.4.2 选择题

1. 以下关于表单的描述中错误的是(　　)。

A. 表单的主要作用是从客户端收集用户输入的信息，然后提交到服务器端并由特定的程序处理，通常处理结束后，还会向用户反馈一个处理结果的提示信息。

B. 在 HTML 语言中使用<form>标签来定义一个表单区域，<form>标签被称为表单标签。

C. 在表单标签的 method 属性中共有 3 个可选参数，其中对于 post 方法，服务器端用 Request.QueryString 获取变量的值。

D. 表单标签中的 id 属性用于为该表单设置一个 id 号，对该表单标签进行标识，同时也方便脚本程序对该表单标签的操作和控制。

2. 以下关于表单对象的描述中错误的是(　　)。

A. 在 HTML 的语言规范中，多行文本框使用<textarea>标签来定义。

B. 当用户只能从一组选项中选择其中的一个选项时，需要使用单选按钮。单选按钮分为两种状态，一种是选中状态，一种是未选中状态。

C. 在单行文本框中，无论输入的文本多长，该文本都不能换行，而在多行文本框中，输入的文本会根据文本框的大小，自动换行。

D. 在使用单选按钮和复选框时，其 value 值必须设置为英文。

9.4.3 操作题

1. 根据本章所学习的知识，自己制作一个用户登录的表单。
2. 上网搜索一些包含表单的网页，观察表单的结构和基本组成元素。

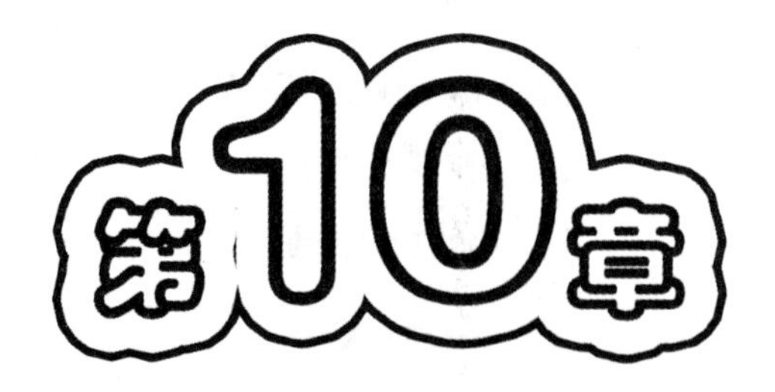

第10章 组件的使用与网页中的特殊效果

本章导读

SharePoint Designer 2007 的一大特色就是将网页中一些经常用到的功能，做成一个小小的组件，当用户需要使用这些功能时，不需要编写复杂的脚本程序，只需单击鼠标即可将其插入到网页中，然后再根据要求进行设置即可。另外，在网页中还可以加入一些特殊效果，以使网页更加生动活泼。

重点和难点

- 计数器的使用
- 网页相同内容的处理
- 动态 Web 模板的应用
- 制作图片库
- 网页中声音的添加
- 设置图片的透明效果
- 在网页中加入动态显示效果

10.1 使用计数器

计数器是网页中比较常见的一种组件，它的功能是用来统计网站的被访问次数，以便网站管理者能够准确地把握该网站的访问量。在 SharePoint Designer 2007 中，使用软件自带的 Web 组件，即可轻松地在网页中插入计数器。

要在网站中插入计数器，可以先将光标定位在网页中要插入计数器的位置，然后选择【插入】|【Web 组件】命令，打开【插入 Web 组件】对话框，如图 10-1 所示。

在该对话框左侧的【组件类型】列表中，单击【计数器】选项，在该对话框右侧的【选择计数器样式】列表中即可显示软件自身提供的几种计数器样式。选择一种计数器样式，然后单击【完成】按钮，在打开的如图 10-2 所示的【计数器属性】对话框中进行适当的设置后，单击【确定】按钮，即可在网页的指定位置插入计数器。

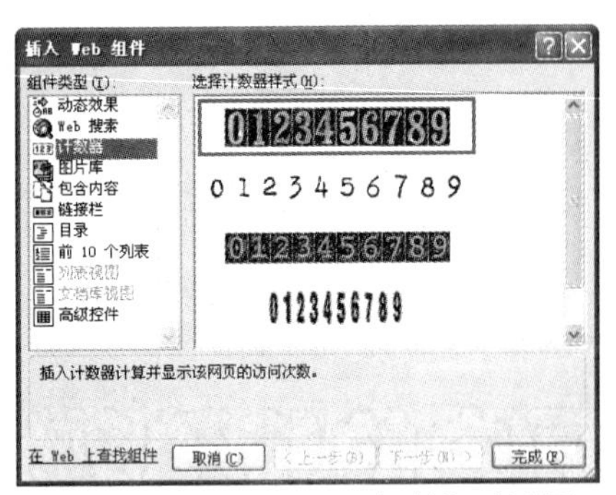
图 10-1 【插入 Web 组件】对话框

图 10-2 【计数器属性】对话框

【练习 10-1】 在网页中的指定位置插入一个计数器。

(1) 打开一个网页，然后选择【插入】|【Web 组件】命令，打开【插入 Web 组件】对话框，如图 10-3 和图 10-4 所示。

(2) 在【插入 Web 组件】对话框的【组件类型】列表中，选择【计数器】选项，在该对话框右侧的【选择计数器样式】列表中选择如图 11-4 所示的计数器样式。

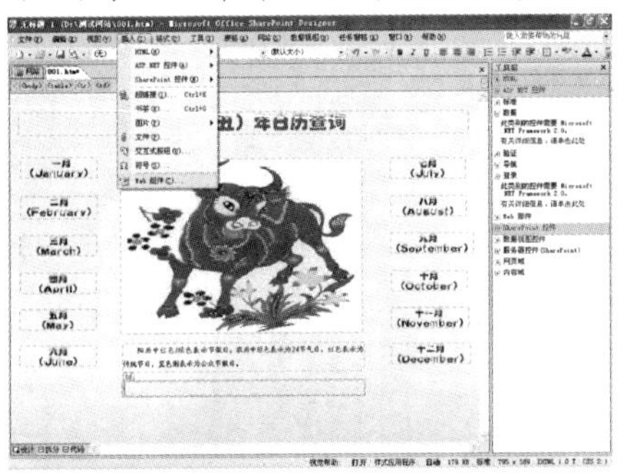
图 10-3 选择【插入】|【Web 组件】命令

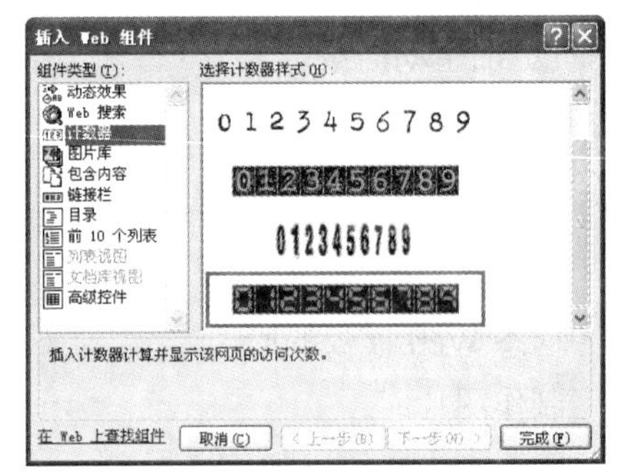
图 10-4 【插入 Web 组件】对话框

(3) 单击【完成】按钮，系统打开【计数器属性】对话框，如果对上一步中所选择的计数器样式不满意，可以在该对话框的【计数器样式】列表中进行重新选择；选中【计数器重置为】复选框，可以在其右侧的文本框中设置计数器的初始数值；选中【设定数字位数】复选框，可以在其右侧的文本框中设置计数器的数字位数，如图 10-5 所示。

(4) 设置完成后，单击【确定】按钮，即可在网页的指定位置插入计数器，效果如图 10-6 所示。

图 10-5 【计数器属性】对话框

图 10-6 插入计数器后的效果

(5) 保存该网页，然后按下 F12 快捷键对其进行预览，系统会打开如图 10-7 所示的对话框提示用户，要想正确地显示计数器组件，必须要将该网页文件发送到网站服务器上。

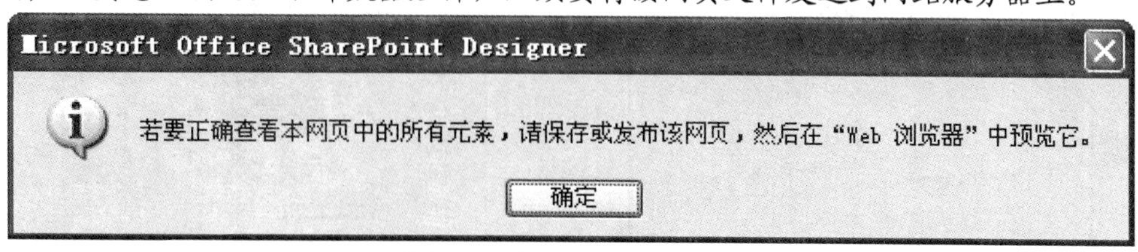

图 10-7　提示对话框

(6) 若网页文件没有发送到网站服务器上，则计数器在预览效果中将不能正确显示，如图 10-8 所示。若网页文件已正确发送至网站服务器，则可看到计数器已正确显示，如图 10-9 所示。

图 10-8　错误显示的计数器

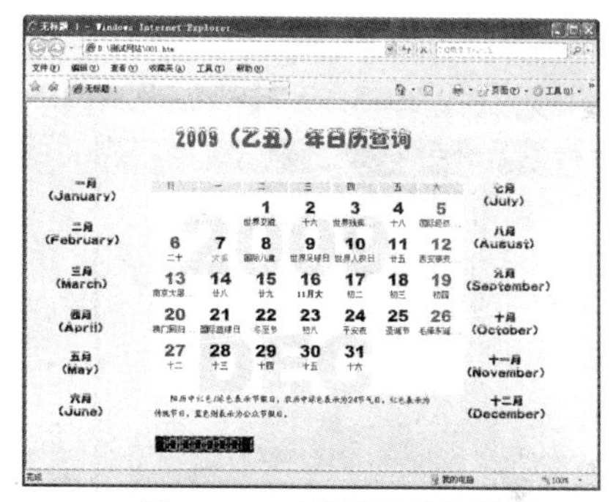

图 10-9　正确显示的计数器

10.2 网页相同内容的处理

每一个网站都包含许多网页，在这些网页中有时会用到一些相同的内容，例如，网站的版权说明、旗帜导航条等。如果在每一个网页中都逐遍输入相同的信息，不但麻烦而且还浪费时间。实际上，可以将这些相同的内容单独存储为一个网页，然后使用 SharePoint Designer 2007 组件中的“包含内容”处理功能，即可将该网页随时添加到其他网页中。

10.2.1 插入包含网页

使用包含网页，除了可以节省重复输入相同内容的时间外，还有利于网站的统一管理，只要修改包含网页，则所有使用了该包含网页的网页都会同时更新。

【练习 10-2】 现有一公用网页如图 10-10 所示，要求将其插入到如图 10-11 所示的示例网页中。

(1) 打开图 10-11 所示的网页，将光标定位在该网页的最下方，然后选择【插入】|【Web 组件】命令，打开【插入 Web 组件】对话框，如图 10-12 所示。

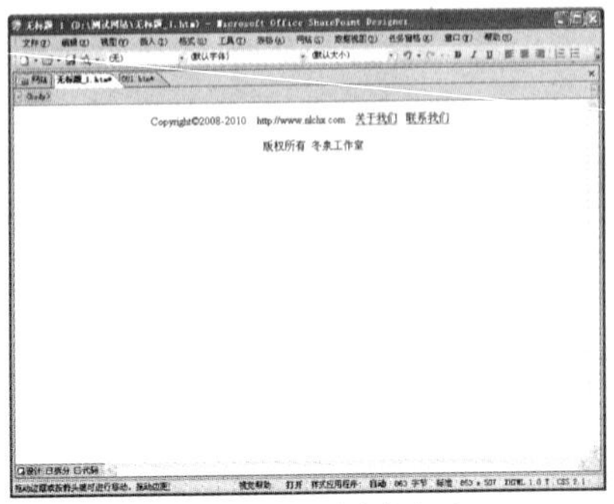

图 10-10　公用网页

图 10-11　示例网页

(2) 在【插入 Web 组件】对话框的【组件类型】列表中选择【包含内容】选项，在【选择内容类型】列表中选择【网页】选项，如图 10-12 所示。

(3) 单击【完成】按钮，打开【包含网页属性】对话框，如图 10-13 所示。在该对话框中单击【浏览】按钮，打开【当前网站】对话框，如图 10-14 所示。

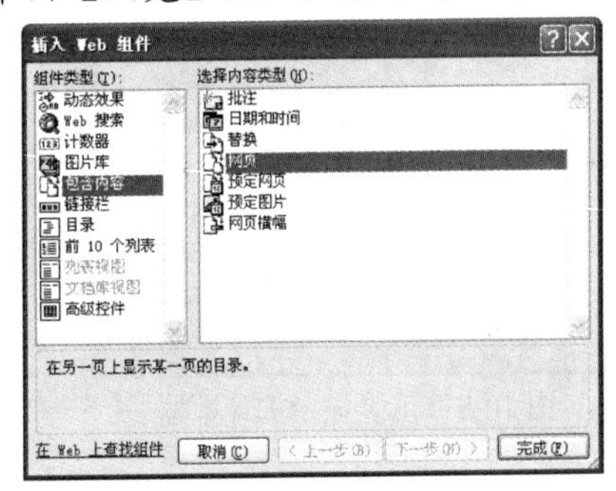

图 10-12　【插入 Web 组件】对话框

图 10-13　【包含网页属性】对话框

(4) 在【当前网站】对话框中选择要包含的公用网页，如图 10-14 所示，然后单击【确定】按钮，返回【包含网页属性】对话框，如图 10-15 所示。

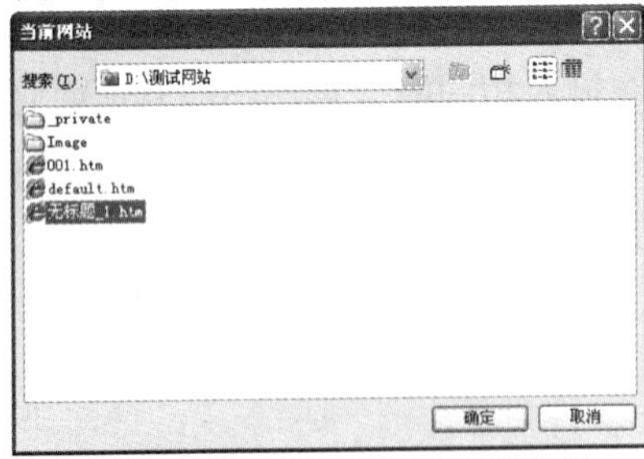

图 10-14　【当前网站】对话框

图 10-15　【包含网页属性】对话框

(5) 单击【确定】按钮，即可将所要包含的公用网页插入到示例网页中，效果如图 10-16 所示。

(6) 当修改公用网页时，示例网页中的内容也会同步发生改变。例如，可以在公用网页中插入一张图片和文字“🐧: 116381166”，如图 10-17 所示。

图 10-16　添加包含网页后的效果

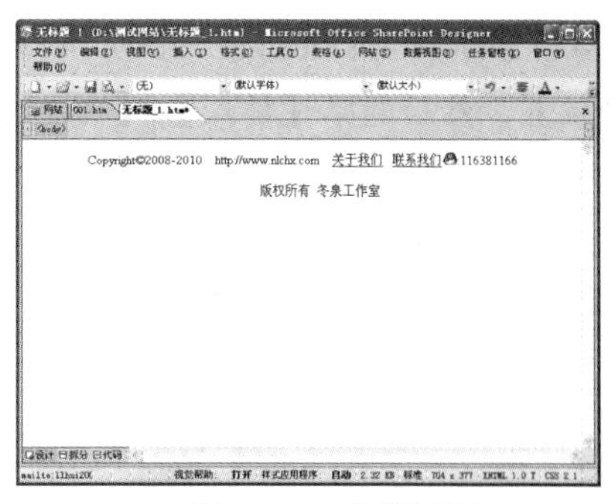

图 10-17　公用网页

(7) 打开示例网页，按 F2 快捷键进行预览，如图 10-18 所示。从图中可以看出，示例网页中的包含内容已经自动更新。

图 10-18　预览效果

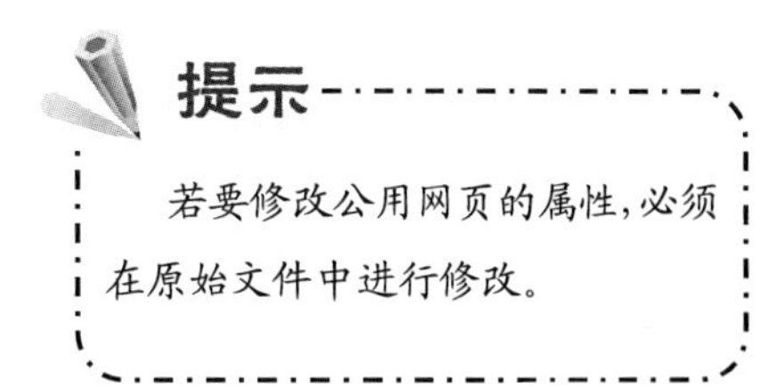

10.2.2　插入预定网页

与包含网页比较相似的另一个组件是预定网页。所谓的预定网页指的是浏览器在一个预定的时间内会显示一个指定的网页，而在预定的时间外则会显示另一个网页。例如，用户可以在个人网站的主页中插入一个预定网页，当春节来临时，该网站的主页中会自动显示“祝大家春节快乐！”的预定网页。下面通过一个具体示例来介绍在网页中插入预定网页的方法。

【练习 10-3】 现有一个网页如图 10-19 所示，要求在该网页中插入一个预定网页，要求在 2010 年 1 月 1 日凌晨 0 点~2010 年 1 月 2 日凌晨 0 点期间，在指定位置显示如图 10-20 所示的网页(图 10-19 中，方框内的区域为指定位置)。

图 10-19　示例网页

图 10-20　预定网页

(1) 启动 SharePoint Designer 2007，打开图 10-19 中所示的网页，将光标定位在要插入预定网页的位置，然后选择【插入】|【Web 组件】命令，如图 10-21 所示。

(2) 系统将打开【插入 Web 组件】对话框，在【组件类型】列表中选择【包含内容】选项，然后在【选择内容类型】列表中单击【预定网页】选项，如图 10-22 所示。

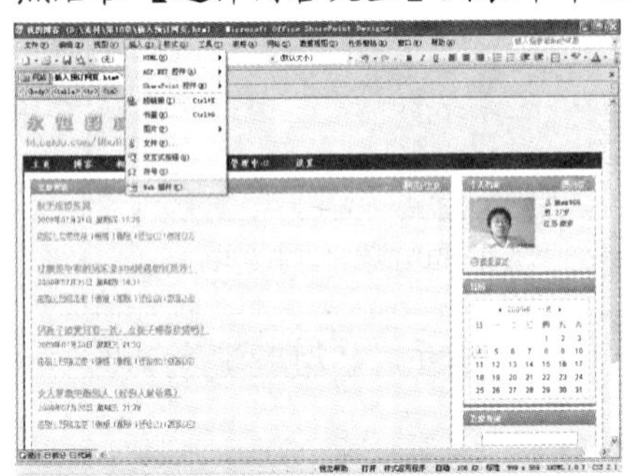

图 10-21 选择【插入】|【Web 组件】命令

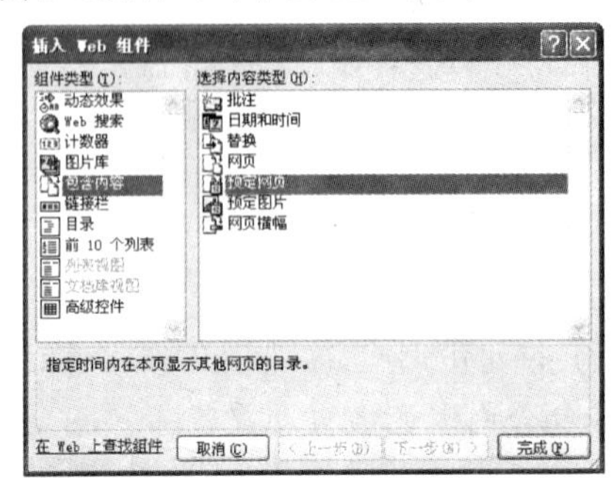

图 10-22 【插入 Web 组件】对话框

(3) 单击【完成】按钮，打开【预定网页属性】对话框，如图 10-23 所示。在【在预定的时间内】文本框中输入预定网页的 URL 地址，也可以单击【浏览】按钮选择预定网页。使用相同的方法，在【在预定的时间之前和之后】文本框中设置相应网页的 URL 地址，此文本框可以为空。在【开始时间】区域的各个选项中分别设置 2010、一月、01、00:00:00; 在【结束时间】区域的各个选项中分别设置 2010、一月、02、00:00:00。

(4) 设置完成后，单击【确定】按钮，即可完成该预定网页的设置，当网页成功发布后，在预定时间内，在网页的指定位置即可显示所设置的预定网页(可以通过调节系统时间来预览网页的效果)，如图 10-24 所示。

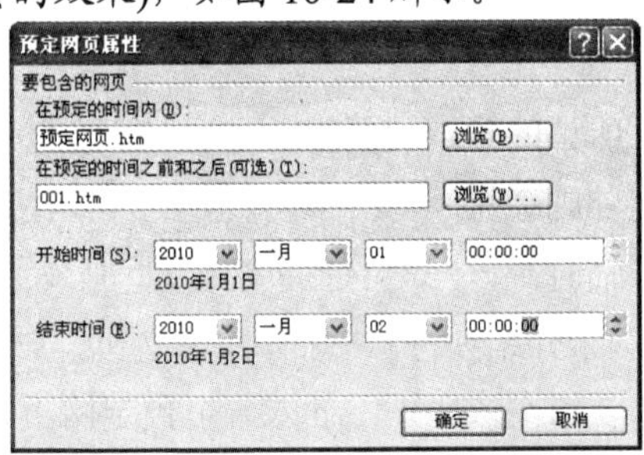

图 10-23 【预定网页属性】对话框

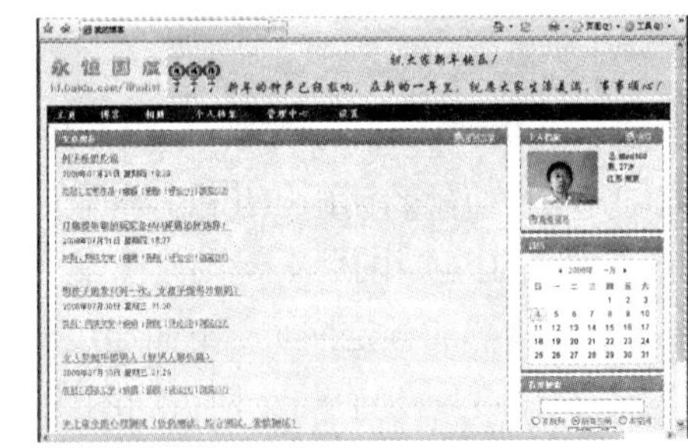

图 10-24 已经显示预定的网页

10.2.3 插入预定图片

与插入预定网页相似，还可以在网页中插入预定图片，让网页在预定的时间内显示某张特殊的图片。

在 SharePoint Designer 2007 中打开一个空白网页，然后选择【插入】|【Web 组件】命令，打开【插入 Web 组件】对话框，如图 10-25 和 10-26 所示。

在【插入 Web 组件】对话框的【组件类型】列表框中选择【包含内容】选项，然后在【选择内容类型】列表中选择【预定图片】选项，如图 10-26 所示。

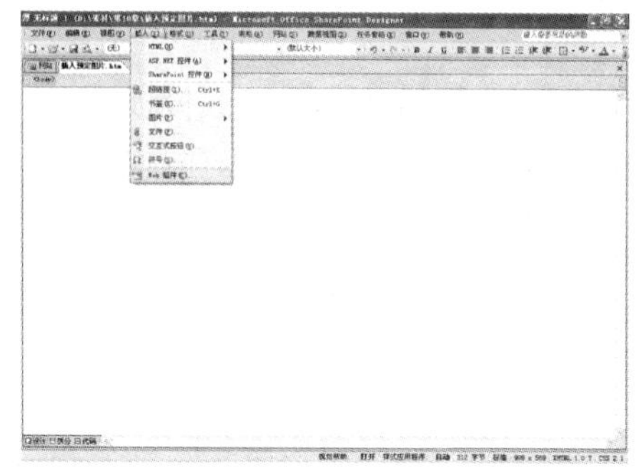

图 10-25　选择【插入】|【Web 组件】命令

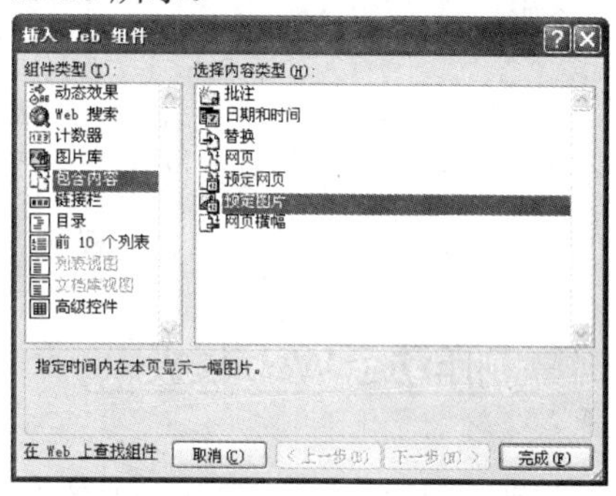

图 10-26　【插入 Web 组件】对话框

单击【完成】按钮，打开【预定图片属性】对话框，如图 10-27 所示，在【在预订的时间内】文本框中输入预定图片的 URL 地址，也可以单击【浏览】按钮，在打开的【图片】对话框中选择在预定时间内需要显示的图片，如图 10-28 所示。使用相同的方法，在【在预定的时间之前和之后】文本框中设置相应图片的 URL 地址，此文本框可以为空。在【可选文字】选项区域设置相应的图片说明。在【开始时间】区域的各个选项中分别设置 2010、一月、01、00:00:00；在【结束时间】区域的各个选项中分别设置 2010、一月、02、00:00:00。

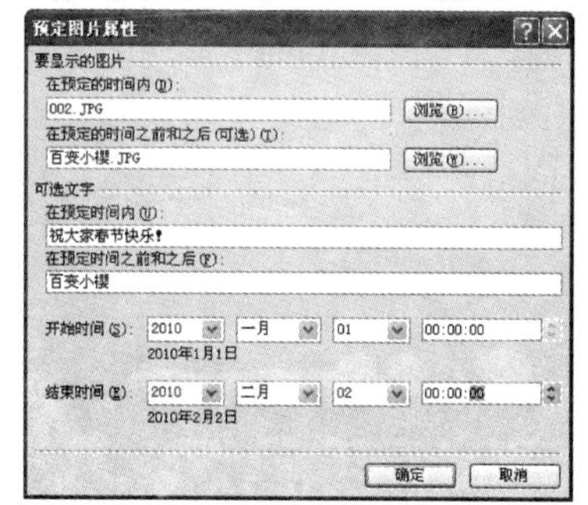

图 10-27　【预定图片属性】对话框

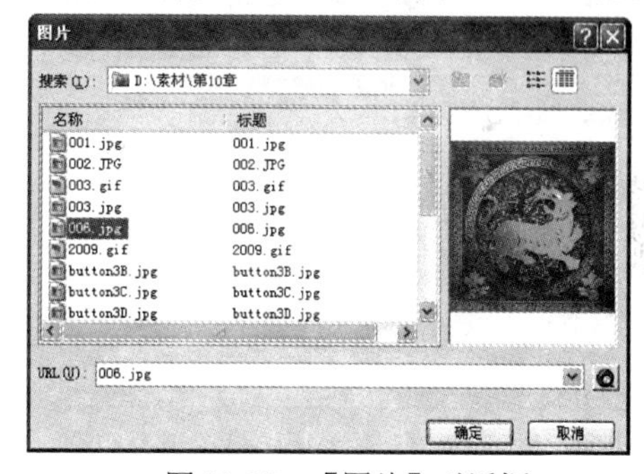

图 10-28　【图片】对话框

设置完成后，单击【确定】按钮，即可完成该预定图片的设置。保存该网页，并将该网页上传至网站服务器，调整系统时间至预定时间。在预定时间内，网页将显示如图 10-29 所示的图片，在预定时间之前和之后，系统将显示如图 10-30 所示的图片。

图 10-29　在预定时间内显示的图片

图 10-30　在预定日期前后显示的图片

10.3 动态 Web 模板

动态 Web 模板和包含网页比较类似，但与包含网页不同的是，动态 Web 模板在应用后，仍然允许用户对模板中的某些特定区域进行编辑。网页设计者可以在网站中任意使用这些模板，也可以在网页中随时附加这些模板，当然也可以删除这些附加的网页内容。

10.3.1 制作动态 Web 模板

制作动态 Web 模板和制作一般的网页没有太大的区别，可以先将要作为模板的网页制作完成，然后将其另存为动态 Web 模板即可。

要制作动态 Web 模板，可以先打开制作好的网页，然后选择【文件】|【另存为】命令，如图 10-31 所示。

系统将打开【另存为】对话框，在该对话框中首先选择模板所要保存的位置，然后在【文件名】下拉列表框中输入模板的名称，例如，“自定义模板(1)”，在【保存类型】下拉列表框中选择【动态 Web 模板(*.dwt)】选项，如图 10-32 所示。

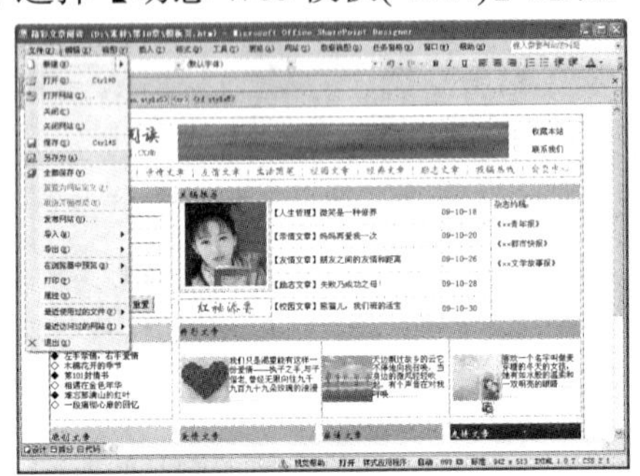

图 10-31　选择【文件】|【另存为】命令

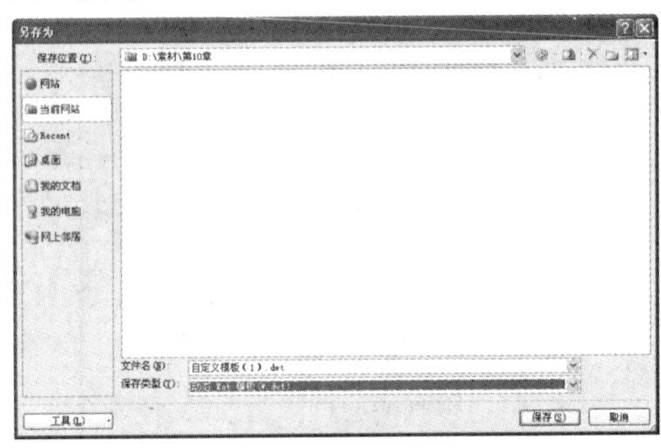

图 10-32　【另存为】对话框

单击【保存】按钮，保存该 Web 模板，然后在网页编辑区右击鼠标，在弹出的快捷菜单中选择【管理可编辑区域】命令，如图 10-33 所示。

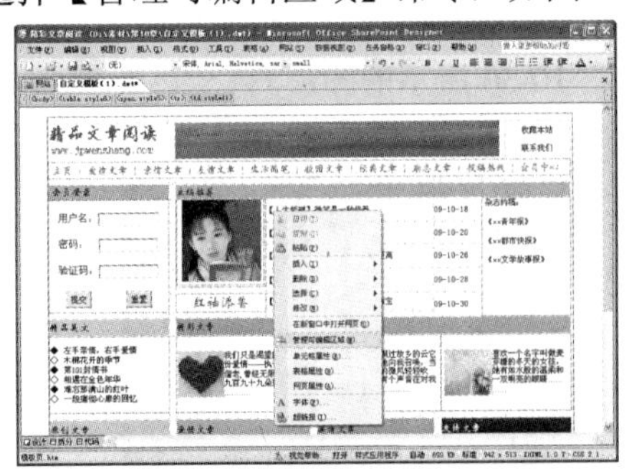

图 10-33　选择【管理可编辑区域】命令

提示

本例中的网页编辑区指的是：当该模板被应用后，仍然允许用户对其进行编辑的区域。

系统将打开【可编辑区域】对话框，在【区域名称】文本框中，可以设置该可编辑区域

的名称，例如，“可编辑区域(1)”，如图 10-34 所示。输入完成后，单击【添加】按钮，即可添加该可编辑区域，如图 10-35 所示。

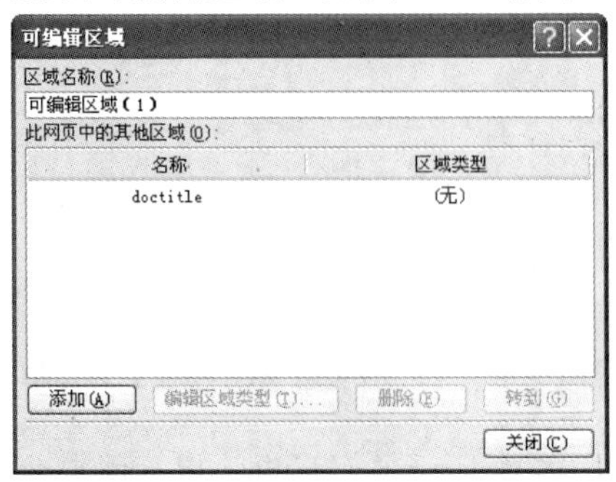

图 10-34　【可编辑区域】对话框(1)

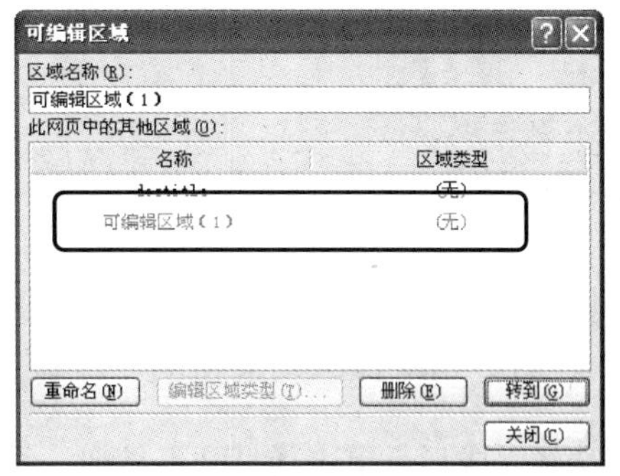

图 10-35　【可编辑区域】对话框(2)

提示

在【可编辑区域】对话框中，选择某个可编辑区域，然后单击【删除】按钮，可以删除该可编辑区域，单击【重命名】按钮，可以为该可编辑区域重新命名。

添加完成后，单击【关闭】按钮，在网页中即可看到刚添加的可编辑区域的四周会有一个橘黄色的边框围绕，如图 10-36 所示。

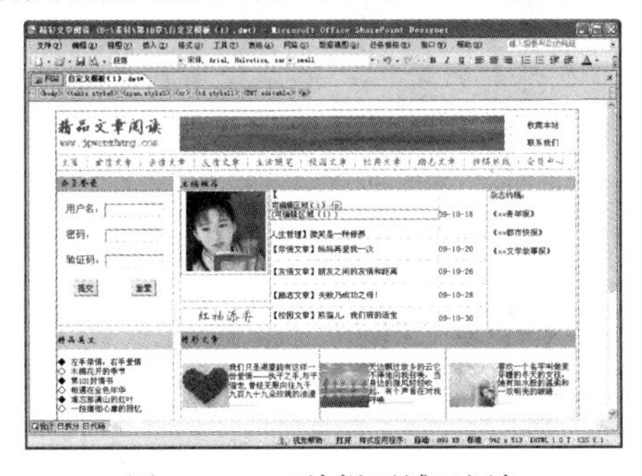

图 10-36　可编辑区域已添加

提示

在同一个模板页中，可以根据需要添加多个可编辑区域。

10.3.2　应用动态 Web 模板

动态 Web 模板制作完成后，即可将其加入到所需要的网页中。无论网页中有无内容，都可以在其中应用动态 Web 模板。

在为某个网页应用动态 Web 模板时，该网页可以处于打开状态，也可以处于关闭状态。例如，要为 default.htm 网页附加动态 Web 模板，可以先在【文件夹列表】任务窗格中选择该网页，然后选择【格式】|【动态 Web 模板】|【应用动态 Web 模板】命令，如图 10-37 所示。

系统将打开【应用动态 Web 模板】对话框，如图 10-38 所示，在该对话框中选择需要应用的动态 Web 模板，例如，选择在 10.3.1 节中制作的模板。

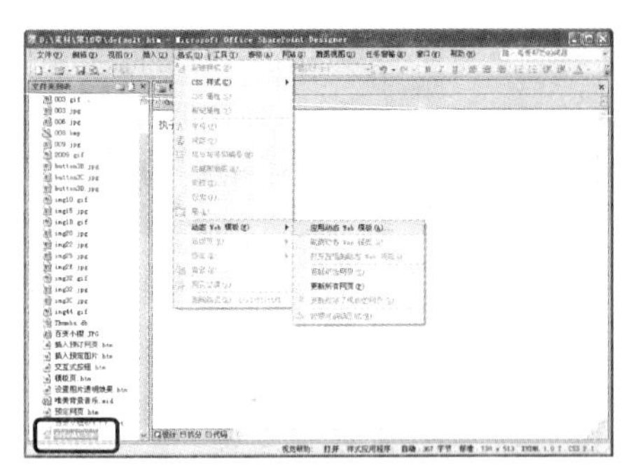

图 10-37　选择【应用动态 Web 模板】命令

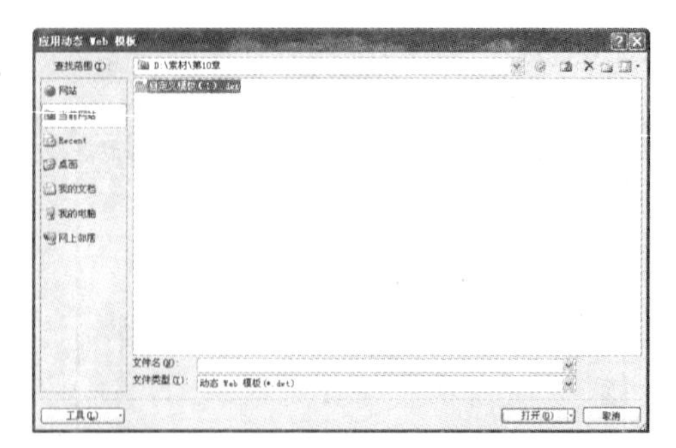

图 10-38　【应用动态 Web 模板】对话框

选择完成后，单击【打开】按钮，系统打开如图 10-39 所示的对话框，提示用户动态模板被附加后，原网页中脚本语言的变化。

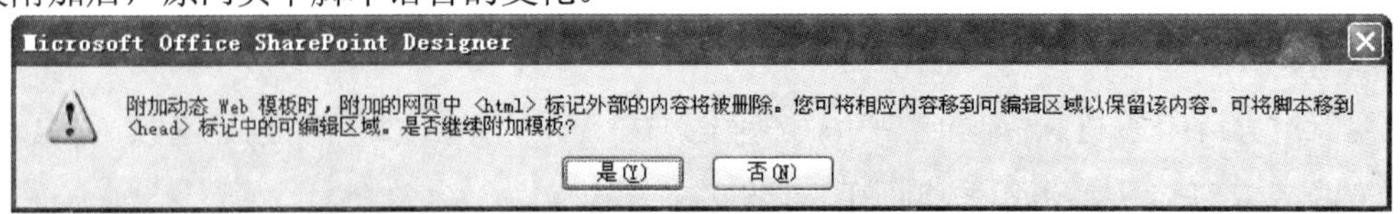

图 10-39　提示对话框

仔细阅读该对话框中的内容后，单击【是】按钮，系统打开【匹配可编辑区域】对话框，如图 10-40 所示。在该对话框中，可以选择原网页中的内容在动态 Web 模板中所匹配的区域，也可以单击【修改】按钮，打开【选择内容的可编辑区域】对话框，修改可编辑区域，如图 10-41 所示。

图 10-40　【匹配可编辑区域】对话框

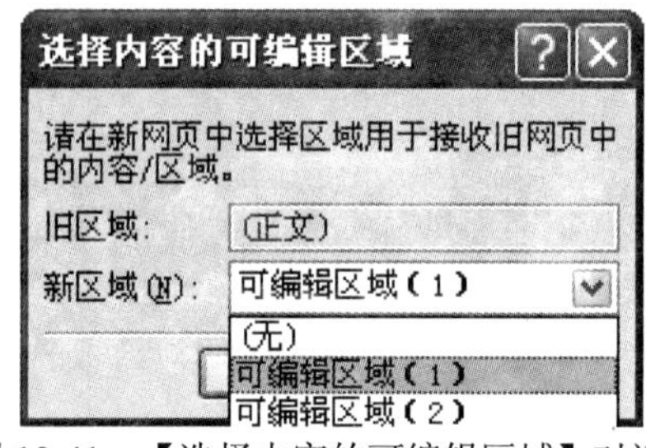

图 10-41　【选择内容的可编辑区域】对话框

提示

需要注意的是，只有当要附加的动态 Web 模板中存在两个或两个以上的可编辑区域时，系统才会打开【匹配可编辑区域】对话框。

选择可编辑区域后，在【匹配可编辑区域】对话框中单击【确定】按钮，系统即可自动在原网页中应用选择的动态 Web 模板，匹配成功后，系统会自动打开如图 10-42 所示的对话框。

单击【关闭】按钮，关闭该对话框，用户即可看到原网页应用动态 Web 模板后的效果，如图 10-43 所示，原网页中的内容已经附加到动态 Web 模板中的可编辑区域。

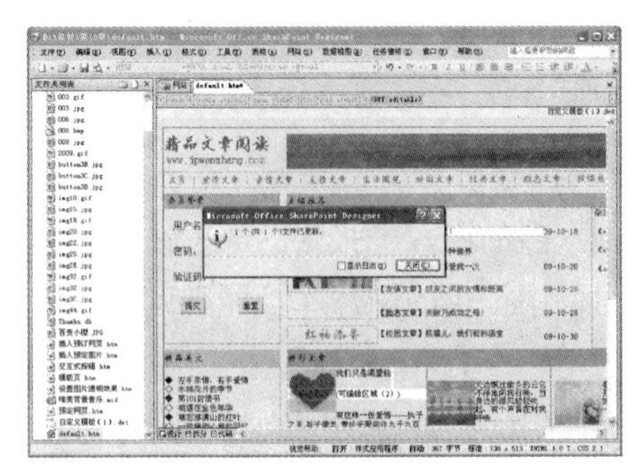

图 10-42　模板应用成功

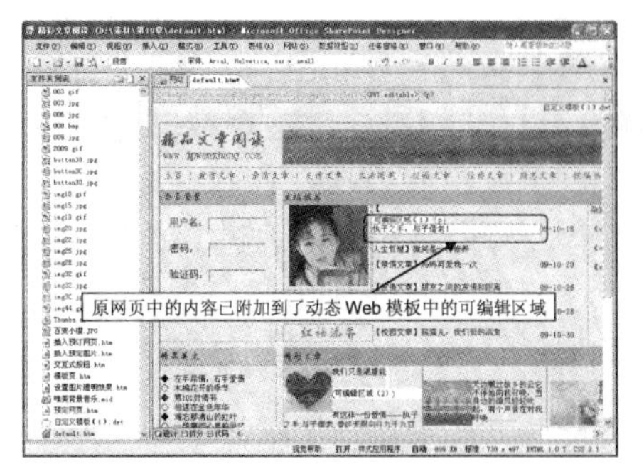

图 10-43　应用动态 Web 模板后的效果

提示

动态 Web 模板被应用后，在网页的编辑视图中，模板中的不可编辑区域将以灰色显示，当鼠标指针移至不可编辑区域时，会变成⊘形状。

10.3.3 取消动态 Web 模板

对于附加了动态 Web 模板的网页，还可以将其取消，但是，动态 Web 模板被取消后，模板中的内容仍然会保留在原网页中，而取消之前不可编辑的区域将变为可编辑。

例如，可以将图 10-43 中的动态 Web 模板取消。首先打开如图 10-43 中所示的网页，然后选择【格式】|【动态 Web 模板】|【取消动态 Web 模板】命令，如图 10-44 所示。系统将自动取消该动态 Web 模板的效果，但模板中的内容仍然保留在原网页中，而之前显示的灰色的不可编辑区域变的可以编辑，效果如图 10-45 所示。

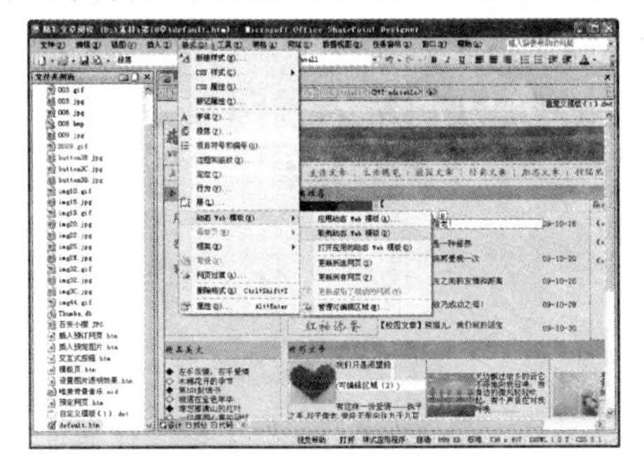

图 10-44　取消动态 Web 模板

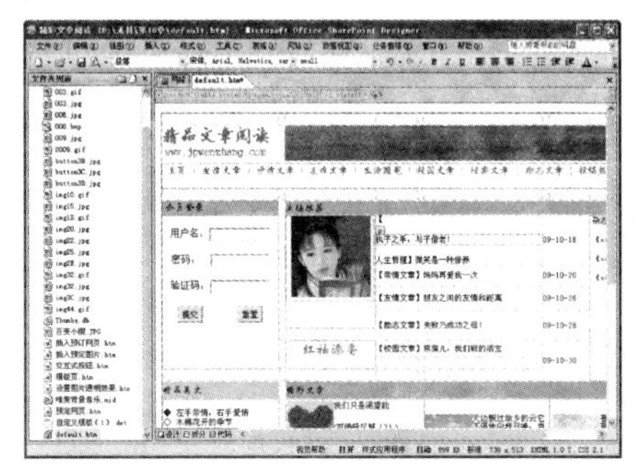

图 10-45　取消动态 Web 模板后的效果

提示

无论是应用动态 Web 模板还是取消动态 Web 模板，都可以在【文件夹列表】任务窗格中，结合 Ctrl 键或者 Shift 键一次选择多个网页进行相应的操作。

10.4 制作图片库

整理大量的图片是一件比较繁琐的工作，而要把众多的图片一张张的放置在网页中更会耗费大量的时间。而使用 SharePoint Designer 2007 组件中提供的图片库功能则可轻松地在网页中制作一个个人网页相簿。

【练习 10-4】 利用 SharePoint Designer 2007 组件中的图片库功能制作一个网页相簿。

(1) 启动 SharePoint Designer 2007，并新建一个空白网页，将该网页命名为“网页相簿”，然后选择【插入】|【Web 组件】命令，如图 10-46 所示。

(2) 系统将打开【插入 Web 组件】对话框，在该对话框的【组件类型】列表中选择【图片库】选项，在【选择图片库选项】列表中选择一种图片库样式，例如，选择“幻灯片版式”，如图 10-47 所示。

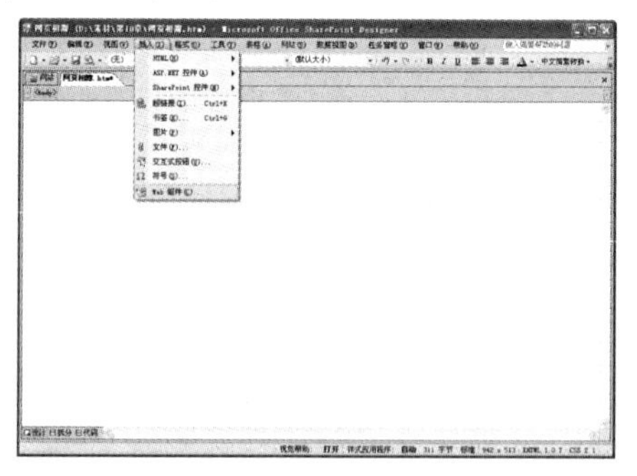

图 10-46 选择【插入】|【Web 组件】命令

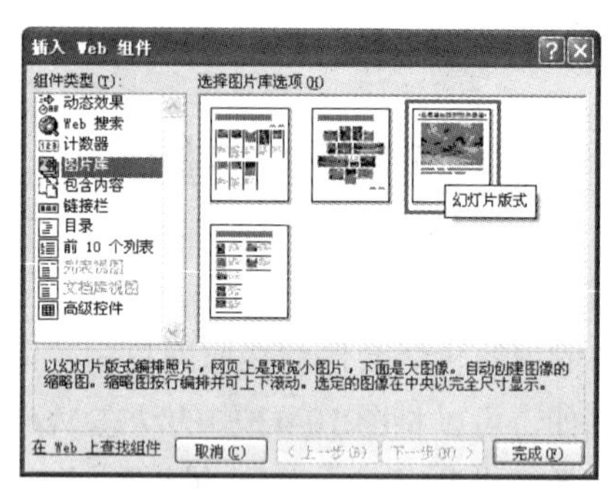

图 10-47 【插入 Web 组件】对话框

(3) 单击【完成】按钮，打开【图片库属性】对话框，如图 10-48 所示。在【图片】选项卡中单击【添加】按钮，在弹出的下拉菜单中选择【图片来自文件】命令，打开【打开】对话框，在该对话框中选择要制作网页相簿的图片，如图 10-49 所示。

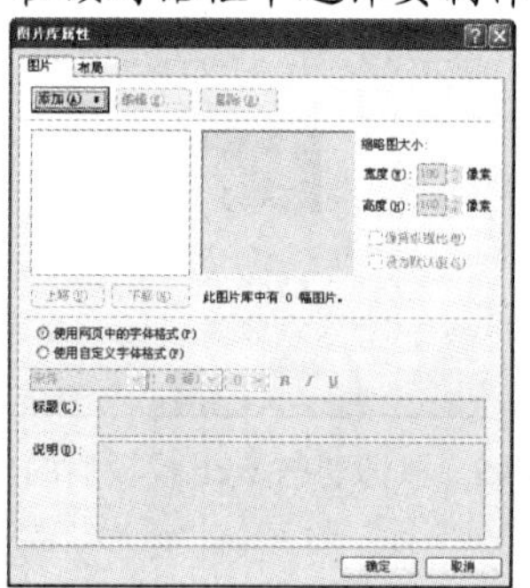

图 10-48 【图片库属性】对话框

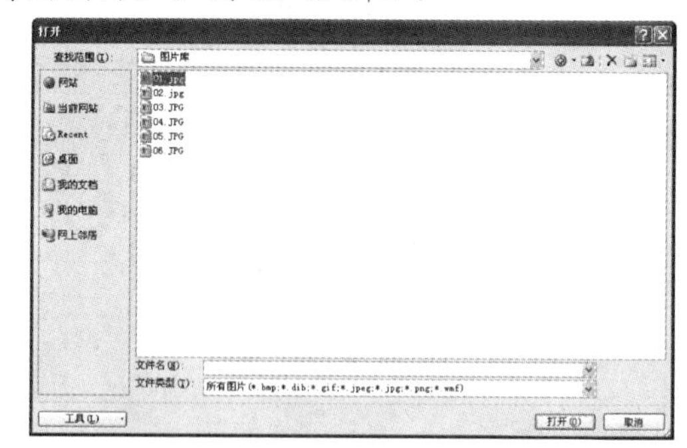

图 10-49 【打开】对话框

(4) 单击【打开】按钮，即可将所选图片添加到【图片库属性】对话框上方的两个列表中，如图 10-50 所示。其中左侧的列表中显示图片的文件名，右侧的列表中显示该图片的缩略图。

(5) 使用相同的方法，可以在【图片库属性】对话框中加入多张图片，如图 10-51 所示。

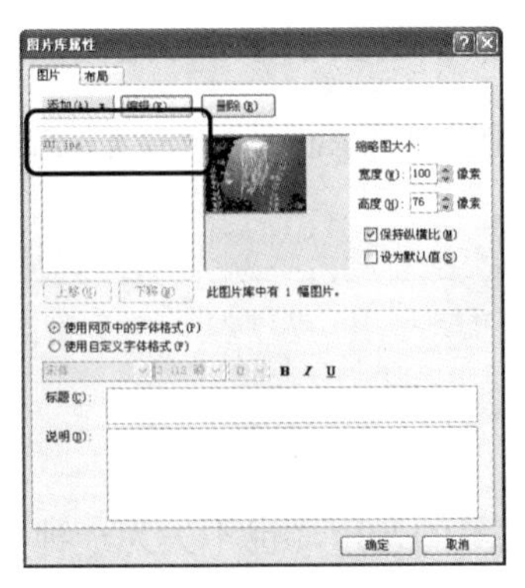

图 10-50　已加入选定图片

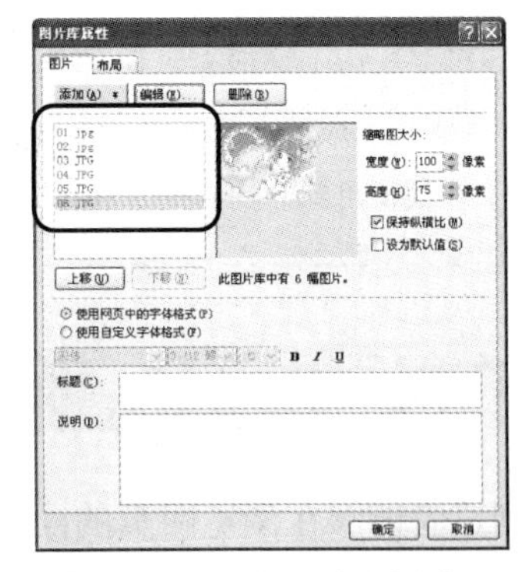

图 10-51　已加入多张图片

(6) 在【图片库属性】对话框中，还可以对图片进行简单的编辑，在该对话框左上方的列表中选择一张图片，然后单击【编辑】按钮，在打开的【编辑图片】对话框中即可对图片进行简单的编辑，如图 10-52 所示。

(7) 如果需要改变在第(2)步中设置好的图片库样式，可将【图片库】属性切换至【布局】选项卡，然后在【选择一种布局】列表中重新选择即可，如图 10-53 所示。

图 10-52　【编辑图片】对话框

图 10-53　【布局】选项卡

(8) 设置完成后，单击【图片库属性】对话框中的【确定】按钮，即可完成该网页相簿的制作，如图 10-54 所示。

(9) 保存该网页，然后按下 F12 键进行预览，效果如图 10-55 所示，当单击网页上方某张图片的缩略图时，网页的下方将放大显示该图片。

图 10-54　制作完成后的效果

图 10-55　预览效果

提示

图片库制作完成后，在网站文件夹中会自动生成一个名称为 photogallery 的文件夹，该文件夹主要用于存放使用到的图片的原图和缩略图。

10.5 在网页中添加声音

如果浏览者能够在浏览网页的同时还能聆听一段优美的音乐，也不失为一种美妙的享受。要在网页中加入背景声音，只需选择【文件】|【属性】命令，打开【网页属性】对话框，然后在该对话框【常规】选项卡的【背景音乐】选项区域设置适当的背景音乐即可。

【练习 10-5】 为前面章节中制作的“书香雅舍”网页添加背景音乐。

(1) 打开前面章节中制作的“书香雅舍”网页，然后选择【文件】|【属性】命令，如图 10-56 所示，系统将打开【网页属性】对话框，如图 10-57 所示。

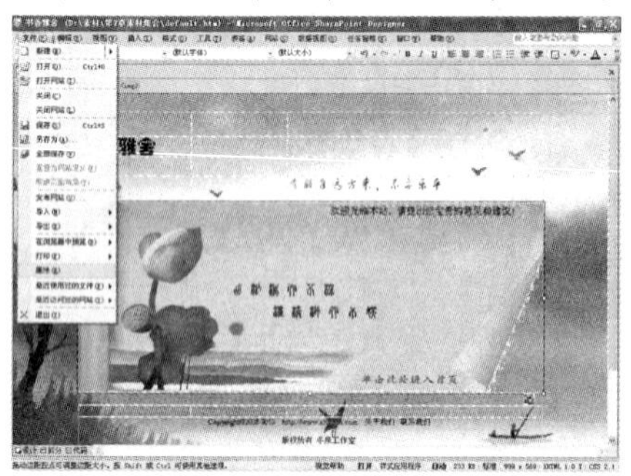

图 10-56　选择【文件】|【属性】命令

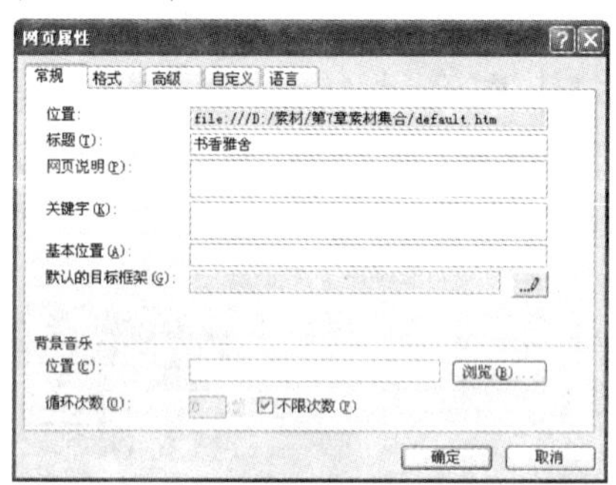

图 10-57　【网页属性】对话框

(2) 在该对话框【常规】选项卡的【背景音乐】选项区域中，单击【浏览】按钮，打开【背景音乐】对话框。在该对话框中选择一首要播放的声音文件，如图 10-58 所示。

(3) 选择完成后，单击【打开】按钮，即可将该声音文件的 URL 地址加入到【网页属性】对话框【常规】选项卡【背景】选项区域的【位置】文本框中，如图 10-59 所示。

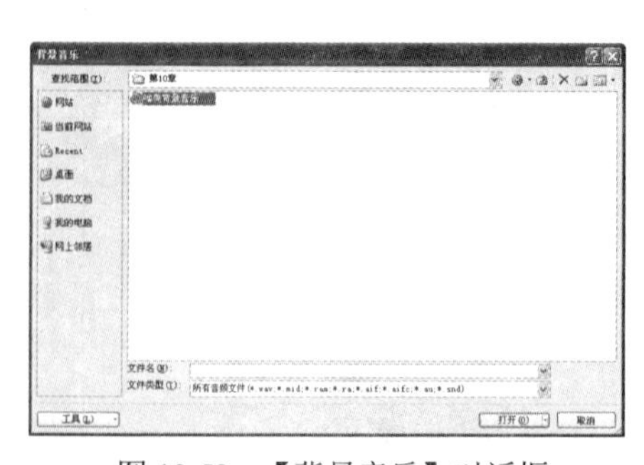

图 10-58　【背景音乐】对话框

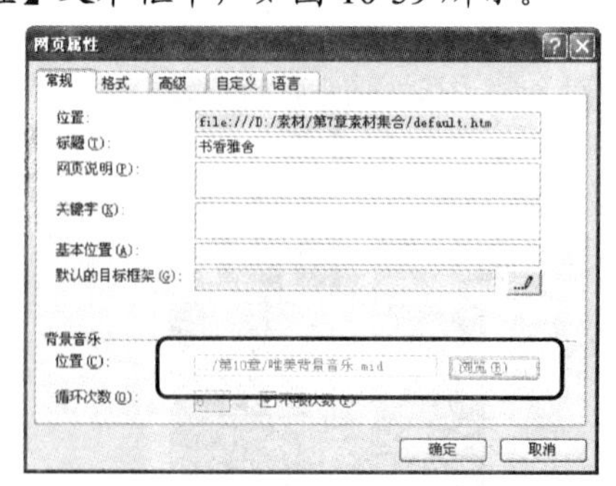

图 10-59　【网页属性】对话框

(4) 在【背景】选项区域中还可以设置背景音乐的循环模式，选中【不限次数】复选框，该背景音乐将无限次循环播放；取消该复选框，在【循环次数】微调框中可以设置该背景音

乐循环的次数。

(5) 设置完成后，单击【确定】按钮，完成网页背景音乐的添加。保存该网页，然后对其进行预览，当网页打开时，系统将自动播放刚刚添加的背景音乐。

10.6 设置图片的透明效果

在网页中插入的图片，有时需要将图片中的某种颜色设置为透明效果，以显示网页的背景颜色。要设置图片的透明效果，可以在该图片上右击鼠标，在弹出的快捷菜单中选择【显示图片工具栏】命令，打开【图片】工具栏，如图 10-60 所示。

图 10-60　【图片】工具栏

【图片】工具栏在第 4 章中已介绍，本节只介绍该工具栏中的一个特殊按钮：【设置透明色】按钮。单击【设置透明色】按钮，当鼠标指针移至图片中时，会变成形状，在图片中需要设置透明色的区域单击鼠标，即可完成设置透明色的工作。

如果要设置透明色的图片的格式不是 GIF 格式，则当单击【设置透明色】按钮时，系统会打开如图 10-61 所示的对话框，提示用户应将图片转换为 GIF 格式，单击【确定】按钮，系统自动完成图片格式的转化操作，用户即可继续对图片进行透明化操作。

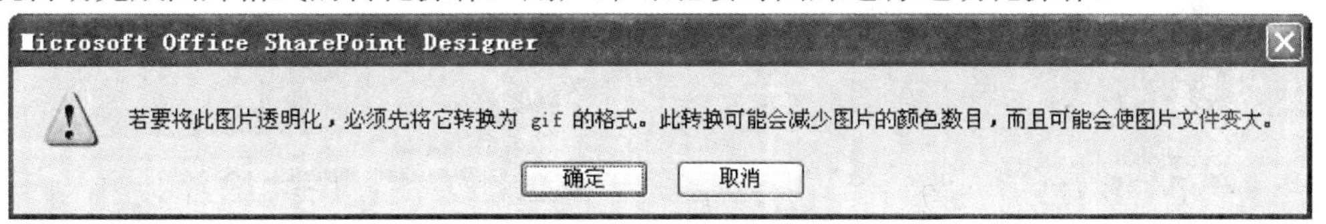

图 10-61　提示对话框

例如，在图 10-62 所示的网页中，图片的背景颜色为白色，而网页的背景颜色为黄色，大量的白色区域影响了网页的整体效果，因此，可以将该图片的白色背景设置为透明色。在图片上右击鼠标，在弹出的快捷菜单中选择【显示图片工具栏】命令，如图 10-63 所示。

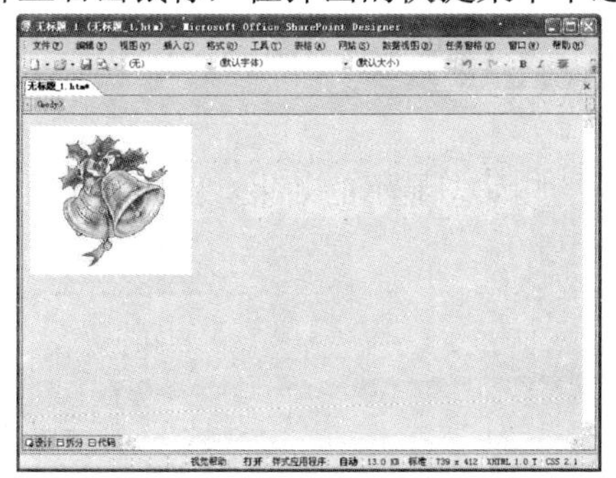

图 10-62　示例网页

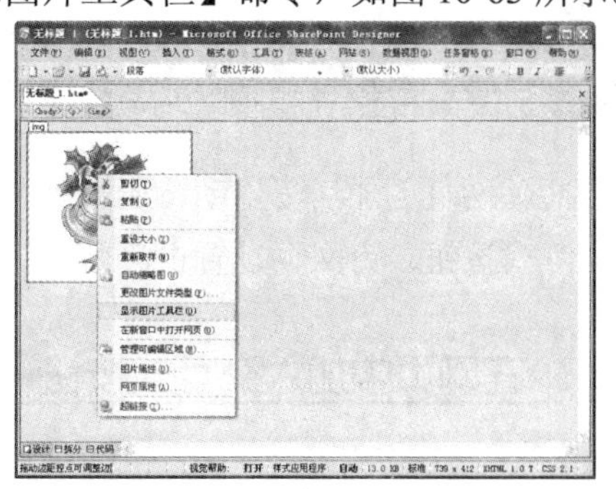

图 10-63　选择【显示图片工具栏】命令

系统将打开【图片】工具栏，如图 10-64 所示。在该工具栏中单击【设置透明色】按钮，系统自动打开如图 10-65 所示的对话框，提示用户应将图片格式转换为 GIF 格式。

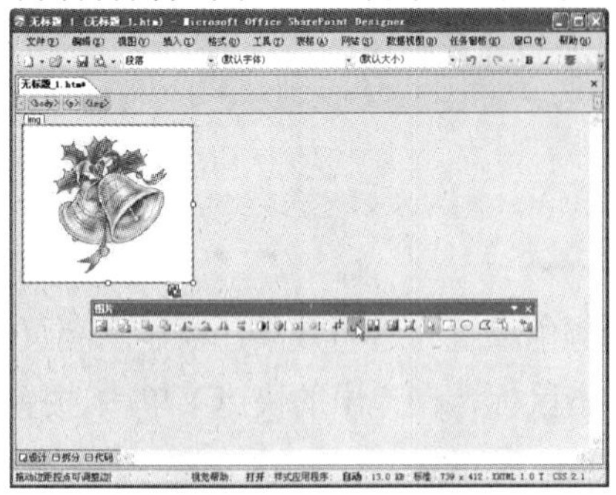

图 10-64 显示【图片】工具栏

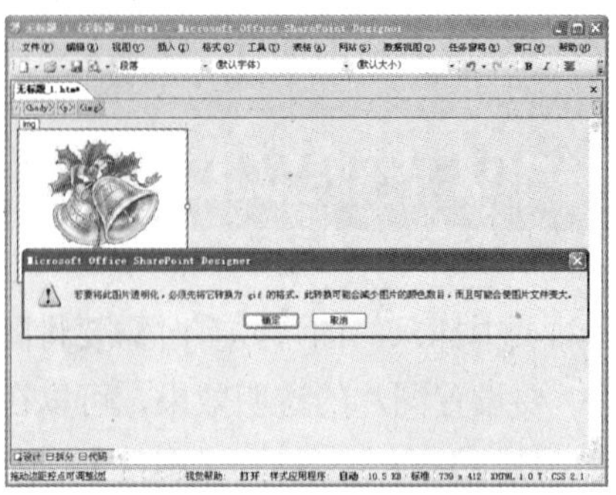

图 10-65 提示对话框

单击【确定】按钮，系统自动将图片转换为 GIF 格式。将鼠标指针移至图片内，鼠标指针会自动变成形状，此时在图片的白色背景内单击鼠标，即可将该图片的白色背景设置为透明色，如图 10-66 和图 10-67 所示。

提示

在同一张图片中只能设置一种颜色为透明色，如果选择了第二种颜色，那么第一种颜色的透明效果将消失，恢复为原来的颜色。

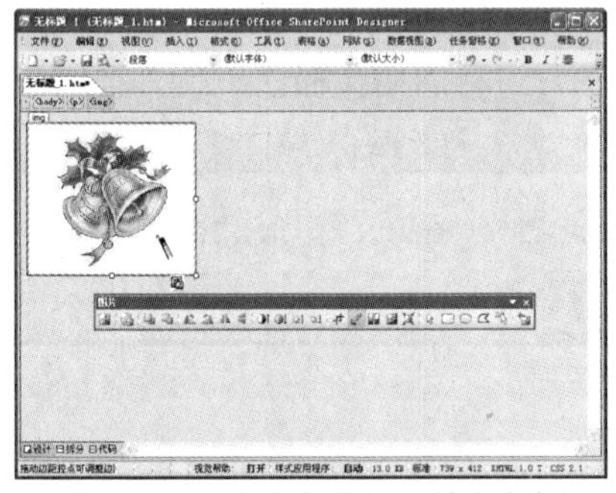

图 10-66 在白色背景处单击鼠标

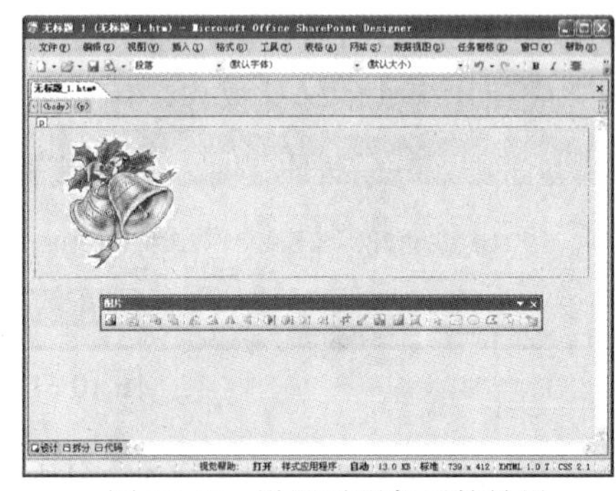

图 10-67 设置透明色后的效果

10.7 在网页中加入动态显示效果

要想使网页更加活泼生动，还可以在网页中加入一些动态显示的效果。例如，在网页中加入交互式按钮、为网页设置过渡效果等。

10.7.1 在网页中加入交互式按钮

所谓的交互式按钮指的是在网页中设置的一类特殊的按钮，其外观会因为鼠标指针的接

触而显示不同的效果。要在网页中插入交互式按钮，可以先将光标定位在网页中需要插入按钮的位置，然后选择【插入】|【交互式按钮】命令，打开【交互式按钮】对话框，如图 10-68 和图 10-69 所示。系统默认打开该对话框的【按钮】选项卡，在【按钮】列表中，可以选择一种按钮样式，在【预览】框中可以看到该样式的预览效果；在【文本】文本框中，可以设置按钮上显示的文本；在【链接】文本框中，可以设置该按钮所指向的目标端点。

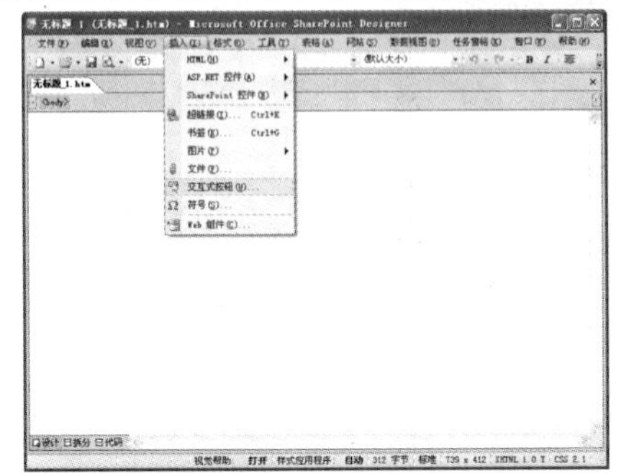

图 10-68　选择【插入】|【交互式按钮】命令

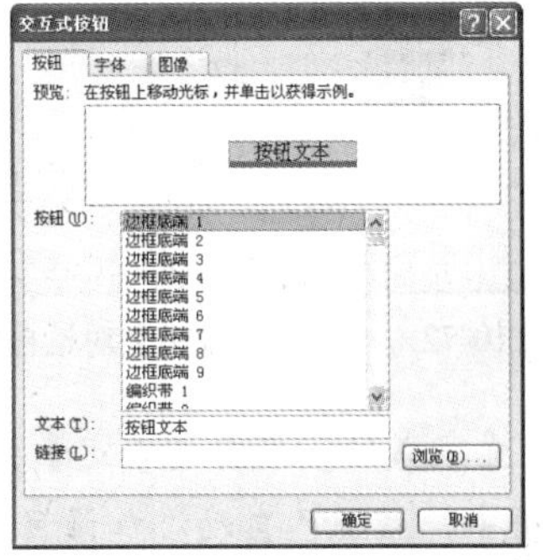

图 10-69　【交互式按钮】对话框

切换至【字体】选项卡，如图 10-70 所示，在该选项卡中可以对按钮上显示文本的格式进行设置。例如，可以设置文本的字体、字体样式、字号、初始字体颜色、鼠标指针悬停时的字体颜色、按下鼠标按键时的颜色以及字体的对齐方式等。设置后的效果可以在对话框上半部分中的【预览】框中进行预览。

切换至【图像】选项卡，如图 10-71 所示，在该选项卡中可以设置按钮上显示的图像效果，包括按钮的宽度和高度、鼠标指针悬停或按下鼠标按键时按钮图像的形态等属性。

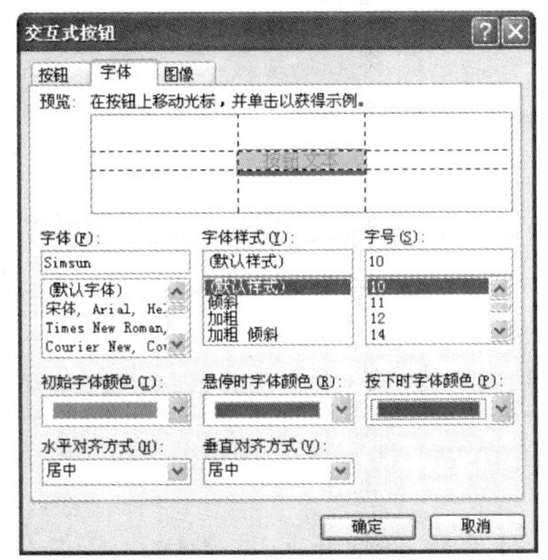

图 10-70　【字体】选项卡

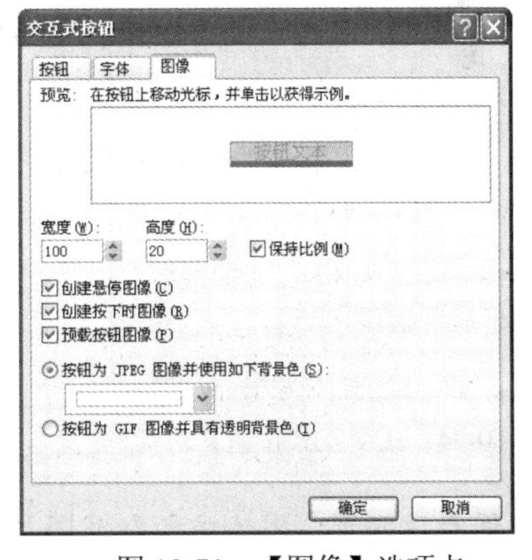

图 10-71　【图像】选项卡

【练习 10-6】　在网页中添加一个交互式按钮。

(1) 先将光标定位在网页中需要插入交互式按钮的位置，然后选择【插入】|【交互式按钮】命令，打开【交互式按钮】对话框，如图 10-72 所示。

(2) 在【按钮】列表框中选择【浮雕矩形 1】选项，在【文本】文本框中输入“单击查看图片”，然后单击【浏览】按钮，打开【编辑超链接】对话框，在该对话框中选择一张图片作为目标端点，如图 10-73 所示。

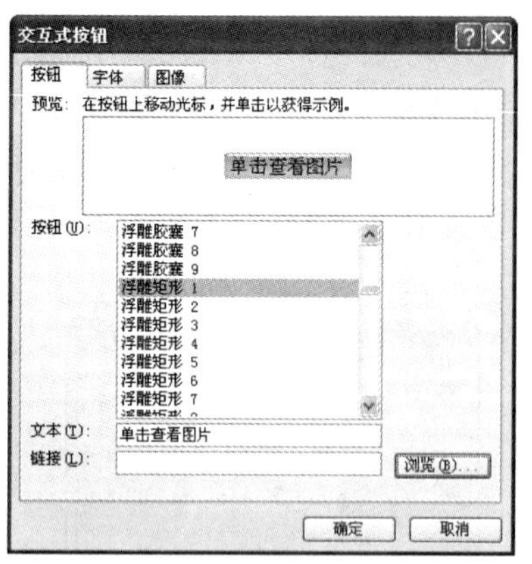

图 10-72 【交互式按钮】对话框

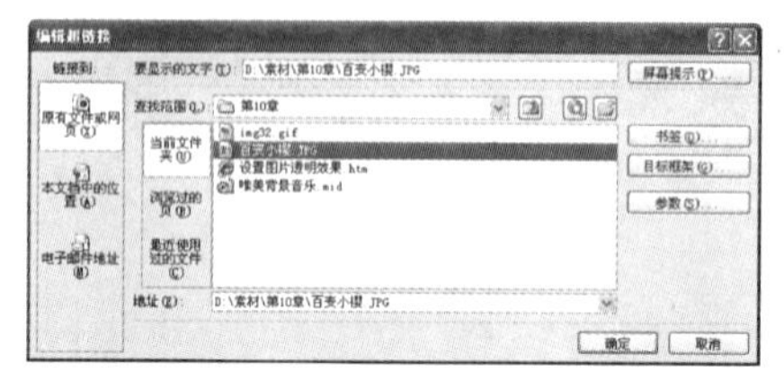

图 10-73 【编辑超链接】对话框

(3) 设置完成后，单击【确定】按钮，返回【交互式按钮】对话框，在该对话框的【链接】文本框中，系统已自动添加该目标端点的 URL 地址。

(4) 将【交互式按钮】对话框切换至【字体】选项卡，将按钮上的文本的【字体】设置为“新宋体”，保持默认的字体样式不变，将【字号】设置为 10，【初始字体颜色】保持默认设置不变，【悬停时字体颜色】设置为“红色”，【按下时字体颜色】设置为“紫红色”，对齐方式保持默认设置不变，如图 10-74 所示。

(5) 设置完成后，单击【确定】按钮，即可将该交互式按钮插入到网页中的指定位置，效果如图 10-75 所示。

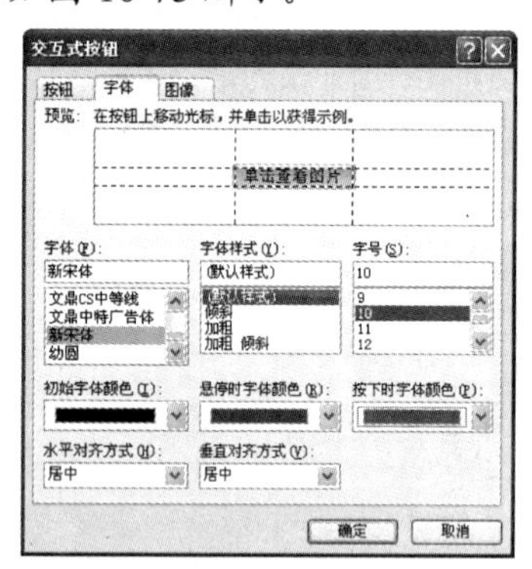

图 10-74 【交互式按钮】对话框

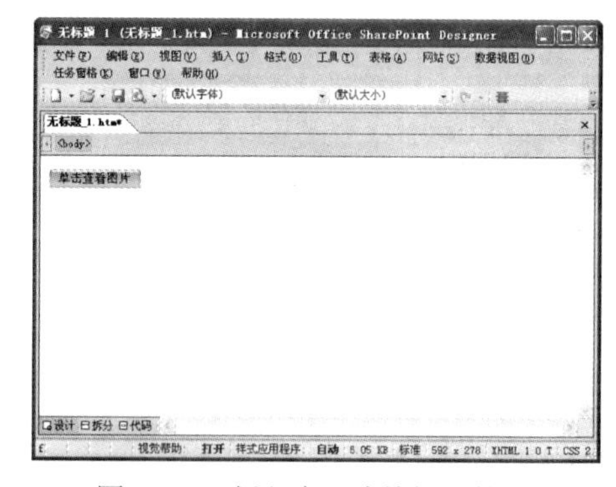

图 10-75 插入交互式按钮后的效果

(6) 保存该网页，因为该按钮是图片形式的按钮，故系统会打开如图 10-76 所示的【保存嵌入式文件】对话框，选择适当的文件夹，然后单击【确定】按钮，即可完成保存。

提示

交互式按钮也是 SharePoint Designer 2007 提供的一种 Web 组件，在【插入 Web 组件】对话框的【组件类型】列表中选择【动态效果】选项，在【选择一种效果】列表中选择【交互式按钮】选项，然后单击【完成】按钮，也可以打开图 10-69 所示的【交互式按钮】对话框。

(7) 按 F12 快捷键预览该网页，如图 10-77 所示，当鼠标指针悬停在该按钮上时或按下鼠标按键时，按钮将按照设置显示不同的效果。

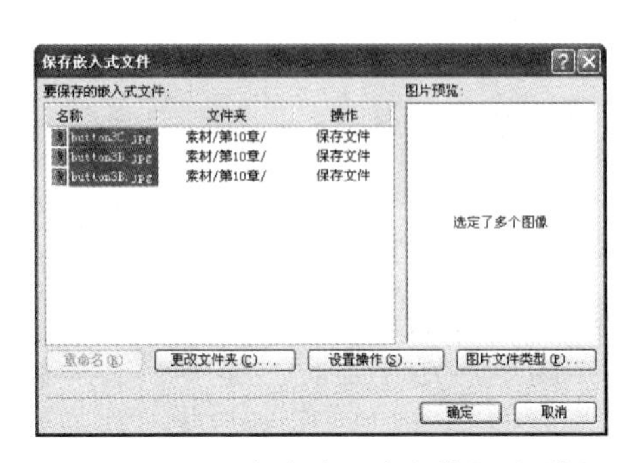

图 10-76　【保存嵌入式文件】对话框

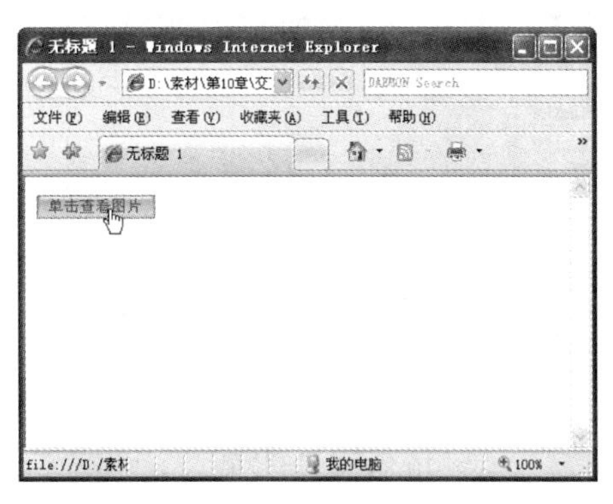

图 10-77　预览效果

10.7.2　设置网页的过渡效果

熟悉 Powerpoint 的用户对幻灯片之间的切换效果一定不会感到陌生，实际上，在 SharePoint Designer 2007 中也可以为网页之间的切换设置特殊的过渡效果。

要为某个网页设置打开时的过渡效果，可以先打开该网页，然后选择【格式】|【网页过渡】命令，打开【网页过渡】对话框，在该对话框中可以对网页过渡效果的各项参数进行设置。

【练习 10-7】　为网页设置过渡效果。

(1) 首先打开需要设置过渡效果的网页，然后选择【格式】|【网页过渡】命令，如图 10-78 所示，打开【网页过渡】对话框，如图 10-79 所示。

(2) 在【网页过渡】对话框的【事件】列表中，选择【进入网页】选项，在【持续事件】文本框中输入 3.0，在【过渡效果】列表中选择【圆形放射】选项，如图 10-79 所示。

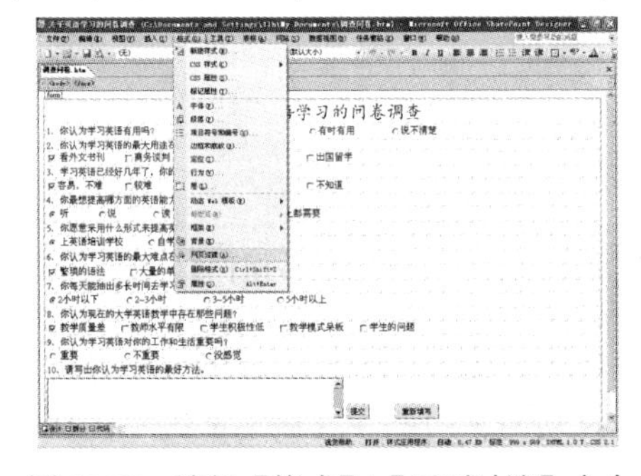

图 10-78　选择【格式】|【网页过渡】命令

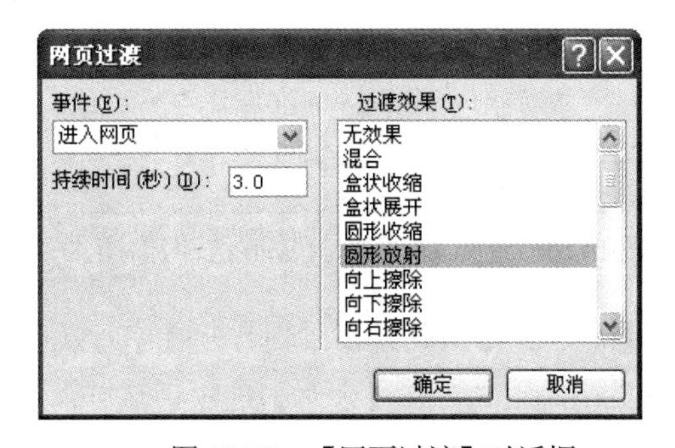

图 10-79　【网页过渡】对话框

(3) 设置完成后，单击【确定】按钮，完成该网页的过渡效果的设置。该网页的过渡效果如图 10-80 所示。

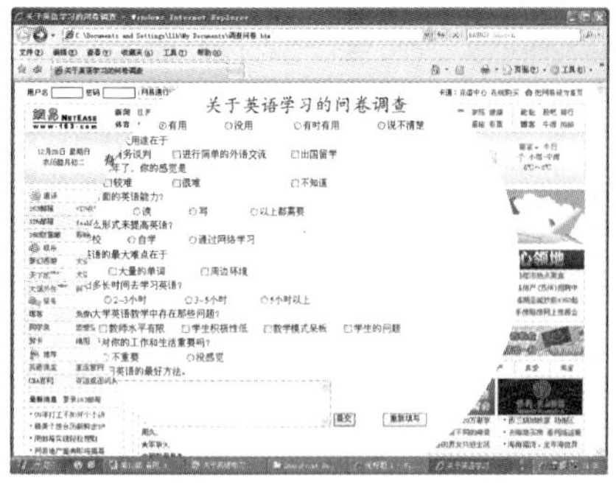
图 10-80　过渡效果

提示

该过渡效果只能在两个网页之间进行切换时才能显示，单独对该网页进行预览无法看到正确的过渡效果。

10.7.3 插入动态显示的文字

在网页中经常会看到一些滚动显示的文字，例如，网站的欢迎词、动态显示的新闻等。这些效果是怎么制作出来的呢？实际上，使用 SharePoint Designer 2007 提供的 Web 组件，可以轻松地制作出这种文字滚动效果。

【练习 10-8】 在网页中插入滚动显示的文字。

(1) 首先打开一个网页，将光标定位在网页中需要插入滚动文字的位置，然后选择【插入】|【Web 组件】命令，如图 10-81 所示。

(2) 系统将打开【插入 Web 组件】对话框，在该对话框的【组件类型】列表中选择【动态效果】选项，在【选择一种效果】列表中选择【字幕】选项，如图 10-82 所示。

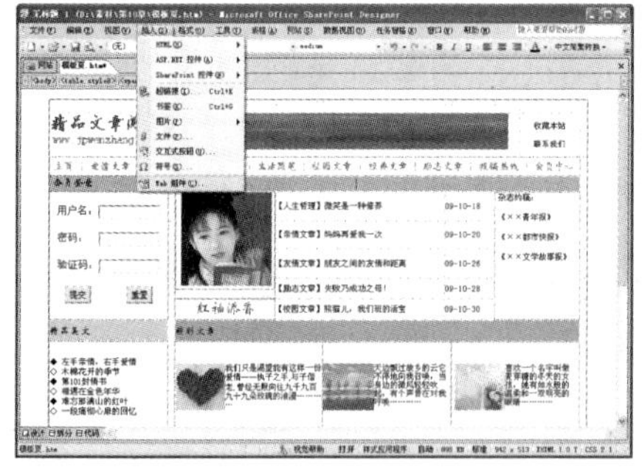
图 10-81　选择【插入】|【Web 组件】对话框

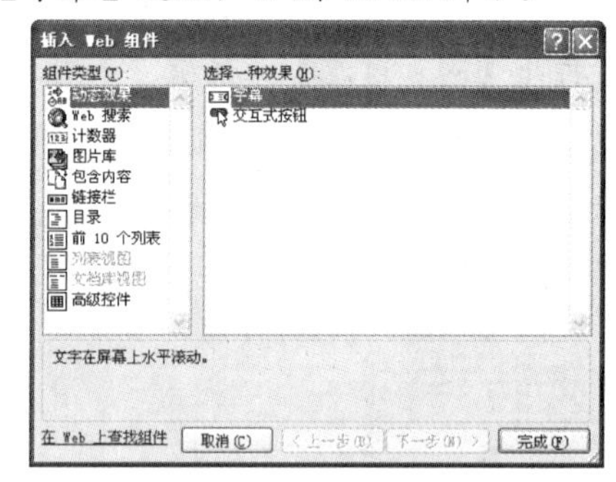

图 10-82　【插入 Web 组件】对话框

(3) 单击【完成】按钮，打开【字母属性】对话框，在【文本】文本框中输入需要在网页中显示的文本，在【方向】选项区域可以选择文本滚动的方向，在【速度】选项区域可以设置文本滚动的速度，在【表现方式】选项区域可以设置文本的表现方式。

(4) 按照如图 10-83 所示进行设置后，单击【确定】按钮，即可在指定位置插入滚动字幕，如图 10-84 所示。

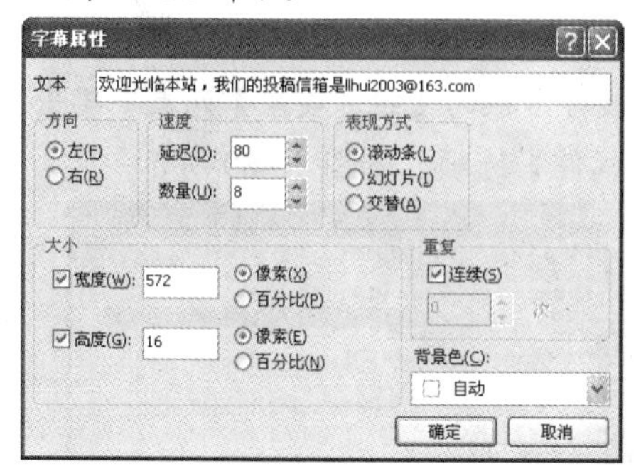

图 10-83　【字幕属性】对话框

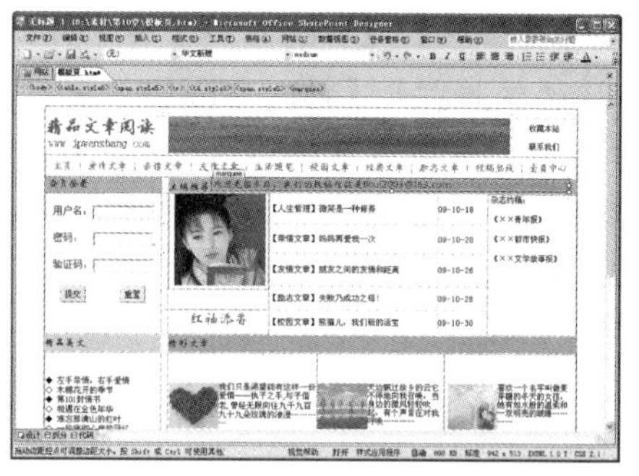

图 10-84　插入滚动字幕后的效果

(5) 保存该网页，然后按下 F12 键进行预览，效果如图 10-85 所示，字幕将自右向左滚动显示。

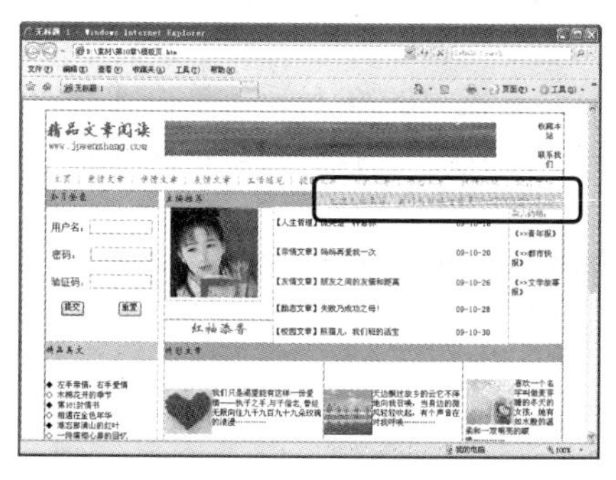

图 10-85　预览效果

提示

在网页的设计视图中，滚动字幕和其他的文本相同，也可对其进行格式设置和插入超链接等。

10.7.4　插入 Flash 动画

Flash 动画在目前的网络世界中非常受欢迎，这不仅是因为它具有丰富多彩的表现形式，还因为它的文件比较小，并且具有互动性，是多媒体网页中不可或缺的角色。Flash 动画有两种形式，一种是具有动画效果的 GIF 格式的图片，例如，网络中的表情图片等，如图 10-86 所示，插入这种 Flash 动画的方法与插入图片的方法相同；另一种是后缀名为 SWF 的 Flash 影片，如图 10-87 所示。本节主要介绍 SWF 格式的 Flash 影片的插入方法。

图 10-86　具有动画效果的图片

图 10-87　Flash 动画影片

【练习 10-9】 在网页中插入 Flash 影片。

(1) 启动 SharePoint Designer 2007，并新建一个空白网页，将该网页命名为“Flash 动画”，然后选择【插入】|【Web 组件】命令，如图 10-88 所示。

(2) 系统将打开【插入 Web 组件】对话框，在该对话框的【组件类型】列表中单击【高级控件】选项，在【选择一个控件】列表中选择【插件】选项，如图 10-89 所示。

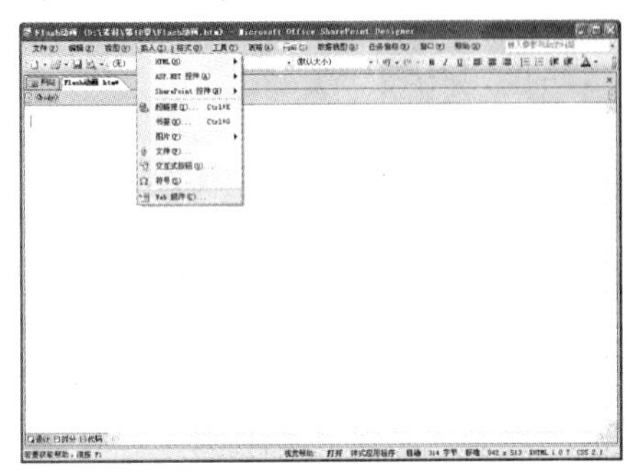

图 10-88 选择【插入】|【Web 组件】命令

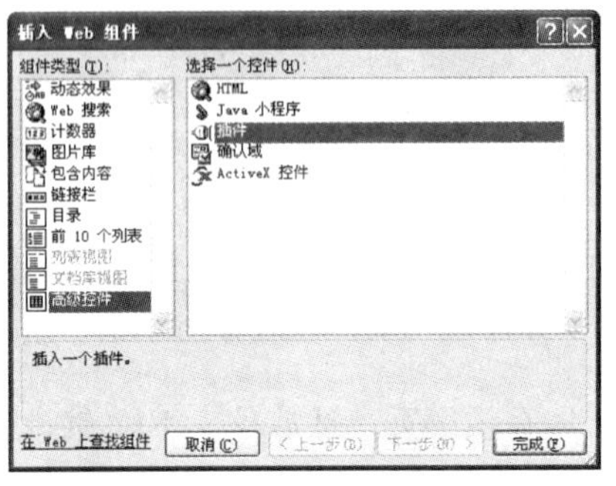

图 10-89 【插入 Web 组件】对话框

(3) 单击【完成】按钮，打开【插件属性】对话框，如图 10-90 所示。单击【数据源】文本框右侧的【浏览】按钮，打开【选择插件数据源】对话框，在该对话框中选择要插入到网页中的 Flash 文件，如图 10-91 所示。

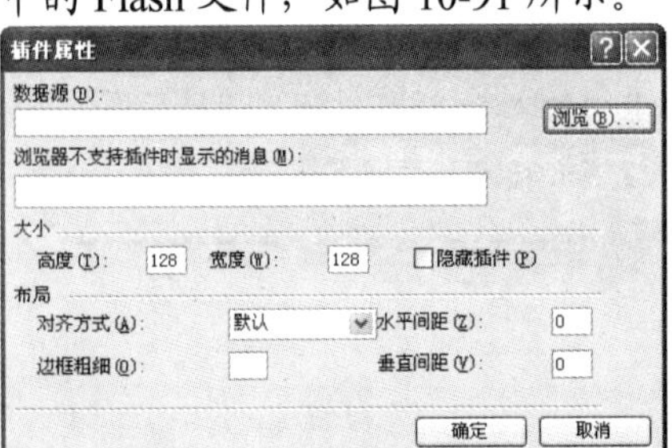

图 10-90 【插件属性】对话框

图 10-91 【选择插件数据源】对话框

(4) 完成选择后，单击【打开】按钮，即可将选择的 Flash 文件的 URL 地址插入到【插件属性】对话框的【数据源】文本框中，然后在该对话框的其他区域作相应的设置后，如图 10-92 所示，单击【确定】按钮，即可将所选的 Flash 动画插入到网页中，如图 10-93 所示。

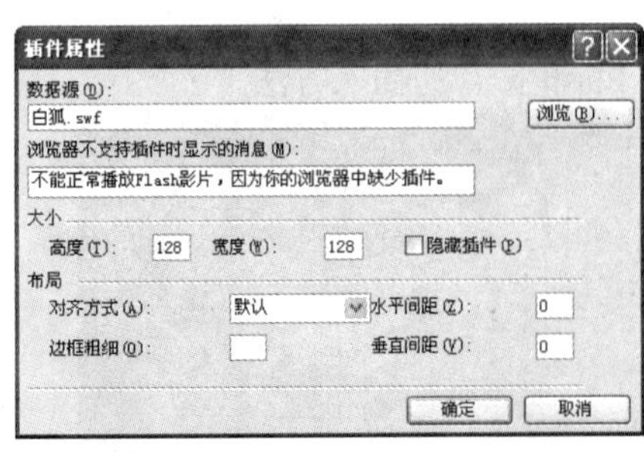

图 10-92 【插件属性】对话框

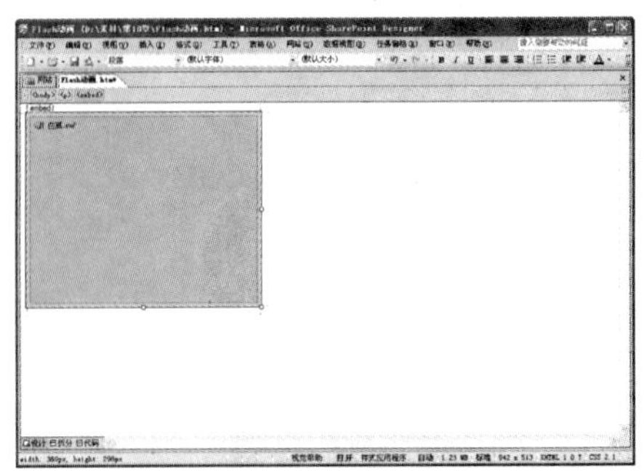

图 10-93 插入 Flash 动画后的效果

提示

插入的 SWF 格式的 Flash 动画在 SharePoint Designer 2007 网页设计视图中是不能被播放的，只能以一个方框显示，以提示设计者在当前位置已经插入了 Flash 动画。

(5) 保存该网页，然后按下 F12 快捷键进行预览，如果浏览器中已经安装了相关的插件，该 Flash 动画即可在网页中播放，如图 10-94 所示。若 Flash 不能正常播放，则网页中会显示图 10-92 中设计好的提示文字，如图 10-95 所示。

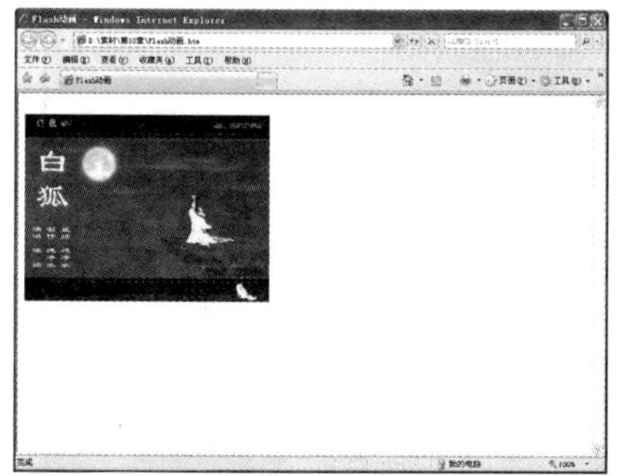

图 10-94　正常预览效果

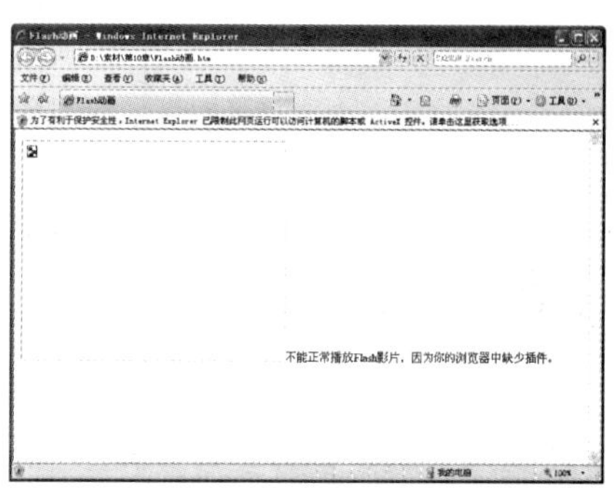

图 10-95　不能正常播放的效果

10.8 上机实验

本章主要介绍了 SharePoint Designer 2007 组件的使用和网页中特殊效果的添加，包括计数器的使用、网页中相同内容的处理、动态 Web 模板的使用、图片库的制作、在网页中添加声音、图片透明效果的设置以及网页中动态内容的添加等。本节通过上机实验来巩固本章所学习的知识。

本次上机实验制作一个名称为“丁丁图片库”的简易网站，主要涉及的知识点包括插入包含网页、制作图片库、设置网页的过渡效果和插入动态显示的文字等。

(1) 启动 SharePoint Designer 2007，然后选择【文件】|【新建】|【网站】命令，打开【新建】对话框，新建一个“只有一个网页的网站”，如图 10-96 所示。

(2) 打开该网站中的空白网页，然后选择【任务窗格】|【布局表格】命令，打开【布局表格】任务窗格，在该网页中插入一个如图 10-97 所示的布局表格。

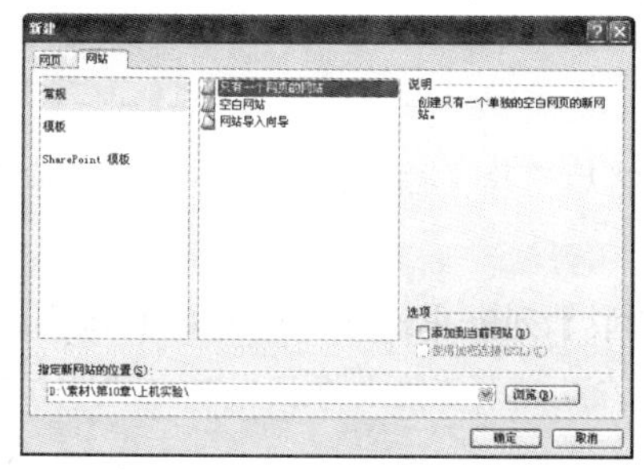

图 10-96　【新建】对话框

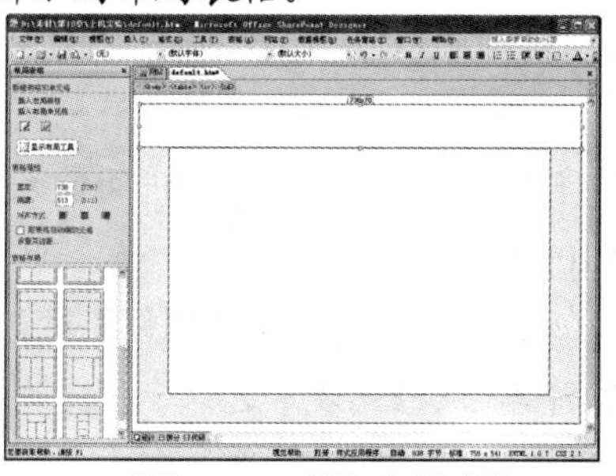

图 10-97　插入布局表格

(3) 选中整个布局表格，然后单击工具栏中的【居中】按钮，使整个布局表格在网页中居中显示，然后在如图 10-98 所示的位置插入已经制作的网站 Logo。

(4) 将光标定位在 Logo 的右侧，然后选择【插入】|【Web 组件】命令，打开【插入 Web 组件】对话框，如图 10-99 所示。在该对话框的【组件类型】列表中选择【动态效果】选项，在【选择一种效果】列表中选择【字幕】选项。

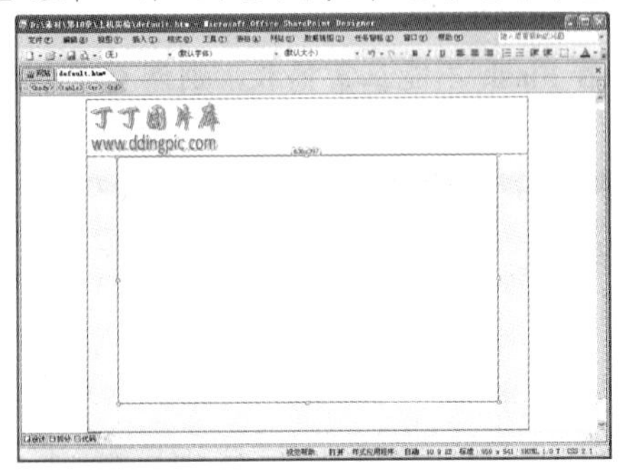

图 10-98　插入网站 Logo

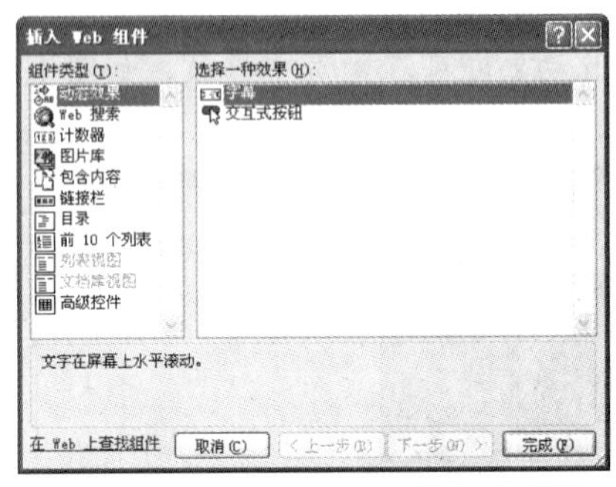

图 10-99　【插入 Web 组件】对话框

(5) 单击【完成】按钮，打开【字幕属性】对话框，在【文本】文本框中输入文本"欢迎光临丁丁图片库，您的支持将是对我们最好的鼓励！"，在【背景色】下拉列表中选择"橄榄色"，如图 10-100 所示。

(6) 保持其他选项的默认设置不变，然后单击【确定】按钮，即可在网页中插入设置的滚动字幕，如图 10-101 所示。

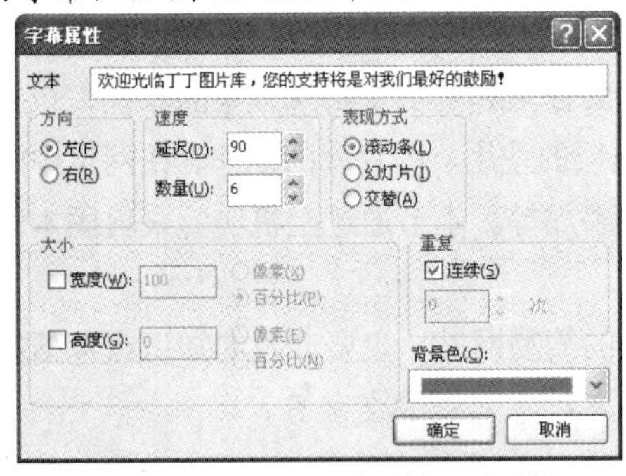

图 10-100　【字幕属性】对话框

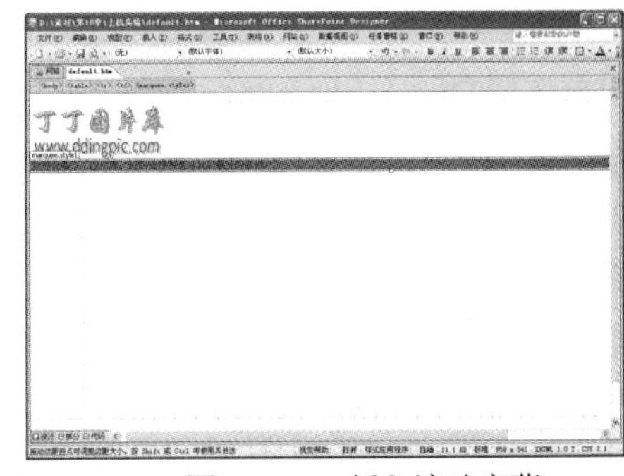

图 10-101　插入滚动字幕

提示

插入滚动字幕后，布局表格的形状会有所变化，可以用拖动鼠标的方式调整滚动字幕的宽度，并随时对网页进行预览，以保持设计视图和预览效果的统一。

(7) 将光标定位在布局表格中间最大的单元格中，然后选择【插入】|【Web 组件】命令，如图 10-102 所示。

(8) 在打开的【插入 Web 组件】对话框的【组件类型】列表中选择【图片库】选项，在【选择图片库选项】列表中选择一种图片库样式，例如，在此选择"蒙太奇版式"，如图 10-103 所示。

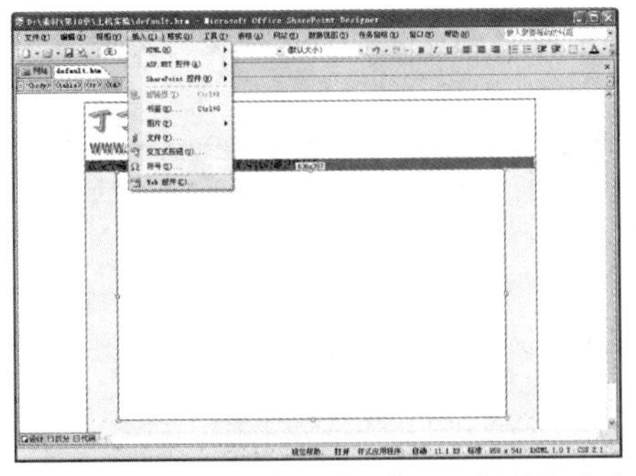

图 10-102　选择【插入】|【Web 组件】命令

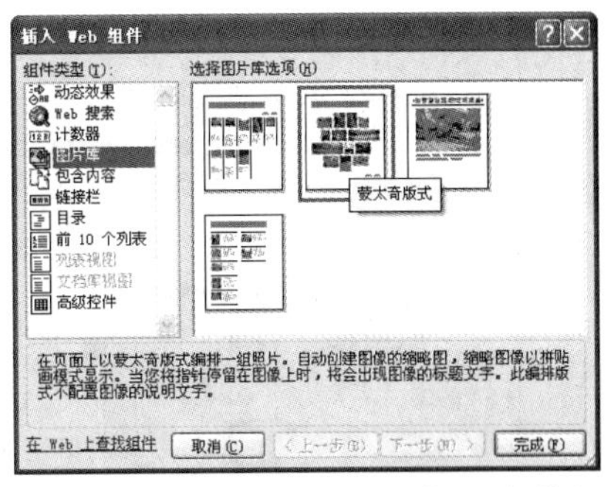

图 10-103　【插入 Web 组件】对话框

(9) 单击【完成】按钮，打开【图片库属性】对话框，如图 10-104 所示。在【图片】选项卡中单击【添加】按钮，在弹出的下拉菜单中选择【图片来自文件】命令，打开【打开】对话框，在该对话框中选择需要添加的图片，如图 10-105 所示。

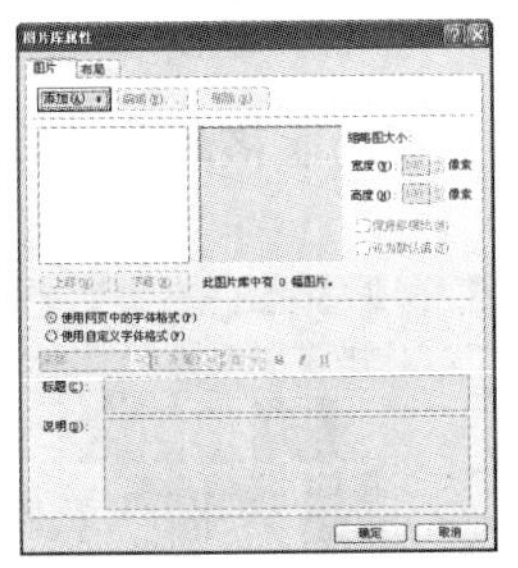

图 10-104　【图片库属性】对话框

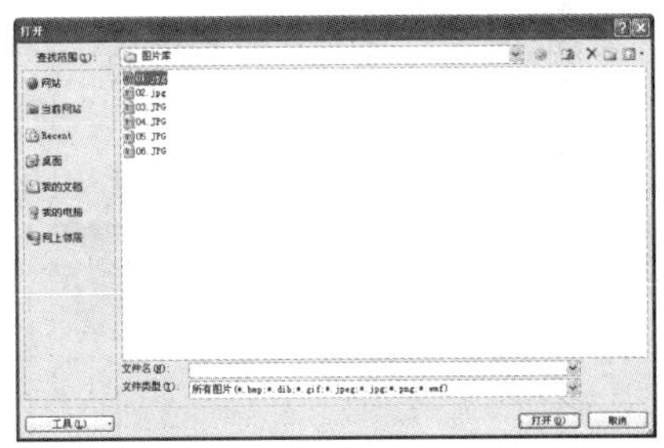

图 10-105　【打开】对话框

(10) 单击【打开】按钮，即可将所选图片添加到【图片库属性】对话框上方的两个列表中，如图 10-106 所示。其中左侧的列表显示图片的文件名，右侧的列表显示该图片的缩略图。另外，在【标题】文本框中还可以输入对该图片的简单描述。

(11) 使用相同的方法，可以在【图片库属性】对话框中添加多张图片，如图 10-107 所示。

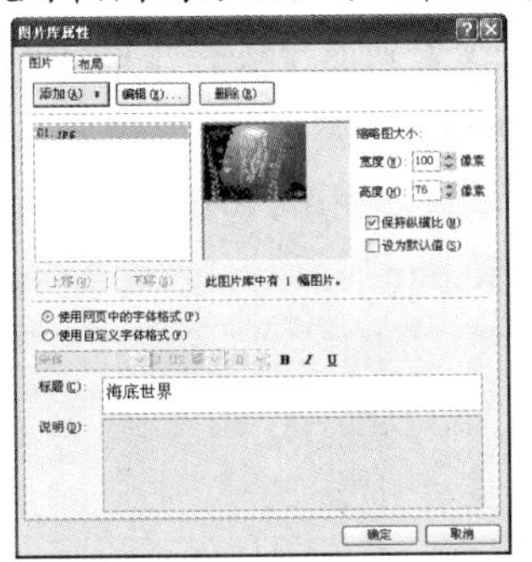

图 10-106　插入一张图片

图 10-107　插入多张图片

(12) 全部添加图片完成后，单击【确定】按钮，即可在网页中的指定位置插入一个图片库。选中该图片库，然后单击工具栏中的【居中】按钮，将该图片库在所在的单元格中居中，效果如图 10-108 所示。

(13) 接下来制作该网页的版权说明。在当前网站中新建一个网页，并将该网页命名为“版权页”，如图 10-109 所示。

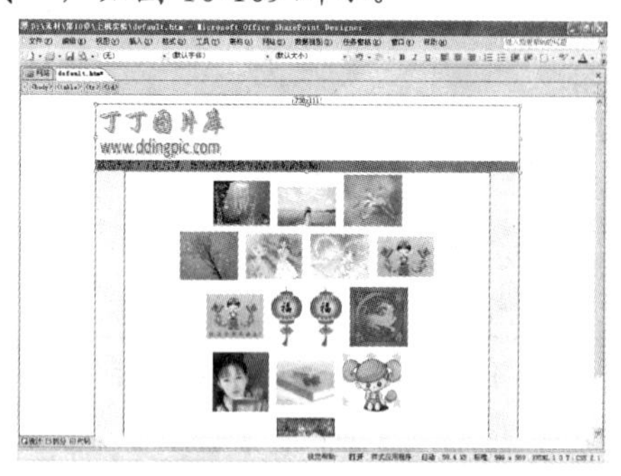

图 10-108　插入图片库

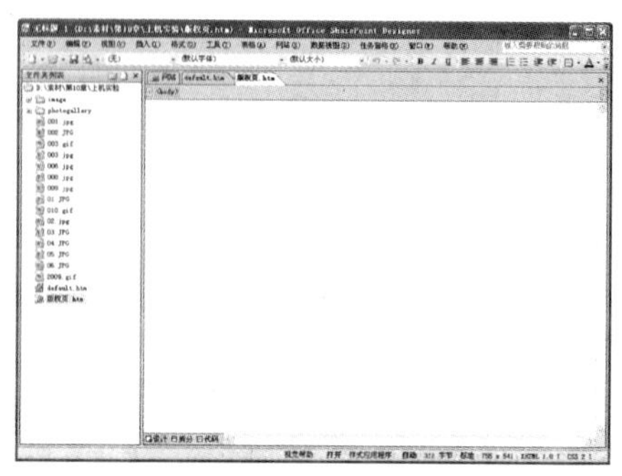

图 10-109　新建版权页

(14) 版权页建立完成后，打开该版权页，然后在其中输入如图 10-110 所示的文本。用户可以在其中加入一些必要的超链接。

(15) 打开前一个网页 default.htm，将光标定位在该网页中布局表格的最下面一行，然后选择【插入】|【Web 组件】命令，如图 10-111 所示。

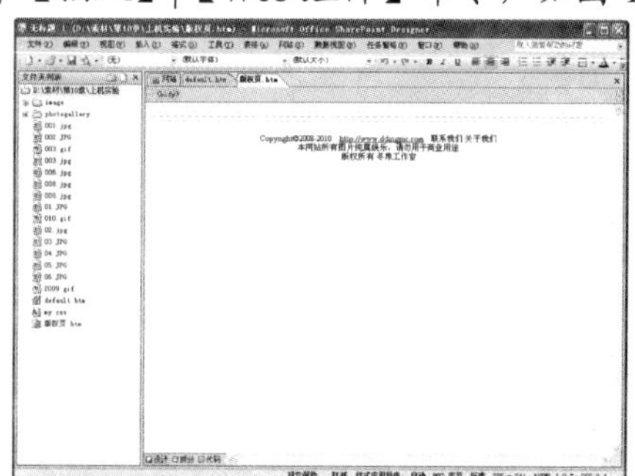

图 10-110　在版权页中输入文本

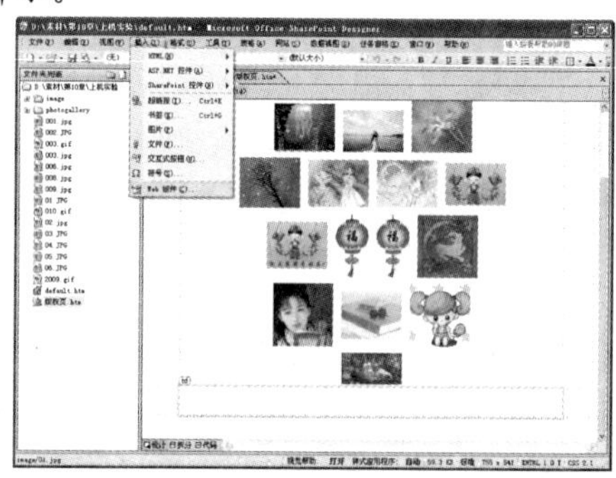

图 10-111　选择【插入】|【Web 组件】命令

(16) 在打开的【插入 Web 组件】对话框的【组件类型】列表中选择【包含内容】选项，在【选择内容类型】列表中选择【网页】选项，如图 10-112 所示。

(17) 单击【完成】按钮，打开【包含网页属性】对话框，如图 10-113 所示。单击【浏览】按钮，在打开的【当前网站】对话框中选择“版权页.htm”。

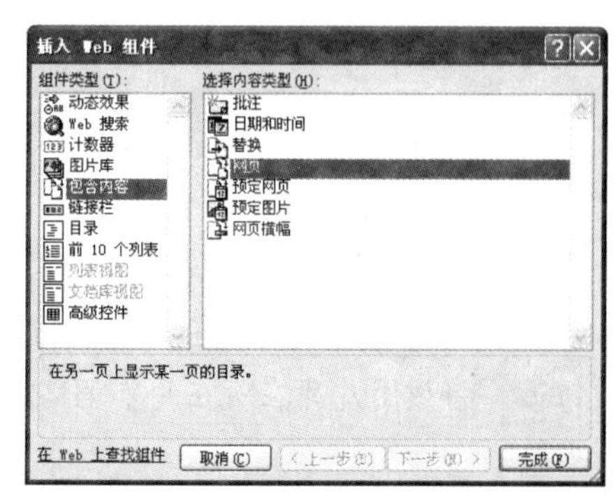

图 10-112　【插入 Web 组件】对话框

图 10-113　【包含网页属性】对话框

(18) 选择完成后，单击【确定】按钮，即可将“版权页.htm”网页插入到 default.htm 网页中的指定位置，效果如图 10-114 所示。保存该网页，然后按下 F12 快捷键进行预览效果如图 10-115 所示。

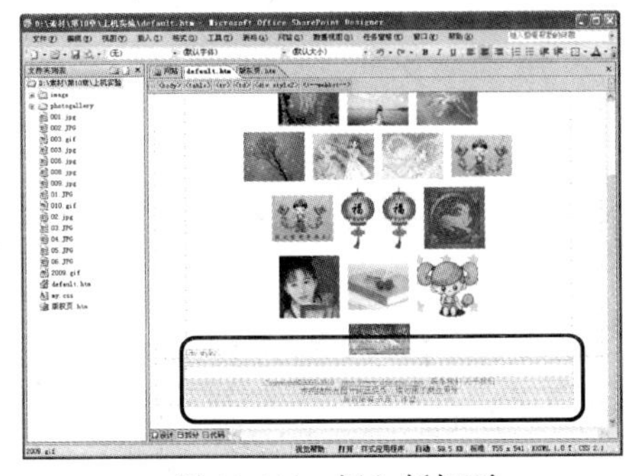

图 10-114　插入版权页

图 10-115　预览效果

(19) 接下来制作网页的过渡效果。在网页的设计视图中，选择【格式】|【网页过渡】命令，打开【网页过渡】对话框，如图 10-116 和图 10-117 所示。

(20) 在【事件】下拉列表框中选择【进入网页】选项，在【过渡效果】列表框中选择【盒状展开】选项，在【持续时间】文本框中输入 2.0，如图 10-117 所示。

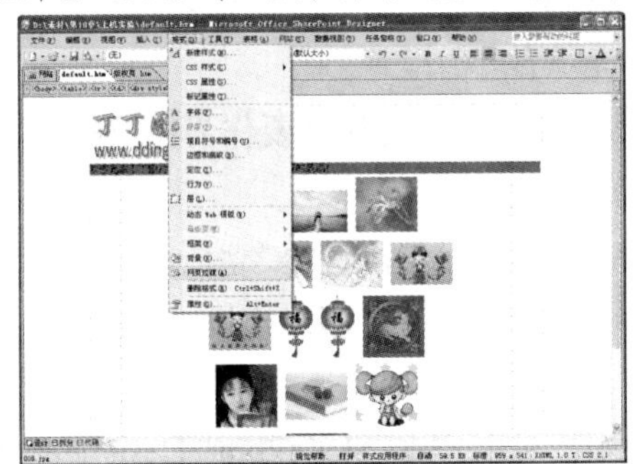

图 10-116　选择【格式】|【网页过渡】命令

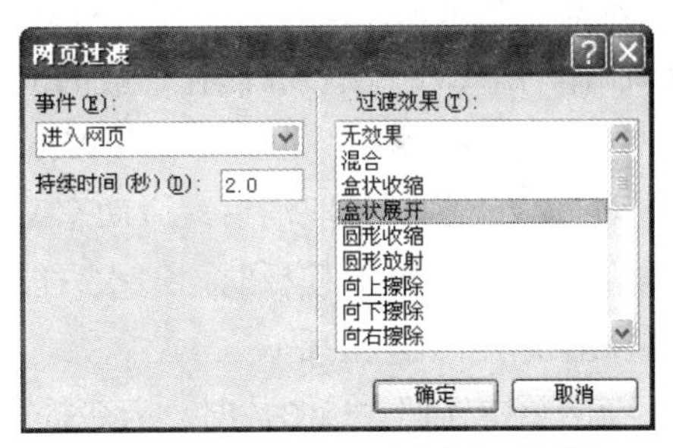

图 10-117　【网页过渡】对话框

(21) 单击【确定】按钮，完成网页过渡效果的设置。保存该网页，然后按下 F12 快捷键进行预览，当在两个网页之间进行切换时，可以看到刚刚设置好的网页过渡效果，如图 10-118 所示。

(22) 网页打开后，当单击网页中某张图片的缩略图时，浏览器会自动在原网页中打开该图片的原始图片，如图 10-119 所示。

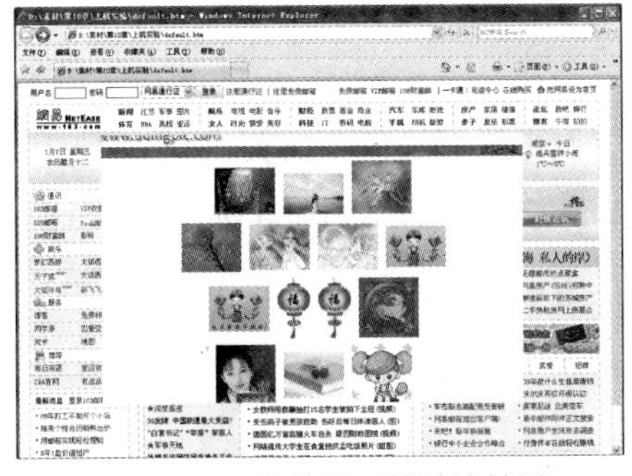

图 10-118　盒装展开的过渡效果

图 10-119　单击查看图片

10.9 思考练习

10.9.1 填空题

1. 要使用 SharePoint Designer 2007 中提供的计数器组件，首先应选择__________命令，打开【插入 Web 组件】对话框。

2. 要在网页中插入一个 Flash 影片，应在【插入 Web 组件】对话框的【组件类型】列表中选择__________选项，然后在【选择一个控件】列表中选择__________选项。

3. 若要将一张图片的背景设置为透明效果，应先打开__________工具栏，然后在该工具栏中单击__________按钮。

10.9.2 选择题

1. 以下关于动态 Web 模板的说法中正确的是(　　)。

A. 动态模板被应用后，将不能再对其进行任何形式的编辑。

B. 制作动态 Web 模板和制作一般的网页没有太大的区别，可先将要作为模板的网页制作完成，然后将其另存为动态 Web 模板即可。

C. 动态 Web 模板被取消后，原动态 Web 模板中的所有元素都将随之消失。

D. 在应用动态 Web 模板时，一次只能在一个网页中应用动态 Web 模板。

2. 以下说法中错误的是(　　)。

A. 在网页中处理大量图片时，若想提高工作效率，可以使用 SharePoint Designer 2007 组件中的图片库功能。

B. 在为图片设置透明效果时，可以针对同一张图片中的多种颜色设置透明效果。

C. GIF 格式的带有动画效果的图片，可以按照插入图片的方法直接插入到网页中。

D. 在网页中插入滚动字幕时，该字幕可以直接插入到网页的表格中，也可以插入到层中。

10.9.3 操作题

1. 利用前面章节中学过的知识，对上机实验中的网页进行进一步的美化。

2. 对于本章学习过的知识，自己动手在计算机上进行练习，熟悉 SharePoint Designer 2007 组件的使用和网页中特殊效果的添加。

动态网站开发技术基础

本章导读

从网站的交互性区分，可以将网站分为静态网站和动态网站两种。随着网络技术的发展，单纯的静态网站已不能满足用户的需求，动态网站开发技术成为当今网站开发中的主流技术。前面章节中介绍的大部分内容都是关于静态网站的，本章主要介绍有关动态网站开发技术的相关知识。

重点和难点

- 动态网站的基础知识
- ASP.NET 编程基础
- ASP.NET 的对象
- ASP.NET 的控件
- 制作简单的动态网页

11.1 动态网站基础知识

网页处理技术的发展经历了两个重要的阶段：客户端网页和服务器端网页。其中，客户端网页又称为静态网页，服务器端网页又称为动态交互式网页。只含有静态网页的网站被称为是静态网站，而含有动态网页的网站称为动态网站。

11.1.1 动态网站语言的分类

除了前面章节中介绍的使用 HTML 语言编写的静态网站外，网络中还存在大量的动态网站，这些网站使用不同的脚本语言编写，它们的语言规范、运行环境、功能特点也都各不相同。目前常见的动态网站开发技术有以下几种：

1. CGI 技术

CGI(Common Gateway Interface，公用网关接口技术)技术是最早出现的具有实用性的 Web 应用技术，但是，这种技术的语法结构比较复杂，实现起来比较困难，并且效率低下，

维护困难，目前互联网上已经很少使用。

2. ASP 技术

ASP(Active Server Pages)技术是继 CGI 技术后又一种具有实用性的 Web 技术，它是 Microsoft 公司开发的一种动态网站开发平台。ASP 采用 VBScript 或 Javascript 作为其脚本语言，语法比较简单，很容易掌握，由于其简单易学，对服务器要求比较低等特点，在互联网上的应用比较广泛，比较适合初学人员使用。但另一方面，ASP 的功能比较简单，无法实现一些复杂的网络应用，在安全性方面也有许多不足之处。

3. JSP 技术

JSP(Java Server Pages)是由 Sun Microsystem 公司于 1999 年 6 月推出的新技术，是基于 Java Servlet 和整个 Java 体系的 Web 开发技术。虽然 JSP 已经成为一种比较卓越的动态网站开发技术，许多 Java 爱好者都乐于使用它，但由于 Servlet 的一些缺陷，使用 JSP 技术来开发动态网页显得并不十分完美。

4. PHP 技术

PHP(Hypertext Preprocessor，超文本预处理器)是一种跨平台的服务器端的嵌入式脚本语言技术，它借用了大量 C、Java 和 Perl 语言的语法，然后再加入自己的特性，使 Web 开发者只需具备很少的编程知识即可使用 PHP 技术建立一个真正交互的 Web 页面。由于 PHP 是完全免费的，可以通过网络找到各种源代码，因此受到很多网页开发程序人员的欢迎，目前在网络中的应用比较广泛。

5. ASP.NET 技术

ASP.NET 是 Microsoft 公司为了克服使用 ASP 开发网页的一些限制而开发的一种新技术。它是 ASP 的升级版本，提供了一种以 Microsoft.NET Framework 为基础开发 Web 应用程序的全新编程模式，可以生成伸缩性和稳定性更强的应用程序，并对其提供更好的安全保护。目前 ASP.NET 技术已经逐步成为网络中的主流网站开发技术。

结合 SharePoint Designer 2007 的特点，本章将以 ASP.NET 技术为例来介绍动态网站开发的相关知识。

11.1.2 ASP.NET 技术的特点

ASP.NET 是建立在公共语言运行库上的编程框架，可以用在服务器上生成功能强大的 Web 应用程序。与以前的 Web 开发模型相比，ASP.NET 具有以下几个重要的优点。

1. 增强的性能

ASP.NET 是在服务器上运行的已编译的公共语言运行库代码。与传统的 ASP 不同，ASP.NET 可利用早期绑定、实时(JIT)编译、本机优化和全新的缓存服务器来提高性能，这相

当于在编写代码之前便显著提高了性能。

2. 国际化的工具支持

ASP.NET 在内部使用 Unicode 以表示请求和响应数据，可以为每台计算机、每个目录和每个页面配置国际化设置。

3. 灵活性

由于 ASP.NET 基于公共语言运行库，因此，Web 应用程序开发人员可以利用整个平台的灵活性。.NET 框架类库、消息处理和数据访问解决方案都可以从 Web 无缝访问。ASP.NET 也与语言无关，所以可以选择最适合应用程序的语言，或跨多种语言分割应用程序。另外，公共语言运行库的交互性保证在迁移到 ASP.NET 时保留基于 COM 的开发中的现有投资。

4. 灵活性

ASP.NET 使执行常见任务变得更加容易，从简单的窗体提交和客户端身份验证到部署和站点配置。例如，ASP.NET 框架可以生成将应用程序逻辑与表示代码清楚分开的用户界面，并且在类似于 Visual Basic 的简单窗体处理模型中处理事件。另外，公共语言运行库利用托管代码服务(如自动引用计数和垃圾回收)简化了开发。

5. 可管理性

ASP.NET 使用基于文本的分级配置系统，简化了将设置应用于服务器环境和 Web 应用程序的过程。由于配置信息是以纯文本形式存储的，所以可以在无本地管理工具帮助的情况下应用新设置。用户只需将必要的文件复制到服务器上，即可将 ASP.NET 框架应用程序部署到服务器，不需要重新启动服务器，即使是在部署或替换运行的编译代码时。

6. 可缩放性和可用性

ASP.NET 在设计时考虑了可缩放性，增加了专门用于在聚集环境和多处理器环境中提高性能的功能。另外，进程受到 ASP.NET 运行库的密切监视和管理，以便当进程行为不正常(泄露、死锁)时，可就地创建新进程，以帮助保持应用程序始终可用于处理请求。

7. 扩展性

ASP.NET 被设计成可扩展的、具有特别专有的功能来提高群集的、多处理器环境的性能。此外，Internet 信息服务(IIS)和 ASP.NET 运行时密切监视和管理进程，以便在一个进程出现异常时，可以在该位置创建新的进程使应用程序继续处理请求。

8. 安全性

借助于内置的 Windows 身份验证和基于每个应用程序的配置，可以保证应用程序是安全的。

11.1.3 ASP.NET 页面的执行

使用 ASP.NET 开发的动态网页，网页文件的扩展名为.aspx。大多数情况下，可以把 ASP.NET 页面看成普通的 HTML 页面，因为安装了.NET Framework 之后，本地的 IIS Web 服务器就会自动配置以查找有.aspx 扩展名的文件，并用 ASP.NET 模块来处理它们。

该模块一方面分析了.aspx 文件的内容，也就是将代码分成单独的命令，以确定代码的全部结构；另一方面，它把这些命令安排在预定义的类定义中，然后这个类用于定义一个特定的 ASP.NET 的 Page 对象，接着此对象执行的某个任务生成可以发送回 IIS 的 HTML 流，从这里再返回给客户机。因此，整个 ASP.NET 页面的执行过程如图 11-1 所示。

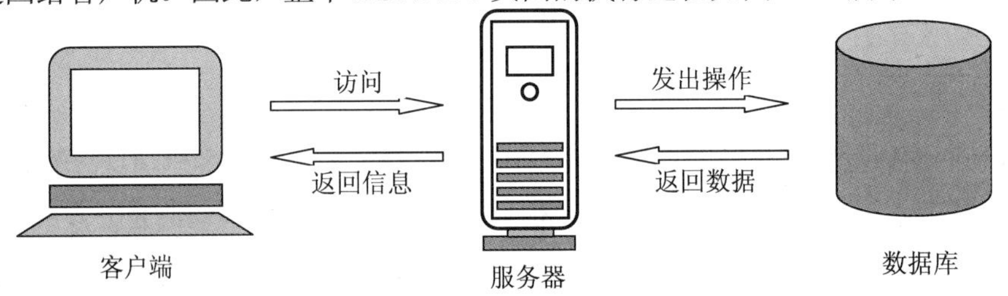

图 11-1　ASP.NET 页面的执行过程

首先，访问者在客户端浏览器中输入某个.aspx 文件的路径或者通过单击某个超链接来发送访问请求，注意，这个页面的名称必须以.aspx 为扩展名(.aspx 是 ASP.NET 页面的文件扩展名)，对这个页面的请求将会到达 IIS Web 服务器。

IIS 检索被请求的页面，并注意到被请求的页面的文件扩展名为.aspx，该扩展名提示 IIS 这是一个 ASP.NET 页面，其中包含 IIS 必须解释的代码和控件。如果该页面还没有完成编译，则此时就会被编译。页面的执行是基于访问者的请求的，这可能导致 IIS 启动其他组件，例如 ADO.NET、Email 库、第三方组件或者是开发者编写的组件。

所有的代码、插入页面的控件以及组件代码都可以转换成标准的 HTML，然后通过网络发送给访问者的浏览器。

编译器甚至通过检验访问者的浏览器来决定代码以何种方式生成。例如，如果访问者的浏览器支持客户端代码，那么这些代码就会发送到浏览器，否则代码就在服务器端执行。

最后，访问者的浏览器获取 HTML 脚本，显示站点的动态内容等，这种页面处理方式有助于开发更强大的应用程序或客户所需的功能。

11.1.4 IIS 的安装

ASP.NET 网页的执行需要 Web 服务器，对于 Windows XP 来说就是 IIS 服务器，本书以 Windows XP Professional SP2 操作系统为例介绍 IIS 的安装方法。

在 Windows XP 中安装 IIS 组件之前，应先安装 TCP/IP 通信协议(默认安装)和准备好 Windows XP Professional 系统光盘。

首先将 Windows XP Professional 系统光盘插入到光驱中，然后选择【开始】|【设置】|【控制面板】命令，打开【控制面板】窗口，如图 11-2 所示。

在【控制面板】窗口中，双击【添加或删除程序】图标，打开【添加或删除程序】对话框，如图 11-3 所示。

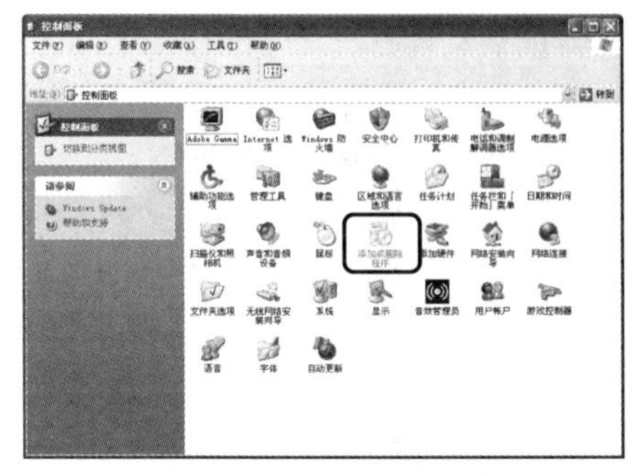

图 11-2　【控制面板】窗口

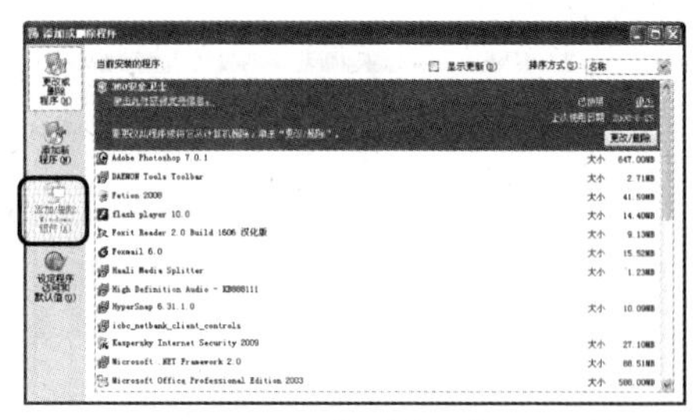

图 11-3　【添加或删除程序】对话框

在【添加或删除程序】对话框左侧的列表中单击【添加/删除 Windows 组件】按钮，打开【Windows 组件向导】对话框，如图 11-4 所示。在该对话框的【组件】列表中选中【Internet 信息服务(IIS)】复选框，然后单击【下一步】按钮，打开【正在配置组件】对话框，系统开始自动安装 IIS，如图 11-5 所示。

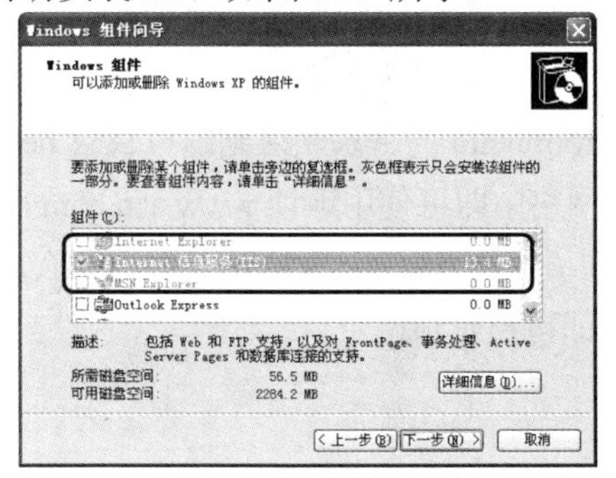

图 11-4　【Windows 组件向导】对话框

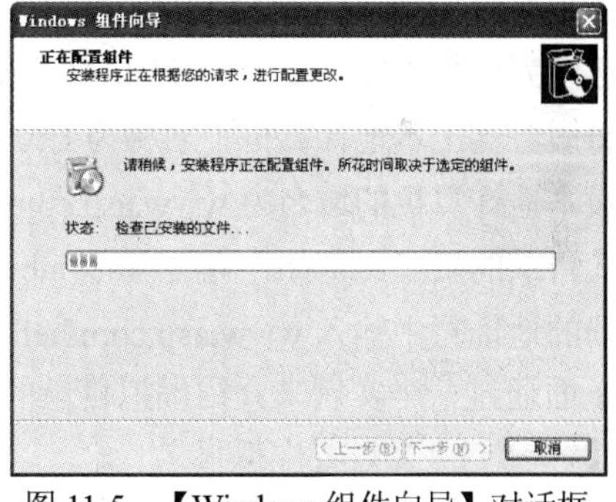

图 11-5　【Windows 组件向导】对话框

安装完成后，系统自动弹出【完成“Windows 组件向导”】对话框，如图 11-6 所示。单击【完成】按钮，完成 IIS 的安装。

图 11-6　【完成“Windows 组件向导”】对话框

提示

在安装的过程中，如果光驱中事先没有放入光盘，则系统会弹出“插入磁盘”的警告消息，放入光盘后，单击【确定】按钮，即可继续安装。

默认状态下，IIS 会被安装到 C 驱动器下的 InetPub 目录中。选择典型安装时，目录结构如图 11-7 所示。其中有一个名称为 wwwroot 的文件夹，它是浏览访问的默认目录，访问的默认 Web 站点也放在这个文件夹中。

IIS 安装完成后，在【控制面板】任务窗格中，双击【管理工具】图标，打开【管理工具】窗口，在该窗口中即可看到刚刚安装好的 IIS 服务器的启动图标——【Internet 信息服务】图标，如图 11-8 所示。

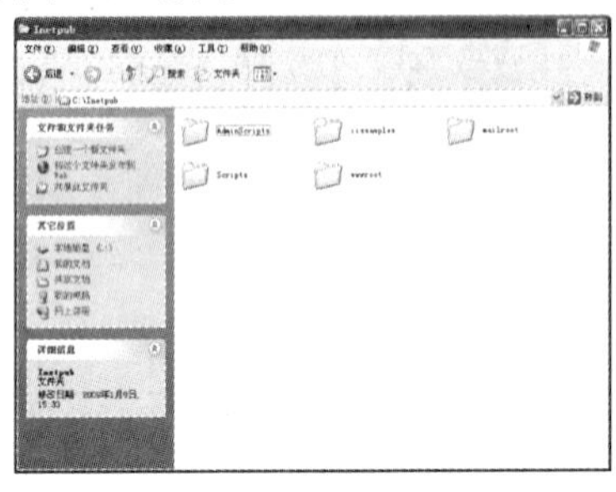

图 11-7 IIS 安装文件夹

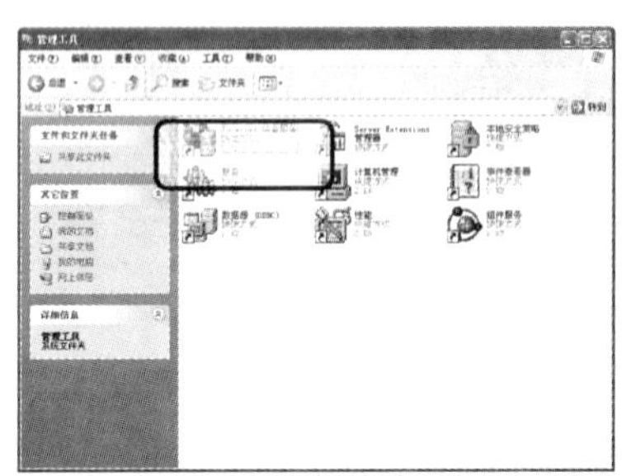

图 11-8 【管理工具】窗口

11.1.5 ASP.NET 的配置

ASP.NET 的配置与 ASP 的配置一样，主要是设置虚拟目录。在 IIS 安装完成后，也就意味着已经为计算机安装了一个 Web 服务器。IIS 提供了本地目录与虚拟目录的映射，例如，如果将服务器上本地计算机中名称为 C:\Inetpub\wwwroot\hello 的目录映射到虚拟目录 hello，再假设本地计算机的域名为 www.asp.com，那么，在网络中即可使用地址 www.asp.com/hello 访问此目录的资源。例如，在 C:\Inetpub\wwwroot\hello 目录下有 index.htm 文件，那么，在浏览器的地址栏中输入 www.asp.com/hello/index.htm 即可显示该网页。

下面通过一个实例来介绍虚拟目录的设置方法。

【练习 11-1】设置虚拟目录

(1) 在图 11-8 所示的【管理工具】窗口中双击【Internet 信息服务】图标，打开【Internet 信息服务】窗口，并依次展开窗口左边的目录，如图 11-9 所示。

(2) 选择一个需要创建虚拟目录的站点，例如，选择【默认网站】选项，然后右击该选项，在弹出的快捷菜单中选择【新建】|【虚拟目录】命令，如图 11-10 所示。

图 11-9 【Internet 信息服务】窗口

图 11-10 新建虚拟目录

(3) 系统将打开【虚拟目录创建向导】对话框，如图 11-11 所示。单击【下一步】按钮，打开【虚拟目录别名】对话框，在【别名】文本框中输入一个名称，如图 11-12 所示。

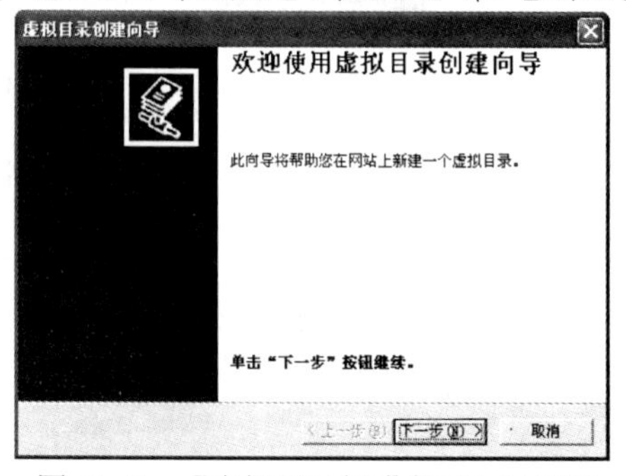

图 11-11　【虚拟目录创建向导】对话框

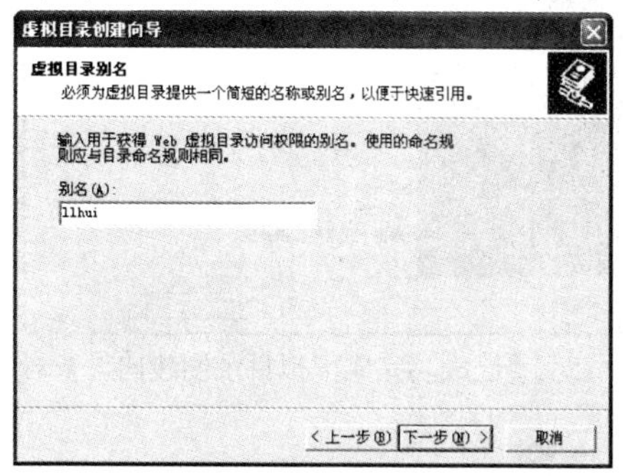

图 11-12　【虚拟目录别名】对话框

(4) 单击【下一步】按钮，打开【网站内容目录】对话框，在【目录】文本框中设置需要发布的网站在本地磁盘中的目录，如图 11-13 所示。

(5) 单击【下一步】按钮，打开【访问权限】对话框，在该对话框中可以设置虚拟目录的访问权限，如图 11-14 所示。

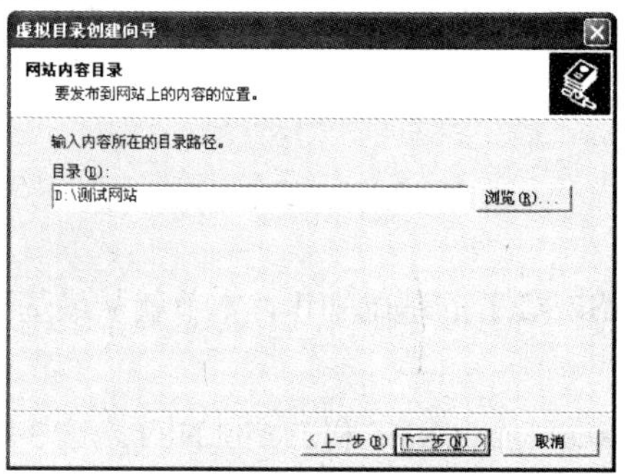

图 11-13　【网站内容目录】对话框

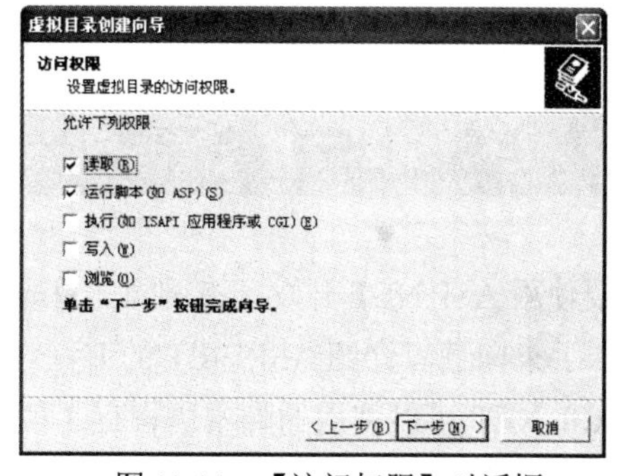

图 11-14　【访问权限】对话框

图 11-14 中各个选项的意义分别如下：

- 读取：可以查看文件的内容和属性。
- 运行脚本：可以在该目录中运行脚本引擎，如 ASP 等。
- 执行：可以在该目录中运行任何应用程序。
- 写入：可以更改文件的内容和属性。
- 浏览：可以浏览文件的列表和集合。

(6) 单击【下一步】按钮，打开【已成功完成虚拟目录创建向导】对话框，如图 11-15 所示。单击【完成】按钮，即可完成虚拟目录的设置。

(7) 虚拟目录创建完成后，将已创建的 ASP.NET 网页放在该目录下，然后通过 Internet 浏览器即可浏览该网页。例如，现有名称为 default.aspx 的 ASP.NET 网页文件，将该网页文件放在图 11-13 中设置的目录“D:\测试网站”下，然后打开浏览器，在地址栏中输入 http://localhost/llhui/default.aspx，然后按下 Enter 键，即可浏览该网页，如图 11-16 所示。

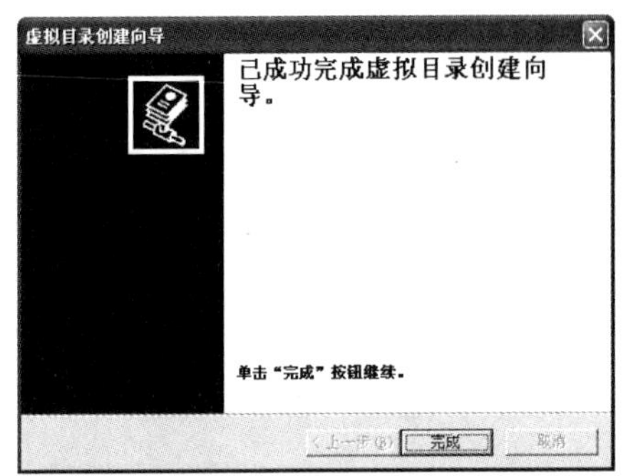

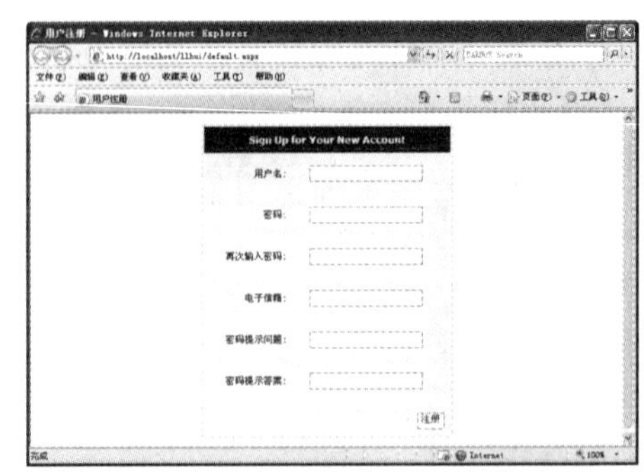

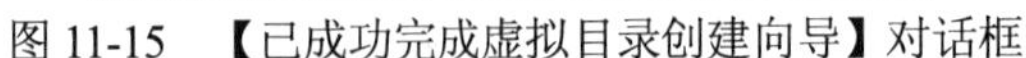

图 11-15 【已成功完成虚拟目录创建向导】对话框　　图 11-16 在浏览器中浏览网页

注意

要想使后缀名为.aspx 的网页文件在 IIS 服务器上正确运行，操作系统中必须安装.NET Framework。.NET Framework 是 Microsoft 下一代的程序开发平台，目前其最新版本是 2.0，它由 CLR(Common Language Runtime)和.NET Framework 类组成。可以使用.NET Framework 支持的程序语言来建立应用程序。

11.2 ASP.NET 编程基础

要使用 ASP.NET 开发动态网页，首先要掌握 ASP.NET 的基础知识，本节就从最基础的知识入手来向读者介绍 ASP.NET 的编程方法。

ASP.NET 可以使用的脚本语言有 3 种：C#、Visual Basic.NET 和 Jscript.NET。这 3 种语言各有千秋，其中，Visual Basic.NET 简称 VB.NET，它是 Visual Basic 6.0 的下一个版本，其最大的转变就是成为真正的面向对象程序语言。VB.NET 是支持.NET Framework 平台的 Microsoft 新一代程序语言，可以快速建立.NET Framework1.0 和 1.1 版的 Windows、Web、Mobile 和 Office 等应用程序。C#是 Microsoft 公司为.NET 计划推出的语言，其面向对象的特性以及酷似 Java 的设计使其非常适合网络编程。

2005 年底，Microsoft 推出.NET Framework 2.0 和 Visual Studio.NET 2005，Visual Basic 语言也更名为最新版本 Visual Basic 2005。本书主要使用 Visual Basic 2005 和 C#作为脚本语言来介绍 ASP.NET 程序的相关知识。

ASP.NET 可以将程序代码内嵌在 HTML 或 XHTML 文件的标记中，也就是将 Visual Basic 程序代码置于“<%”和“%>”符号之间，如下所示：

```
<%..............%>
```

在上述符号间是合法的 Visual Basic 程序段，如果 HTML 文件拥有上述程序代码，就表示是一页 ASP.NET 程序，扩展名为.aspx。

11.2.1　ASP.NET 程序的执行过程

ASP.NET 的程序需要支持.NET Framework 的 Web 服务器才能执行。ASP.NET 程序的执行过程是将程序代码编译执行后，将执行结果返回浏览器程序显示(只有第一次请求ASP.NET 程序时，才会进行编译，之后的请求会直接返回执行结果，从而加速网页浏览效率)，其执行过程如图 11-17 所示。

图 11-17　ASP.NET 程序的执行过程

从上图可以看出，内含 ASP.NET 程序代码的网页，当浏览程序向 Web 服务器请求网页时，因为是 ASP.NET 程序，所以在 Web 服务器会执行 ASP.NET 程序，将它转换为一页不含任何程序代码的纯 HTML 网页，最后浏览程序收到和显示的是转换后的网页内容。

11.2.2　ASP.NET 程序的结构

ASP.NET 程序可以使用 Windows 的记事本或 Visual Web Developer 来进行编辑，下面使用一个范例程序来说明 ASP.NET 程序的结构。

该程序的作用是使用 ASP.NET 程序来显示不同字体大小的变化。代码如下所示(hello.aspx)：

```
01:<%@ Page Language="VB"%>
02:<html>
03:<head><title>hello.aspx</title><head>
04:<body>
05:<%'变量声明
06:Dim fontSize1,fontSize2,i As Integer
07:fontSize1=2
08:fontSize2=6
09:'设定字体大小由小变大
10:For i= fontSize1 To fontSize2 %>
11:<font size=<%=i%>>
12:<p>hello！看我七十二变！</p>
13:<% Next
14:Response.Write("哈哈，变化成功！")
15: %>
```

```
16:</body>
17:</html>
```

上述 ASP.NET 程序可以显示字体大小的变化，第一行代码指出使用的程序语言，如下所示(注意：为了方便描述，在每行程序前面都加上了序号，这些序号并不是程序的组成部分)：

```
01: <%@ Page Language="VB" %>
```

上述“@Page”是 ASP.NET 的“指示”(Directive)命令，使用 Language 属性(Attribute)指定 ASP.NET 程序使用的程序语言，属性值 VB 表示使用的是 Visual Basic 语言；如果是 C#则表示使用 C#语言。

在本例的 HTML 文件的<body>标记块中，共 3 个部分有 ASP.NET 代码，如下所示。

1. 变量声明和循环开始

```
05:<%'变量声明
06:Dim fontSize1,fontSize2,i As Integer
07:fontSize1=2
08:fontSize2=6
09:'设定字体大小由小变大
10:For i= fontSize1 To fontSize2 %>
```

上述第 5~10 行代码是变量声明和 For 循环的开始，因为它们之间并没有任何 HTML 标记，所以，只需在开始和结束加上“<%”和“%>”符号即可。需要注意的是，For/Next 循环程序代码被 HTML 标记拆分成了多段。

2. 嵌套 HTML 标记

```
11:<font size=<%=i%>>
```

上述第 11 行的 HTML 标记是直接在 HTML 中标记属性，加上 ASP.NET 程序代码，使属性值成为一个动态变量，此时<font>标记的大小属性 size 值是程序代码，同样包含在“<%”和“%>”符号之间。该段代码中的 ASP.NET 语法“<%=i%>”是 Response.Write()方法的另一种简化写法。

3. 循环结束

```
13:<% Next
14:Response.Write("哈哈，变化成功！")
15:%>
```

第 13~15 行是循环结束程序代码 Next，在第 14 行使用 Response.Write()输出字符串内容，也就是在浏览程序中显示的字符串内容。可以看出，ASP.NET 程序可以将 For/Next 循环拆开放在不同 ASP.NET 程序代码段，在中间还可以穿插其他 HTML 标记。

11.2.3 保存 ASP.NET 程序

ASP.NET 程序的扩展名为.aspx，ASP 程序的扩展名则是.asp。当使用 Windows 的“记事本”编辑 ASP.NET 程序时，其保存的默认扩展名为.txt。

在保存使用“记事本”创建的 ASP.NET 程序时，可以选择【文件】|【另存为】命令，在打开的【另存为】对话框中，将该文件保存为.aspx 文件即可，例如在上例中，该文件可以保存为 hello.aspx，如图 11-18 和图 11-19 所示。

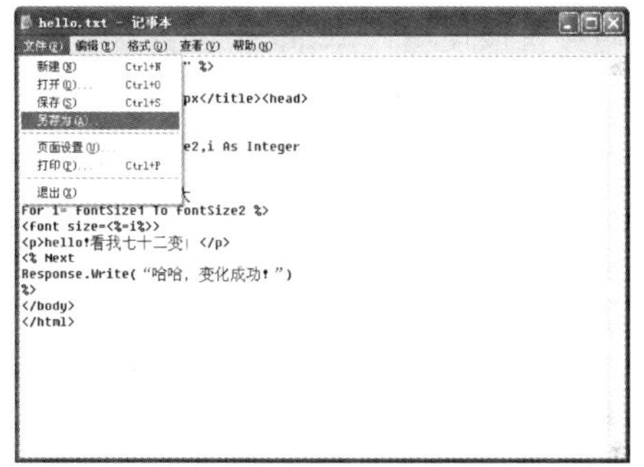

图 11-18 选择【文件】|【另存为】命令

图 11-19 【另存为】对话框

11.2.4 执行 ASP.NET 程序

ASP.NET 程序需要发布到 Web 服务器后才能执行预览。将 hello.aspx 拷贝到【练习 11-1】中建立的虚拟目录中，然后启动 Internet Explorer，在地址栏中输入以下 URL 地址：

http://localhost/llhui/hello.aspx

然后按下 Enter 键，稍等一下，即可看到显示字体大小由小变大的网页内容，如图 11-20 所示。

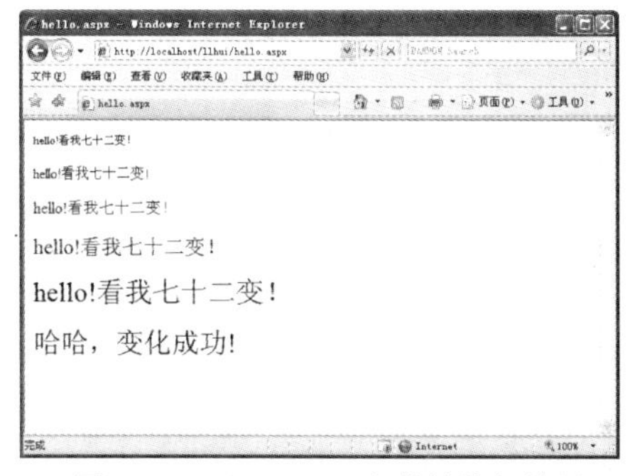

图 11-20 hello.aspx 文件的执行结果

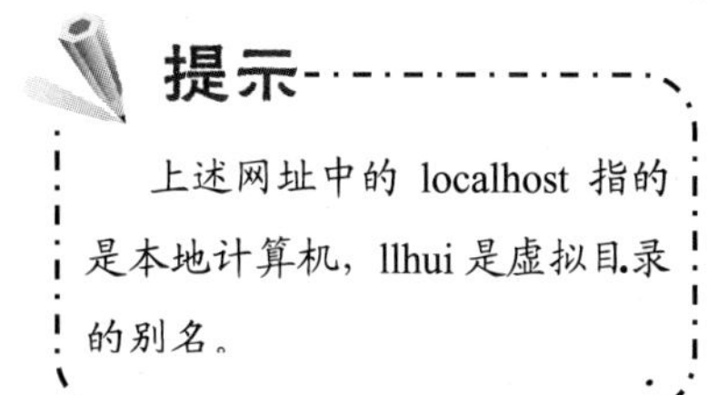

11.3 ASP.NET 的对象

对象是面向对象程序的基础，简单地说，对象是数据(Date)和包含处理数据函数(称为方

法)的综合体。类(Class)可以定义对象，使用类建立对象，在建立好对象后，并不用考虑对象内部的处理方式，只需知道提供的属性和方法，以及如何使用，即可使用这些对象。例如，ASP.NET 可以使用.NET Framework 的类对象，以及拥有 HTTP 对象的 Request、Response、Server、Session 和 Application 等对象。

11.3.1 Request 对象

Request 对象主要是使服务器端取得客户端浏览器的一些数据。因为 Request 对象是 Page 对象的成员之一，所以在程序中不需要作任何声明即可直接使用，Request 对象类别全称是 HttpRequest。

Request 对象的功能是从客户端得到数据，其常用的获取数据的方法有以下 3 种：

- Request.Form
- Request.QueryString
- Request

其中第三种是前两种的缩写，可以取代前两种情况。

在提交 Form 表单时，有以下两种提交方式：

- Post 方式
- Get 方式

读取 Post 方式提交的数据采用 Request.Form 读取；读取 Get 方式提交的数据采用 Request.QueryString。

Request 对象的基本用法就是读取对象或参数的内容。下面通过一个具体示例来说明。

【练习 11-2】使用 Request 方法传递参数。

(1) 在虚拟目录文件夹“D://测试网站”中新建一个文本文档，并将该文档另存为 001.aspx，然后在该文档中输入以下代码(001.aspx):

```
<html>
<head><title>001.aspx</title><head>
<body>
<A href="http://localhost/llhui/002.aspx?data1=123456789">单击此处传递数据</A>
</body>
</html>
```

在该段程序中实际上是放入了一个 HtmlAnchor 对象，然后将它的 Herf 属性设置为“http://localhost/llhui/002.aspx?data1=123456789”，其中，“?data1=123456789”是所要传递的参数，data1 是参数名称，而“123456789”是内容。

(2) 保存 001.aspx，然后新建一个文档并将其另存为 002.aspx，接着在文档中输入以下代码(002.aspx):

```
<%@ Page Language="VB" %>
<html>
<head><title>002.aspx</title><head>
<body>
<% Response.Write(Request("data1")) %>
</body>
</html>
```

该段代码的作用是，当单击“单击此处传递数据”超链接时，网页自动跳转到 002.aspx 网页，此时 Request 对象便将参数 data1 的内容读取出来，并使用 Response 对象的 Write 方法将它输出到浏览器中，他们的运行结果如图 11-21 和图 11-22 所示。

图 11-21　001.aspx 的运行结果

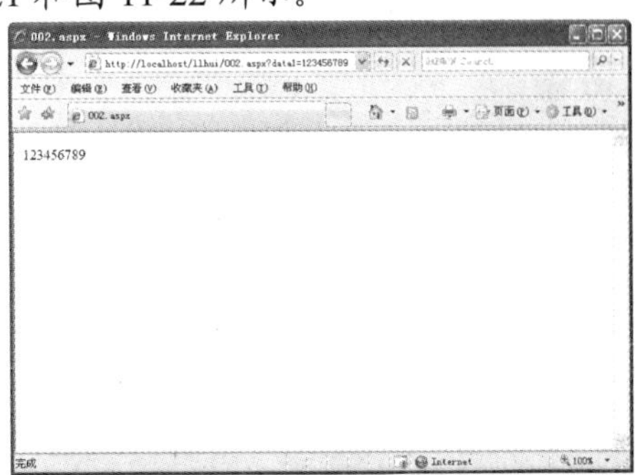

图 11-22　002.aspx 的运行结果

11.3.2　Response 对象

Response 对象主要用于输出数据到客户端，Response 对象类别全称为 HttpResponse，与 Request 对象一样属于 Page 对象的成员，所以也不用声明便可以直接使用。

Response 对象的属性可以控制输出的数据类型和缓冲区，Cookies 集合对象可以处理客户端的 Cookie。

1. 输出网页到浏览程序

Response 对象提供的 Write 方法可以将任何类型的数据输出到浏览器显示，换句话说，就是输出为 HTML 标记。

例如，以下一段代码(003.aspx)：

```
<%@ Page Language="VB" %>
<html>
<head><title>003.aspx</title></head>
<body>
<%
```

```
Dim str As String = "星期三"
Response.Write("<center><h2>我的首页</h2></center>")
Response.Write("<hr>")
Response.Write("<p>今天是: "& str &"</p>")
%>
</body>
</html>
```

上述代码使用 Response.Write()方法输出字符串，输出字符串是完整的 HTML 标记。事实上，最后输出到浏览器的 HTML 标记如下：

```
<center><h2>我的首页<h2></center>
<hr>
<p>今天是: 星期三</p>
```

上述标记是使用 Response.Write()方法输出的结果，另一种方式是保留 HTML 标记，只是在标记需要取代的部分输出变量值，其程序代码如下：

```
<p>今天是: <%=str%></p>
```

上述程序代码是 Response.Write()方法的简化写法。换句话说，通过 Response.Write()方法能够按照程序代码输出所需的网页内容。本例程序的运行结果如图 11-23 所示。

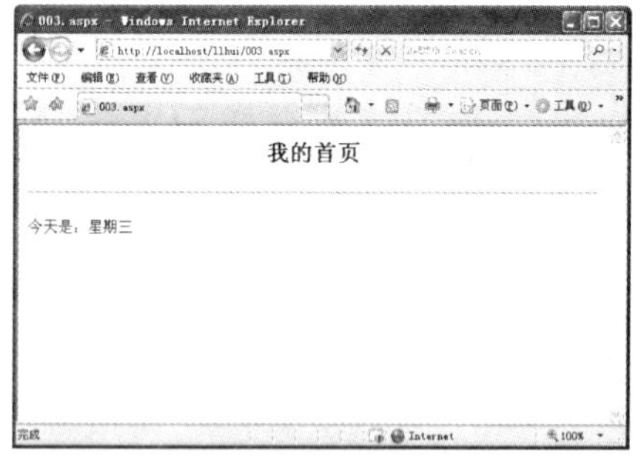

图 11-23　003.aspx 程序的运行结果

提示

本网页内容并不是使用 HTML 标记，而是通过 ASP.NET 的 Response.Write()方法输出。

2. 缓冲区的使用

Response 对象的 BufferOutput 属性的作用是设置 HTTP 输出是否要做缓冲处理，其默认值为 True。因此，需要输出到客户端的数据暂时都存储在缓冲区内，等到所有的事件程序以及所有的页面对象全部解释完毕，才将缓冲区中的所有数据发送到客户端浏览器。

例如，以下程序(004.aspx)：

```
<html>
<head><title>004.aspx</title><head>
```

```
<body>
<%
Response.Write("清除之后的数据<br>")
%>
<Script Language="VB" Runat="Server">
sub page_load(sender as Object,e as eventargs)
Response.Write("清除缓冲区之前的数据"&"<br>")
Response.Clear()
end sub
</script>
</body>
</html>
```

它的运行结果如图 11-24 所示。

上述程序代码首先在 Page_Load 事件中输出“清除缓冲区之前的数据”这一行，此时数据存在缓冲区中；接着使用 Response 对象的 Clear 方法将缓冲区的数据清除，故刚才输出的字符串已经被清除；然后 IIS 开始读取 HTML 组件的部分，最后将结果发送至客户端的浏览器。由执行结果中仅出现“清除之后的数据”得知，使用 Clear 方法之前的数据并没有输出到浏览器上，由此可知程序在一开始是存在缓冲区内。

如果在 Response.Write("清除缓冲区之前的数据"&"<br>")代码之前加入以下代码：

```
Response.BufferOutput=False
```

那么，程序的执行结果如图 11-25 所示，由此可知，当将 Response.BufferOutput 的值设置为 False 时，数据将直接被输出到浏览器端而没有存放在缓冲区内，当然，Clear 方法也就无法将其从缓冲区中清除。

图 11-24　运行结果(1)

图 11-25　运行结果(2)

3. 地址的重新导向

Response 对象的 Redirect 方法可以将连接重新导向到其他地址，使用时只要传入一个字符串类型的地址即可，也可以在网址后附加参数的地址字符串。

例如，可以使用 ASP.NET 的 TextBox 控件让用户输入一个网址，然后再使用一个 Button 控件，为该控件定义一个单击事件，当单击 Button 按钮时，网页浏览器即可自动转向 TextBox 中输入的网址。该实例的实现代码如下(005.aspx)：

```
<html>
<head><title>005.aspx</title><head>
<body>
<form id="form1" runat="server">
<p>请输入一个 URL 地址：</p>
<asp:TextBox runat="server"  Width="200px" id="TextBox1"></asp:TextBox>
<asp:Button runat="server" Text="打开网址"id="Button1" onclick="button1_click" />
</form>
<script language="vb" runat="server"> ‘定义【打开网址】按钮
sub button1_click(sender as Object,e as eventargs)
Response.Redirect("TextBox1.text")
end sub
</script>
</body>
</html>
```

运行结果如图 11-26 和 11-27 所示。

图 11-26　005.aspx 文件的执行结果

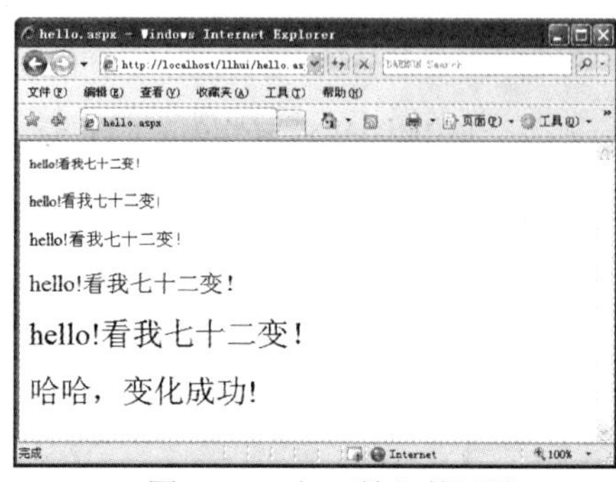

图 11-27　打开输入的网址

11.3.3 Server 对象

Server 对象也是 Page 对象的成员，主要提供一些处理网页请求时所需的功能。例如，建立 COM 对象、将字符串编译码等工作。Server 对象的类别全称是 HttpServerUtility。

Server 对象的属性可以获取 Web 服务器名称和设置或获取超时时间，其相关属性如下。

- MachineName：获取 Web 服务器的名称字符串。
- ScriptTimeout：设置和获取执行 ASP.NET 的超时时间，以秒为单位。

例如，以下程序(006.aspx)：

```
<%@ Page Language="VB" %>
<html>
<head><title>006.aspx</title><head>
<body>
<%
Response.Write("服务器：" & Server.MachineName & "<br>")
Response.Write("超时时间：" & Server.ScriptTimeout & "<br>")
%>
</body>
</html>
```

其执行结果如图 11-28 所示。

图 11-28　006.aspx 文件的执行结果

1. Server.MapPath()方法

Server.MapPath()方法可以将服务器的虚拟路径转换为实际硬盘的文件路径。例如，使用 Server.MapPath()方法用于获取指定 ASP.NET 程序的实际路径，其程序代码如下(007.aspx)：

```
<%@ Page Language="VB" %>
<html>
<head><title>007.aspx</title><head>
<body>
<%
Dim path As String
path=Server.MapPath("003.aspx")
Response.Write("003.aspx 文件的实际路径是：" & path & "<br>")
%>
</body>
</html>
```

上述程序代码的作用是获取 003.aspx 文件的实际路径，其执行结果如图 11-29 所示。除

了可以获取文件路径外，还可以获取虚拟目录的实际路径。例如，要获取 Web 服务器虚拟目录的实际路径，可以将 007.aspx 文件的代码修改如下：

```
<%@ Page Language="VB" %>
<html>
<head><title>007.aspx</title><head>
<body>
<%
Dim path,path1,path2 As String
path=Server.MapPath("003.aspx")
path1=Server.MapPath("/")
path2=Server.MapPath("测试网站")
Response.Write("003.aspx 文件的实际路径是： " & path & "<br>")
Response.Write("网站的主目录是： " & path1 & "<br>")
Response.Write("测试网站的虚拟目录是： " & path2 & "<br>")
%>
</body>
</html>
```

该段程序的执行结果如图 11-30 所示。

图 11-29　执行结果(1)

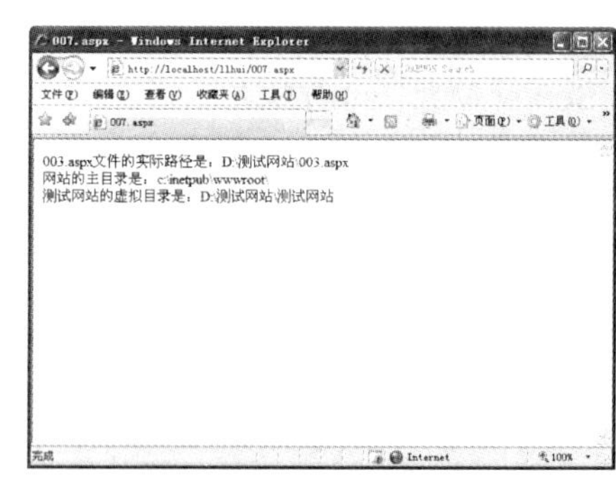

图 11-30　执行结果(2)

2. Server. CreateObject()方法

Server.CreateObject()方法可以在服务器建立 COM 组件。例如，旧版 ASP 的 FileSystemObject 对象，如果 ASP.NET 程序需要使用此对象，可以使用 CreateObject()方法来建立对象，例如，以下程序(008.aspx)：

```
<%@ Page Language="VB" %>
<html>
<head><title>008.aspx</title><head>
<body>
```

```
<%
Dim fso,file As Object
Dim str As String
fso=Server.CreateObject("Scripting.FileSystemObject")
file=fso.OpenTextFile(Server.MapPath("001.txt"),1,False)
str=file.ReadAll()
Response.Write("文件内容：" & str & "<br>")
%>
</body>
</html>
```

上述程序代码声明了 Object 变量 fso 和 file，然后使用 CreateObject()方法建立 COM 对象，参数是 progid 名称字符串；接着以 FileSystemObject 对象调用 OpenTextFile()方法打开文本文件，使用 ReadAll()方法读取整个文本文件的内容。要读取的 001.txt 文本文件的内容如图 11-31 所示，该段程序的执行结果如图 11-32 所示。

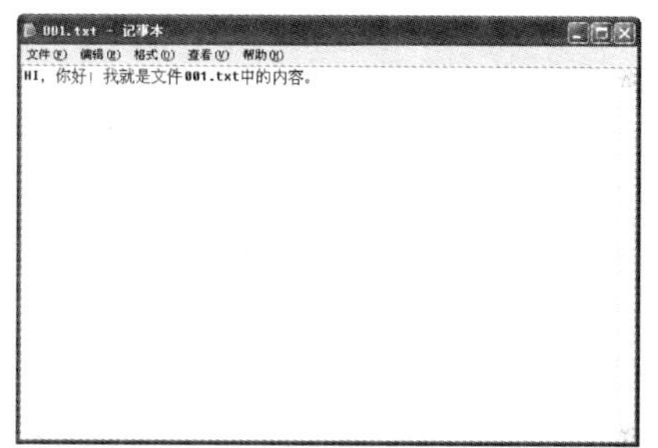

图 11-31　001.txt 文本文件

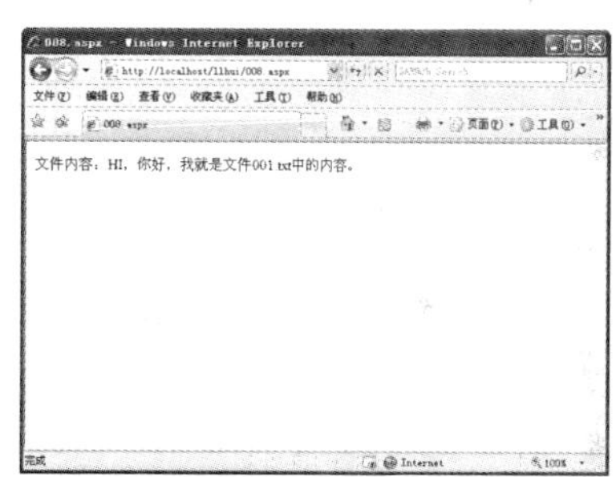

图 11-32　008.aspx 文件的执行结果

3. Server. UrlEncode()方法与 Server. UrlDecode()方法

在传递网页参数时是将数据附在网址后面进行传递，但是遇到一些如#、&的特殊字符会读不到这些字符之后的参数。所以在需要传递特殊字符时，必须先将需要传递的内容以 UrlEncode 加以编码，才可以保证所传递过去的值可以被顺利读到，而 UrlDecode 方法则是将已编码的内容译码还原。

下面以一个具体示例来说明特殊字符的传递过程，代码如下(009.aspx)：

```
<%@ Page Language="VB" %>
<html>
<head><title>009.aspx</title><head>
<body>
<a href="009.aspx?name=我就是要传递的参数，我的后面还有符号哦！###&&&">
<h3>未经编码的参数内容</a>
<a href="009.aspx?name=
```

```
<%=Server.UrlEncode("我就是要传递的参数，我的后面还有符号哦！###&&&")%>">
已经编码的参数内容</h3></a>
<% Response.Write("<h2>"&Request("name")&"</h2>") %>
</body>
</html>
```

该段代码使用两个 HtmlAnchor 控件来比较参数的编码传递和未编码传递的结果，传递的参数内容是“我就是要传递的参数，我的后面还有符号哦！###&&&”。该段代码的作用是将需要传递的参数传递给自身。当单击“未经编码的参数内容”超链接时，页面如图 11-33 所示，参数中的符号没有被正确传递。当单击“已经编码的参数内容”超链接时，页面如图 11-34 所示，参数中的符号已经被正确传递。

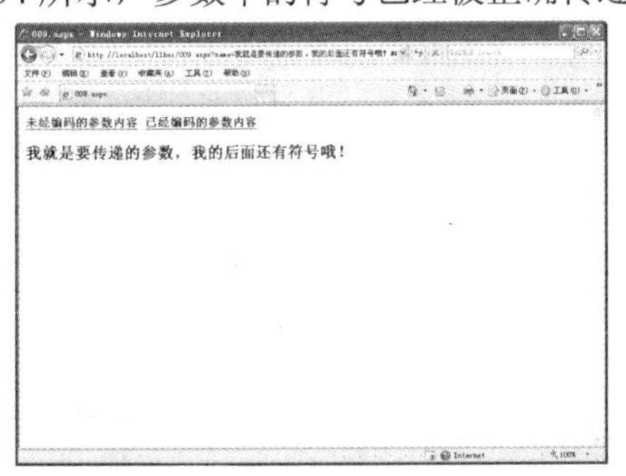

图 11-33　未经编码的参数传递结果

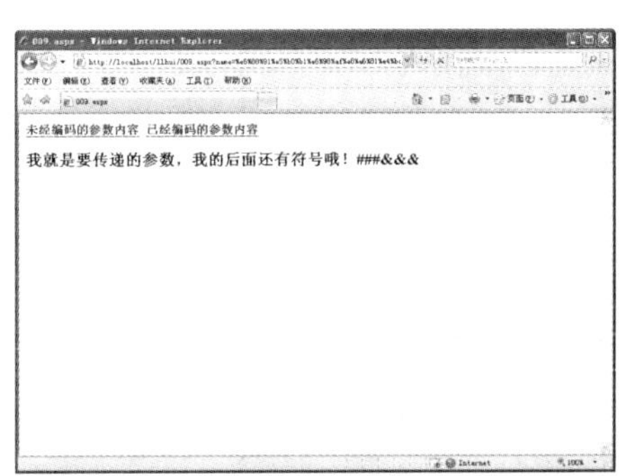

图 11-34　已编码的参数传递结果

11.3.4 Application 对象

Application 对象是公有对象，所有的用户都可以对某个特定的 Application 对象进行修改。Application 对象的类别全称为 HttpApplication，每个 Application 对象变量都是 Application 对象集合中的对象之一，由 Application 对象统一管理。

1. Application 对象的用法

使用 Application 对象变量的语法如下：

```
Application("变量")="变量内容"
```

Application 对象变量的内容也可以是 COM 组件，使用的语法如下：

```
Application("对象名称")=Server.CreatObject(Progid)
```

以上语法所产生的对象变量，可以完全使用其属性与方法。Application 对象变量的声明周期止于关闭 IIS 或使用 Clear 方法进行清除。Application 对象是 Page 对象的成员，可以直接使用。

例如，以下程序(010.aspx)声明了 3 个 Application 对象变量，利用循环显示后并清除：

```
<html>
<head><title>010.aspx</title><head>
<body>
<script language="vb" runat="server">
Private Sub Page_load(Byval sender As System.Object,
ByVal e As System.EventArgs) Handles
MyBase.Load
'在此处放置初始化页的用户代码
Dim tt As Short
Application.Add("a1","苹果")
Application.Add("a2","桔子")
Application.Add("a3","橙子")
For tt=0 To Application.Count -1
Response.Write("变量名："&Application.GetKey(tt))
Response.Write("，变量值："&Application.Item(tt)& "<p>")
Next
Application.Clear()
End Sub
</script>
</body>
</html>
```

上述程序利用 Application 的 Add 方法产生 Application 变量，并指定初始值。所有的 Application 变量都放在 Application 集合中，由 Application 对象统一管理。所以，要取出集合中的对象，可以使用 For……Next 循环或是 For Each 循环，循环中使用 GetKey 方法返回变量名称，使用 Item 属性返回变量内容，程序最后用 Clear 方法将集合中的所有变量清除。其运行结果如图 11-35 所示。

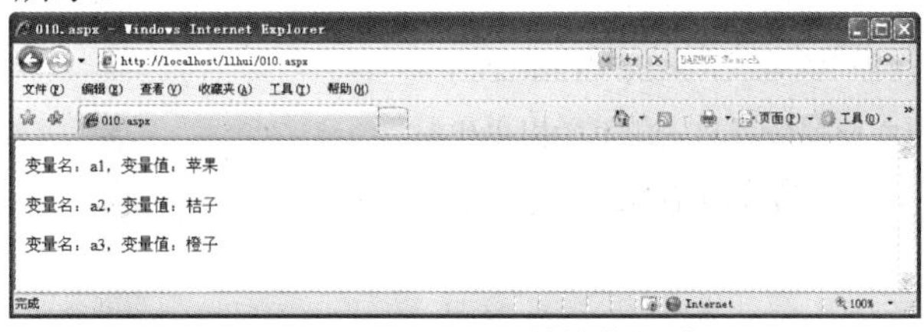

图 11-35　010.aspx 文件的执行结果

2. Application 对象的锁定

因为每个联机都可以使用 Application 对象变量，所以可能造成两个以上的用户同时存取同一个变量的情形，可能会导致存入的数据不正确。要避免这种情况，可以利用 Application 对象的 Lock 方法暂时锁定变量，禁止他人写入，等操作完毕后再利用 Application 对象的

Unlock 方法解除锁定。

使用方法如下：

```
Application.Lock
Application("变量")="内容"
Application.Unlock
```

这样运行后界面上无显示内容。

11.3.5 Session 对象

使用 Session 对象可以存储特定的用户会话所需的信息。当用户在应用程序的页面之间跳转时，存储在 Session 对象中的变量不会被清除。当网页用户关闭浏览器或超过 Session 变量对象设置的有效时间时，Session 对象变量就会消失。Session 对象的类别全称为 HttpSessionState，也属于 Page 对象的成员，所以可以直接使用。

Session 对象的语法如下：

```
Session("变量名")="内容"
```

Session 也可以存放 COM 组件，其使用语法如下：

```
Session("名称")=Server.CreateObject(Progid)
```

Session 对象变量最常用来存放用户状态。例如，在用户登录页面上，可以将代表用户登录网页的成功与否状态存储到一个变量中，然后在其他网页加入判断用户是否登录成功的程序代码。如果登录成功则可以浏览某些网页，如果登录失败则限制或拒绝用户的浏览。

例如，用户必须成功通过登录网页 011.aspx 的验证才能浏览 012.aspx 网页，否则就会提示验证失败。其验证的程序从会员数据表中判断用户所输入的名称及密码是否正确，其主要代码如下：

```
Private Sub Page_load(Byval sender As System.Object,
ByVal e As System.EventArgs) Handles
MyBase.Load  '在此处放置初始化页的用户代码
Coon=New SqlConnection("server=localhost;database=qq;uid=sa;pwd=sa");
Conn.open();
Close()
End Sub
Sub btnSubmit_Click(Sender As Object,e As Eventargs)
   Dim ds As DataSet=New DataSet
   Dim da As SqlDataAdapter=New SqlDataAdapter(""select*from members where
     UaerID='"+txtid.Text+"'and userpwd='"txtpassword.Text+"'",conn)
```

```
Conn.open()
Da.Fill(ds)
If ds.Tables(0).Rows.Count=0 Then
  Label3.Text="验证失败！请重新输入"
Else
  Session("userid")=txtid.Text
  Response.Readirect("011.aspx")    '将链接导向至 011.aspx
End If
Conn.Close()
Ds.Clear()
Ds=Nothing
End Sub
Sub btnReset_Click(Sender As Object,e As Eventargs)
 Txtid.Text=""
 Txtpassword.text=""
End Sub
```

如果用户输入的帐号及密码分别为 ally 和 111，则 strComStr 的内容为“Select*From Members Where UaerId='ally'And UserPwd='111'”。由于 SQL 的语法规定字符串必须被单引号('')括起来，所以需要特别注意单引号的部分。将上述 SQL 陈述的执行结果输入 DataSet 对象中，并且判断 DataTable 对象 Rows 集合的 Count 属性，如果为 1 就表示找到该用户。

程序代码片段如下：

```
If dsDataSet.Tables("Members").Rows.Count=1 Then
Session("userId")=txtID.Text
Session("userpwd")="True"
Page.Navigate("012.aspx")   '将链接导向至 012.aspx
Else   Labell.Text="验证失败！请重新输入"
End If
```

执行上述程序代码，若用户通过验证，则将 Session 对象的 Id 变量分别设置为用户所输入的帐号，然后将网页连接导向 012.aspx，之后即可在 012.aspx 的 Page_Load 事件程序中取回 Session 对象中的 userId 变量。

如果通过验证，就可以成功浏览 012.aspx 网页。如果尝试直接利用浏览器浏览 012.aspx 网页，因为 Session(“userpwd”)变量内并没有内容，所以网页会自动导向 011.aspx。它们的运行结果分别如图 11-36(a)、11-36(b)、11-36(c)所示。

另外，Session 对象还有一个有效期限的问题。因为每一个和 Server 端联机的客户端都是独立的 Session，所以 Server 端需要额外的资源来管理这些 Session。有时候用户正在浏览网

页时，因为去做其他事情而忘记关闭网页的联机状态，如果 Server 端一直浪费资源在管理这些 Session 上，势必会降低服务器的效率。所以，当用户超过一段时间没有动作时，就可以将 Session 释放。要更改 Session 对象的有效期限，通过设置 TimeOut 属性即可；TimeOut 属性的默认值是 20 分钟。

(a)

(b)

(c)

图 11-36　程序的运行结果

11.4 ASP.NET 控件

ASP.NET 控件又称为 Web 控件，它的优点是在设计的时候，可以用与可视化编程相同的方法来完成，极大地减少了设计人员编写代码的工作量，只需轻点鼠标，即可完成某些复杂代码的输入。SharePoint Designer 2007 对 ASP.NET 提供了很好的支持，本节结合 SharePoint Designer 2007 来介绍常用的 ASP.NET 控件的使用方法。另外，要在 SharePoint Designer 2007 中使用 ASP.NET 控件，计算机中必须安装.NET Framework 2.0。

在介绍 ASP.NET 控件之前，先来介绍如何在 SharePoint Designer 2007 中建了 ASP.NET 网页。

【练习 11-3】在 SharePoint Designer 2007 中建立一个 ASP.NET 网页。

(1) 启动 SharePoint Designer 2007，然后选择【文件】|【新建】|【ASPX】命令，即可新建一个 ASP.NET 网页，如图 11-37 和图 11-38 所示。网页建立完成后，在该网页中会自动添加一个 Form 表单。

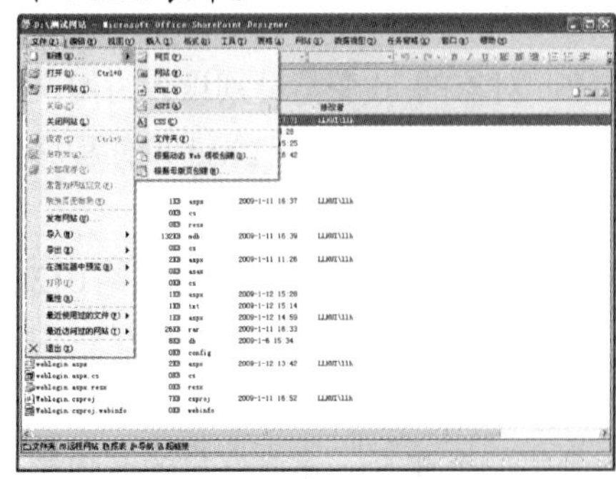

图 11-37　新建 ASPX 网页

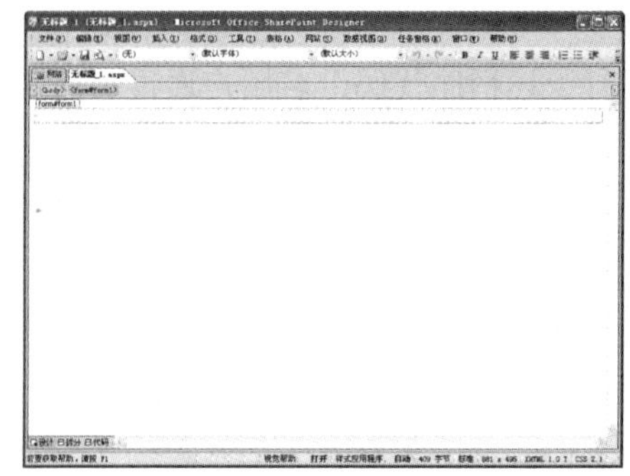

图 11-38　网页创建成功

(2) 另外，还可通过以下方法创建 ASP.NET 网页，选择【文件】|【新建】|【网页】命令，打开【新建】对话框，在该对话框左侧的列表中选择【ASP.NET】选项，在中间的列表中选择【ASPX】选项，如图 11-39 所示。然后单击【确定】按钮，即可新建一个后缀名为.aspx 的网页。

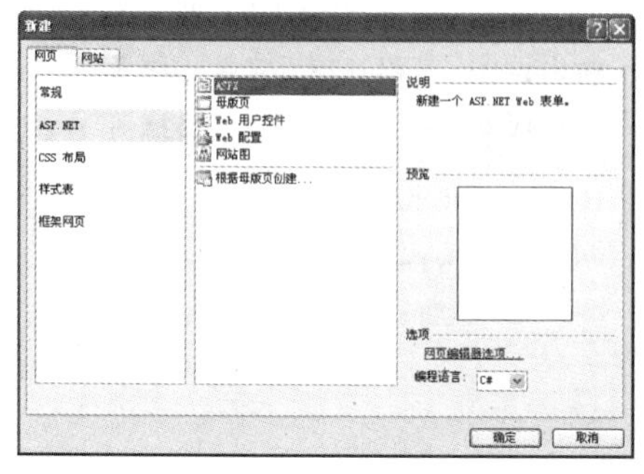

图 11-39　【新建】对话框

提示

在该对话框右下角【选项】区域的【编程语言】下拉列表框中，还可以选择网页需使用的脚本语言。

11.4.1　Label 控件

Lable 控件是最简单的控件，它的主要作用是显示用户不能直接编辑的文本。在 SharePoint Designer 2007 中，选择【任务窗格】|【工具箱】命令，如图 11-40 所示。打开【工具箱】任务窗格，然后在工具箱的【ASP.NET 控件】列表中双击【Label】选项，即可在网页中插入一个 Lable 控件，如图 11-41 所示。

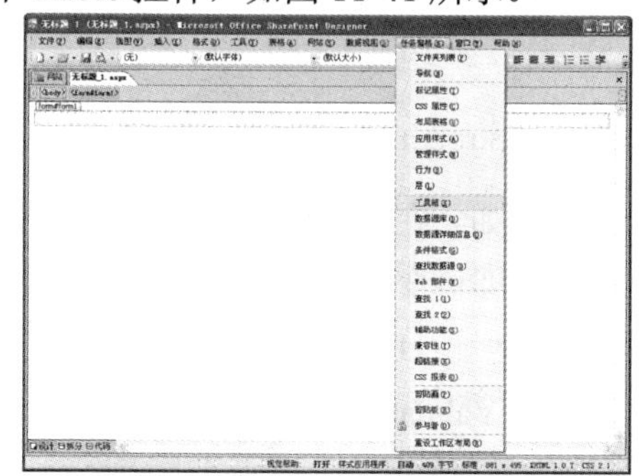

图 11-40　打开【工具箱】任务窗格

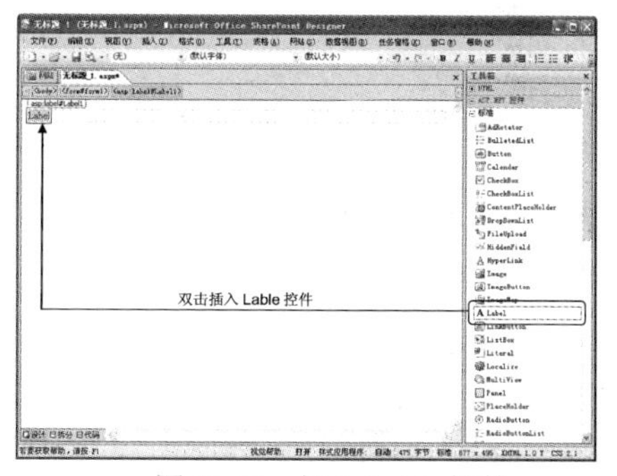

图 11-41　插入 Lable 控件

Lable 控件的程序代码如下：

```
<asp:Label runat="server" Text="Label" id="Label1"></asp:Label>
```

其中，id 属性表示被程序代码所控制的名称，Text 属性表示所要显示的文字。当要使用程序来改变其显示的文字时，只要改变它的 Text 属性即可。

在 SharePoint Designer 2007 中，双击插入的 Lable 控件，可以打开【标记属性】任务窗格，在该任务窗格中，可以对 Lable 控件的各个属性进行设置，如图 11-42 所示。

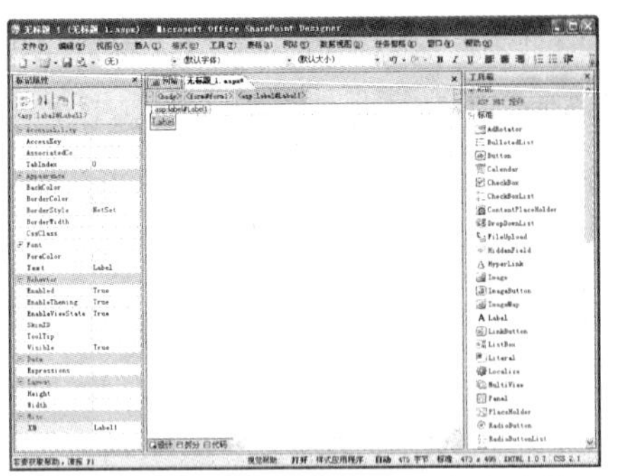

图 11-42　打开【标记属性】任务窗格

提示

Lable 控件是 ASP.NET 的主要输出控件，可以在网页定义一块显示区域来输出所需的内容，转换为 HTML 标记就是<span>标记。

11.4.2　Button 控件

Botton 控件是网页设计中相当重要的 Web 控件。它的主要作用在于接受用户的 Click 事件，并执行相应的事件处理程序来实现指定的操作。

Botton 控件主要有以下 3 种：

- Button：标准的表单控件。
- ImageBotton：显示图像的表单按钮。
- LinkBotton：显示作为超级链接样式 Botton。

在 SharePoint Designer 2007 的【工具箱】任务窗格中，双击【ASP.NET 控件】列表中的【Botton】选项，即可在网页的指定位置插入一个 Botton 控件，如图 11-43 所示。Botton 控件的代码如下：

```
<asp:Button runat="server" Text="Button" id="Button1" />
```

Botton 控件是利用 Text 属性来设置按钮上的文字，例如，在【标记属性】任务窗格中，将 Text 属性的值设置为“确定”，则 Botton 控件上的文字即可变为“确定”，如图 11-44 所示；ImageButton 控件是用 ImageUrl 来设置按钮上图像的地址；LinkButton 控件也是用 Text 属性来设置按钮上的文字。这三者的共同属性就是 Causes Validation=true/false，设置按钮提交的表单是不是被检验。

图 11-43　插入 Botton 控件

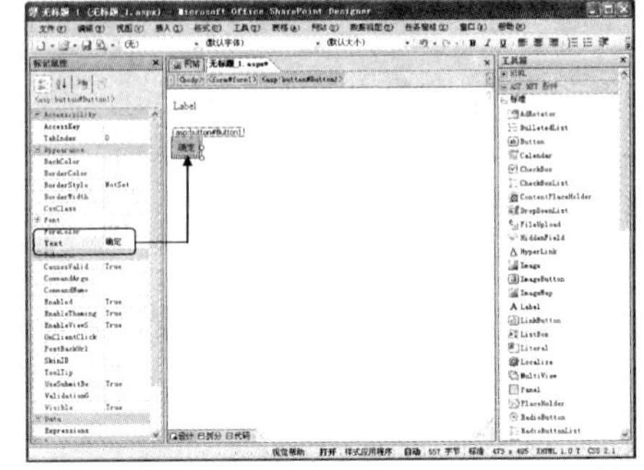

图 11-44　改变 Botton 控件的 Text 属性

【练习 11-4】　在.aspx 文件中插入一个 TextBox 控件、一个 Button 控件和一个 Label 控

件，要求当用户单击 Botton 控件时，在 Lable 控件中显示在 TextBox 控件中输入的文本。

(1) 启动 SharePoint Designer 2007，并新建一个.aspx 网页，在网页的 Form 表单中输入文本“请输入你的姓名：”，然后双击工具箱的【ASP.NET 控件】列表中的【TextBox】选项，插入一个 TextBox 控件，如图 11-45 所示。

(2) 双击工具箱的【ASP.NET 控件】列表中的【Botton】选项，在网页中插入一个 Botton 控件，并将该控件的 Text 属性设置为“确定”，如图 11-46 所示。

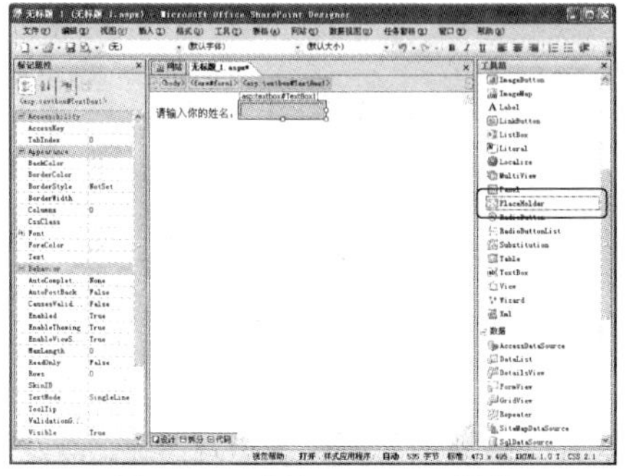

图 11-45　插入 TextBox 控件

图 11-46　插入 Botton 控件

(3) 另起两行，输入文本“你的名字是：”，然后双击工具箱的【ASP.NET 控件】列表中的【Label】选项，插入一个 Label 控件，并将该 Label 控件的 Text 属性设置为空，如图 11-47 所示。

(4) 切换至【代码】视图，为 Botton 控件添加一个 oclick 属性，并将该属性的值设置为 submit，代码如下：

```
<asp:Button onclick="submit" runat="server" Text="确定" id="Button1" />
```

然后在<body>与</body>之间插入以下脚本代码，如图 11-48 所示。

```
<script language="vb" runat="server">
sub submit(sender As Object,e As Eventargs)
Label1.Text=""&TextBox1.text
End Sub
</script>
```

该段代码的含义是当用户单击【确定】按钮时，开始执行 submit 子程序，将 TextBox 控件中的文本赋给 Label 控件，并输出到浏览器中。

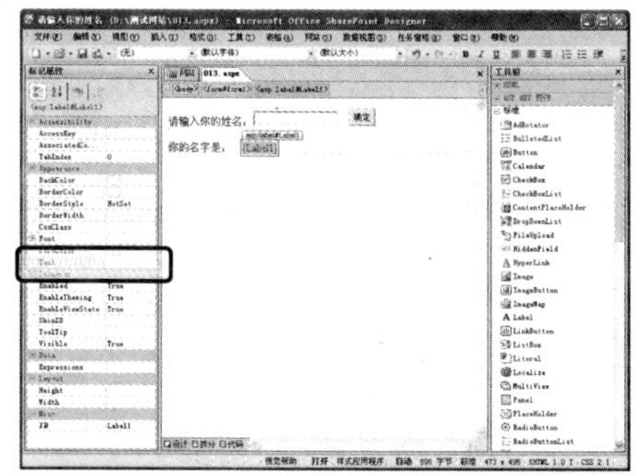

图 11-47　插入 Label 控件

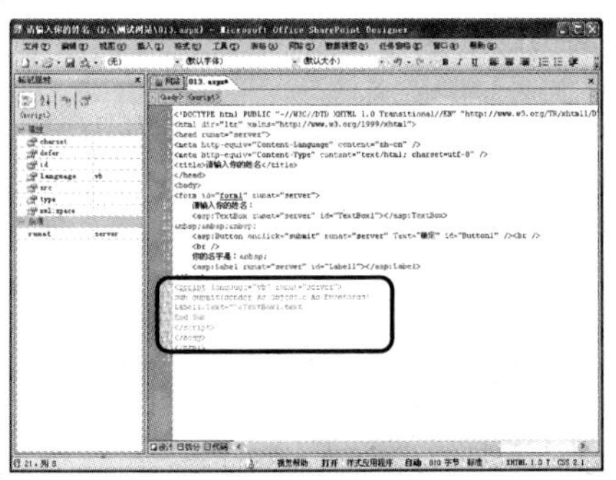

图 11-48　插入脚本代码

(5) 右击该网页标签，在弹出的快捷菜单中选择【保存】命令，打开【另存为】对话框，将该网页文件保存在第 11.1.5 节设置的虚拟目录文件夹中(D:\测试网站)，并将其命名为 013.aspx，如图 11-49 和图 11-50 所示。

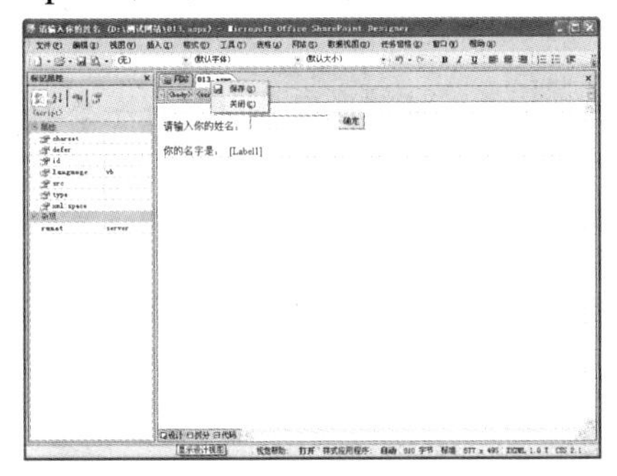

图 11-49　保存网页

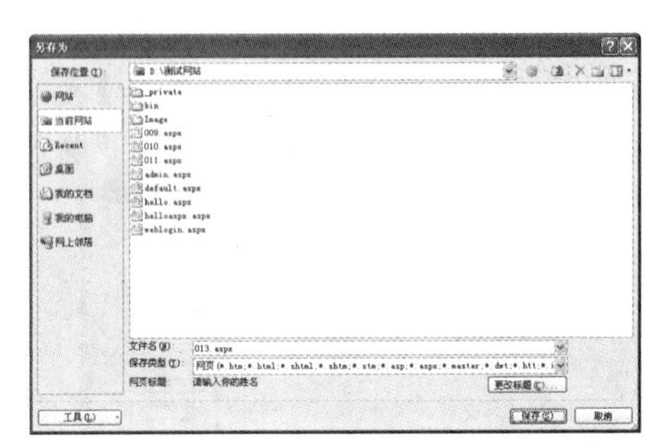

图 11-50　【另存为】对话框

(6) 打开浏览器，在地址栏中输入网址http://localhost/llhui/013.aspx，然后按下 Enter 键打开该网页，如图 11-51 所示。在文本框中输入文本“李亮辉”，然后单击【确定】按钮，在文本框的下方即可显示刚才在文本框中输入的文本，如图 11-52 所示。

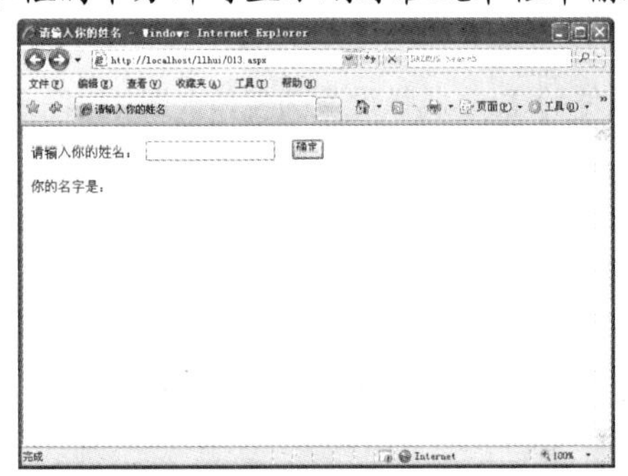

图 11-51　013.aspx 文件的执行结果

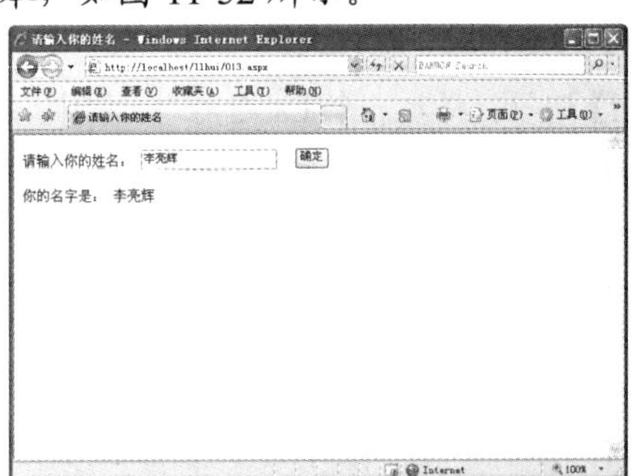

图 11-52　脚本程序的执行结果

11.4.3 TextBox 控件与 ListBox 控件

TextBox 控件是用来显示设计时输入的文本，并且该文本可以由用户在程序运行时进行编辑，或编程改变文本的内容。ListBox 控件允许用户从列表中进行选择，并且允许多选。

1. TextBox 控件

TextBox 控件用来创建一个可供用户输入文本的文本框。双击工具箱的【ASP.NET 控件】列表中的【TextBox】选项，即可在网页的指定位置插入一个 TextBox 控件，如图 11-53 所示。其代码如下：

```
<asp:TextBox runat="server" id="TextBox1"></asp:TextBox>
```

TextBox 控件主要有以下几个属性。

- id 属性：表示被程序代码所控制的名称。
- Text 属性：设置文本框的初始值。
- TextMode 属性：设置文本框的类型，例如，密码框、多行文本框等。
- Width 与 Height 属性：设置文本框的宽度和高度。

例如，以下一段文本框代码(代码片段)的执行结果如图 11-54 所示(014.aspx)。

基本的 TextBox 控件的代码如下：

```
<asp:TextBox runat="server" id="TextBox1"></asp:TextBox>
```

用于输入密码的 TextBox 控件的代码如下：

```
<asp:TextBox runat="server" id="TextBox2" TextMode="Password"></asp:TextBox>
```

带有初始文本的 TextBox 控件的代码如下：

```
<asp:TextBox runat="server" id="TextBox3" Text="Hello！"></asp:TextBox>
```

多行的 TextBox 控件的代码如下：

```
<asp:TextBox runat="server" id="TextBox4" TextMode="MultiLine"></asp:TextBox>
```

设置了宽度和高度的 TextBox 控件的代码如下：

```
<asp:TextBox runat="server" id="TextBox5" Width="150px" Height="39px">
    </asp:TextBox>
```

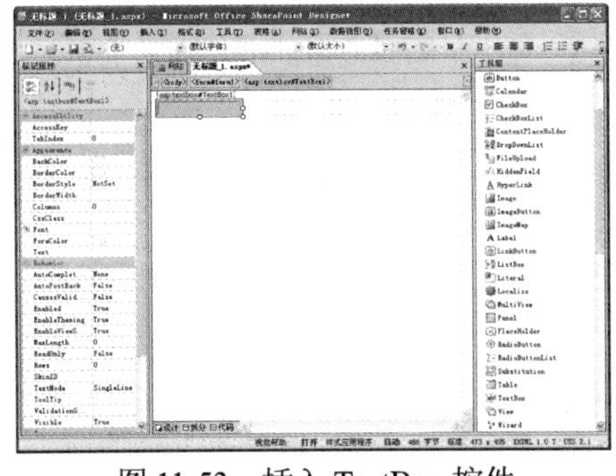

图 11-53　插入 TextBox 控件

图 11-54　014.aspx 文件的执行结果

2. ListBox 控件

ListBox 控件类似于 HTML 控件中的下拉列表框，用于一次显示一个以上的选项，双击工具箱的【ASP.NET 控件】列表中的【ListBox】选项，即可在网页的指定位置插入一个 ListBox 控件，如图 11-55 所示。

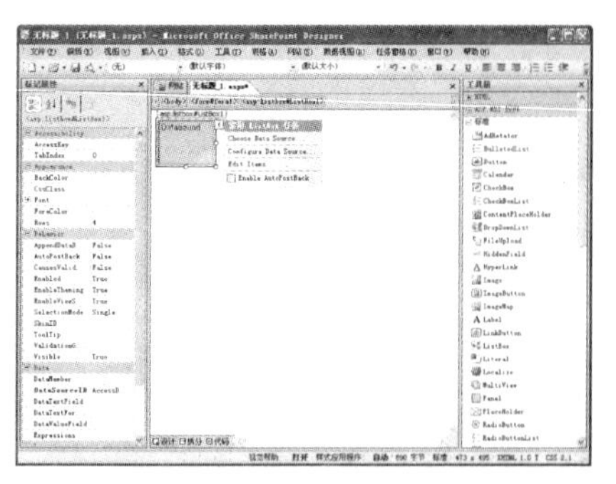

图 11-55　插入 ListBox 控件

提示

ListBox 控件中的选项，可以一次选择一个，也可以一次选择多个，这主要取决于它的 SelectionMode 属性。

ListBox 的常用属性有以下几个。

- AutoPostBack 属性：设置是否要触发 OnSelectedIndexChanged 事件。
- DataSource 属性：设置数据系统所要使用的数据源。
- DataTextField 属性：设置数据系统所要显示的字段。
- DataValueFiled 属性：设置选项的相关数据要使用的字段。
- Items 属性：表示 Items 子项的集合。
- Rows 属性：设置需要显示的列表项的个数。
- SelectionMode 属性：属性值可设置为 Single(单选)或 Multiple(多选)。
- SelectedIndex 属性：返回被选取到 ListItem 的 Index 值

【练习 11-5】在.aspx 文件中插入一个 ListBox 控件、一个 Button 控件和一个 Label 控件，要求当用户单击 Botton 控件时，在 Lable 控件中显示在 ListBox 控件中选择的选项。

(1) 启动 SharePoint Designer 2007，并新建一个.aspx 网页，在网页的 Form 表单中输入文本“请选择你喜欢的水果：”。另起一行，然后双击工具箱的【ASP.NET 控件】列表中的【ListBox】选项，插入一个 ListBox 控件，如图 11-56 所示。

(2) 双击【ASP.NET 控件】列表中的【Botton】选项，在网页中插入一个 Botton 控件，并将该控件的 Text 属性设置为“确定”，如图 11-57 所示。

图 11-56　插入 ListBox 控件

图 11-57　插入 Botton 控件

(3) 单击 ListBox 控件右上方的 ▷ 按钮，在弹出的命令列表中选择【Edit Items……】命令，如图 11-58 所示。

(4) 系统将打开如图 11-59 所示的对话框，在该对话框中单击【Add】按钮，可以为 ListBox

控件添加选项，选项的属性值可以在该对话框右边的列表框中进行设置。

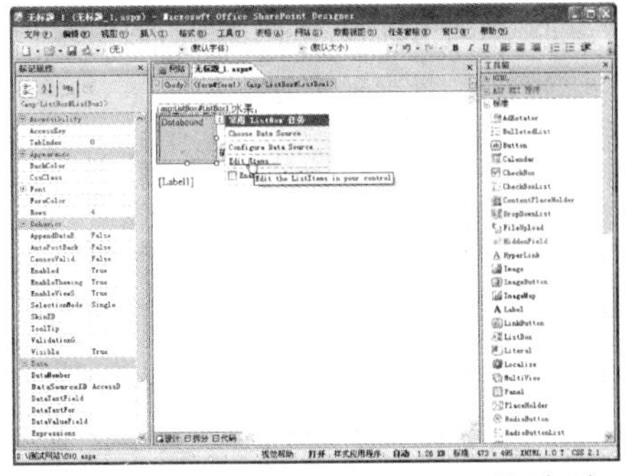

图 11-58　单击【Edit Items……】选项

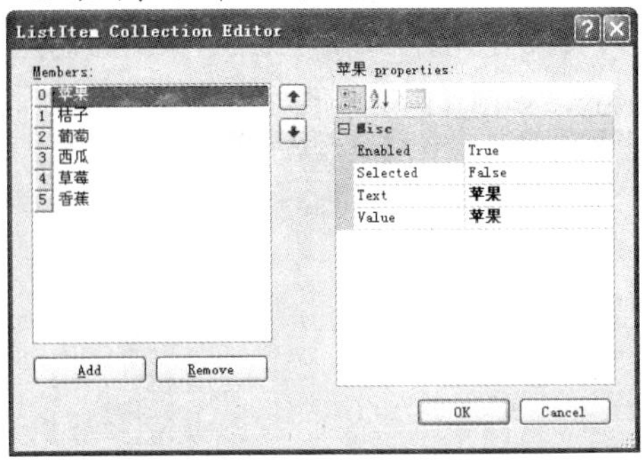

图 11-59　为 ListBox 控件添加选项

(5) 添加选项完成后，另起两行，双击工具箱的【ASP.NET 控件】列表中的【Label】选项，插入一个 Label 控件，并将该 Label 控件的 Text 属性设置为空，如图 11-60 所示。

(6) 切换至【代码】视图，为 Botton 控件添加一个 onclick 属性，并将该属性的值设置为 submit，代码如下：

```
<asp:Button onclick="submit" runat="server" Text="确定" id="Button1" />
```

然后在<body>与</body>之间插入以下脚本代码，如图 11-61 所示。

```
<script language="vb" runat="server">
sub submit(sender As Object,e As Eventargs)
Dim abc As Short
For abc=0 To ListBox1.Items.Count-1
If ListBox1.Items(abc).Selected=True Then
Label1.Text="你喜欢的水果是："&ListBox1.Items(abc).Text
End If
Next  End Sub
</script>
```

该段代码的含义是，当用户单击【确定】按钮时，submit 子程序开始执行，将 ListBox 控件中选中的选项赋给 Label 控件，并输出到浏览器中。

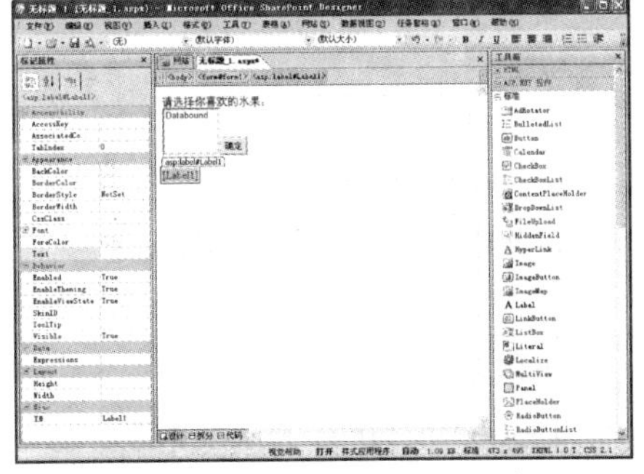
图 11-60　插入 Label 控件

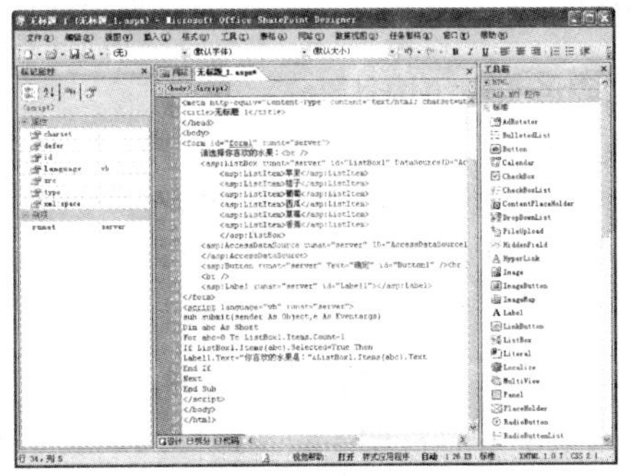
图 11-61　插入脚本代码

(7) 右击该网页标签，在弹出的快捷菜单中选择【保存】命令，打开【另存为】对话框，将该网页文件保存在第 11.1.5 节设置的虚拟目录文件夹中(D:\测试网站)，并将其命名为 015.aspx，如图 11-62 和图 11-63 所示。

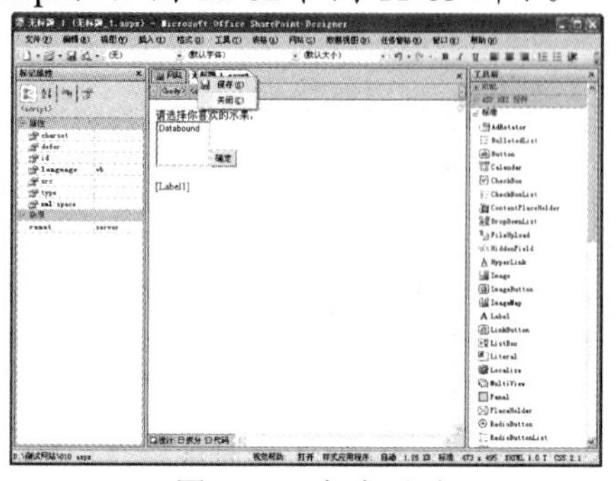
图 11-62　保存网页

图 11-63　【另存为】对话框

(8) 打开浏览器，在地址栏中输入网址http://localhost/llhui/015.aspx，然后按下 Enter 键打开该网页，如图 11-64 所示。选中 ListBox 控件中的某个选项，例如，选择“桔子”，然后单击【确定】按钮，在文本框的下方即可显示 ListBox 控件中预设的内容和刚才选中的“桔子”选项，如图 11-65 所示。

图 11-64　015.aspx 文件的执行结果

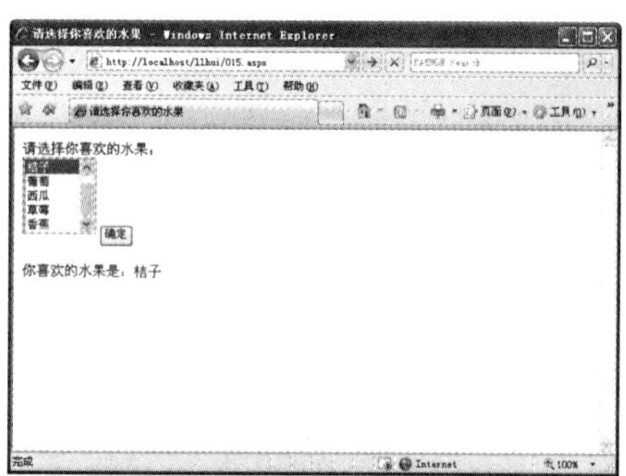

图 11-65　脚本文件的执行结果

11.4.4　CheckBox 控件与 CheckBoxList 控件

CheckBox 控件显示一个复选框，用户可以单击它，以决定是否打开该选项。与 CheckBoxList 控件不同的是，CheckBoxList 控件是用来创建一个复选框的集合的。

1. CheckBox 控件

CheckBox 控件用来显示一个复选框，它的常用属性有以下几个。

- AutoPostBack 属性：指定在 Checked 属性发生改变后表单是否被立即投递一个布尔值，默认值为 false。
- Checked 属性：指定复选框是否被选中的一个布尔值。
- OnCheckedChanged 属性：当 Checked 属性发生改变时将执行的函数名称。

- Id 属性：此控件的唯一 id。
- TextAlign 属性：决定文本出现在复选框的哪一侧(左侧或右侧)。
- Runat 属性：规定此控件是服务器控件，必须设置为 server。
- Text 属性：显示在复选框右侧的文本。

例如下面的一段程序(016.aspx)定义了两个 TextBox 控件和一个 CheckBox 控件，然后为 CheckedChanged 事件创建一个事件句柄，把一个包含“用户名”的文本框中的内容复制到另一个包含“昵称”的文本框中。

```
<script language="vb" runat="server">
sub check(sender As Object,e As Eventargs)
If CheckBox1.Checked  Then
TextBox2.Text=TextBox1.Text
else
TextBox2.Text=""
End If
End Sub
</script>
<html>
<head>
<title>016</title>
</head>
<body>
<form id="form1" runat="server">
 请输入你的用户名：
 <asp:TextBox runat="server" id="TextBox1"></asp:TextBox><br />
  请输入你的昵称：
 <asp:TextBox runat="server" id="TextBox2"></asp:TextBox>
 <asp:CheckBox runat="server" id="CheckBox1" Text="使用用户名作为昵称"
    AutoPostBack="True"  OncheckedChanged="Check" />
</form>
</body>
</html>
```

该段程序的执行结果如图 11-66 所示，当用户输入用户名后，选中 CheckBox 控件，脚本程序会自动将 TextBox1 中的内容复制到 TextBox2 中，如图 11-67 所示。

图 11-66　016.aspx 文件的执行结果

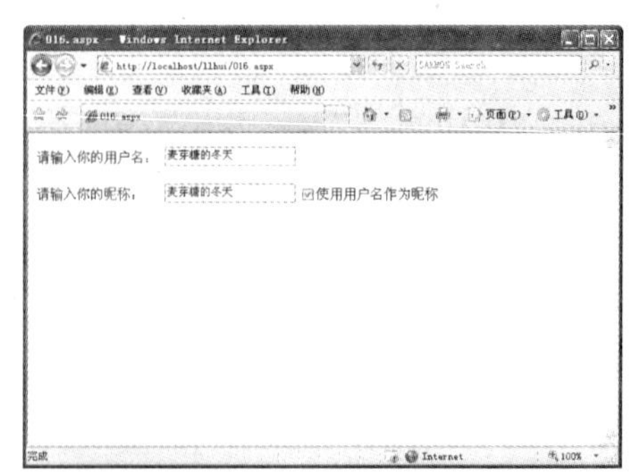

图 11-67　脚本程序的运行结果

2. CheckBoxList 控件

CheckBoxList 控件用于创建一组显示为一列或多列的 CheckBox 控件。CheckBoxList 控件的属性和 CheckBox 控件的属性并不太相同。在 SharePoint Designer 2007 的【工具箱】任务窗格中，双击工具箱的【ASP.NET 控件】列表中的【CheckBoxList】选项，即可在网页的指定位置插入一个 CheckBoxList 控件，如图 11-68 所示。

单击 CheckBoxList 控件右上方的 > 按钮，在弹出的命令列表中选择【Edit Items……】命令，打开如图 11-69 所示的对话框，在该对话框中单击【Add】按钮，可以为 CheckBoxList 控件添加选项，选项的属性值可以在该对话框右边的列表框中进行设置。

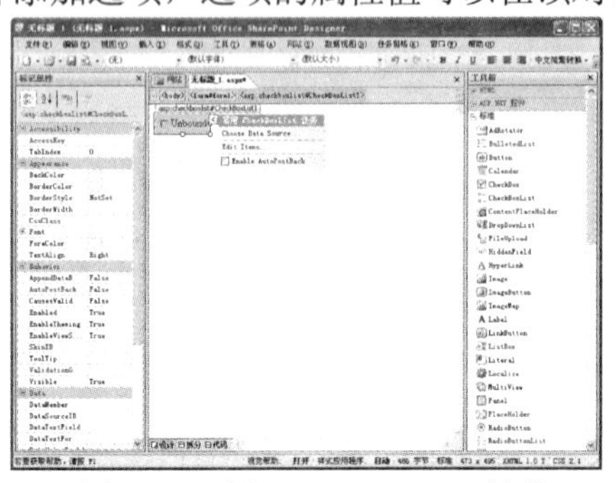

图 11-68　插入 CheckBoxList 控件

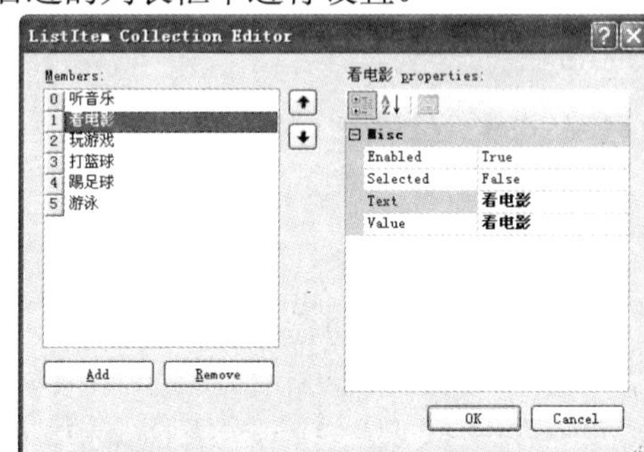

图 11-69　为 CheckBoxList 控件添加选项

11.4.5　Image 控件与 ImageButton 控件

Image 控件的作用是显示一副图像，而 ImageBotton 控件用于执行某项任务，但在按钮上显示的是图片而不是文字。

1. Image 控件

Image 控件必须放置在 Form 或 Panel 控件内，或放置在控件的模板内。它的主要属性有以下几个。

- ImageUrl 属性：设置图像的路径。
- AlternateText 属性：设置当图像未被正确下载时在图像位置处显示的文字。
- ImageAlign 属性：设置图像在父容器中的位置。

Image 控件最重要的属性是 ImageUrl，这个属性指明图形文件所在的目录或网址；如果文件和网页存放在同一个目录，则可以省略目录直接指定文件名。

在 SharePoint Designer 2007 的【工具箱】任务窗格中，双击【ASP.NET 控件】列表中的【Image】选项，即可在网页的指定位置插入一个 Image 控件，如图 11-70 所示。

在【标记属性】任务窗格中，单击 ImageUrl 属性右侧的 按钮，可以打开【Select Image】对话框选择图片，如图 11-71 所示。

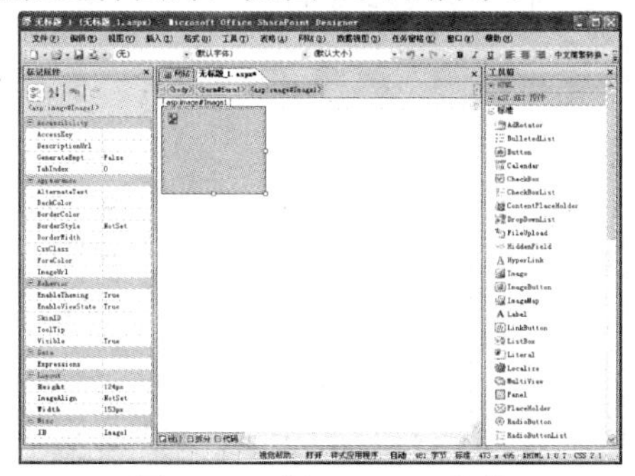

图 11-70　插入 Image 控件

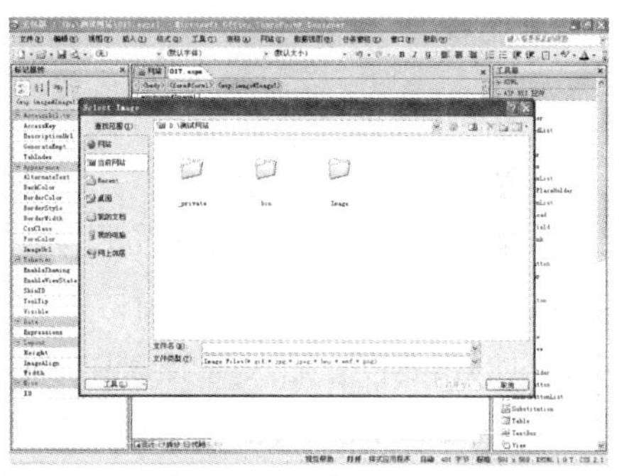

图 11-71　设置 Image 控件的 ImageUrl 属性

2. ImageBotton 控件

ImageBotton 控件不仅拥有 Image 控件的主要属性，而且由于其自身属于 Botton 类控件，所以它也拥有 Botton 类控件的一切特性。

例如，可以使用 ImageBotton 控件制作一个具有动画效果的按钮，正常情况下，该按钮上显示图片 001.jpg，当鼠标指针移至按钮上时，图片变为 002.gif，当鼠标指针移开时，图片重新恢复为 001.jpg。代码如下(017.aspx)：

```
<html>
<head><title>017.aspx</title></head>
<body>
<form id="form1" runat="server">
 <asp:ImageButton runat="server" id="ImageButton1" Width="221px" Height="76px"
     ImageUrl="Image/001.jpg"
 onmouseover="this.src='002.gif'"
 onmouseout="this.src='001.jpg'"
/>
</form>
</body>
</html>
```

该段程序的执行结果如图 11-72 和图 11-73 所示。

图 11-72　017.aspx 文件的执行结果

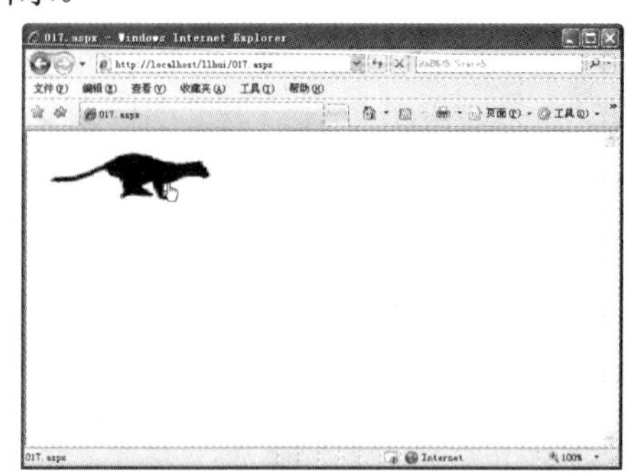

图 11-73　改变按钮上显示的图像

11.4.6 Calendar 控件

Calendar 控件能够使用户浏览日期并进行日期选择(包括选择日期范围)。在 SharePoint Designer 2007 的【工具箱】任务窗格中，双击【ASP.NET 控件】列表中的【Calendar】选项，即可在网页的指定位置插入一个 Calendar 控件，如图 11-74 所示。

另外，Calendar 控件拥有丰富的属性用于创建各种风格的日历，单击 Calendar 控件右上方的 按钮，在弹出的命令列表中选择【自动套用格式】命令，打开【自动套用格式】对话框，在该对话框中，可以选择系统已设置好的几种日历格式，如图 11-75 所示。

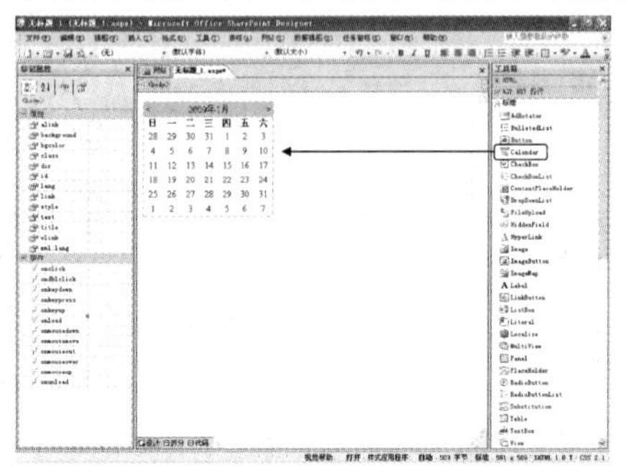

图 11-74　插入 Calendar 控件

图 11-75　【自动套用格式】对话框

另外，ASP.NET 中还有许多比较实用的控件，例如，RadioButton 控件可以在页面上产生单选按钮；HyperLink 控件可以用来创建 Web 导航链接；DropDownList 控件可以创建一个下拉列表框等，限于篇幅原因，本书就不再一一进行介绍，有兴趣的读者可以参考相关的专业书籍。

11.5 上机实验

本章主要介绍了动态网页制作的相关知识，包括 IIS 服务器的配置和 ASP.NET 的基础知识等。通过对本章的学习，读者应对动态网页的制作有一个大致的了解，能用 ASP.NET 语言制作出一些简单的动态网页。

本次上机实验制作一个简单的用户注册反馈页面，旨在使用户进一步熟悉动态网页的制作过程。

(1) 启动 SharePoint Designer 2007，选择【文件】|【新建】|【ASPX】命令，新建一个 ASP.NET 网页，如图 11-76 和图 11-77 所示。

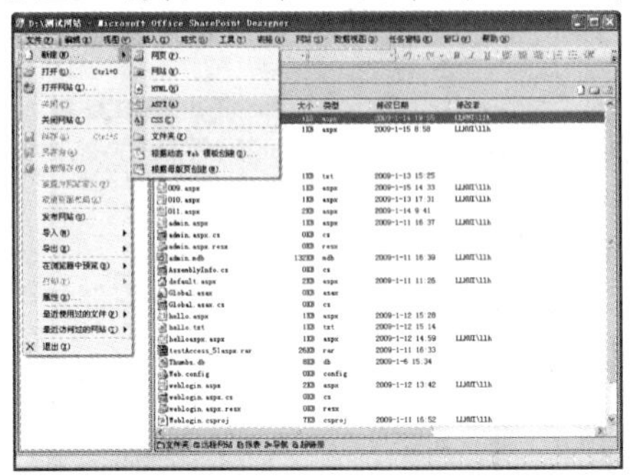

图 11-76　新建 ASPX 网页

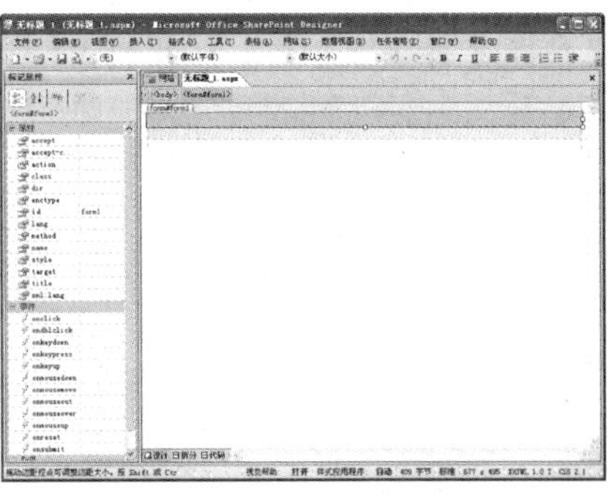

图 11-77　网页已创建

(2) 在网页的 Form 表单中，输入文本“用户注册”，然后选择【任务窗格】|【工具箱】命令，打开【工具箱】任务窗格并展开【ASP.NET 控件】列表，如图 11-78 所示。

(3) 另起两行，输入文本“请输入你的用户名：”，然后双击【ASP.NET 控件】列表中的【TextBox】选项，插入一个 TextBox 控件，如图 11-79 所示。

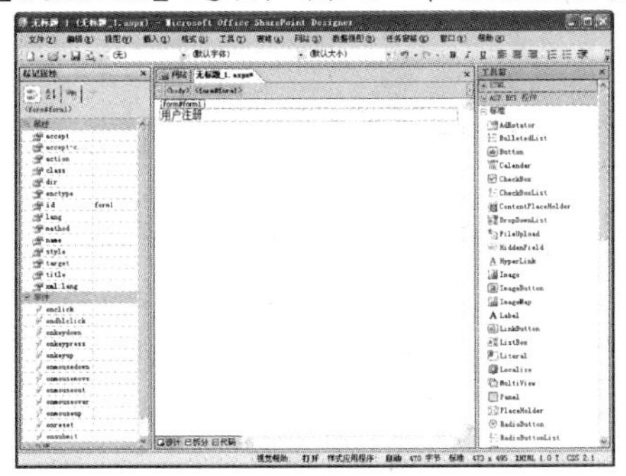

图 11-78　打开【工具箱】任务窗格

图 11-79　插入 TextBox 控件

(4) 按下两次 Enter 键换行，输入文本“请输入你的密码：”，然后双击【ASP.NET 控件】列表中的【TextBox】选项，插入一个 TextBox 控件，如图 11-80 所示。

(5) 选中刚才插入的 TextBox 控件，在【标记属性】任务窗格中，将该控件的 TextMode 属性设置为 Password，如图 11-81 所示。

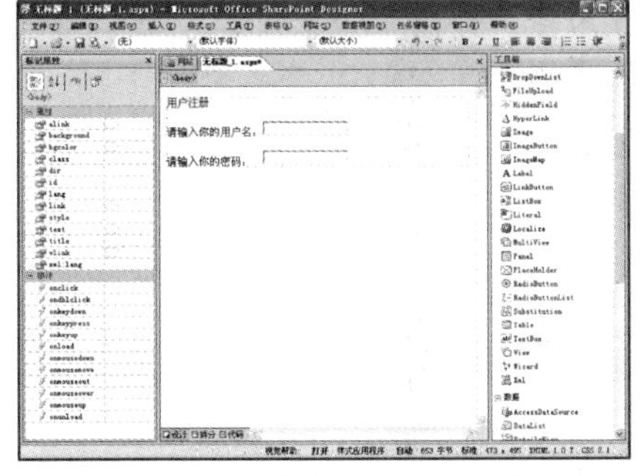

图 11-80　插入 TextBox 控件

图 11-81　设置 TextBox 控件的属性

(6) 按照第(4)和第(5)步的方法，在网页的适当位置插入其他 3 个 TextBox 控件，效果如图 11-82 所示。

(7) 另起两行，输入文本“请选择你的性别：”，然后双击【ASP.NET 控件】列表中的【RadioButton】选项，插入一个 RadioButton 控件，并在【标记属性】任务窗格中将该控件的 Text 属性设置为“男士”，如图 11-83 所示。

图 11-82　插入其他 3 个 TextBox 控件

图 11-83　插入 RadioButton 控件

(8) 使用同样的方法，插入另外一个 RadioButton 控件，并将该控件的 Text 属性设置为“女士”。然后将这两个 RadioButton 控件的 GroupName 属性都设置为 sex，如图 11-84 所示，表示这两个控件位于同一个选项组中。

图 11-84　设置 GroupName 属性

提示

RadioButton 控件代表的是单选按钮，其最重要的属性是 GroupName 属性，定义该单选按钮所在的按钮分组。

(9) 设置完成后，将光标定位在网页中的适当位置，然后双击【ASP.NET 控件】列表中的【Button】选项，插入一个 Button 控件，并将该控件的 Text 属性设置为“确认输入”，OnClick 属性设置为 Click，如图 11-85 所示。

(10) 另起两行，双击【ASP.NET 控件】列表中的【Label】选项，依次在不同的行中插入 5 个 Label 控件，并将这些控件的 Text 属性全部设置为空，如图 11-86 所示。

图 11-85　插入 Button 控件

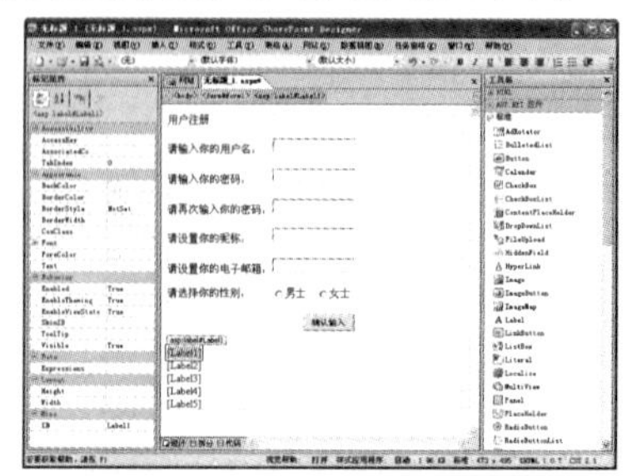

图 11-86　插入 Label 控件

(11) 切换至【代码】视图，在<body>与</body>之间插入以下脚本代码：

```
1: <script language="vb" runat="server">
2: sub click(sender As Object,e As Eventargs)
3: Label1.Text="你输入的姓名是: " & TextBox1.Text
4: If  TextBox2.Text=TextBox3.Text
5: Then  Label2.Text="你输入的密码是: " & TextBox2.Text
6: Else  Label2.Text="你两次输入的密码不一致，请重新输入! "
7: Label3.Text="你输入的昵称是: " & TextBox4.Text
8: Label4.Text="你设置的邮箱是: " & TextBox5.Text
9: If RadioButton1.Checked Then Label5.Text="你的性别是: "&RadioButton1.Text
10: If RadioButton2.Checked Then Label5.Text="你的性别是: "&RadioButton2.Text
11: End Sub
12: </script>
```

代码解释如下。

第 1 行和第 12 行：脚本语言开始和结束的标记。

第 2 行和第 11 行：Sub 函数开始和结束的标记，当单击 Button 按钮时，Sub 子函数 Click 开始执行。

第 3 行：获取 TextBox1 中的值，将其赋给 Label1 控件，并输出到浏览器中。

第 4 行到第 6 行：判断用户两次输入的密码是否一致，并根据判断结果输出不同的内容。

第 7 行和第 8 行：可参考第 3 行。

第 9 行和第 10 行：判断单选按钮是否已被选中，并将选中按钮的 Text 值赋给 Label 控件，然后将其输出到浏览器。

(12) 全部设置完成后，将该网页保存到已经设置好的虚拟目录文件夹“D:\测试网站”中，并将该网页命名为 019.aspx，如图 11-87 所示。

(13) 打开浏览器，在地址栏中输入网址 http://localhost/llhui/019.aspx，然后按下 Enter 键，即可打开 019.aspx 网页，效果如图 11-88 所示。

图 11-87　保存网页

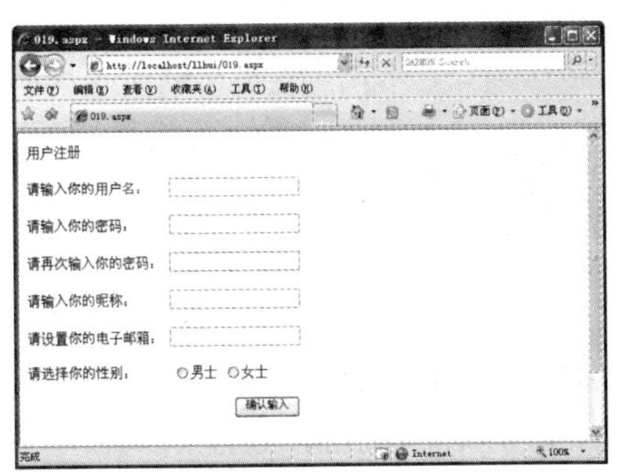

图 11-88　预览网页

(14) 当用户在图 11-88 中输入正确的文本后，单击【确认输入】按钮，服务器即可处理用户输入的信息，并将处理结果返回到浏览器中，如图 11-89 所示。

(15) 若用户两次输入的密码不一致，浏览器则会显示如图 11-90 中所示的文字。

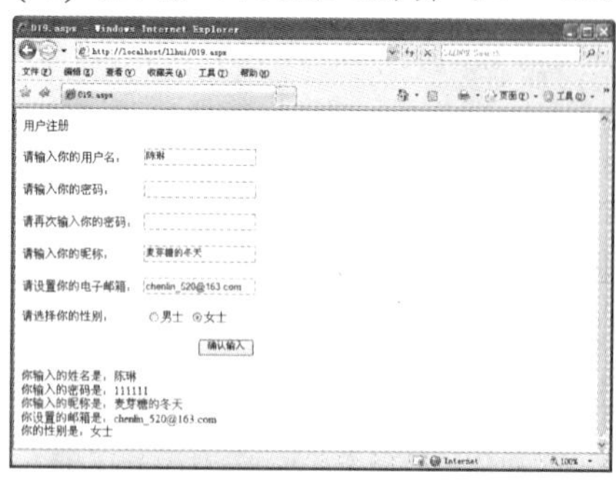

图 11-89 脚本程序的执行结果(1)

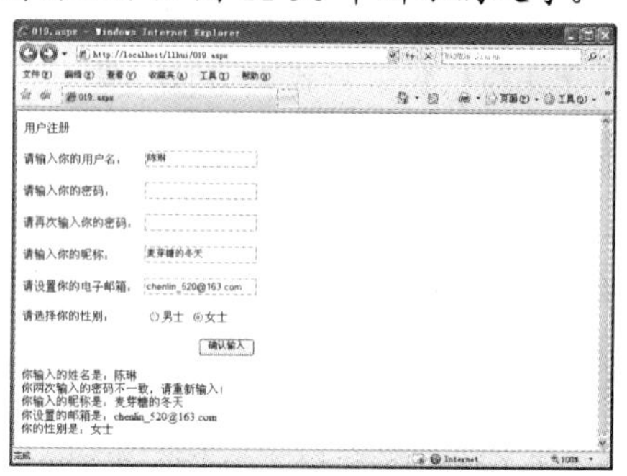

图 11-90 脚本程序的执行结果(2)

11.6 思考练习

11.6.1 填空题

1. 目前常见的动态网站开发技术包括__________、__________、__________、__________、__________、__________等。

2. 使用 ASP.NET 开发出的动态网页，网页文件的扩展名是__________。

3. ASP.NET 可以使用的脚本语言有__________、__________和__________3 种。

4. __________对象主要是使服务器端取得客户端浏览器的一些数据，__________对象主要是输出数据到客户端。

5. 使用__________对象可存储特定的用户会话所需的信息。当用户在应用程序的页面之间跳转时，存储在__________对象中的变量不会被清除。

6. __________控件的主要作用是显示用户不能直接编辑的文本，__________控件的主要作用在于接受用户的 Click 事件，并执行相应的事件处理程序来实现指定的操作。

11.6.2 选择题

1. 若一虚拟目录的别名为 mm，那么，若要打开该虚拟目录根文件夹中的 ac.aspx，则应在浏览器的地址栏中输入网址(　　)。

A. http://localhost/mm/ac.aspx　　B. http://localhost/ac.aspx

C. http://mm/ac.aspx　　D. http://www.localhost/mm/ac.aspx

2. 若要使用 Response 对象输出文本“你好”，正确的书写格式为(　　)。

A. Response.Write("你好")　　B. Response.Write(你好)

C. Response.Write"你好"　　D. Response.Write="你好"

3. 要设置 Button 控件上显示的文本内容，应设置 Button 控件的(　　)属性。

A. id　　B. Text

C. OnClick　　D. runat

4. 要把 TextBox 控件设置为密码框，则应将该控件的 TextMode 属性设置为(　　)。

A. MultiLine　　B. SingleLine

C. password　　D. SingleWord

5. Image 控件的(　　)属性可以用于设置图片的 URL 路径。

A. ImageUrl　　B. AlternateText

C. ImageAlign　　D. SingleWord

6. 使用 ASP.NET 的(　　)控件，可以在网页中创建一个日历。

A. Calendar　　B. DataBox

C. Label　　D. CheckBox

11.6.3 操作题

1. 简述 ASP.NET 的特点和 ASP.NET 程序的执行过程。
2. 为自己的计算机配置一个 IIS 服务器并安装.NET Framework。
3. 自己动手结合本章的理论知识和具体实例，编写一个简单的动态网页。

网站的管理与发布

本章导读

网站制作完成后，其后期工作就是管理和发布了。一个网站无论制作得如何精美，如果管理不善，也会逐渐失去昔日的光彩，同样，一个光彩夺目的网站，如果不能发布到Internet上与他人共享，也就失去了其存在的价值。本章介绍如何管理与发布网站。

重点和难点

- 网站的测试与发布概述
- 通过 SharePoint Designer 2007 发布网站
- 使用 FTP 上传工具发布网站
- 网站的管理

12.1 网站的测试与发布概述

网站设计完成后，如果希望网络中的用户能够访问到自己的网站，就必须将网站发布到Web 服务器上。在网站发布之前，首先要对网站进行测试，测试完毕后，就可以将网站发布到网站服务器上了。

12.1.1 测试站点

站点设计完成后，在上传到服务器之前，对其进行本地测试和调试是十分必要的，这样可以保证页面的外观和效果，网页链接和页面下载时间与设计要求吻合，同时也可以避免网站上传后出现这样或那样的错误，给网站的管理和维护带来不便。网站的测试主要包括以下几个方面的内容。

1. 链接测试

测试网站的链接速度使网站的管理者可以了解网站在 Internet 中的状态，并掌握网站链接在浏览器中的打开速度。在 Internet 中，访问者连接到网站的速度会根据其上网方式的变

化而变化，用户可能是通过电话拨号的方式上网，也可能使用宽带 ADSL 上网，因此，不同的用户在网站上下载同一个程序时，其文件下载速度将会有很大的差异。如果 Web 系统响应时间太长(例如超过 5 秒钟)，用户就有可能会因为没有耐心等待而放弃访问。

2. 负载测试

对网站进行负载能力测试是为了测试站点中的 Web 系统在某一负载级别上的性能，以保证 Web 系统在需求范围内能够正常工作。负载级别可以是某个时刻同时访问 Web 系统的用户数量，也可以是在线数据处理的数量。例如：Web 应用系统能够允许多少个用户同时在线。如果超过了这个数量，将会出现什么样的后果，以及 Web 应用系统能否处理大量用户对同一个页面的请求等。

站点的负载能力测试应该安排在网站发布以后，在实际的网络环境中进行测试。因为同一个 Web 系统能同时处理的请求数量将远远超出网站管理人员的人数限度，所以，只有放在 Internet 中，接受负载测试，其结果才是正确可信的。

3. 压力测试

压力测试是测试 Web 应用系统的限制和故障恢复能力，也就是测试网站应用系统在受到破坏的情况下抗崩溃的能力。因为，Internet 中的黑客常常提供错误的数据负载，直到导致 Web 应用系统崩溃，然后在系统重新启动时获得网站的管理权限。

4. 浏览器兼容性测试

浏览器兼容性测试指的是测试网站中各个 Web 页面在不同浏览器中的显示情况。因为 Internet 中的访问者可能使用不同的浏览器访问网站(例如 IE、Firefox 或世界之窗等)，而不同的浏览器在显示网页内容的性能上可能存在很大的差异，从而导致不同的用户在访问网站时，出现不同的效果和状态。

12.1.2 发布站点

完成网站的创建和测试工作后，下一步就是通过将文件上传到远程文件夹中发布该站点。远程文件夹是存储文件的位置，这些文件用于测试、生产、写作或者发布，具体取决于用户的环境。

1. 申请域名和空间

网站要在 Internet 中存在，就必须拥有一个存储网站内容的空间和一个用于访问该网站的域名。对于空间，现在免费的已经越来越少了，大部分的空间都是收费的，并且价格也是千差万别，用户可以根据需要选择适合自己的空间服务商。根据不同的需求，空间一般分为静态网页空间和动态网页空间。前者用于存储普通的 HTML 静态页面，后者可以存取使用 ASP、JSP 和.NET 等服务器技术的动态网页。

域名类似于 Internet 上的门牌号，是用于识别和定位 Internet 中计算机的层次结构字符标识，与该计算机的 IP 地址相对应。但相对于 IP 地址，域名更便于浏览者理解和记忆。域名既有类似于 xxx.com 的顶级域名，也有类似于 new.xxx.com、mail.xxx.com 的二级域名。一般的空间服务商会同时提供域名注册服务。用户申请了域名后，就可以根据服务商的要求将域名和空间对应起来，实现通过域名来访问网站的目的。

在注册域名时，应遵循以下几条规则：

- 便于记忆：这是域名最为重要的命名规则，如果网站的域名非常复杂冗长，用户访问一次后，很难在脑海中对其形成记忆，势必影响到该网站的普及率。
- 要与客户的商业有直接的关系：如果是商业型的网站，那么网站的域名最好与该网站开展的商务活动有直接的关系，这样访问者就可以将域名和该网站开展的商务活动联系起来，也有利于网站商务活动的宣传。
- 表示网站的字符数要少：字符数少的域名较字符数多的域名更容易记忆，如果该网站使用英文作为域名，那么英文的拼写一定要正确。

2. 设置远程文件夹

在发布站点之前，需要设置一个远程文件夹，以便发布站点中的网页。远程文件夹通常具有与本地文件夹相同的名称，因为远程站点通常就是本地站点的副本。也就是说，用户发布到远程文件夹的文件和子文件夹是本地创建的文件和子文件夹的副本。

3. 上传本地站点

以上准备工作做完之后，即可将网站上传到 Web 服务器。下一节将具体介绍如何上传网站。

12.2 通过 SharePoint Designer 2007 发布网站

SharePoint Designer 2007 提供了方便的网站发布功能，在完成对网站的制作和测试后，即可通过 SharePoint Designer 2007 方便地将网站发布到 Web 服务器上。

12.2.1 发布到提供 FrontPage Server Extensions 服务的服务器

网站制作和测试完成后，如果要发布的网站服务器提供 FrontPage Server Extensions 服务，那么就可以直接使用 SharePoint Designer 2007 所提供的“发送”功能来进行网站的发布。如果使用的是通过网络申请的免费空间，应该留意该空间是否提供了 FrontPage Server Extensions 服务。

要发布制作好的网站，可以先在 SharePoint Designer 2007 中打开该网站，然后选择【文件】|【发布网站】命令，打开【远程网站属性】对话框，如图 12-1 和图 12-2 所示。

在【远程网站属性】对话框的【远程网站】选项卡中选中【FrontPage Server Extensions 或 SharePoint Services】单选按钮，然后在【远程网站位置】文本框中输入网站服务器的正确网址，如图 12-2 所示。

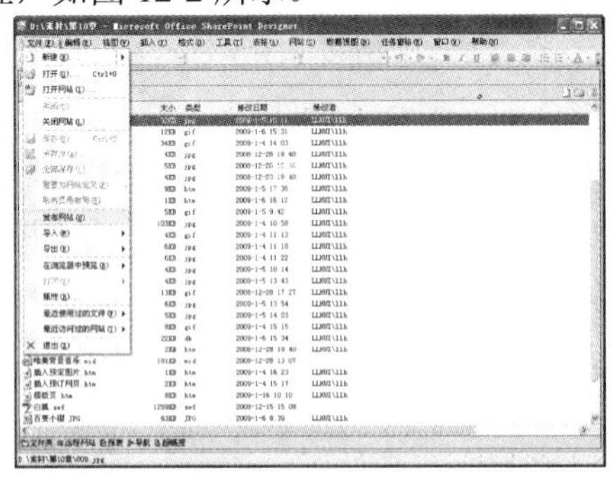

图 12-1　选择【文件】|【发布网站】命令

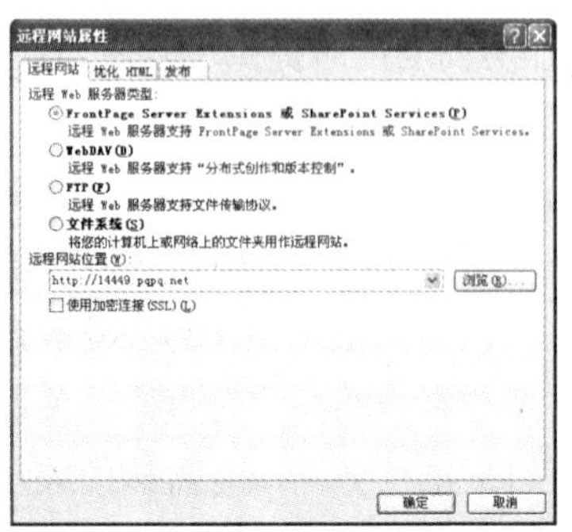

图 12-2　【远程网站属性】对话框

将对话框切换至【优化 HTML】选项卡，如图 12-3 所示，用户可视需要选中相应的项目。完成设置后，将对话框切换至【发布】选项卡，如图 12-4 所示，选择相应的选项后，单击【确定】按钮，系统即可开始上传网站。

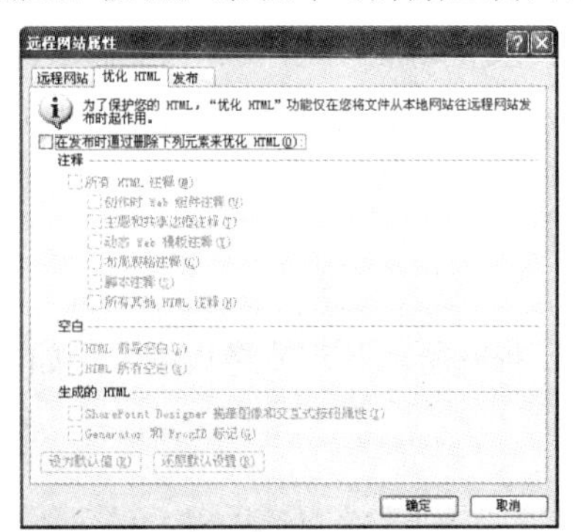

图 12-3　【优化 HTML】选项卡

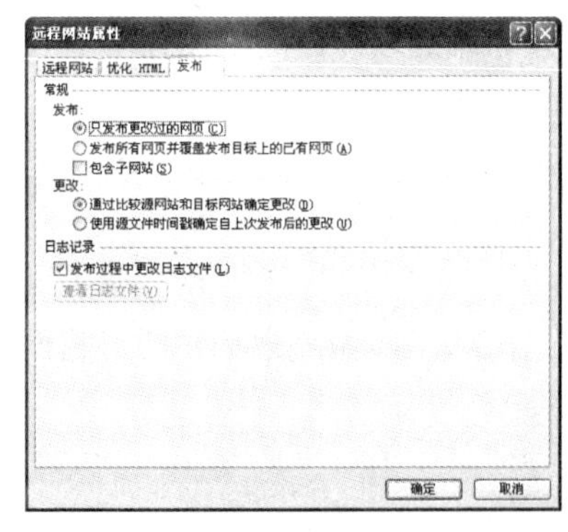

图 12-4　【发布】选项卡

如果服务器设置不当或者服务器本身错误，可能会导致网站发送失败，常见的现象有以下 3 种：

(1) 如果网站在发送时，某些网页做了改动但没有保存，系统会打开如图 12-5 所示的对话框，询问用户的处理方式。此时，根据具体情况单击相应的按钮，即可继续进行操作。

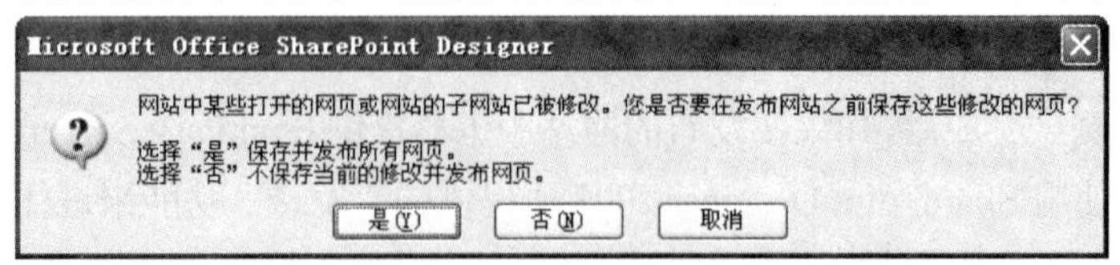

图 12-5　提示对话框(1)

(2) 如果打开如图 12-6 所示的对话框，则说明服务器发生了问题，无法正常链接，此时应联系提供服务的服务器管理员，或是检查本地的网络连接。

图 12-6　提示对话框(2)

(3) 若系统打开如图 12-7 所示的对话框，则说明服务器已经正常连接，但是该服务器却未提供 FrontPage Server Extensions 或 SharePoint Server 功能。

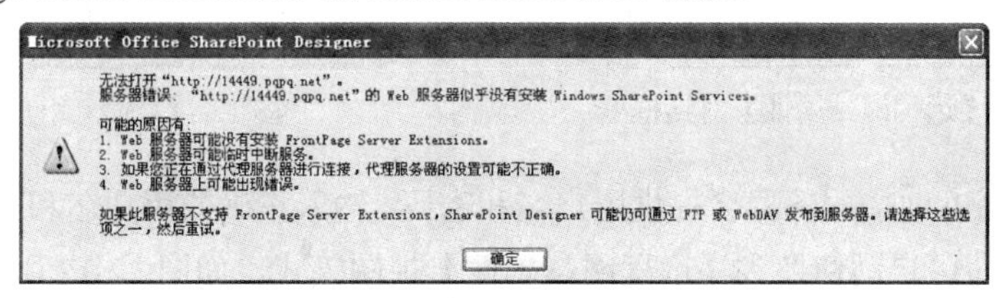

图 12-7　提示对话框(3)

12.2.2　发布到普通服务器

如果使用的免费空间不提供对 FrontPage Server Extensions 或 SharePoint Server 的支持，但是还希望通过 SharePoint Designer 2007 来发布网站，此时可以使用 SharePoint Designer 2007 提供的 FTP 上传功能。

要使用 FTP 上传功能，首先要知道网站服务器提供的 FTP 上传地址，然后在 SharePoint Designer 2007 中打开该网站，选择【文件】|【发布网站】命令，打开【远程网站属性】对话框，如图 12-8 和图 12-9 所示。

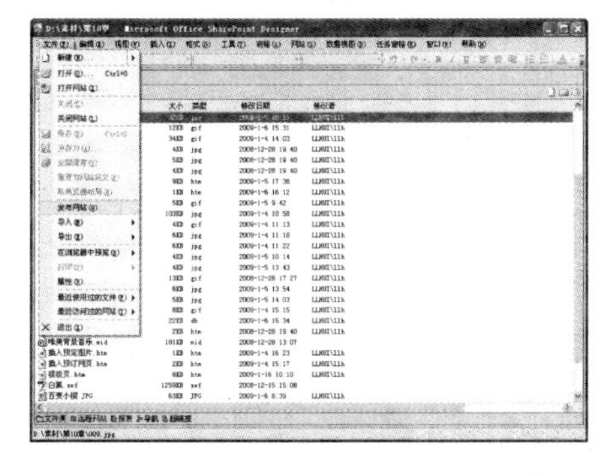

图 12-8　选择【文件】|【发布网站】命令

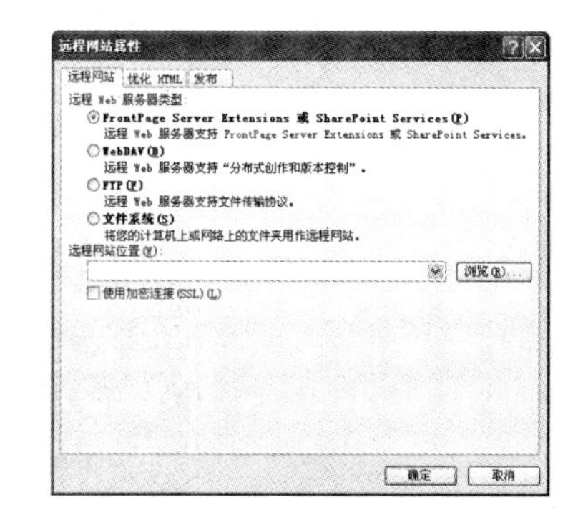

图 12-9　【远程网站属性】对话框

在【远程网站属性】对话框的【远程网站】选项卡中选中【FTP】单选按钮，然后在【远程网站位置】文本框中输入网站服务器的正确网址。需要注意的是，该网址应当是 FTP 地址，例如：ftp://222.76.217.235。如图 12-10 所示。

分别切换至【发布】选项卡和【优化 HTML】选项卡，进行相应的设置后，单击【确定】按钮，系统打开如图 12-11 所示的对话框，要求用户输入 FTP 地址的用户名和密码。

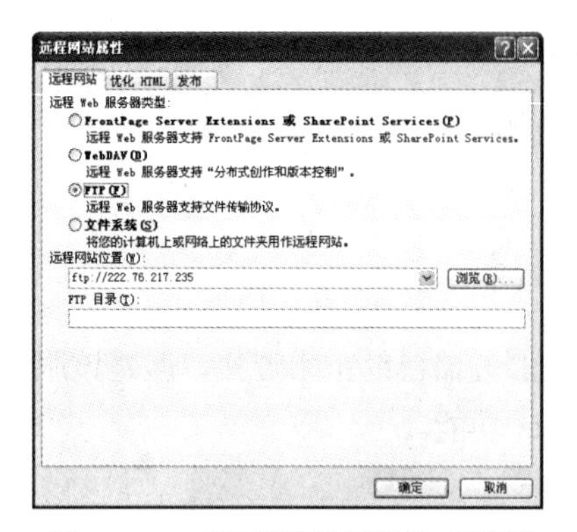

图 12-10 【远程网站属性】对话框

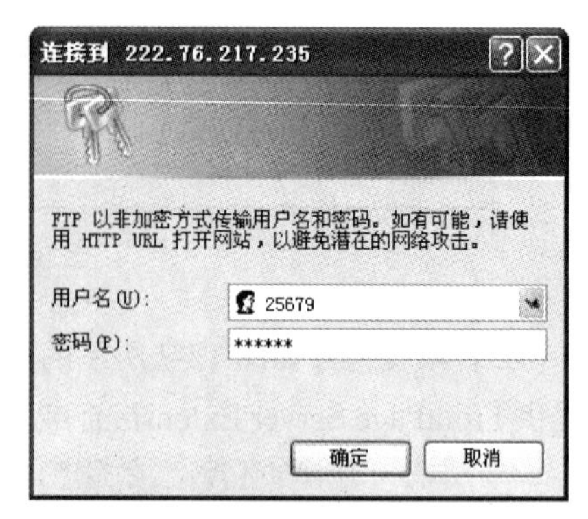

图 12-11 输入用户名和密码

在用户申请空间时，服务器会提供用户名和密码。输入正确的用户名和密码后，单击【确定】按钮，系统即可自动切换到【远程网站属性】视图模式，如图 12-12 所示。

发布完成后，系统将打开如图 12-13 所示的界面，在该界面的左下角显示文本“最新发布状态：成功”，单击【查看你的发布日志文件】超链接，可以打开【发布日志】窗口，查看网站的发布记录，如图 12-14 所示。

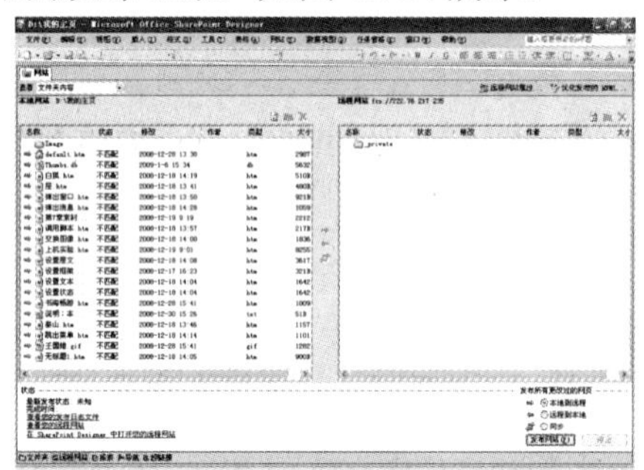

图 12-12 【远程网站属性】视图

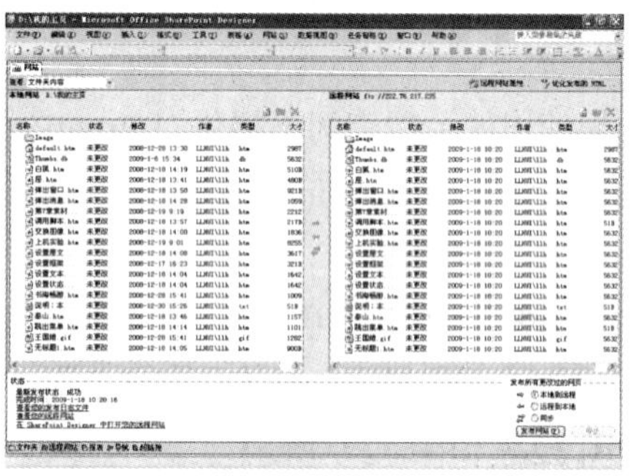

图 12-13 发布成功

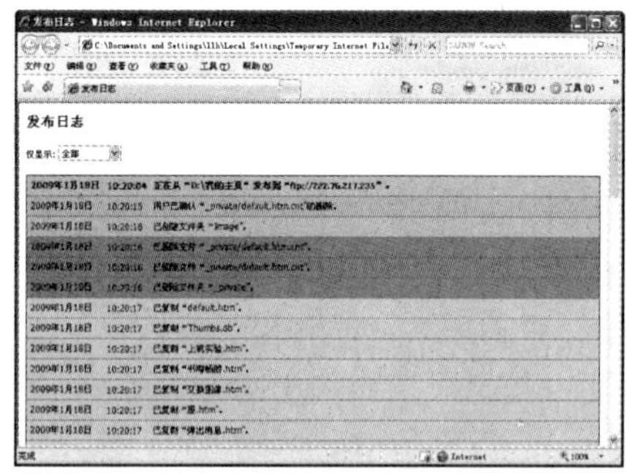

图 12-14 发布日志

提示

网站上传成功后，在浏览器的地址栏中输入相应的网址，即可访问对应的网页，一般来说，FTP 文件夹中默认的主页顺序为 index.htm、index.html、default.htm、default.html。

12.2.3　发布到远程文件夹

除了以上两种发送方式以外，还可将本地计算机中的文件夹或者网络中的文件夹作为远程网站，然后通过 SharePoint Designer 2007 将本地网站发送到该文件夹中。

在 SharePoint Designer 2007 中打开要上传的网站，然后选择【文件】|【发布网站】命令，打开【远程网站属性】对话框，如图 12-15 和图 12-16 所示。

在【远程网站属性】对话框的【远程网站】选项卡中选中【文件系统】单选按钮，然后在【远程网站位置】文本框中输入用作远程网站的文件夹的 URL 地址。例如，可将本地磁盘中的“D:\远程网站”文件夹用作远程网站，如图 12-16 所示。

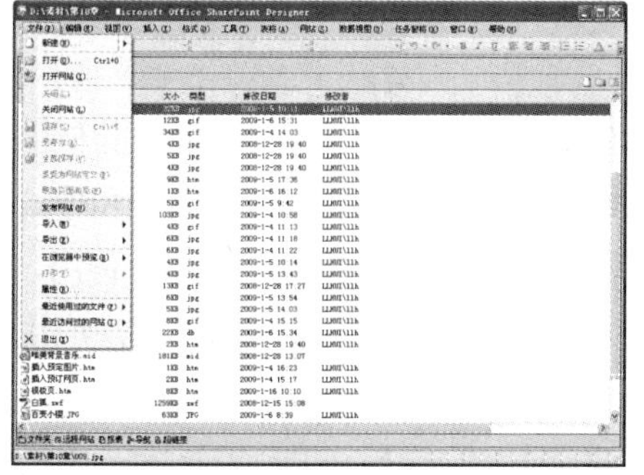

图 12-15　选择【文件】|【发布网站】命令

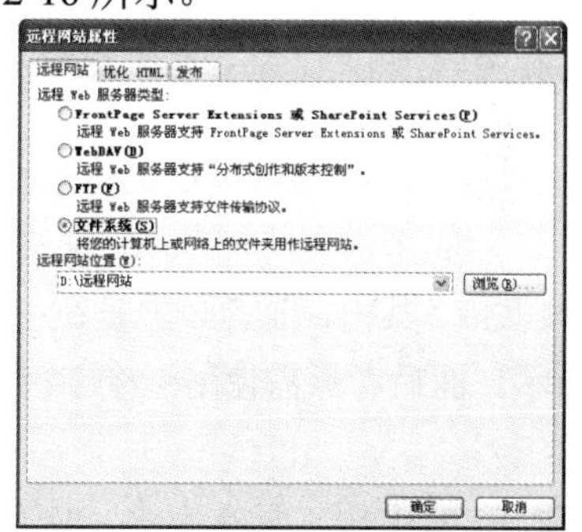

图 12-16　【远程网站属性】对话框

分别切换至【发布】选项卡和【优化 HTML】选项卡，对它们进行相应的设置后，单击【确定】按钮，系统打开如图 12-17 所示的对话框。

选中图 12-17 右下角的【本地到远程】单选按钮，然后单击【发布网站】按钮，系统即可开始发布网站，如图 12-18 所示。

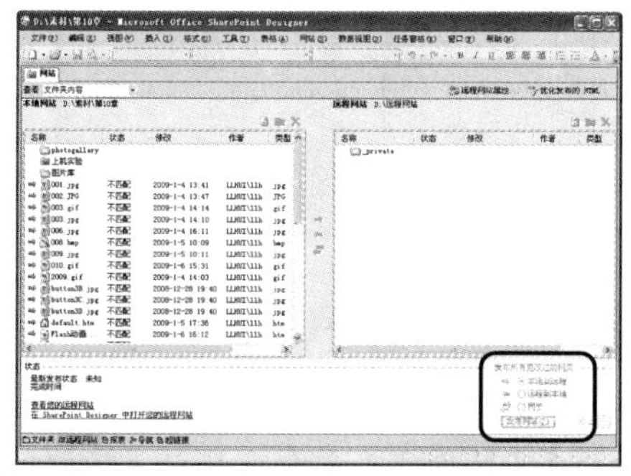

图 12-17　发布网站(1)

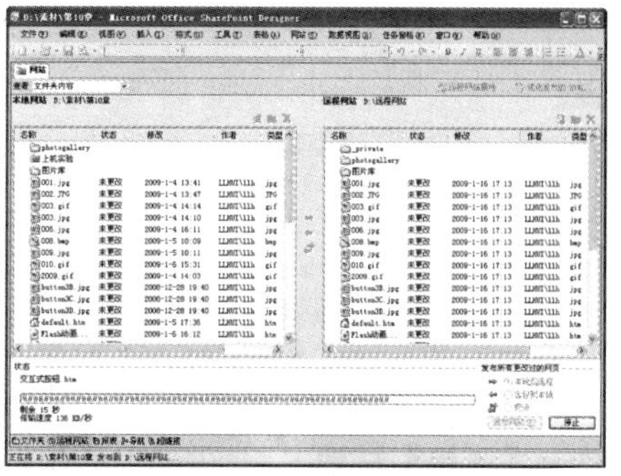

图 12-18　发布网站(2)

发布成功后，系统打开如图 12-19 所示的窗口，该窗口的左下角显示文本“最新发布状态：成功”，单击【查看你的发布日志文件】超链接，可以打开【发布日志】窗口，查看网站的发布记录，如图 12-20 所示。

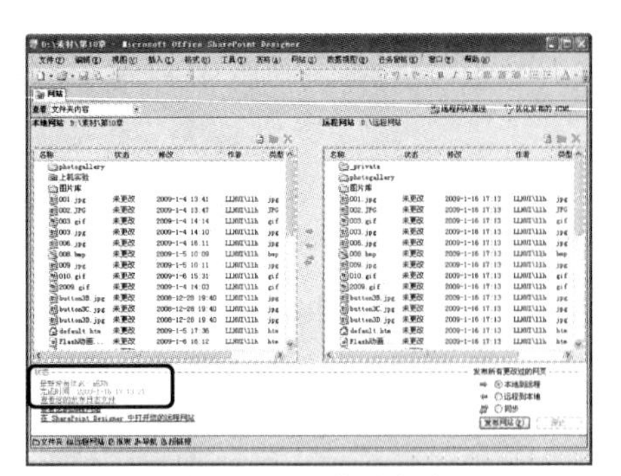

图 12-19　发送成功

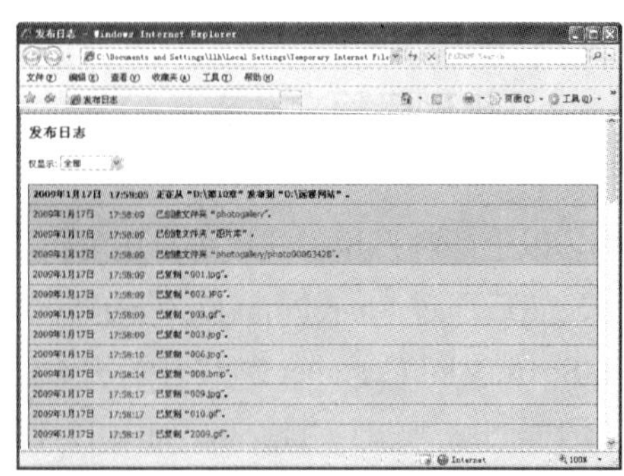

图 12-20　查看发布日志

12.3 其他发布方式

除了可以使用 SharePoint Designer 2007 自带的网站上传功能外，还可以使用其他的方法上传网站，一般来说有两种方法：使用虚拟空间提供商提供的 Web 管理界面上传和使用 FTP 上传工具上传。其中，前者必须是在空间提供商提供 Web 管理界面的情况下才能使用，如图 12-21 所示。而后者只需使用一个 FTP 上传工具即可轻松上传网站，目前这种方法应用比较普遍。

目前 FTP 上传工具有很多，例如 CuteFTP、FlashFXP、LeapFTP 等。本节主要讲述 FlashFXP 的用法。

要使用 FlashFXP 工具上传网站，首先应下载并安装该软件，安装成功后，它的主界面如图 12-22 所示。

图 12-21　网站的 Web 管理界面

图 12-22　FlashFXP 主界面

单击【连接】按钮，在弹出的快捷菜单中选择【快速连接】命令，打开【快速连接】对话框，如图 12-23 和图 12-24 所示。在【快速连接】对话框中进行相应的设置后(设置连接类型、文件上传的 FTP 地址、用户名和密码等)，单击【连接】按钮，系统即可自动开始连接到 Web 服务器，连接成功后，选择要发布的文件，然后单击【传送所选】按钮，即可上传指定的文件。

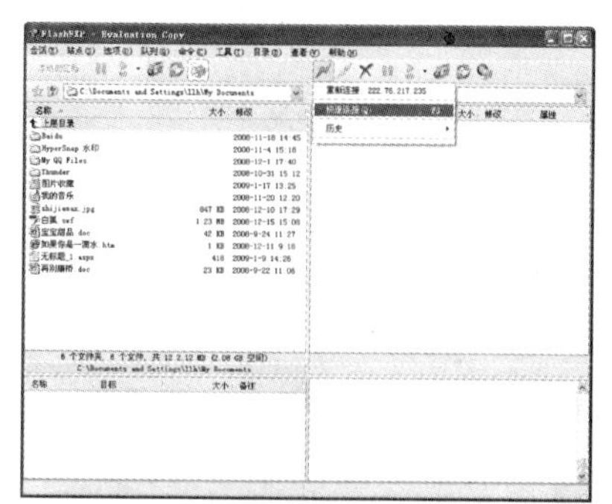

图 12-23　选择【快速连接】命令

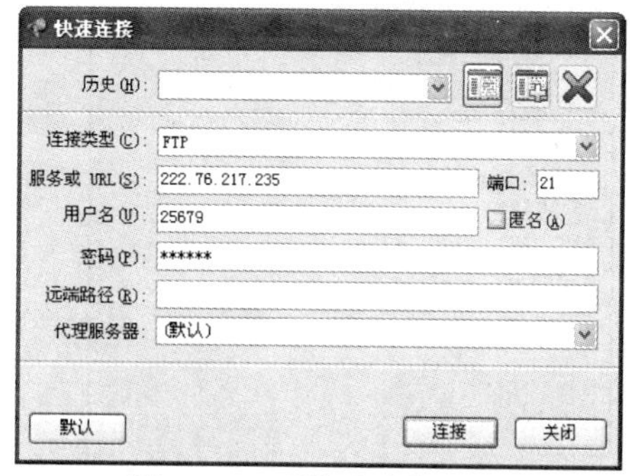

图 12-24　【快速连接】对话框

12.4 网站的管理

网站成功发布后，还要对其进行管理，例如：经常更新，以保持网站内容的时效性；修复丢失的超链接，以维持网站的完整性；修改错误的内容，以保证网站内容的正确性等。

12.4.1 更新网页的发布

在管理网站时，某些网页经过修改后，需要将其重新发布到网站服务器上，如果网页每次修改后，都要将整个网站重新发送一次，未免过于麻烦。实际上 SharePoint Designer 2007 提供了单一文件的发送功能，便于用户发送单一的网页。

例如，要发送某个网页，可以先切换至【文件夹】视图，右击要发送的网页，在弹出的快捷菜单中选择【发布选定文件】命令，如图 12-25 所示。如果该网页所在的网站文件夹有过发送记录，则选择【发布选定文件】命令后，该网页文件会按照以前的默认设置直接发送到远程网站服务器中，如图 12-26 所示。

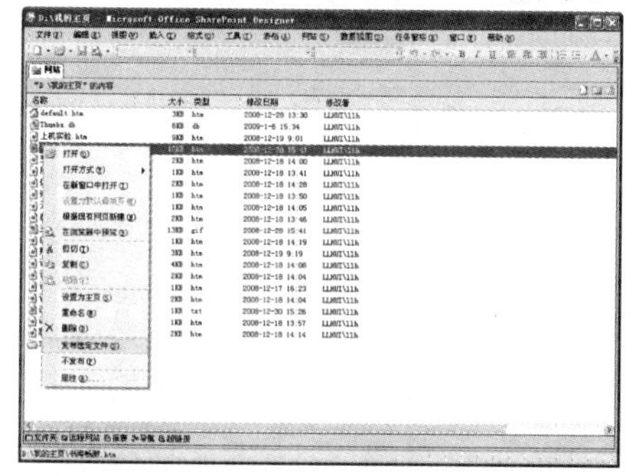

图 12-25　选择【发布选定文件】命令

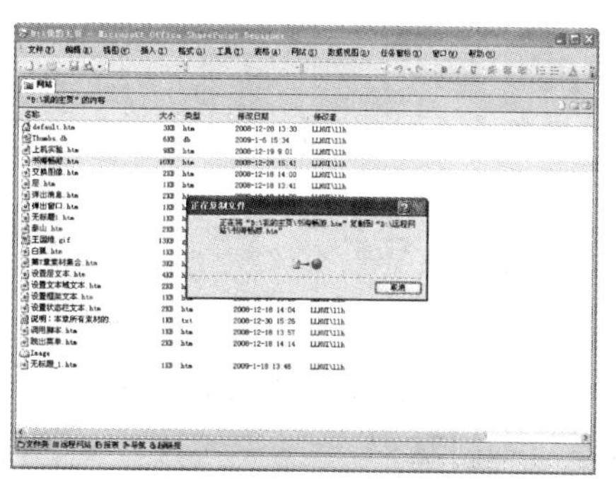

图 12-26　正在发布选定文件

如果以前该网页所在的网站文件夹没有发送记录，则选择【发布选定文件】命令后，系统会打开如图 12-27 所示的【远程网站属性】对话框，进行相应的设置后，单击【确定】按钮，系统即可按照设置将指定的文件发送至目标位置。

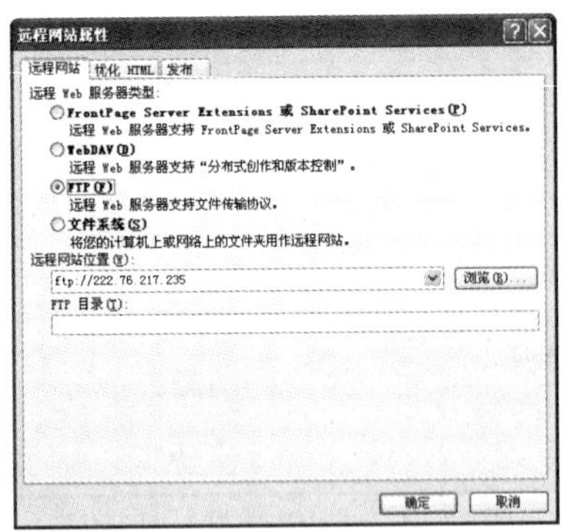

图 12-27 【远程网站属性】对话框

提示

在上传指定的网页文件时，用户可结合 Ctrl 键和 Shift 键，或者使用鼠标拖动的方式，一次选择多个文件进行上传。

在发布整个网站的时候，如果不想发布网站中的个别文件，可以选中这些文件，然后在选中区域右击鼠标，在弹出的快捷菜单中选择【不发布】命令，如图 12-28 所示。设置成功后，这些文件的图标上出现一个红色的叉号，如图 12-29 所示。这时，当用户发送整个网站时，这些文件将不会被发送到 Web 服务器中。

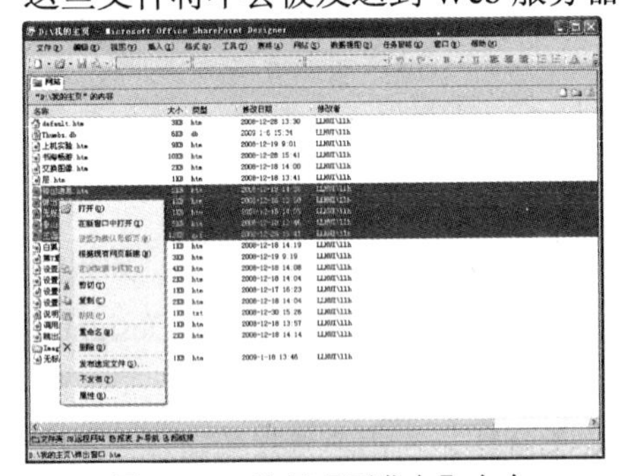

图 12-28 选择【不发布】命令

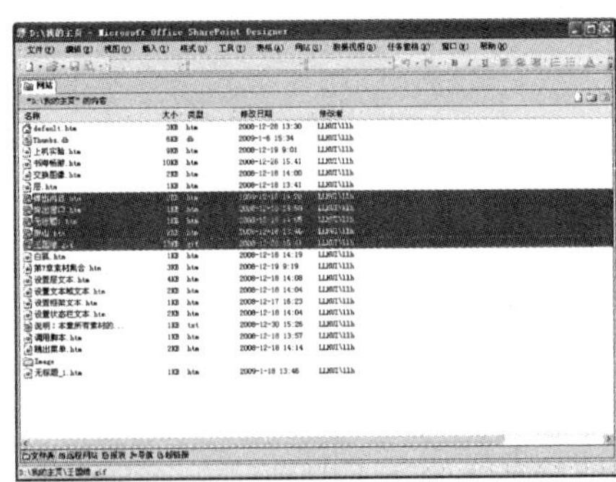

图 12-29 不发布文件设置后的效果

网站上传成功后，如果本地网站文件中的某个网页被删除了，那么在重新执行从本地到远程发布网站的操作时，系统会打开如图 12-30 所示的提示对话框，询问用户是否删除远程服务器中的相关文件。

如果在【远程网站】视图中选中【同步】单选按钮，如图 12-31 所示，则可以进行远程与本机的同步处理，使两边的文件内容保持一致。

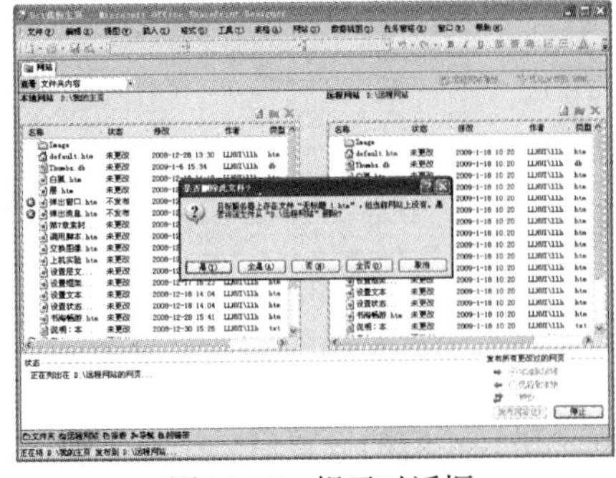

图 12-30 提示对话框

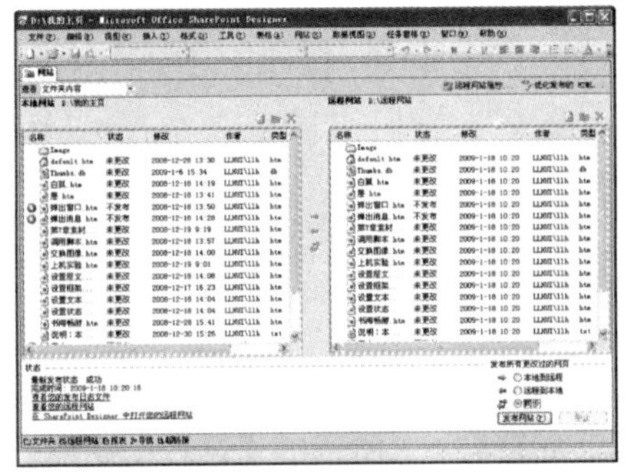

图 12-31 选中【同步】单选按钮

12.4.2 辅助工具报告

使用 SharePoint Designer 2007 的辅助工具报告命令，可以掌握现有网页中遗留了哪些错误，并且把这些错误的问题摘要提示出来。

使用 SharePoint Designer 2007 打开本地网站，选择【工具】|【辅助功能报告】命令，打开【辅助功能检查器】对话框，如图 12-32 和图 12-33 所示。

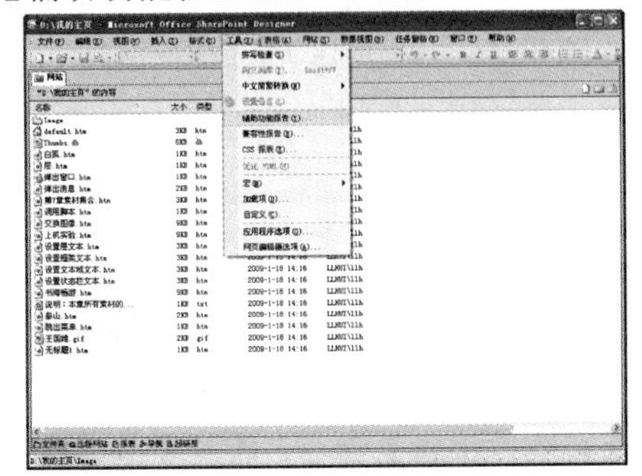

图 12-32　选择【工具】|【辅助功能报告】命令

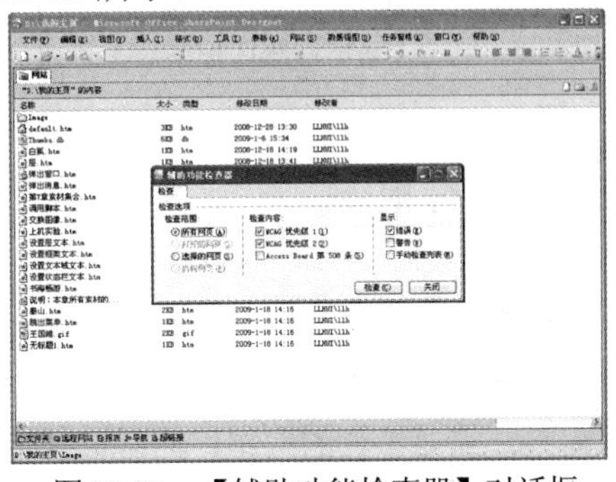

图 12-33　【辅助功能检查器】对话框

在【辅助功能检查器】对话框中进行相应的设置后，单击【检查】按钮，系统将打开【辅助功能】窗格，并按照设置对网页进行检查，如图 12-34 所示。

检查完成后，双击【辅助功能】窗格中的某个文件，或者选择某个文件后，单击【下一个结果】按钮，如果网页中有错误，那么系统将以 HTML 的方式显示错误的位置，如图 12-35 所示。

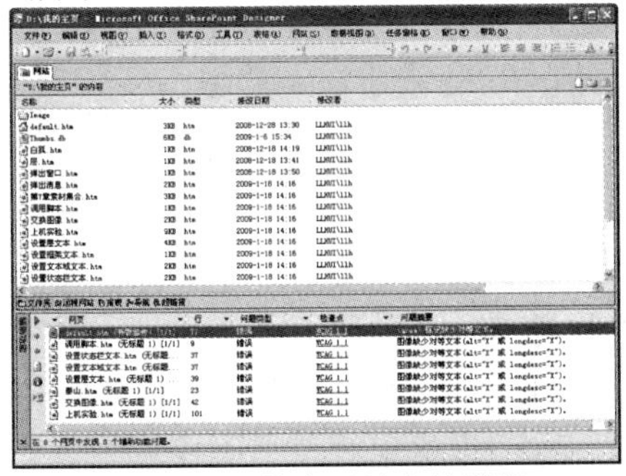

图 12-34　检查网站中的错误

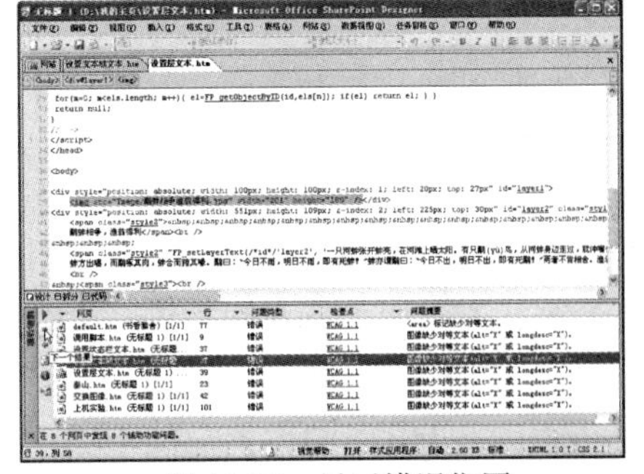

图 12-35　显示错误位置

选中【辅助功能】窗格中的某个文件，然后单击【显示问题详细信息】按钮，系统将打开关于该文件错误的详细说明对话框，如图 12-36 和图 12-37 所示。

提示

【辅助功能】窗格主要包括以下 5 个标签列表：页面、行、问题类型、检查点和问题摘要。单击这些标签右边的倒三角按钮，在弹出的快捷菜单中选择相应的命令，可以对检查结果进行过滤。

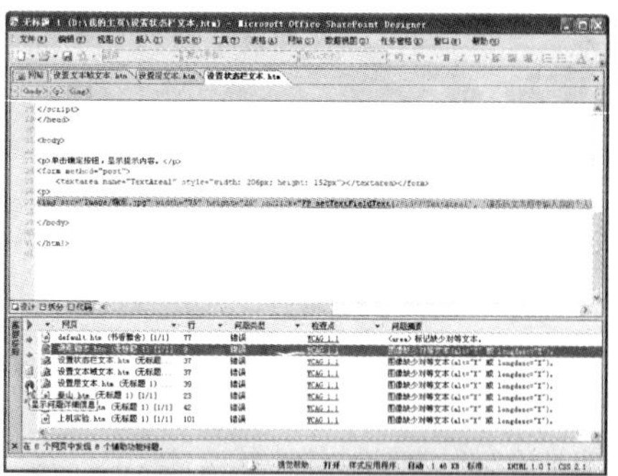

图 12-36　单击【显示问题详细信息】按钮

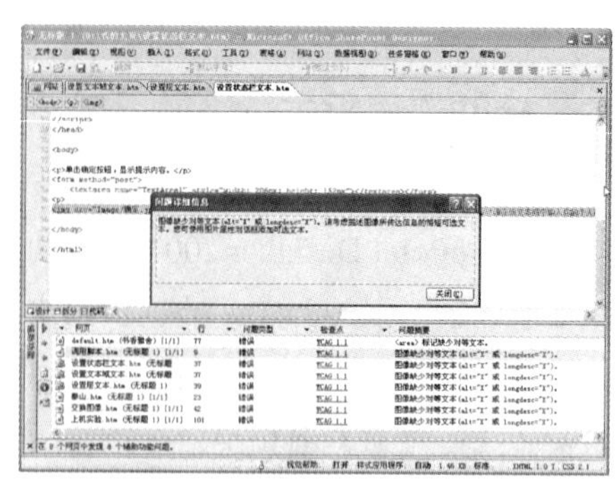

图 12-37　【问题详细信息】对话框

12.4.3 兼容性报告

通过兼容性报告命令，SharePoint Designer 2007 能够就结构描述提出问题摘要，并显示 HTML 程序代码的位置。

首先打开需要检查的网站，然后选择【工具】|【兼容性报告】命令，打开【兼容性检查器】对话框，如图 12-38 和图 12-39 所示。

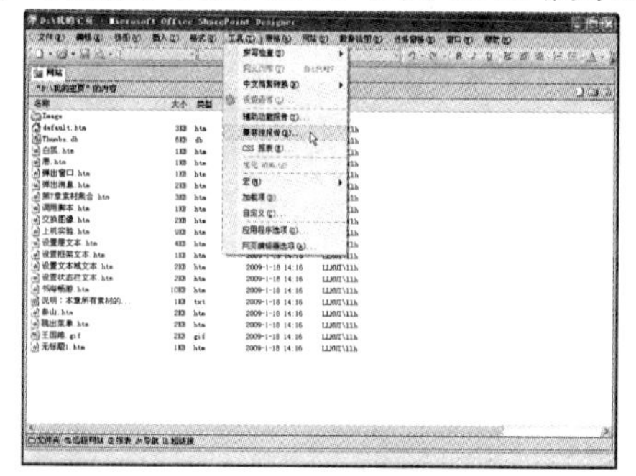

图 12-38　选择【工具】|【兼容性报告】命令

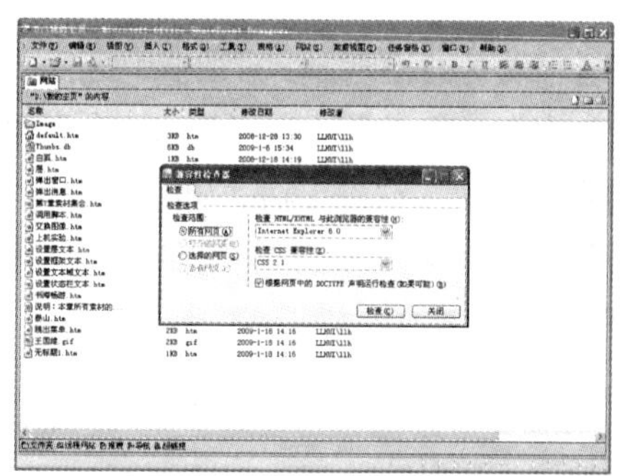

图 12-39　【兼容性检查器】对话框

在【兼容性检查器】对话框中进行相应的设置后，单击【检查】按钮，系统将打开【兼容性】窗格，并按照设置对网页进行检查，如图 12-40 所示。

双击【兼容性】窗格中的某个文件，系统将打开与该文件相关的 HTML 程序代码。有错误的地方将以选中状态显示，如图 12-41 所示。

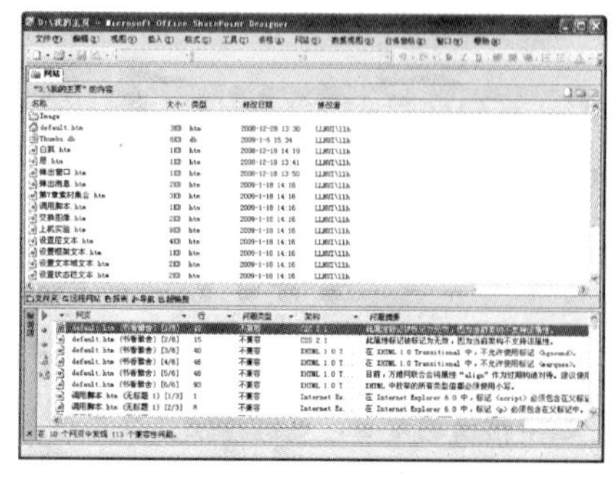

图 12-40　检查兼容性

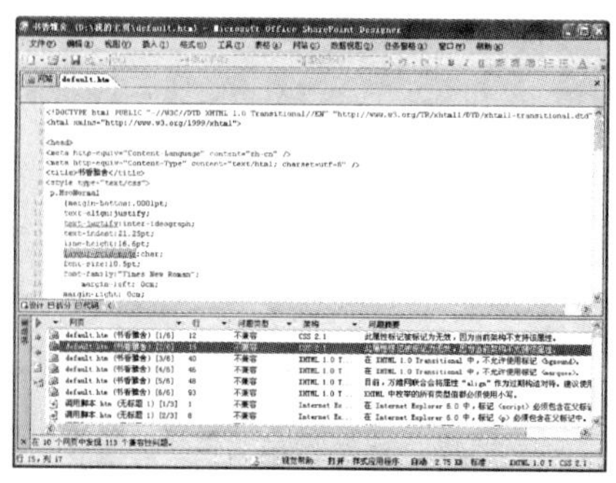

图 12-41　显示相应的不兼容信息

12.4.4 检查网页的各项数据

SharePoint Designer 2007 提供了对网站的各项数据进行检查的强大功能，在发布网站前，可以先对网站的各项数据进行检查和分析，以最大程度地减少网站的错误率。

在视图栏中，单击【报表】按钮，切换至【报表】视图，如图 12-42 和图 12-43 所示。在【报表】视图中，可以对网站的各项数据进行检查。

图 12-42　【文件夹】视图

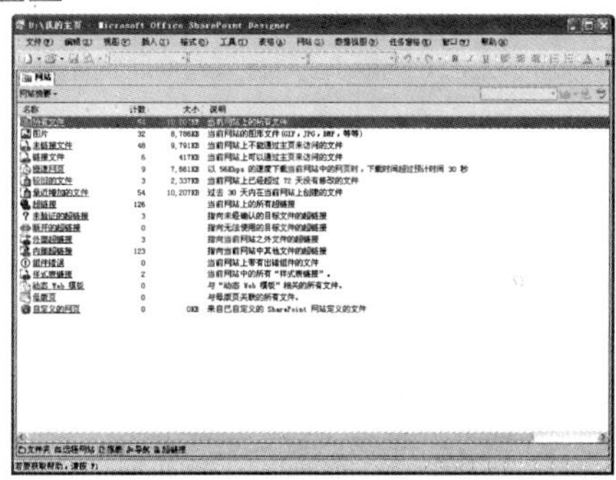

图 12-43　【报表】视图

1. 查看最近更改的文件

单击【报表】视图左上角的【网站摘要】按钮，在弹出的下拉菜单中选择【文件】|【最近更改的文件】命令，如图 12-44 所示，系统即可自动显示最近更改过的文件列表，如图 12-45 所示。

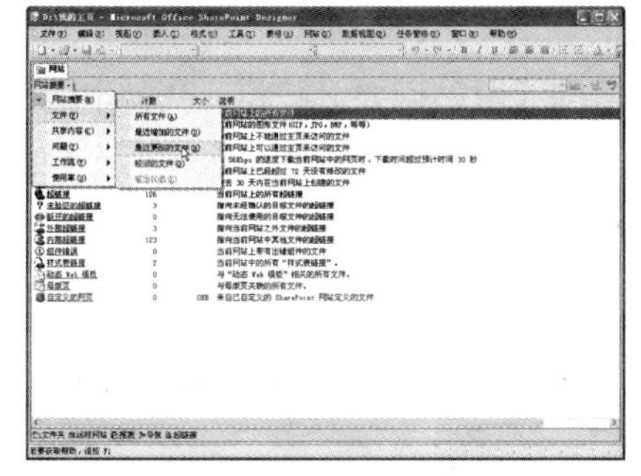

图 12-44　选择【文件】|【最近更改的文件】命令

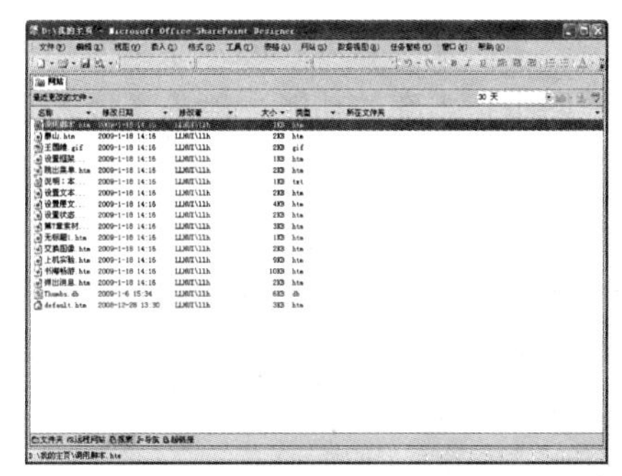

图 12-45　显示最近更改过的文件

提示

使用同样的方法，选择【文件】命令中的子命令，还可以查看所有文件、最近增加的文件以及较旧的文件等。

2. 查看网站的发布状态

单击【报表】视图左上角的【网站摘要】按钮，在弹出的下拉菜单中选择【工作流】|

【发布状态】命令，可以查看网站的发布状态，如图 12-46 所示。

3. 查看网页的下载时间

网页的下载时间将直接影响到整个网站的质量，单击【报表】视图左上角的【网站摘要】按钮，在弹出的下拉菜单中选择【问题】|【慢速网页】命令，可以查看网站中下载速度比较缓慢的网页，如图 12-47 所示。对于下载速度比较缓慢的网页，应采取措施提高其下载速度，例如缩小网页中的图片、减少网页中的动画效果等。

图 12-46　查看网站的发布状态

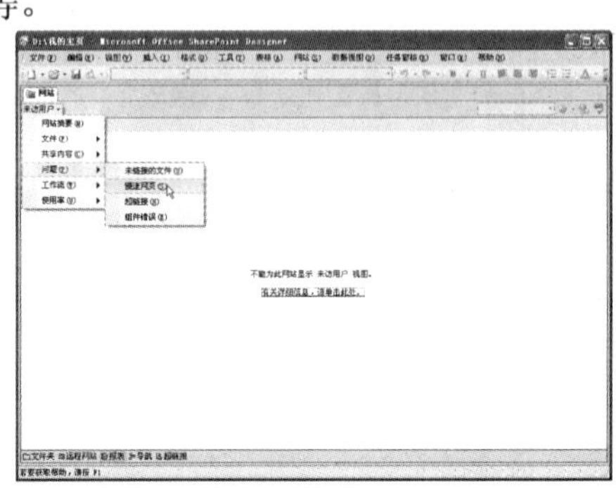
图 12-47　查看下载速度缓慢的网页

4. 查看网页中的组件错误

单击【报表】视图左上角的【网站摘要】按钮，在弹出的下拉菜单中选择【问题】|【组件错误】命令，即可查看网站中组件有错误的网页，如图 12-48 所示。

5. 查看网页的点击量

衡量一个网站是否成功的一个重要指标是该网站的点击率，SharePoint Designer 2007 提供了查看网页点击率的功能。单击【报表】视图左上角的【网站摘要】按钮，在弹出的下拉菜单中选择【使用率】命令，如图 12-49 所示，选择【使用率】命令中的某个子命令，即可查看网页的月点击量、周点击量和日点击量等。

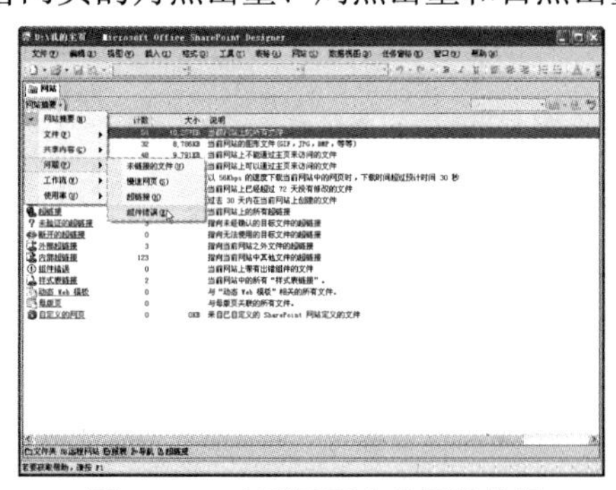
图 12-48　查看网页中的组件错误

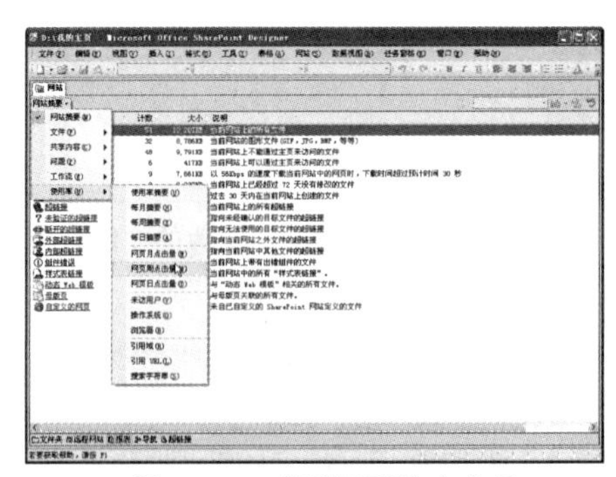
图 12-49　查看网页的点击量

12.5 思考练习

1. 简述站点测试应该注意哪些问题。
2. 简述发布网站应注意哪些问题。
3. 申请一个网络空间，然后将制作好的网站发布到 Web 服务器上。
4. 参考相关书籍，了解网站管理的相关知识。

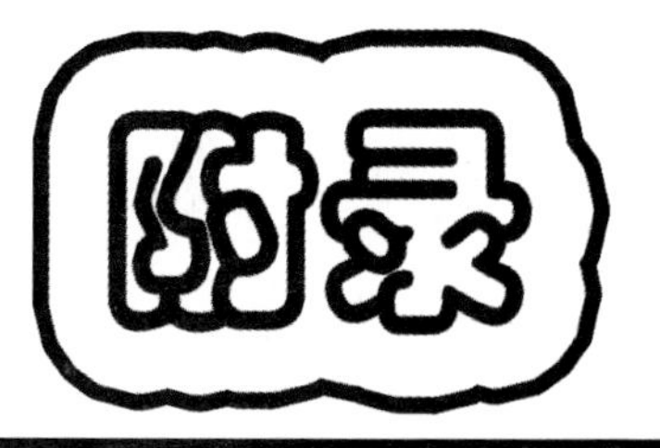

思考练习参考答案

第 1 章

1.5 选择题

1. A　C
2. D
3. B

第 2 章

2.5.1 填空题

1. 清晰的导航信息、正常的超链接、丰富而正确的内容、清晰的文字、精致的图片、实时更新的内容
2. π 型布局、T 型布局、对比布局、POP 布局、Flash 布局
3. 导航

2.5.2 选择题

1. C
2. A
3. C

2.5.3 操作题

(略)

第 3 章

3.9.1 选择题

1. A
2. A
3. A
4. C
5. A

6. C

7. A

8. D

3.9.2 操作题

(略)

第 4 章

4.6.1 填空题

1. JPEG 格式、GIF 格式和 PNG 格式

2. .jpg 或.jpeg

3. 256

4. 图片

5. 灰度

4.6.2 选择题

1. D

2. C

4.6.3 操作题

(略)

第 5 章

5.7.1 填空题

1. 文本超链接、图像超链接、表单超链接和热区超链接；外部超链接、内部超链接、局部超链接和电子邮件超链接

2. 绝对路径 相对路径 根相对路径

3. 绝对 相对

5.7.2 选择题

1. A

2. D

3. C

4. A

5. A

6. B

5.7.3 操作题

(略)

第 6 章

6.9.1 填空题

1. 单元格间距　单元格衬距

2. 层叠样式表单

3. 选择符(selector)、属性(properties)和属性的取值(value)

4. 单一选择符方式、选择符组合方式、类选择符方式、id 选择符方式和包含选择符方式

6.9.2 选择题

1. D

2. A

3. B

4. A

5. D

6. A

6.9.3 操作题

(略)

第 7 章

7.7.1 填空题

1. 动作　事件　事件　动作　动作　事件

2. onload　onmouseover　onmousemove

3. 打开浏览器窗口

4. 检查插件

5. 预加载图像

7.7.2 选择题

1. C

2. A

3. D

4. C

7.7.3 操作题

(略)

第 8 章

8.8.1 填空题

1. 左右框架型、上下框架型和综合框架型

2. 使用已经存在的网页、新建网页

3. Ctrl 键

8.8.2 选择题

1. C

2. D

3. C

4. C

8.8.3 操作题

(略)

第 9 章

9.4.1 填空题

1. form

2. 单行文本框、多行文本框、密码框

3. 提交　重置　普通

9.4.2 选择题

1. C

2. D

9.4.3 操作题

(略)

第 10 章

10.9.1 填空题

1.【插入】|【Web 组件】

2. 高级控件　控件

3. 图片　设置透明色

10.9.2 选择题

1. B

2. B

10.9.3 操作题

(略)

第 11 章

11.6.1 填空题

1. CGI　ASP　JSP　PHP　ASP.NET

2. .aspx

3. C#　VisualBasic.Net　Jscript.Net

4. Request　Response

5. Session　　Session

6. Label　Button

11.6.2 选择题

1. A　　2. A　3. B　4. C　5. A　6. A

11.6.3 操作题

(略)

第 12 章

1. 参看第 12.1.1 节

2. 参看第 12.1.2 节

3. (略)

4. (略)